科学出版社“十四五”普通高等教育本科规划教材

工科数学信息化教学丛书

数学模型及其应用（第三版）

宋业新　黄登斌　瞿　勇　主编

科学出版社

北　京

内 容 简 介

本书是在 2015 年科学出版社出版的《数学模型及其应用》（第二版）基础上吸取了读者和专家的意见修订而成. 本书主要内容有绪论、初等模型、方程模型、预测模型、评价模型、优化模型、图论模型、概率模型、统计模型、高教社杯全国大学生数学建模竞赛真题等，每章后附相关习题，部分章后附有常用词汇中英文对照. 本书完成教学约需 40～60 学时.

本书可作为理、工、农、医、经、管等本科专业学生的数学模型及相关课程教材，也可作为相关专业研究生与教研工作者的参考书.

图书在版编目（CIP）数据

数学模型及其应用/宋业新，黄登斌，瞿勇主编. —3 版. —北京：科学出版社，2023.3

（工科数学信息化教学丛书）

科学出版社“十四五”普通高等教育本科规划教材

ISBN 978-7-03-074937-6

Ⅰ. ①数… Ⅱ. ①宋… ②黄… ③瞿… Ⅲ. ①数学模型－高等学校－教材 Ⅳ. ①O141.4

中国国家版本馆 CIP 数据核字（2023）第 033092 号

责任编辑：王　晶 / 责任校对：高　嵘
责任印制：赵　博 / 封面设计：无极书装

科 学 出 版 社 出版
北京东黄城根北街 16 号
邮政编码：100717
http://www sciencep com
固安县铭成印刷有限公司印刷
科学出版社发行　各地新华书店经销
*
2023 年 3 月第　一　版　开本：787×1092　1/16
2025 年 1 月第二次印刷　印张：18 1/4
字数：466 000
定价：69.00 元
（如有印装质量问题，我社负责调换）

前　言

《数学模型及其应用》（第二版）自 2015 年 2 月在科学出版社出版以来，得到了广大读者的热情支持，成为较多高校本科生和研究生相关课程的教材，或者被选用为大学生数学建模竞赛的参考书，对普及数学模型知识、提高学生应用数学知识解决实际问题的能力发挥了微薄之力.

随着大学生数学建模活动的蓬勃开展，以及新的数学建模思想、建模方法的不断涌现，编者觉得有必要对原来教材中的部分内容和建模案例进行适当的补充与更新，对相关内容进行优化重组，对理论性太强的内容进行适当弱化，以突出模型方法的实际应用.

本书在第二版的基础上对书稿内容进行了如下调整与更新.

（1）将微分方程模型、差分方程模型相关知识经过精炼合并成第 3 章方程模型.

（2）新增第 4 章预测模型；在线性规划模型、动态规划模型的基础上，增加非线性规划模型、多目标规划模型，以及 MATLAB 求解算法介绍，构成第 6 章优化模型.

（3）在排队论模型的基础上，新增随机存贮模型，构成第 8 章概率模型.

（4）在回归分析模型、聚类分析模型与判别分析模型基础上，新增相关分析模型，构成第 9 章统计模型.

（5）各章根据现在教学要求，更换部分案例和习题；附录部分内容也做了相应调整.

本书编写大纲由宋业新拟定，宋业新、黄登斌、瞿勇任主编，袁昊劼、刘海涛、刘永凯、冯杭任副主编，其中第 1 章、第 9 章由刘海涛编写，第 2 章、第 6 章由瞿勇编写，第 3 章由黄登斌编写，第 4 章由袁昊劼编写，第 5 章由冯杭编写，第 7 章由宋业新编写，第 8 章由刘永凯编写，附录由袁昊劼、冯杭整理. 全书由宋业新、黄登斌、瞿勇统稿.

本书是在《数学模型及其应用》（第二版）的基础上修订而成，在此感谢参与前两版写作与修订工作的所有编者，特别是戴明强教授、胡伟文教授、金裕红副教授、王胜兵副教授、徐忠昌副教授，他们为本书的不断完善做出了贡献，对本次修订工作给予了无私的支持. 另外，感谢海军工程大学机关的各级领导对教材出版的关心和资助. 同时，本书参考了许多参考资料，对书末所列参考书目的作者们也表示真诚的感谢和敬意.

由于编者水平有限，书中难免存在不妥之处，敬请读者批评指正，以便在今后的教学与改版中改进提高.

编　者

2022 年 6 月于武汉

目　　录

前言
第 1 章　绪论 ………… 1
1.1　数学建模的定义及其重要意义 ………… 1
1.1.1　什么是数学建模 ………… 1
1.1.2　数学建模示例 ………… 2
1.1.3　数学建模的重要意义 ………… 4
1.2　数学建模的基本方法和步骤 ………… 5
1.2.1　数学建模的基本方法 ………… 5
1.2.2　数学建模的一般步骤 ………… 5
1.2.3　几个需要注意的方面 ………… 6
1.3　数学建模与能力培养 ………… 7
习题 1 ………… 8
本章常用词汇中英文对照 ………… 9
第 2 章　初等模型 ………… 10
2.1　人行走的最佳频率 ………… 10
2.1.1　问题的提出 ………… 10
2.1.2　模型假设 ………… 10
2.1.3　模型建立 ………… 10
2.1.4　模型求解与分析 ………… 12
2.2　公平的席位分配 ………… 12
2.2.1　问题的背景与提出 ………… 12
2.2.2　Hamilton 方法 ………… 12
2.2.3　相对不公平度及 Q 值法 ………… 13
2.2.4　模型的公理化研究 ………… 16
2.3　称重问题 ………… 17
2.3.1　第一类称重问题 ………… 17
2.3.2　第二类称重问题 ………… 18
2.4　效益的合理分配 ………… 19
习题 2 ………… 22
第 3 章　方程模型 ………… 24
3.1　微分方程有关知识简介 ………… 24
3.1.1　线性微分方程组解的结构 ………… 24
3.1.2　常系数齐次线性方程组的解 ………… 26
3.1.3　平衡点及稳定性 ………… 26

3.1.4 相平面与相轨线……29
3.2 微分方程建模案例……30
3.2.1 种群的群体增长模型……30
3.2.2 传染病模型……40
3.2.3 药物在人体内的分布与排出模型……47
3.2.4 战争模型……50
3.2.5 经济增长模型……51
3.3 差分方程简介……53
3.3.1 差分与差分方程……54
3.3.2 线性差分方程……54
3.3.3 平衡解与稳定性……56
3.4 差分方程建模案例……58
3.4.1 市场经济中的蛛网模型……58
3.4.2 差分形式的 logistic 模型……60
习题 3……62
本章常用词汇中英文对照……63
第 4 章 预测模型……64
4.1 数据拟合预测模型……64
4.2 时间序列预测模型……66
4.2.1 时间序列的因素分析及组合形式……66
4.2.2 移动平均法……68
4.2.3 指数平滑法……71
4.3 神经网络预测模型……76
4.3.1 人工神经元数学模型……76
4.3.2 BP 神经网络的结构……77
4.3.3 传递函数（激活函数）……78
4.3.4 BP 神经网络学习算法及其流程……79
4.4 灰色预测模型……79
4.4.1 GM(1, 1)模型预测方法……80
4.4.2 GM(1, 1)模型预测步骤……80
4.4.3 GM(1, 1)模型预测实例……81
4.5 预测模型的建模举例……83
习题 4……84
本章常用词汇中英文对照……85
第 5 章 评价模型……86
5.1 评价指标体系……86
5.1.1 评价指标体系的概念……86
5.1.2 评价指标体系的设置原则……86
5.2 评价指标体系建立及预处理方法……87

5.2.1 评价指标体系的建立及筛选方法……87
5.2.2 评价指标预处理方法……88
5.3 评价指标权重的确定……92
5.3.1 主观赋权法……92
5.3.2 客观赋权法——熵值法……93
5.3.3 组合赋权法……94
5.4 综合评价方法……95
5.4.1 简单线性加权法……95
5.4.2 理想解法……95
5.4.3 离差最大化方法……96
5.4.4 模糊综合评价法……98
5.4.5 灰色关联分析法……98
5.5 层次分析模型……99
5.5.1 层次结构问题及其模型……99
5.5.2 成对比较判断矩阵与正互反矩阵……101
5.5.3 权向量与一致性指标……102
5.5.4 层次分析法的计算……104
5.5.5 层次分析法的基本步骤……106
5.5.6 应用举例……107
5.6 足球比赛的排名问题……108
5.6.1 递阶层次结构……109
5.6.2 构造两两比较判断矩阵……110
5.6.3 元素相对权的计算……110
5.6.4 对所有球队进行排序……111
习题 5……111
本章常用词汇中英文对照……111
第 6 章 优化模型……113
6.1 线性规划模型……113
6.1.1 问题的提出……113
6.1.2 线性规划模型的求解……115
6.2 非线性规划模型……122
6.2.1 非线性规划的基本概念……122
6.2.2 无约束优化问题……123
6.2.3 约束优化问题……125
6.3 整数规划模型……129
6.3.1 整数规划模型的概念……129
6.3.2 分支定界法……130
6.3.3 0-1 型整数规划……133
6.4 动态规划模型……136

6.4.1 多阶段决策过程与动态规划模型……136
6.4.2 动态规划基本方程及其求解……141
6.5 多目标规划模型……145
6.5.1 多目标规划问题……145
6.5.2 可化为一个单目标问题的解法……147
6.5.3 转化为多个单目标问题的解法……150
6.6 最佳阵容问题……152
6.6.1 最佳阵容问题的描述……152
6.6.2 最佳阵容问题的解答……154
习题 6……161
本章常用词汇中英文对照……163
第 7 章 图论模型……164
7.1 图与网络的基本概念……164
7.2 网络流问题……166
7.2.1 最大流问题……166
7.2.2 最短路与最小费用流问题……169
7.3 Euler 问题和 Hamilton 问题……175
7.3.1 Euler 问题……175
7.3.2 中国邮递员问题……176
7.3.3 Hamilton 问题……178
7.4 选矿厂厂址的最佳选择……179
7.5 投资项目分配模型及其网络算法……180
7.5.1 多因素评价值合成矩阵……181
7.5.2 分配问题中的效益矩阵……181
7.5.3 基于权最大完美匹配的分配算法……182
7.5.4 应用实例……183
习题 7……184
本章常用词汇中英文对照……185
第 8 章 概率模型……187
8.1 随机存贮模型……187
8.1.1 随机存贮问题……187
8.1.2 随机存贮模型的建立与求解……187
8.2 排队模型……189
8.2.1 排队论基本知识……189
8.2.2 排队论中常见的概率分布与 Poisson 流……190
8.2.3 排队服务系统的分类……192
8.2.4 排队问题的求解……193
8.2.5 无限源的排队系统及其性质……194
8.2.6 有限源的排队系统及其性质……197

8.2.7 排队问题的随机模拟求解法 ··· 201
8.3 矿石装卸模型的分析与模拟 ··· 204
8.3.1 问题的提出 ··· 204
8.3.2 排队服务系统的模型 ··· 204
习题 8 ··· 209
本章常用词汇中英文对照 ··· 210
第 9 章 统计模型 ··· 211
9.1 聚类分析模型 ··· 211
9.1.1 距离与相似系数 ··· 211
9.1.2 系统聚类法 ··· 214
9.2 判别分析模型 ··· 219
9.2.1 距离判别法 ··· 219
9.2.2 Fisher 判别法 ··· 223
9.3 相关分析模型 ··· 227
9.3.1 简单相关分析 ··· 228
9.3.2 偏相关分析 ··· 229
9.3.3 距离相关分析 ··· 230
9.4 回归分析模型 ··· 231
9.4.1 一元线性回归 ··· 231
9.4.2 多元线性回归 ··· 239
9.4.3 一元非线性回归 ··· 242
9.4.4 应用举例 ··· 246
习题 9 ··· 251
本章常用词汇中英文对照 ··· 255
参考文献 ··· 256
附录 高教社杯全国大学生数学建模竞赛真题 ··· 257
2012 高教社杯全国大学生数学建模竞赛题目 ··· 257
A 题 葡萄酒的评价 ··· 257
B 题 太阳能小屋的设计 ··· 257
2013 高教社杯全国大学生数学建模竞赛题目 ··· 258
A 题 车道被占用对城市道路通行能力的影响 ··· 258
B 题 碎纸片的拼接复原 ··· 260
2014 高教社杯全国大学生数学建模竞赛题目 ··· 261
A 题 嫦娥三号软着陆轨道设计与控制策略 ··· 261
B 题 创意平板折叠桌 ··· 261
2015 高教社杯全国大学生数学建模竞赛题目 ··· 263
A 题 太阳影子定位 ··· 263
B 题 “互联网+”时代的出租车资源配置 ··· 263
2016 高教社杯全国大学生数学建模竞赛题目 ··· 263

A 题　系泊系统的设计 …… 263
B 题　小区开放对道路通行的影响 …… 265
2017 高教社杯全国大学生数学建模竞赛题目 …… 265
A 题　CT 系统参数标定及成像 …… 265
B 题　“拍照赚钱”的任务定价 …… 266
2018 高教社杯全国大学生数学建模竞赛题目 …… 267
A 题　高温作业专用服装设计 …… 267
B 题　智能 RGV 的动态调度策略 …… 267
2019 高教社杯全国大学生数学建模竞赛题目 …… 269
A 题　高压油管的压力控制 …… 269
B 题　“同心协力”策略研究 …… 270
C 题　机场的出租车问题 …… 272
2020 高教社杯全国大学生数学建模竞赛题目 …… 273
A 题　炉温曲线 …… 273
B 题　穿越沙漠 …… 274
C 题　中小微企业的信贷决策 …… 276
2021 高教社杯全国大学生数学建模竞赛题目 …… 276
A 题　“FAST”主动反射面的形状调节 …… 276
B 题　乙醇偶合制备 C_4 烯烃 …… 279
C 题　生产企业原材料的订购与运输 …… 280

第1章　绪　　论

现实世界中的问题是千变万化的，小到微观粒子，大到宇宙星系，为了更好地研究它们的内在规律，需要运用适当的数学工具建立其数学模型来进行分析. 因此，数学模型是联系实际问题与数学方法之间的桥梁.

数学模型并不是一个新事物，其历史可以追溯到人类开始使用数字的时代. 而随着科学技术的飞速发展，数学的应用越来越深入到生产、工作和生活中的方方面面，数学模型的作用也越来越重要.

➢ 1.1　数学建模的定义及其重要意义

1.1.1　什么是数学建模

数学模型（mathematical model）是指为了更好地研究现实世界中的数量关系与空间形式，针对特定对象和目的，根据其特有的内在规律，通过进行必要的抽象、归纳、假设、简化，运用适当的数学方法建立的数学结构. 因此，数学模型是对我们所关心的现实世界中一个特定对象的数学描述，而建立这一数学描述的过程就是数学建模（mathematical modeling）.

数学建模体现了一种数学的思考方法，是“对现实的现象通过心智活动构造出能抓住其重要且有用的特征的表示，常常是形象化的或符号的表示”. 从科学、工程、经济、管理等角度看，数学建模就是用数学的语言和方法，通过抽象、简化建立能近似刻画并“解决”实际问题的一种强有力的数学工具. “modeling”一词在英文中有“塑造艺术”的意思，即从不同的侧面、角度去考察问题就会有不尽相同的数学模型，从而数学建模的创造又带有一定的艺术的特点. 但数学建模最重要的特点是要接受实践的检验、多次修改模型使之渐趋完善的过程，这可以用图 1.1 所示的数学建模流程图来表示.

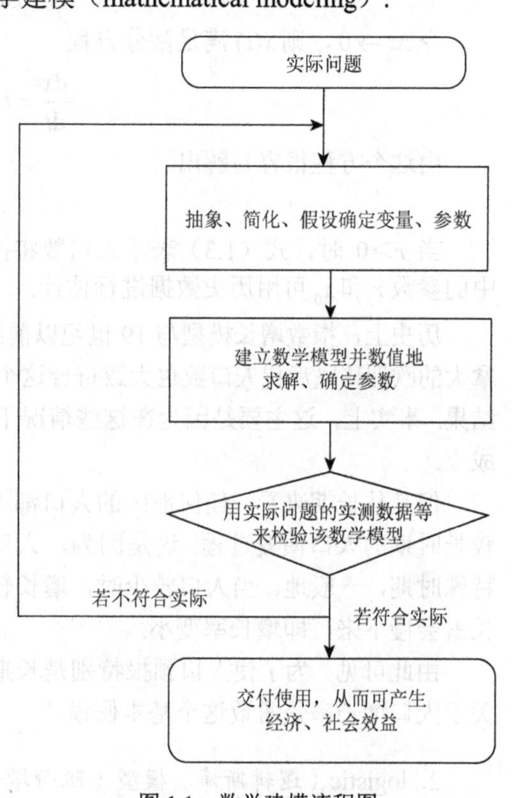

图 1.1　数学建模流程图

可以说，自从有了数学并要用数学去解决实际问题，就一定会用数学的语言、方法去近似地刻画该实际问题，而这种刻画的数学描述本身就是一个数学模型. 两千多年以前创立的 Euclid（欧几里得）几何，17 世纪发现的 Newton（牛顿）万有引力定律，都是科学发展史上数学建模的著名范例. 在科学技术飞速发展的今天，数学建模已成为处理现实世界中各种实际问题的重要工具，并在自然科学、工程技术科学、社会科学等各个领域中得到广泛应用.

1.1.2 数学建模示例

如何控制并预测人口的发展是当前众多发展中国家面临的重要问题之一，因而对人口的控制与预测方面的研究工作越来越受到政府和社会的重视. 影响今后人口总数的因素很多，一般来说，要预测今后某时刻人口的总数是一个很复杂的问题. 长期以来，人们在这方面做了不少工作，下面介绍两个最基本的人口模型.

1. 指数增长模型

记某年人口数为 x_0，k 年后人口数为 x_k，年增长率为 r，则

$$x_k = x_0(1+r)^k \tag{1.1}$$

显然，这个公式的基本条件是年增长率 r 保持不变.

200 多年前英国人口学家 Malthus（马尔萨斯）调查了英国 100 多年的人口统计资料，得出人口增长率不变的假设，并据此建立了著名的人口指数增长模型.

记 t 时刻的人口数为 $x(t)$，当考察一个国家或一个较大地区的人口数时，$x(t)$ 是一个很大的整数. 为了利用微积分这一数学工具，将 $x(t)$ 视为连续、可微的函数. 记初始时刻（$t=0$）的人口数为 x_0，假设人口增长率为常数 r，即单位时间内 $x(t)$ 的增量等于 r 乘以 $x(t)$，考虑时间 t 到 $t+\Delta t$ 内人口数的增量，显然有

$$x(t+\Delta t) - x(t) = rx(t)\Delta t$$

令 $\Delta t \to 0$，则 $x(t)$ 满足微分方程

$$\frac{\mathrm{d}x}{\mathrm{d}t} = rx, \qquad x(0) = x_0 \tag{1.2}$$

由这个方程很容易解出

$$x(t) = x_0 \mathrm{e}^{rt} \tag{1.3}$$

当 $r>0$ 时，式（1.3）表示人口数将按指数规律随时间无限增长，称为指数增长模型. 式中的参数 r 和 x_0 可用历史数据进行估计.

历史上，指数增长模型与 19 世纪以前欧洲一些地区人口统计数据可以很好地吻合，迁往加拿大的欧洲移民后代人口数也大致符合这个模型. 另外，用它进行短期人口预测可以得到较好的结果. 事实上，这主要是因为在这些情况下，模型的基本假设——人口增长率是常数——大致成立.

但是从长期来看，任何地区的人口都不可能无限增长，即指数模型不能描述，也不能预测较长时期的人口演变过程. 这是因为，人口增长率事实上在不断地变化着. 排除灾难、战争等特殊时期，一般地，当人口较少时，增长较快，即增长率较大；人口增加到一定数量以后，增长就会慢下来，即增长率变小.

由此可见，为了使人口预报特别是长期预报更好地符合实际情况，必须修改指数增长模型关于人口增长率是常数这个基本假设.

2. logistic（逻辑斯谛）模型（阻滞增长模型）

分析人口增长到一定数量后增长率下降的主要原因，人们注意到，自然资源和环境条件等

因素对人口的增长起着阻滞作用，并且随着人口的增加，阻滞作用越来越大. logistic 模型就是考虑到这个因素，对指数增长模型的基本假设进行修改后得到的.

阻滞作用对人口增长率 r 的影响，使得 r 随着人口数量 x 的增加而下降，若将 r 表示为 x 的函数 $r(x)$，则它应是减函数，于是方程（1.2）可写成

$$\frac{dx}{dt}=r(x)x, \qquad x(0)=x_0 \tag{1.4}$$

对 $r(x)$ 的一个最简单的假定是，设 $r(x)$ 为 x 的线性函数，即

$$r(x)=r-sx \quad (r>0,\ s>0) \tag{1.5}$$

其中：r 称为固有增长率，表示人口数很少（理论上是 $x=0$）时的增长率. 为了确定系数 s 的意义，引入自然资源和环境条件所能容纳的最大人口数量 x_m，称为人口容量，当 $x=x_m$ 时人口不再增长，即增长率 $r(x_m)=0$，代入式（1.5）得 $s=r/x_m$，于是式（1.5）可改为

$$r(x)=r\left(1-\frac{x}{x_m}\right) \tag{1.6}$$

式（1.6）的另一种解释是，增长率 $r(x)$ 与人口尚未实现部分的比例 $(x_m-x)/x_m$ 成正比，比例系数为固有增长率 r.

将式（1.6）代入方程（1.4），得

$$\frac{dx}{dt}=rx\left(1-\frac{x}{x_m}\right), \qquad x(0)=x_0 \tag{1.7}$$

方程（1.7）右端的因子 rx 体现了人口自身的增长趋势，因子 $1-\dfrac{x}{x_m}$ 则体现了自然资源和环境条件对人口增长的阻滞作用. 显然，x 越大，前一因子越大，后一因子越小，人口增长是两个因子共同作用的结果.

如果以 x 为横轴、$\dfrac{dx}{dt}$ 为纵轴作出方程（1.7）的图形（图 1.2），可以分析人口增长速度 $\dfrac{dx}{dt}$ 随着 x 的增加而变化的情况，从而大致地看出 $x(t)$ 的变化规律.

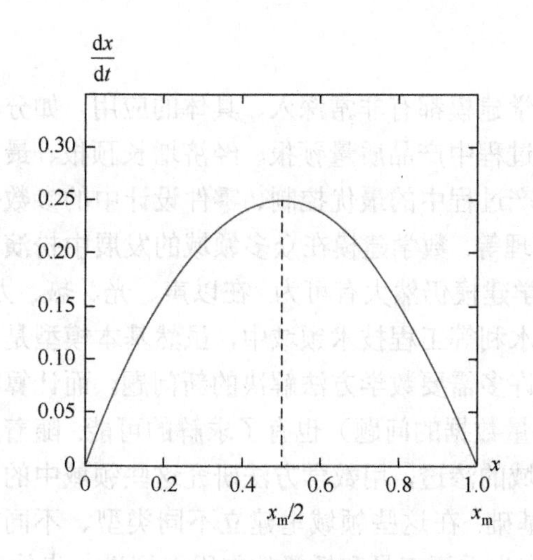

图 1.2　logistic 模型 $\dfrac{dx}{dt}$-x 曲线

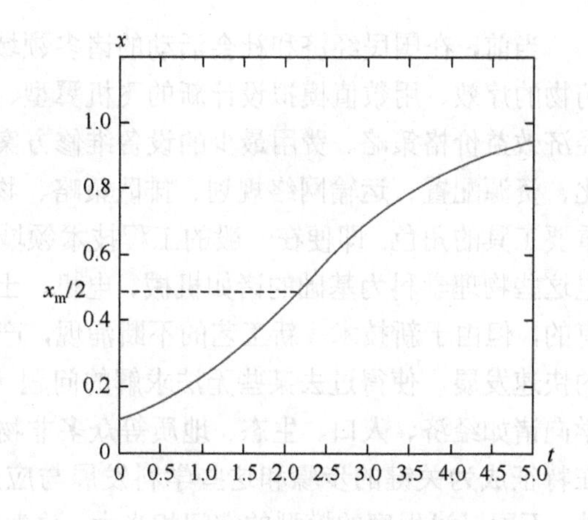

图 1.3　logistic 模型 x-t 曲线

实际上，方程（1.7）可以用分离变量法求解得到

$$x(t)=\frac{x_{\mathrm{m}}}{1+\left(\frac{x_{\mathrm{m}}}{x_0}-1\right)\mathrm{e}^{-rt}} \tag{1.8}$$

读者可以用计算机绘制出式（1.8）的图形，它是一条S形曲线（图1.3），x增加得先快后慢，当$t\to\infty$时$x\to x_{\mathrm{m}}$，拐点在$x_{\mathrm{m}}/2$.

使用这个模型预测美国 1820～1930 年的人口数，预测结果与实际结果比较相符. 但后来出现的误差越来越大，主要原因是 1960 年后的美国实际人口数就已经超过了过去确定的最大人口数量x_{m}. 这个模型的不足之处在于x_{m}不易确定. 通常x_{m}的值应随生产力的发展及其他环境的改善而增加.

由方程（1.7）表示的阻滞增长模型，是荷兰生物数学家 Verhulst（费尔哈斯特）于 19 世纪中叶提出的，它不仅能够大体上描述人口数及许多物种数量（如森林中的树木、鱼塘中的鱼群等）的变化规律，而且在社会经济领域也有广泛的应用，如耐用消费品的销售量就可以用它来描述. 基于这个模型能够描述一些事物符合逻辑的客观规律，人们常称为 logistic 模型，本书后面的章节将多次用到此模型.

用数学工具描述人口变化规律，关键是对人口增长率做出合理、简化的假定. 阻滞增长模型就是将指数增长模型关于人口增长率是常数的假设进行修正后得到的. 可以想到，影响增长率的出生率和死亡率与年龄有关，所以，更合乎实际的人口模型应该考虑年龄因素.

参数估计和模型检验是建模的步骤，线性最小二乘法是参数估计（如果是基于数据的，也称数据拟合）的基本方法，读者应该知道其原理，并掌握其软件实现方法.

1.1.3　数学建模的重要意义

进入 20 世纪以来，随着数学以空前的广度和深度向一切领域渗透，以及电子计算机的出现和飞速发展，数学建模越来越受到人们的重视. 从以下两个方面可以看出数学建模的重要意义.

1. 数学建模是众多领域发展的重要工具

当前，在国民经济和社会活动的诸多领域，数学建模都有非常深入、具体的应用，如分析药物的疗效、用数值模拟设计新的飞机翼型、生产过程中产品质量预报、经济增长预报、最大经济效益价格策略、费用最少的设备维修方案、生产过程中的最优控制、零件设计中的参数优化、资源配置、运输网络规划、排队策略、物资管理等. 数学建模在众多领域的发展中扮演着重要工具的角色. 即便在一般的工程技术领域，数学建模仍然大有可为. 在以声、光、热、力、电这些物理学科为基础的诸如机械、电机、土木、水利等工程技术领域中，虽然基本模型是已有的，但由于新技术、新工艺的不断涌现，产生了许多需要数学方法解决的新问题，而计算机的快速发展，使得过去某些无法求解的问题（如海量数据的问题）也有了求解的可能. 随着数学向诸如经济、人口、生态、地质等众多非物理领域的渗透，用数学方法研究这些领域中的内在特征成为关键的步骤和这些学科发展与应用的基础. 在这些领域里建立不同类型、不同方法、不同深浅程度的模型的空间相当大，数学建模作为重要工具和桥梁的作用得到进一步体现.

2. 数学建模促进对数学重要性的再认识

从某种意义上讲，说明数学重要性是件容易的事情，可以举出许多例子（从日常生活到尖端技术），这说明数学是必不可少的. 但常常会发现，许多人虽然不反对所列举的例子，却认为数学没有多大用处或者觉得数学与工作和生活没有多大关系. 这不仅是因为数学语言比较抽象，不容易掌握，还因为传统数学教育重知识传授轻实际应用等. 传统的数学教学比较形式、抽象，往往只重视定义、定理、推导、证明、计算，很少讲与我们周围的世界以及日常生活的密切联系，这使得数学的重要性变得很空泛. 随着时代的进步，定量分析越来越受到人们的重视，数学与实际问题的结合变得更为密切和广泛，数学建模成为研究生、大学生乃至中学生的学习内容，其思想逐渐融入数学主干课程的教学内容中，数学学科的重要性也显得更实在、更具体. 数学建模在众多学科领域乃至日常生活中的广泛应用促使更多人认识到数学的重要性.

➢ 1.2 数学建模的基本方法和步骤

数学建模面临的实际问题是多种多样的，建模的目的不同、分析方法不同、采用的数学工具不同，所得模型的类型也就不同，不能指望归纳出若干条准则，适用于一切实际问题的数学建模方法. 因而，所谓的基本方法主要是从方法论的意义上讲的.

1.2.1 数学建模的基本方法

数学建模方法大体上可分为机理分析和测试分析. 机理分析是根据对客观事物特性的认识，找出反映内部机理的数量规律，建立的模型常有明确的物理或现实意义，前面的示例用的是机理分析. 测试分析将研究对象看成一个"黑箱"系统（即它的内部机理看不清楚），通过对系统输入、输出数据的测量与统计分析，按照一定的准则找出与数据拟合得最好的模型.

一般来说，如果掌握了实际问题的一些内部机理的知识，模型也要求反映其内部特征，那么，建模就应以机理分析为主；而如果研究对象的内部规律不清楚，模型也不需要反映其内部特征，那么就可以用测试分析. 对于许多实际问题，常常将两者结合起来建模，即用机理分析建立模型的结构，用测试分析确定模型的参数. 本书后面章节所说的数学建模主要指机理分析.

1.2.2 数学建模的一般步骤

数学建模的步骤并没有一定的模式，常因问题性质、建模目的等而异. 下面介绍的是用机理分析建模的一般步骤，如图 1.4 所示.

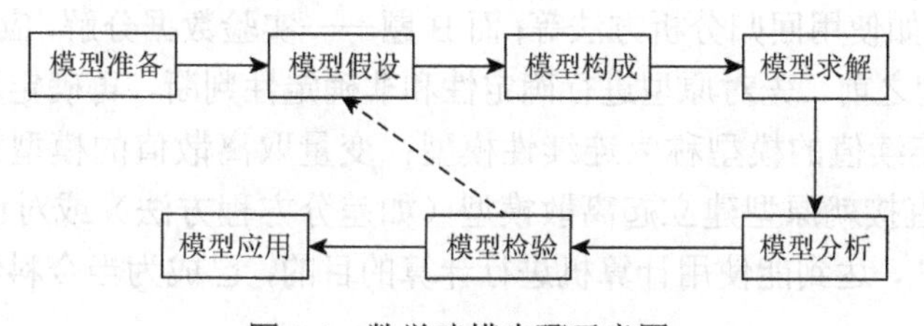

图 1.4 数学建模步骤示意图

（1）模型准备，即了解问题的实际背景，明确建模目的，搜集必要的信息（如现象、数据等），弄清对象的主要特征，形成一个比较清晰的"问题"，由此初步确定用哪一类模型.

（2）模型假设，即根据对象的特征和建模目的，抓住问题的本质，忽略次要因素，作出必要的、合理的简化假设.

（3）模型构成，即根据所作的假设，用数学的语言、符号描述对象的内在规律，建立包含常量、变量等的数学模型，如优化模型、微分方程模型、差分方程模型、图的模型等. 建模时应遵循的一个原则是：尽量采用简单的数学工具，因为模型总是希望更多的人了解与使用，而不是只供少数专家欣赏.

（4）模型求解，可以采用解方程、画图形、优化方法、数值计算、统计分析等各种数学方法，特别是数学软件和计算机技术.

（5）模型分析，即对求解结果进行数学上的分析，如结果的误差分析、统计分析，对数据的灵敏性分析，对假设的强健性分析等.

（6）模型检验，即把求解的分析结果“翻译”回到实际问题，与实际的现象、数据比较，检验模型的合理性和适用性，如果结果与实际不符，应该修改、补充假设，重新建模，如图 1.4 中的虚线所示.

（7）模型应用. 应用的方式与问题性质、建模目的，以及最终结果有关，一般不属于本书讨论的范围.

应当指出，并不是所有问题的建模都要经过这些步骤，有时各步骤之间的界限也不那么分明，建模时不要拘泥于形式上的按部就班，本书的实例就采取了灵活的表述形式.

1.2.3 几个需要注意的方面

对于给定的实际问题（原型），为了建立其合理的模型，需要注意以下几个方面.

（1）根据需要对原型做一些合理的假设. 一个原型常有众多的特性，这些特性所具有的数量特征，常与众多的因素有关. 在一定条件下，有的因素是主要的、本质的，有的因素是次要的、非本质的，有的因素与所考虑的数量特征之间遵循某种理论规律（如物理学中的定律），有些因素却没有理论规律可以遵循. 为了获得可靠的且通过计算机可以得到必要解答的数学模型，必须对原型作出适当的假设. 例如，为了突出主体，可以略去那些次要的、非本质的因素，达到简化的目的；又如，将那些没有理论规律可以遵循的关系，作出明确的假设，达到确定化目的. 但所有假设都必须是合理的，即符合或近似地符合自然规律.

（2）恰当地使用数学方法. 很多数学方法可以用来建立实际问题的数学模型. 然而对于一个给定的原型，并非一切数学方法都是适用的. 一般说来，对于不确定性问题常适宜于用概率统计等数学方法；对于确定性问题常适宜于用微分方程或代数方程等数学方法. 例如，1992 年全国大学生数学建模竞赛中的 A 题——施肥效果分析，因为所给实验数据具有随机性，只宜建立不确定性模型，如使用回归分析方法等；而 B 题——实验数据分解，应建立确定性模型. 因此，在建立数学模型之前，先对原型进行确定性和非确定性判断，再确定数学方法是非常重要的. 此外，变量取连续值的模型称为连续性模型；变量取离散值的模型称为离散性模型. 因为计算机的发展，直接就原型建立起离散模型（如差分方程方法）或对已建立的连续性模型寻找合理的离散方法，达到能使用计算机进行计算的目的，已成为当今科学计算方面的一个热门课题.

（3）对建立起来的模型进行必要的分析与检验. 怎样判断在建模过程中所作的假设是合理的，使用的数学方法也是恰当的呢？一种有效的方法就是对建立起来的模型进行分析检验. 当使用不确定性数学方法建模时，方法本身的适用性要进行检验. 例如：使用层次分析法建立模型时，需要做一致性检验；在进行回归分析时，要做回归效果的显著性检验；在进行判别分析时要做判别效果的检验等. 在使用确定性方法建模时，通常并没有完整的适用性检验方法，但仍需对所得结果进行分析，看是否与实际情况相符. 例如，在使用微分方程或差分方程建立数学模型时，常希望某些平衡解能具有稳定性，但这需要对平衡解进行稳定性分析. 总之，任何一个数学模型，都应进行分析与检验，以确定其是否能反映现实原型的有关特征.

➢ 1.3 数学建模与能力培养

数学建模活动要求大学师生对范围并不固定的各种实际问题予以阐明、分析并提出解法，鼓励师生积极参与并强调实现完整的模型构造的过程. 这种贴近实际的教学活动形式对传统的教学模式形成了巨大的冲击，对数学教学改革产生了深远的影响. 教学中应更加重视学生在教学活动中的学习主体地位，充分发挥学生的主观能动性，通过学生的积极参与来完成学生的能力培养及更高的教学目标的实现. 在启发式教学的基础上，进一步强调教学过程中的交互活动，通过提升学生在教学活动中的主动性实现教学活动的有效性；自学加串讲、"研讨式"教学、学生专题报告等多种教学形式都可以引入教学过程中，各种教学方法的综合使用提升教学的针对性；多媒体等现代化教学手段的使用以及数学软件的结合确保数学建模教学活动的有效性和完整性.

在数学建模教学中，要注意对以下能力的培养.

（1）"翻译"能力. 一是经过一定抽象、简化，把实际问题用数学语言表达出来，形成数学模型（即数学建模的过程）；二是把用数学方法进行推演或计算得到的结果，用"常人"能懂的语言"翻译"（表达）出来. 例如，在美国大学生数学建模竞赛 MCM93 问题 A 中就明确提出：除了按竞赛规则说明中规定的格式撰写的技术报告外，请为餐厅经理提供一页长的用非技术术语表示的实施建议.

（2）综合应用与分析能力. 应用已学到的数学方法进行综合应用与分析，并能理解合理的抽象和简化，特别是进行数学分析的重要性. 因为数学是数学建模中的工具，要在数学建模中灵活应用，发展使用这个工具的能力. 有了数学知识，并不意味着就自动会使用它，更谈不上能灵活地、创造性地使用它，只有多加练习、多方思考才能逐步提高运用能力.

（3）联想能力. 因为对于不少完全不同的实际问题，在一定的简化层次下，它们的数学模型是相同的或相似的，这正是数学应用广泛性的表现. 这就要求学生培养广泛的兴趣，多思考，勤奋踏实工作，熟能生巧逐步达到触类旁通的境界.

（4）洞察能力（也称洞察力）. 洞察力是指能一眼抓住（或部分抓住）要点的能力. 为什么要提升这种能力？因为真正的实际问题的参与者（特别是在一开始）往往不是很懂数学的人，他们所提出的问题（及其表达方式）更不是数学化的，往往是在交流、探讨的过程中使问题逐渐明确的.

（5）熟练使用技术手段的能力. 目前主要是使用计算机及相应的数学软件，这有助于节省时间，并有利于进一步开展深入的研究.

（6）科技论文的写作能力. 科技论文的写作能力是数学建模的基本技能之一，也是科技人才的基本能力之一，是反映科研活动所做工作的重要方式. 通过论文可以让人了解用什么方法解决什么问题、结果如何、效果怎么样等.

数学建模还可以促进其他一些能力的培养，如获取情报信息的能力、自我更新知识的能力、团结协作的攻关能力等. 开展好数学建模教学，有一些问题是必须解决好的，如提高计算机及软件应用能力、注意与实际工作者的合作等.

习 题 1

1.1 举出两三个实例说明建立数学模型的必要性，包括实际问题的背景、建模目的、大体上需要什么样的模型，以及怎样应用这种模型等.

1.2 从下面不太明确的叙述中确定要研究的问题，以及要考虑哪些有重要影响的变量.

（1）一家商场要建一个新的停车场，如何规划照明设施；

（2）一农民要在一块土地上作出农作物的种植规划；

（3）一制造商要确定某种产品的产量及定价；

（4）卫生部门要确定一种新药对某种疾病的疗效；

（5）一滑雪场要进行山坡滑道和上山缆车的规划.

1.3 怎样解决下面的实际问题？包括需要哪些数据资料，要做哪些观察、试验，以及建立什么样的数学模型等.

（1）估计一个人体内血液的总量；

（2）为保险公司制订人寿保险金计划（不同年龄的人应缴纳的金额和公司赔偿的金额）；

（3）估计一批日光灯管的寿命；

（4）确定火箭发射至最高点所需要的时间；

（5）决定十字路口黄灯亮的时间长度；

（6）为汽车租赁公司制订车辆维修、更新、出租计划；

（7）一高层办公楼有 4 部电梯，上班时间非常拥挤，试制订合理的运行计划.

1.4 假定人口的增长服从这样的规律：t 时刻的人口为 $x(t)$，$t \sim t+\Delta t$ 内人口的增量与 $x_m - x(t)$ 成正比（其中 x_m 为最大容量）. 试建立模型并求解. 作出解的图形并与指数增长模型、阻滞增长模型的结果进行比较.

1.5 为了培养想象力、洞察力和判断力，考察对象时除从正面分析外，还常常需要从侧面或反面思考. 试尽可能迅速地回答下面的问题.

（1）甲于早 8:00 从山下旅店出发，沿一条路径上山，下午 5:00 到达山顶并留宿. 次日早 8:00 沿同一路径下山，下午 5:00 回到旅店. 乙说甲必在两天中的同一时刻经过路径中的同一地点. 为什么？

（2）37 支球队进行冠军争夺赛，每轮比赛中出场的每两支球队中的胜者和轮空者进入下一轮，直至比赛结束，问共需进行多少场比赛？共需进行多少轮比赛？如果是 n 支球队比赛呢？

1.6 The following table gives the average distance of planets from the Sun and the ratio of these distance to the Earth's distance from the Sun. Ignoring Mercury，assign a number to each planet in the following way：For Venus choose $n=0$, Earth choose $n=1$, Pluto choose $n=8$. Find a formula connecting $\frac{R}{R_e}$ and n. What value of n should be given to Mercury so that it also fits the model?

planet	distance from the Sun/10^6km	Ratio $\frac{R}{R_e}$ where R_e is the Earth's distance from the Sun
Mercury	57.9	0.39
Venus	108.2	0.72
Earth	149.6	1.00
Mars	227.9	1.52
Asteroids	433.8	2.90
Jupiter	778.3	5.20
Saturn	1427.0	9.54
Uranus	2870.0	19.20
Neptune	4497.0	30.10
Pluto	5907.0	39.50

本章常用词汇中英文对照

中文	英文	中文	英文
原型	prototype	方法论	methodology
模型	model	实际问题	practical problem
系统	system	数学模型	mathematical model
过程	process	数学建模	mathematical modeling
应用	application	案例研究	case study
建模	modeling	机理分析	mechanism analysis
假设	hypothesis	测试分析	test analysis
分析	analysis	确定性模型	deterministic model
公式	formula	随机性模型	stochastic model
方法	method	计算机模拟	computer simulation

第2章 初等模型

数学建模涉及的问题多种多样，由于建模目的、分析方法、所用数学工具的不同，所得数学模型的类型也不尽相同. 现实世界中有一些问题，它们的机理较为简单，借助线性、逻辑或静态的方法可建立起数学模型，使用初等数学方法即可对其进行求解，一般将这些模型统称为初等模型. 判断一个数学模型的优劣主要取决于模型的正确性与否及实际应用的效果，而与使用的数学理论和方法是否高深无关. 在相同的效果之下，用初等方法建立的数学模型可能要优于用高等方法建立的数学模型. 通过初等分析进行数学建模的方法很多，常用的有类比分析法、几何分析法、逻辑分析法等. 这些方法主要根据对研究对象特性的认识，分析其因果关系，找出反映内部机理的规律，所建立的模型一般都有明确的物理或现实意义.

➢ 2.1 人行走的最佳频率

2.1.1 问题的提出

行走是正常人每天工作、学习，以及从事其他大多数活动的一项肢体运动. 人行走时的两个基本动作是身体重心的位移和腿部的运动，所做的功等于抬高身体重心所需的势能与两腿运动所需的动能之和. 试建立模型确定人行走时最不费力（即做的功最小）所应保持的最佳频率.

2.1.2 模型假设

1. 基本假设

(i) 不计人在行走时的空气阻力；

(ii) 人行走时所做的功为人体重心抬高所需的势能与两腿运动所需的动能之和；

(iii) 人的行走速度均匀.

2. 符号及变量

l:腿长；d:步幅；s:人体重心位移；v:行走速度；m:腿的质量；M:人体质量；g:重力加速度；u:两腿运动动能；W:人行走所做的功；n:人的行走频率.

2.1.3 模型建立

1. 重心位移的计算

人行走时重心位置的升高近似等于大腿根部位置的升高，如图 2.1 所示.

由图 2.1 容易看出，人行走时重心位置的位移为

$$s=l-\sqrt{l^2-\left(\frac{d}{2}\right)^2}=\frac{d^2}{4\left[l+\sqrt{l^2-\left(\frac{d}{2}\right)^2}\right]}$$

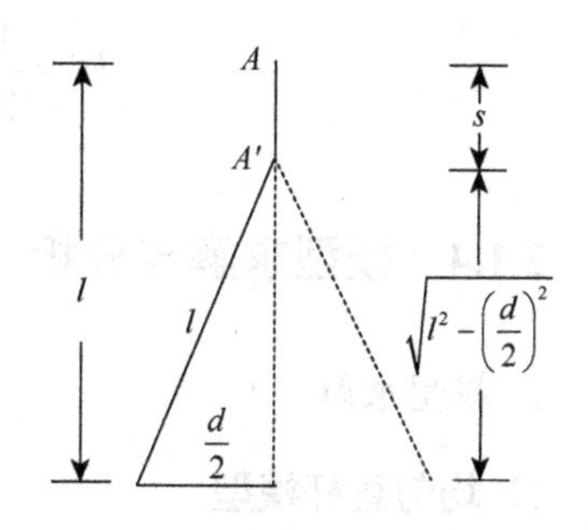

图 2.1　人行走时重心位置的变化示意图

由于$d<l$，有$\sqrt{l^2-\left(\frac{d}{2}\right)^2}\approx l$. 从而

$$s\approx\frac{d^2}{8l} \tag{2.1}$$

2. 两腿运动功率的计算

人的行走是一种复杂的肢体运动，下面主要基于两种不同的假设计算行走时两腿运动的功率.

补充假设 1　将腿等效为均匀直杆，行走视为两腿绕髋部的转动.

由均匀直杆的转动惯量计算公式，得到行走时两腿的转动惯量为

$$J=\frac{1}{3}ml^2$$

于是两腿的转动动能为

$$u=\frac{1}{2}J\omega^2=\frac{1}{6}mv^2$$

而人每行走一步所需的时间为$t=d/v$，故单位时间内两腿的运动动能即运动功率为

$$p=\frac{u}{t}=\frac{mv^3}{6d} \tag{2.2}$$

补充假设 2　将行走视为脚的匀速直线运动，腿的质量主要集中在脚上.

此时，两腿的运动功率为

$$p=\frac{u}{t}=\frac{mv^3}{2d} \tag{2.3}$$

3. 建立模型

相应于上面两个补充假设，可分别建立模型如下.

1）均匀直杆模型

因为人的行走频率等于单位时间内行走的步数，所以$v=nd$，从而得到两腿的运动功率为$\frac{1}{6}mn^3d^2$. 单位时间内人体重心抬高所需的势能为

$$nMgs\approx nMg\frac{d^2}{8l}=\frac{nMgd^2}{8l}$$

故单位时间内人行走所做的功为

$$W=\frac{1}{6}mn^3d^2+\frac{nMgd^2}{8l}=\frac{d^2}{2}\left(\frac{1}{3}mn^3+\frac{Mg}{4l}n\right) \tag{2.4}$$

2）直线运动模型

类似地，可得单位时间内人行走所做的功为

$$W=\frac{1}{2}mn^3d^2+\frac{nMgd^2}{8l}=\frac{d^2}{2}\left(mn^3+\frac{Mg}{4l}n\right) \tag{2.5}$$

2.1.4 模型求解与分析

1. 模型求解

1）均匀直杆模型

易得

$$W=\frac{d^2}{2}\left(\frac{m}{3}n^3+\frac{Mg}{4l}n\right)\geqslant d^2\sqrt{\frac{mn^3}{3}\cdot\frac{Mgn}{4l}}$$

当且仅当$\frac{mn^3}{3}=\frac{Mgn}{4l}$，即$n=\sqrt{\frac{3Mg}{4ml}}$时，所做的功最小.

2）直线运动模型

类似地，可得当$mn^3=\frac{Mgn}{4l}$，即$n=\sqrt{\frac{Mg}{4ml}}$时，所做的功最小.

2. 模型分析

根据上面求解出的行走频率计算公式，可看出人做功最小（即最省力）时的行走频率只与人体质量、腿的质量、腿长有关，而与步长无关.

➢ 2.2 公平的席位分配

2.2.1 问题的背景与提出

数学向各个领域的渗透可以说是当代科学发展的一个显著特点，代表席位的分配问题就是数学在人类政治活动中的一个应用. 它起源于西方的民主政治问题，美利坚合众国宪法第1条第2款指出："众议院议员名额……将根据各州的人口比例分配……" 美利坚合众国宪法从1789年生效以来的200多年中，美国的政治家们和科学家们就如何"公正合理"地实现宪法中所规定的分配原则展开了激烈的争论，虽然设计并实践了许多方法，但没有一种方法能够得到公众的普遍认可.

这个问题可用数学语言表述为：设第i方人数为$p_i\ (i=1,2,\cdots,s)$，总人数$N=\sum_{i=1}^{s}p_i$，待分配的代表席位为n，问题是如何寻找一组相应的整数$n_i\ (i=1,2,\cdots,s)$，使得$n=\sum_{i=1}^{s}n_i$，其中n_i为第i方获得的代表席位，并且"尽可能"地接近$q_i=np_i/N$，即按人口比例分配应得的代表席位.

2.2.2 Hamilton 方法

假设某校由甲、乙、丙三个系组成，分别有学生100名、60名、40名，校学生会现设20

个代表席位，问应如何公平分配？简单的办法是按各系学生人数的比例进行分配，显然甲、乙、丙三个系分别应占有学生会10个、6个、4个代表席位. 若从丙系分别转入甲、乙两系各3名学生，则各系人数如表2.1的第2列所示. 如果仍按比例（表中第3列）分配就会出现小数（表中第4列），而代表席位又必须是整数，怎么办？一个自然的想法是：对 q_i 四舍五入取整或截尾取整，但这样将导致席位多余或席位不够分配.

表 2.1　学生会名额的分配

系别	学生人数	学生人数比例/%	20个席位的分配		21个席位的分配	
			比例分配席位	Hamilton 方法结果	比例分配席位	Hamilton 方法结果
甲	103	51.5	10.3	10	10.815	11
乙	63	31.5	6.3	6	6.615	7
丙	34	17.0	3.4	4	3.570	3
总和	200	100.0	20.0	20	21.000	21

为此，Hamilton（汉密顿）于1790年提出了解决代表席位分配问题的一种方法，并于1792年被美国国会通过.

该方法的具体操作过程如下.

（1）让各州取应得份额 q_i 的整数部分 $[q_i]$.

（2）让 $r_i = q_i - [q_i]$ 按照从大到小的顺序排列，将余下的议员席位逐个分配给各相应的州，即小数部分最大的州优先获得余下席位的第一个，次大的取得余下席位中的第二个，以此类推，直到席位分配完毕.

因此，根据Hamilton方法，三个系的20个学生会席位的分配结果如表2.1的第5列所示. 由于20个席位的代表会议在表决提案时可能出现10∶10的僵持局面，学生会决定在下一届增加1个席位，问此时又应如何分配？按照Hamilton方法重新分配21个席位，计算结果如表2.1的第7列所示. 显然新结果对丙系是不公平的，因为总席位增加了1席，而丙系却由4席减为3席，显然是不合理的. 这反映出Hamilton方法在代表席位分配时存在严重缺陷，必须加以改进.

2.2.3　相对不公平度及 *Q* 值法

那么如何改进Hamilton方法呢？数学家Huntington（亨廷顿）从不公平度的角度提出了另一种代表席位的分配方法.

“公平”是一个模糊的概念，因为绝大多数情况下现实世界中本没有绝对的公平. 因此，必须从数学的角度给“公平”或“不公平”赋以某一量化指标，以之来衡量“公平”或“不公平”的程度.

对于某一群体 $(p_1, p_2, \cdots, p_s)$ 及其代表席位分配方案 $(n_1, n_2, \cdots, n_s)$，当且仅当 $p_i / n_i \ (i=1,2,\cdots,s)$ 全相等时，分配方案才是公平的，其中 p_i / n_i 表示第 i 方的每名代表所代表的群体人数. 但是，由于人数和席位数必须是整数，p_i / n_i 一般不会相等，这说明名额分配不公平.

为叙述方便，以 $s=2$ 为例说明. 设 A、B 两方人数分别为 p_1、p_2，占有的席位数分别为 n_1、

n_2，则两方每个席位代表的人数分别为$\frac{p_1}{n_1}$、$\frac{p_2}{n_2}$. 通常，当$\frac{p_1}{n_1}=\frac{p_2}{n_2}$时，说明 A、B 两方的代表席位严格按双方的人数比例分配，因此认为分配是公平的.

当$\frac{p_1}{n_1}>\frac{p_2}{n_2}$，即对 A 方不公平时，其不公平程度可用数值$\frac{p_1}{n_1}-\frac{p_2}{n_2}$衡量，称为对 A 方的绝对不公平度. 它衡量的是不公平的绝对程度，通常无法区分两种程度明显不同的不公平情况. 如表 2.2 所示，群体 A、B 与群体 C、D 的绝对不公平程度相同，但常识告诉我们，后面这种情况的不公平程度比起前面来已经大为改善了. 因此，绝对不公平度也不是一个好的衡量标准.

表 2.2　绝对不公平度

群体	人数 p	名额 n	$\frac{p}{n}$	$\frac{p_1}{n_1}-\frac{p_2}{n_2}$
A	150	10	15	5
B	100	10	10	
C	1 050	10	105	5
D	1 000	10	100	

这时自然想到使用相对标准，下面给出相对不公平度的概念.

若$\frac{p_1}{n_1}>\frac{p_2}{n_2}$，则称

$$r_A(n_1,n_2)=\frac{\frac{p_1}{n_1}-\frac{p_2}{n_2}}{\frac{p_2}{n_2}} \tag{2.6}$$

为对 A 方的相对不公平度. 类似地，若$\frac{p_2}{n_2}>\frac{p_1}{n_1}$，则称

$$r_B(n_1,n_2)=\frac{\frac{p_2}{n_2}-\frac{p_1}{n_1}}{\frac{p_1}{n_1}} \tag{2.7}$$

为对 B 方的相对不公平度.

现在的问题是，当总席位再增加 1 个时，应该给 A 方还是 B 方？

不失一般性，不妨设$\frac{p_1}{n_1}>\frac{p_2}{n_2}$，这时对 A 方不公平，当再增加 1 个席位时，可分以下两种情况讨论.

（1）若$\frac{p_1}{n_1+1}>\frac{p_2}{n_2}$，这说明给 A 方即使再增加 1 个席位，对 A 方还是不公平，则增加的席位应该给 A 方.

（2）若$\frac{p_1}{n_1+1}<\frac{p_2}{n_2}$，这说明增加 1 个席位给 A 方后，变为对 B 方不公平，但同时$\frac{p_1}{n_1}>\frac{p_2}{n_2}>\frac{p_2}{n_2+1}$，则将增加的 1 个席位给 B 方，对 A 方又变为不公平.

那增加的 1 个席位到底应该给哪一方呢？此时，就必须要计算 A、B 两方的相对不公平度.

（1）若 $r_B(n_1+1,n_2)<r_A(n_1,n_2+1)$，说明对 B 方的相对不公平度要小于 A 方，则增加的 1 个席位应该给 A 方；

（2）若 $r_B(n_1+1,n_2)>r_A(n_1,n_2+1)$，则增加的 1 个席位应该给 B 方.

注意到条件 $r_B(n_1+1,n_2)<r_A(n_1,n_2+1)$ 等价于

$$\frac{p_2^2}{n_2(n_2+1)}<\frac{p_1^2}{n_1(n_1+1)} \tag{2.8}$$

而且容易验证由情形（1）可推出上式成立，从而可得结论：当式（2.8）成立时，增加的 1 个名额应该给 A 方；否则，应该给 B 方.

将上述方法推广到一般情形：设第 i 方的人数为 p_i，已经占有 $n_i\ (i=1,2,\cdots,s)$ 个代表席位.当总的代表席位增加 1 个时，计算

$$Q_i=\frac{p_i^2}{n_i(n_i+1)} \tag{2.9}$$

并将增加的名额分配给 Q 值最大的一方，这种方法称为 Q 值法或 Huntington 方法.

实际上，在 Q 值法中，作了如下两个假设.

（i）每一方都享有平等的席位分配权利；

（ii）每一方至少应该分配到 1 个席位，若某一方 1 个席位也分不到的话，则应把它剔除在分配范围之外.

设有 m 个群体、n 个代表席位，当 $n>m$，则 Q 值法的一般步骤如下.

（1）每个群体分配 1 个代表席位.

（2）计算 $Q_i=p_i^2/(1\times2)\ (i=1,2,\cdots,m)$，若 $Q_k=\max Q_i$，则第 $m+1$ 个代表席位分配给第 k 个群体.

（3）计算 $Q_k'=p_k^2/(2\times3)$，将 Q_k' 与（2）中的各 $Q_i\ (i=1,2,\cdots,k-1,k+1,\cdots,m)$ 比较，并将第 $m+2$ 个代表席位分配给 Q 值最大的群体.

（4）重复（3），直至 n 个代表席位分配完毕.

下面用 Q 值法为甲、乙、丙三个系重新分配 21 个代表席位，计算结果（保留一位小数）如表 2.3 所示. 表中括号外的数表示各系在不同状态下相应的 Q 值，括号内的数表示第几个席位分配给了相应的系. 注意在第 2 行中，Q 值被记为 $+\infty$，这表示甲、乙、丙三个系一开始即各自分得一个代表席位[根据 Q 值法的假设（1）].

表 2.3　学生会席位的 Q 值法分配方案

系别	甲系（$p_1=103$）	乙系（$p_2=63$）	丙系（$p_3=34$）
$p_i^2/(0\times1)$	$+\infty$（1）	$+\infty$（2）	$+\infty$（3）
$p_i^2/(1\times2)$	5 304.5（4）	1 984.5（5）	578.0（9）
$p_i^2/(2\times3)$	1 768.2（6）	661.5（8）	192.7（15）
$p_i^2/(3\times4)$	884.1（7）	330.8（12）	96.3（21）
$p_i^2/(4\times5)$	530.5（10）	198.5（14）	57.8
$p_i^2/(5\times6)$	353.6（11）	132.3（18）	—
$p_i^2/(6\times7)$	252.6（13）	94.5	—

续表

系别	甲系（$p_1=103$）	乙系（$p_2=63$）	丙系（$p_3=34$）
$p_i^2/(7\times8)$	189.4（16）	—	—
$p_i^2/(8\times9)$	147.3（17）	—	—
$p_i^2/(9\times10)$	117.9（19）	—	—
$p_i^2/(10\times11)$	96.4（20）	—	—
$p_i^2/(11\times12)$	80.4	—	—

由表 2.3 可以看出：Q 值法首先计算各群体的 Q 值，即

$$Q_i^{(n)}=\frac{p_i^2}{n(n+1)}\quad(n=0,1,\cdots)$$

然后将这些 Q 值由大到小排序，最后即得代表席位的分配方案.

2.2.4 模型的公理化研究

上面我们在发现 Hamilton 分配方法的弊端之后，按照相对不公平度最小的原则，提出了 Q 值法（Huntington 分配方法）. 当然，如果承认相对不公平度是衡量公平分配的合理指标，那么 Q 值法就是好的分配方法. 但是，还可以有其他衡量公平的定量指标及分配方法（如习题 2.1），所以有人想到，能否先提出一些人们公认的衡量公平分配的理想化原则，然后看看有哪些方法满足这些原则.

设第 i 方群体人数为 $p_i\ (i=1,2,\cdots,s)$，总人数 $p=\sum_{i=1}^{s}p_i$，待分配的代表席位为 n，理想化的代表席位分配结果为 n_i，满足 $n=\sum_{i=1}^{s}n_i$. 记 $q_i=np_i/p$，显然，若 q_i 均为整数，则应有 $n_i=q_i$，以下研究 q_i 不全为整数的情形.

一般地，n_i 是 n 和诸 p_i 的函数，记 $n_i=n_i(n,p_1,p_2,\cdots,p_s)$.

1974 年，两位学者 Balinsky（巴林斯基）和 Young（杨）首先在席位分配问题的研究中引进了公理化方法. 公理化方法就是事先根据具体的现实问题给出一系列合理的约束，称为“公理”，然后运用数学分析的方法证明哪一个数学结构或者合适的函数或关系能满足所给定的公理，最后运用逻辑的方法去考察这些公理之间是否相容. 若不相容，则说明符合这些公理的对象并不存在. 下面是他们关于席位分配问题提出的 5 条公理.

公理 I（人数单调性）某一方的人口增加不会导致其席位减少，即当 n 固定时，若 $p_i<p_i'$，$p_j=p_j'\ (\forall j\neq i)$，则 $n_i<n_i'$.

公理 II（席位单调性）代表总席位的增加不会使某一方的席位减少，即

$$n_i(n,p_1,p_2,\cdots,p_s)<n_i'(n+1,p_1,p_2,\cdots,p_s)$$

公理 III（公平分摊性）任一方的席位都不会偏离其按比例的份额数，即

$$[q_i]\leqslant n_i\leqslant[q_i]+1\quad(i=1,2,\cdots,s)$$

公理 IV（接近份额性）不存在从一方到另一方的席位转让而使得它们都接近于各自应得的份额.

公理Ⅴ（无偏性）在整个时间上平均，每一方都应得到其分摊的份额.

从对模型的检验与分析可以看出，上面讨论的两种代表席位分配方法都有其自身的不足：Hamilton 方法满足公理Ⅰ，但不满足公理Ⅱ；Q 值法满足公理Ⅱ，却不满足公理Ⅰ.

1982 年，Balinsky 和 Young 证明了关于席位分配问题的一个不可能性定理，即不存在完全满足公理Ⅰ～公理Ⅴ的代表席位分配方法，从而为这一争论画上了句号.

➢ 2.3 称重问题

在小学数学教材中有这样一个称重问题：在一堆零件中有一个是次品，用天平作为度衡工具，至少需要几次才能将次品找出来？称重问题属于组合优化的范畴，主要包括两类：第一类是在砝码数目一定的条件下，使能称出的质量最多；第二类是使称重的次数最少.

2.3.1 第一类称重问题

例 2.1 在天平上要称出 $1\sim40$ g 的不同整数克重的物体，至少需要多少个砝码？

用天平称物体质量的方法有以下两种.

（1）直接法，即在天平的一边放置待称重的物体，另一边放置一定数量的砝码，当天平平衡时，砝码质量之和即为物体的质量.

（2）间接法，即在天平的两边均放置砝码，当天平平衡时，将不放物体的盘内砝码质量和减去放物体的盘内砝码质量和，所得的差即为物体的质量.

1. *直接法*

意大利数学家 Tartaglia（塔尔塔利亚）分别用重 1 g、2 g、4 g、8 g、16 g、32 g 的 6 个砝码给出了上述问题的一个回答，即 $1\sim40$ g 中的任意一个整数克重的质量都可以表示成这 6 个砝码中的若干个之和. 例如，$27\text{ g}=1\text{ g}+2\text{ g}+8\text{ g}+16\text{ g}$. 事实上，用上述 6 个砝码可以称出 $1\sim63$ g 内的任意一个整数克重物体的质量.

一般地，运用直接法，用质量分别为 $1\text{ g}, 2\text{ g}, \cdots, 2^{n-1}\text{ g}$ 的 n 个砝码可以称出 $1\sim(1+2+\cdots+2^{n-1})$ g 内即 $1\sim(2^n-1)$ g 内的任意整数克重物体的质量.

2. *间接法*

法国数学学者 de Méziriac（德梅齐利亚克）于 1624 年用间接法提出了对该问题的一个解法.

（1）要称 1 g，必须有重 1 g 的砝码.

（2）要称 2 g，必须有重 2 g 或 3 g 的砝码. 用 1 g、2 g 的砝码可以分别称出 1 g、2 g、3 g 的物体；而用 1 g、3 g 的砝码可以分别称出 1 g、2 g、3 g、4 g 的物体. 换言之，用 1 g、3 g 的砝码可以称出 $1\sim(1+3)$ g 即 $1\sim4$ g 任意一个整数克重的物体.

（3）类似地，可得出结论：如果再添加一个 9 g 的砝码，就能称出 $1\sim(1+3+9)$ g，即 $1\sim13$ g 任意一个整数克重的物体；如果再添加一个 27 g 的砝码，就能称出 $1\sim(1+3+9+27)$ g，即 $1\sim40$ g 任意一个整数克重的物体.

一般地，运用间接法，用质量分别为 $1\text{ g}, 3\text{ g}, \cdots, 3^{n-1}\text{ g}$ 的 n 个砝码可以称出 $1\sim(1+3+\cdots+3^{n-1})$ g，即 $1\sim\frac{1}{2}(3^n-1)$ g 的所有整数克重的物体质量，而且此时所用砝码的个数是最少的.

2.3.2 第二类称重问题

例 2.2 有 95 颗钻石，已知其中有 1 颗是假的，而且假的钻石除质量与真的不一样外，其他完全相同. 问：用天平称重来鉴定钻石的真伪，最少需称多少次？

假设所有真钻石在外观、色泽、质量等物理特征上毫无差异.

一般地，分下面三种情况展开讨论.

情形 1 真假钻石轻重已知，即真钻石要么比假钻石重，要么比假钻石轻.

例如，有 9 颗钻石（有且仅有 1 颗是假的），把它们均分为三堆. 先将其中两堆称重，若质量相同，则假的在第三堆中；若质量不同，则称重的两堆中必有一堆含假的钻石. 再在含假的那堆中取两颗称重，若同重，则第三颗是假的；若不同重，则两颗中必有一颗是假的（由于已知真假钻石在质量上的差异性，假钻石已经找出）. 因此，此时两次称重即可找出假钻石. 将上述情况推广，可知最多称重 n 次可在 3^n 颗真假钻石堆（有且仅有 1 颗是假的）中鉴别出哪颗钻石是假的.

情形 2 真假钻石轻重未知，但有一袋数量足够多的真钻石作砝码.

先考虑直接将情形 2 转化为情形 1，再讨论其改进结果.

命题 1 *如果另有一袋钻石做砝码，称重 $n+1$ 次必可在 3^n 颗钻石中鉴别出假钻石.*

事实上，将真假掺杂的钻石（有且仅有 1 颗是假的）与相同数量的真钻石一起称重，即可知真假钻石在质量上孰轻孰重，此时即将情形 2 转化为情形 1. 因此，最多称重 $n+1$ 次必可在 3^n 颗钻石中鉴别出假钻石.

下面讨论更进一步的结论.

例如，有 5 颗钻石，分为两堆：一堆 3 颗，一堆 2 颗. 将 3 颗与真钻石比重，若同重，则假的在 2 颗那一堆中，继续称 1 次即可知道哪颗是假的（只需从中任取 1 颗与真钻石一起放在天平的两端称重. 若不同重，则其本身必是假的；若同重，则 2 颗中的另一颗是假的）. 因此，称重 2 次即可找出假钻石. 若不同重，则假的在 3 颗那一堆中（同时即知真假钻石的轻重），运用情形 1 的结论，再称 1 次即可，同样称重 2 次可鉴别出假钻石.

又如，现有 14 颗钻石，分为两堆：一堆 9 颗，一堆 5 颗. 将 9 颗与真的比重，若同重，则假的在 5 颗那一堆中，由上面的示例可知，此时称重 3 次可得结果；若不同重，则假钻石必在 9 颗这一堆中（同样已知真假钻石的轻重），由情形 1，同样称重 3 次可鉴别出假钻石.

依此类推，称重 4 次可在 41 颗钻石中鉴别出假钻石，称重 5 次可在 122 颗钻石中鉴别出假钻石……如何分堆，请读者思考.

一般地，有下面的结论.

命题 2 *若另有一袋真钻石做砝码，则称重 n 次可在*

$$1+1+3+3^2+3^3+\cdots+3^{n-1}=\frac{1+3^n}{2}$$

颗钻石中鉴别出假钻石.

由于 $3^{n-1}<(1+3^n)/2$，命题 2 改进了命题 1 的结果. 下面运用数学归纳法给出命题 2 的证明.

证 当 $n=1, 2, 3$ 时，由前面的两个示例可知命题 2 为真.

假设当 $n=m$ 时命题为真，即称重 m 次可在 $(1+3^m)/2$ 颗钻石中鉴别出假钻石.

当$n=m+1$时，先将$(1+3^{m+1})/2$颗钻石分为两堆：3^m颗和$(1+3^m)/2$颗. 再将3^m颗与真钻石比较轻重，若同重，则假钻石在$(1+3^m)/2$颗钻石堆中，此时由归纳假设，继续称重m次即可找出假钻石；若不同重，则假钻石在3^m颗钻石堆中（同时亦已知道真假钻石的轻重），由情形 1 的结论，最多继续称重m次即可找出假钻石. 因此，称重$m+1$次必可在$(1+3^{m+1})/2$颗钻石中找出假钻石.

最后，由数学归纳法原理即知命题 2 为真.

情形 3 真假钻石轻重未知，也没有真钻石做砝码.

例如，现有 11 颗钻石，将其分为 3 堆：一堆 5 颗，其余两堆各 3 颗. 先称后面两堆，若同重，则假的在 5 颗那一堆中，此时后面两堆均可以作为砝码（即已转化为情形 2），根据命题 2，继续称重 2 次可在 5 颗中找出假钻石. 若不同重，则 5 颗那堆全是真的，再将两堆中重的那堆与真钻石比较重量. 若同重，则轻的那堆中含假钻石（同时，假钻石比真的轻），问题即转化为情形 1，最后再称重 1 次可找出假钻石；否则，假钻石在重的那堆中（假钻石比真的重），同样再称重 1 次可找出假钻石. 总之，称重 3 次必可找出 11 颗中的假钻石.

命题 3 *真假钻石轻重未知，也没有真钻石做砝码，则称重n次可在*

$$3^{n-2}+3^{n-2}+\frac{1+3^{n-1}}{2}=\frac{1+4\cdot 3^{n-2}+3^{n-1}}{2}$$

颗钻石中鉴别出假钻石.

证 将$(1+4\cdot 3^{n-2}+3^{n-1})/2$颗钻石分为三堆：两堆$3^{n-2}$颗和一堆$(1+3^{n-1})/2$颗. 将两堆$3^{n-2}$颗钻石称重，分为以下两种情况.

（1）若同重，则两堆均为真钻石，从而可作为砝码，于是问题即转化为情形 2，由命题 2 可知结论成立.

（2）若不同重，则$(1+3^{n-1})/2$颗那堆钻石全为真的. 再将3^{n-2}颗重的那堆与真钻石比较重量，若同重，则说明轻的那堆中有假钻石（而且假钻石比真的轻），由情形 1，最多继续称重$n-2$次可找出假钻石；若不同重，则说明重的那堆中有假钻石（而且假钻石比真的重），同样由情形 1，最多继续称重$n-2$次可找出假钻石.

总之，称重n次即可鉴别出假钻石.

现在回到例 2.2，$95=3^3+3^3+(1+1+3+3^2+3^3)$，把两堆 27 颗钻石在天平上比较重量. 若同重，则表示其余 41 颗钻石有假，由命题 2 即知最多再称重 4 次可找出假钻石；若不同重，则其余 41 颗钻石都是真的，从中任取 27 颗与两堆中重的那堆比较，由命题 3 可知继续称重 3 次可找出假钻石. 因此，最多称重 5 次可找出 95 颗钻石中的假钻石.

上述问题虽然是初等的称重问题，但与信息论有着密切的联系. 如果利用信息论的思想和技术，问题会变得十分简单. 有兴趣的读者可参考相应的文献资料.

➢ 2.4 效益的合理分配

在经济活动中，若干经济实体（如个人或企业等）间的相互合作，常常能比他们单独经营时获得更多的经济效益. 确定合理的效益分配方案是促成各方开展长远合作的基本前提之一.

设n个经济实体各自单独经营时的效益分别为$x_1,x_2,\cdots,x_n\ (x_i\geqslant 0,\forall i)$，联合经营时总效益为$x$，且$x>\sum_{i=1}^{n}x_i$. 问应该如何合理分配效益？

分配原则：合作经营时各成员的效益应高于各自单独经营时的效益.

最简单的分配方法：各经济实体依据各自单独经营的效益水平获得相应比例的效益份额

$$x_k^* = x \cdot \frac{x_k}{\sum_{i=1}^{n} x_i} \quad (k = 1, 2, \cdots, n)$$

然而实际情况并非如此简单，下面看一个简单例子.

例 2.3 设乙、丙两人受雇于甲经营商，并已知甲单独经营每月可获利 1 万元，只雇乙每月可获利 2 万元，只雇丙每月可获利 3 万元，乙、丙都雇佣每月可获利 4 万元. 问应如何合理分配这 4 万元的收入？

根据例 2.3 中的所给条件，单独经营时，甲获利 $x_1 = 1$（单位：万元，下同），乙获利 $x_2 = 0$，丙获利 $x_3 = 0$；联合经营时，总效益 $x = 4$. 如果按照上面的简单方法，甲、乙、丙三人分配得到的效益份额分别为

$$x_1^* = 4 \cdot \frac{1}{1} = 4, \quad x_2^* = 4 \cdot \frac{0}{1} = 0, \quad x_3^* = 4 \cdot \frac{0}{1} = 0$$

显然这是不合理的.

假设在某一合理的分配原则下，甲、乙、丙三人分配应得的效益份额分别为 x_1^*、x_2^*、x_3^*，则应满足

$$\begin{cases} x_1^* + x_2^* + x_3^* = 4 \\ x_1^* + x_2^* \geqslant 2 \\ x_1^* + x_3^* \geqslant 3 \\ x_1^* \geqslant 1, x_2^* \geqslant 0, x_3^* \geqslant 0 \end{cases} \tag{2.10}$$

不等式组（2.10）的解并不是唯一的，例如，$(2.5, 0.5, 1)$，$(2.4, 0.6, 1)$，$(2+r, 1-r, 1)$ $(0 < r < 1)$ 均为其解.

这类问题称为 n 人合作对策，Shapley（夏普里）于 1953 年给出了解决这类问题的一种方法，介绍如下.

定义 2.1 设有集合 $I = \{1, 2, \cdots, n\}$，若对任意子集 $S \subset I$，对应一个实值函数 $v(S)$ 满足：

（1）$v(\varnothing) = 0$； (2.11)

（2）当 $S_1 \cap S_2 = \varnothing$ 时，有

$$v(S_1 \cap S_2) \geqslant v(S_1) + v(S_2) \tag{2.12}$$

称 $[I, v]$ 为 n 人合作对策，v 为对策的特征函数.

这里 I 可以是 n 个人或经济实体的集合，以下只理解为 n 人的集合，S 为 n 人集合中的任一种合作，$v(S)$ 为合作 S 的效益函数.

定义 2.2 合作总获利 $v(I)$ 的分配（与 v 有关）定义为

$$\varphi(v) = [\varphi_1(v), \varphi_2(v), \cdots, \varphi_n(v)]$$

式中：$\varphi_i(v)$ 为局中人 $\{i\}$ 所获得的收益.

为确定 $\varphi(v)$，Shapley 归纳了合理的分配原则所应满足的三条公理，统称为 Shapley 公理.

Shapley 公理 设 π 为 $I = \{1, 2, \cdots, n\}$ 的一个排列.

（1）对称性. 若 $S \subset I$，用 $\pi(S)$ 表示集合 $\{\pi_i \mid i \in S\}$，对特征函数 $v(S)$，$u(S) = v[\pi(S)]$ 也是一个特征函数，且 $\varphi_{\pi_i}(v) = \varphi_i(u)$，即每人分配应得的份额与其被赋予的记号或编号无关.

（2）有效性. 若对所有包含 $\{i\}$ 的子集 S，都有 $v(S \setminus \{i\}) = v(S)$，则 $\varphi_i(v) = 0$，且 $\sum_{i=1}^{n} \varphi_i(v) = v(I)$，

即若成员 $\{i\}$ 对于每一个其参加的合作都没有贡献，则他不应从全体合作的效益中获得报酬，且各成员分配的效益之和等于全体合作的效益.

（3）可加性. 对于定义在 I 上的任意两个特征函数 v 和 u，有

$$\varphi(v+u)=\varphi(v)+\varphi(u)$$

这说明，当 n 人同时进行两项合作时，每人所得的分配是两项合作的分配之和.

定理 2.1 存在唯一满足 Shapley 公理的映射 φ，且有

$$\varphi_i(v)=\sum_{S\in S_i}\frac{(n-|S|)!(|S|-1)!}{n!}\cdot[v(S)-v(S\setminus\{i\})]\quad(i=1,2,\cdots,n)\tag{2.13}$$

式中：S_i 为 I 中包含 $\{i\}$ 的所有子集；$|S|$ 为子集 S 中元素的个数.

记

$$w(|S|)=\frac{(n-|S|)!(|S|-1)!}{n!},\qquad g_i(S)=v(S)-v(S\setminus\{i\})\tag{2.14}$$

称 $g_i(S)$ 为 $\{i\}$ 在集体（合作）S 中产生的效益，$w(|S|)$ 为 $g_i(S)$ 的权函数.

回到例 2.1，借此解释式（2.13）的用法和意义.

甲、乙、丙三人记为 $I=\{1,2,3\}$，经商获利定义为 I 上的特征函数 v，即

$$v(\varnothing)=0,\quad v(\{1\})=1,\quad v(\{2\})=v(\{3\})=0,$$
$$v(\{1,2\})=2,\quad v(\{1,3\})=3,\quad v(\{2,3\})=0,\quad v(\{1,2,3\})=4$$

容易验证 v 满足式（2.11）和式（2.12），为计算 $\varphi_1(v)$，首先找出 I 中包含 $\{1\}$ 的所有子集 $S_1=\{\{1\},\{1,2\},\{1,3\},\{1,2,3\}\}$，然后列表（表 2.4），将表中最后一行相加得 $\varphi_1(v)=2.5$（万元），同理可计算出 $\varphi_2(v)=0.5$（万元），$\varphi_3(v)=1$（万元）.

表 2.4 甲的分配效益 $\varphi_1(v)$ 的计算

S	$\{1\}$	$\{1, 2\}$	$\{1, 3\}$	$I=\{1, 2, 3\}$
$\|S\|$	1	2	2	3
$v(S)$	1	2	3	4
$v(S\setminus\{1\})$	0	0	0	0
$g_1(S)$	1	2	3	4
$w(\|S\|)$	1/3	1/6	1/6	1/3
$\varphi_1(v)$	1/3	1/3	1/2	4/3

通过此例对式（2.13）解释如下：对表 2.4 中的 S，如 $\{1,2\}$，$v(S)$ 是有甲参加时合作 S 的效益，$v(S\setminus\{1\})$ 是无甲参加时的效益，$v(S)-v(S\setminus\{1\})$ 可视为甲对这一合作的贡献，式（2.13）是甲对其所参加的所有合作的贡献的加权平均值，加权因子为 $w(|S|)$，即式（2.13）是按贡献大小分配效益的.

下面给出一个实际问题说明这个模型的应用.

例 2.4 有三个位于某河流同岸的城市，从上游到下游的编号依次为 1、2、3. 污水需处理才能排入河中，三市既可以单独建立污水处理厂，也可以联合建厂，将污水集中处理. 1、2 两市距离为 20 km，2、3 两市距离为 38 km. 用 Q 表示污水排放量（m^3/s），L 表示管道长度（km），按照经验公式建立处理厂的费用为 $p_1=73Q^{0.712}$（万元），铺设管道费用为 $p_2=0.66Q^{0.51}L$（万元），已知三市的污水排放量分别为 5 m^3/s、3 m^3/s、5 m^3/s，试从降低成本的角度为三市制定污水处理方案，如果联合建厂，各城镇如何分担费用？

通常，管道架设只能从上游通往下游. 因此，设计的污水处理方案及其相应的费用如下.

（1）1、2、3 三市分别建厂，仅需建厂费，各需投资 229.61 万元、159.60 万元、229.61 万元，总投资为 618.82 万元.

（2）1、2 两市合作在城 2 建厂，污水处理厂建设费用为 320.87 万元，管道建设费用为 30.00 万元，加上城 3 的污水处理厂建设费用 229.61 万元，总投资为 580.48 万元.

（3）1、3 两市合作在城 3 处建厂，投资为 463.10 万元，此时已经大于两市单独建污水处理厂的费用之和，合作没有效益，不可能实现.

（4）2、3 两市合作在城 3 处建厂，投资为 364.79 万元，总投资为 594.40 万元.

（5）1、2、3 三市合作在城 3 处建厂，总投资为 555.79 万元.

比较上述结果，三市合作的总投资最小，所以应选择联合建厂方案.

三市合作降低成本，产生的效益是一个 n 人合作对策问题，可以用式（2.14）分配效益，将三市记为 $I=\{1,2,3\}$，联合建厂比单独建厂降低的成本定义为特征函数，于是有（单位：万元）

$$v(\varnothing)=0,\quad v(\{i\})=0,\quad (i=1,2,3),\quad v(\{1,3\})=0$$

$$v(\{1,2\})=(229.61+159.60)-(320.87+30.00)=38.34$$

$$v(\{2,3\})=(229.61+159.60)-364.79=24.42$$

$$v(\{1,2,3\})=618.82-555.79=63.03$$

则 v 满足式（2.11）和式（2.12），用式（2.13）计算这个效益的分配，具体计算如表 2.5 所示，则城 1 应得的份额为 $\varphi_1(v)=6.39+12.87=19.26$（万元）. 类似地，$\varphi_2(v)=31.47$（万元），$\varphi_3(v)=12.30$（万元）.

1、2、3 三市承担的污水处理建设费用分别为 210.35 万元、128.13 万元、217.31 万元.

表 2.5　城 1 在合作建厂时应得的份额 $\varphi_1(v)$ 的计算

S	$\{1\}$	$\{1,2\}$	$\{1,3\}$	$I=\{1,2,3\}$
$\lvert S\rvert$	1	2	2	3
$v(S)$	0	38.34	0	63.03
$v(S\setminus\{1\})$	0	0	0	24.42
$g_1(S)$	0	38.34	0	38.61
$w(\lvert S\rvert)$	1/3	1/6	1/6	1/3
$\varphi_1(v)$	0	6.39	0	12.87

习　题　2

2.1　学校共有 1 000 名学生，其中 235 人住在 A 宿舍，333 人住在 B 宿舍，432 人住在 C 宿舍. 学生们要组织一个 10 人的委员会，试用下列办法分配各宿舍的委员数.

（1）按比例分配取整数的名额后，剩下的名额按惯例分给小数部分较大者.

（2）利用 Q 值法.

（3）利用 d'Hondt（洪德）方法：将 A、B、C 三宿舍的人数分别与正整数 $n=1,2,3,\cdots$ 相除，其商数如下.

宿舍	n					
	1	2	3	4	5	…
A	235	117.5	78.3	58.75	…	…
B	333	166.5	111	83.25	…	…
C	432	216	144	108	86.4	…

将所得商从大到小取前 10 个（10 为席位数），在数下标以横线，表中 A、B、C 行有横线的数分别为 2、3、5，这就是 3 个宿舍分配的席位. 你能解释这种方法吗？

如果委员会从 10 人增至 15 人，用以上三种方法再分配名额，将三种方法两次分配的结果列表比较.

（4）你能提出其他方法吗？用你的方法分配上面的名额.

2.2　雨滴匀速下降，假设空气阻力与雨滴表面积和速度的平方成正比，建立合适的数学模型以确定雨速与雨滴质量间的关系.

2.3　甲（农民）有一块土地，若从事农业生产可收入 1 万元，若将土地租给乙（企业家）用于工业生产，可收入 3 万元. 当旅店老板请企业家参与经营时，收入达 4 万元. 为促成最高收入的实现，试用 Shapley 方法分配各人的所得.

2.4　称重问题.

（1）用天平称出 1~121 g 所有整数克的质量，问最少需要几个砝码？这些砝码各是多少克？

（2）现有 9 个砝码，质量均为整数（单位：g，允许有相同的质量），用它们称出不超过 500 g 的所有物体的质量（称物体质量时，要求砝码放在天平的右盘，物体放在天平的左盘）. 问这 9 个砝码中最重的那个至少要多少克？

2.5　Consider an object falling under the influence of gravity. Assume that air resistance is negligible. Using dimensional analysis，find the speed v of the object after it has fallen a distance s. Let $v = f(m,g,s)$，where m is the mass of the object and g is the acceleration due to gravity. Does your answer agree with your knowledge of the physical situation?

2.6　The lift force F on a missile depends on its length r，velocity v，diameter δ，and initial angle θ with the horizon；it also depends on the density ρ，viscosity μ，gravity g，and speed of sound s of the air. Show that

$$F = \rho v^2 r^2 h\left(\frac{\delta}{r}, \theta, \frac{\mu}{\rho v r}, \frac{s}{v}, \frac{rg}{v^2}\right)$$

第3章 方程模型

许多实际问题的数学描述可表示成微分方程或方程组的定解问题，这类数学模型称为微分方程模型. 针对这一类实际问题，需要确定描述实际对象的某些特征随时间（或空间）而演变的过程，分析其变化规律，预测其未来状态，研究其控制手段时，通常是作出简化假设，建立微分方程模型. 在利用微分方程方法建立动态连续模型后，对时间进行离散化处理，可以用差分方程建立动态离散模型. 有些实际问题既可以建立连续模型，又可以建立离散模型；而有些实际问题在建立其微分方程模型时所需要的极限过程无法实现，只有建立其差分方程模型. 本章先给出方程理论方面的有关知识，然后通过一些经典的例子介绍建立这类方程模型的方法.

➢ 3.1 微分方程有关知识简介

在“高等数学”中我们初步学习了微分方程的一些知识，知道大量的微分方程是不能或难以求出其解析解的. 对于这些不能求出解析解的方程，通常采用的方法是求其数值解，或者直接由方程本身分析其解所具有的性质. 出于应用的需要，本节将简要介绍微分方程理论的有关概念及结论，一些定理的证明将被略去.

3.1.1 线性微分方程组解的结构

考察形如

$$\begin{cases} \dfrac{\mathrm{d}x_1}{\mathrm{d}t} = a_{11}(t)x_1 + a_{12}(t)x_2 + \cdots + a_{1n}(t)x_n + f_1(t) \\ \dfrac{\mathrm{d}x_2}{\mathrm{d}t} = a_{21}(t)x_1 + a_{22}(t)x_2 + \cdots + a_{2n}(t)x_n + f_2(t) \\ \qquad\qquad \cdots\cdots \\ \dfrac{\mathrm{d}x_n}{\mathrm{d}t} = a_{n1}(t)x_1 + a_{n2}(t)x_2 + \cdots + a_{nn}(t)x_n + f_n(t) \end{cases} \tag{3.1}$$

的一阶线性微分方程组，其中已知函数 $a_{ij}(t)\ (i, j = 1, 2, \cdots, n)$ 和 $f_i(t)\ (i = 1, 2, \cdots, n)$ 在区间 $a \leqslant t \leqslant b$ 上是连续的. 记

$$\boldsymbol{A}(t) = \begin{pmatrix} a_{11}(t) & a_{12}(t) & \cdots & a_{1n}(t) \\ a_{21}(t) & a_{22}(t) & \cdots & a_{2n}(t) \\ \vdots & \vdots & & \vdots \\ a_{n1}(t) & a_{n2}(t) & \cdots & a_{nn}(t) \end{pmatrix}$$

$$\boldsymbol{f}(t)=\begin{pmatrix} f_1(t) \\ f_2(t) \\ \vdots \\ f_n(t) \end{pmatrix}, \quad \boldsymbol{x}=\begin{pmatrix} x_1 \\ x_2 \\ \vdots \\ x_n \end{pmatrix}, \quad \frac{\mathrm{d}\boldsymbol{x}}{\mathrm{d}t}=\begin{pmatrix} \frac{\mathrm{d}x_1}{\mathrm{d}t} \\ \frac{\mathrm{d}x_2}{\mathrm{d}t} \\ \vdots \\ \frac{\mathrm{d}x_n}{\mathrm{d}t} \end{pmatrix}$$

则方程组（3.1）可写成如下形式：

$$\frac{\mathrm{d}\boldsymbol{x}}{\mathrm{d}t}=\boldsymbol{A}(t)\boldsymbol{x}+\boldsymbol{f}(t) \tag{3.2}$$

当矩阵（或向量）的每个元素在区间 $a \leqslant t \leqslant b$ 上可积、连续或可导时，称矩阵（或向量）在区间 $a \leqslant t \leqslant b$ 上可积、连续或可导. 矩阵（或向量）的导数（或积分），就是由其元素的导数（或积分）组成的矩阵（或向量）.

定理 3.1 （存在唯一性定理）若 $\boldsymbol{A}(t)$、$\boldsymbol{f}(t)$ 都在区间 $a \leqslant t \leqslant b$ 上连续，则对任意 $t_0 \in [a,b]$ 及任一常数向量

$$\boldsymbol{\eta}=\begin{pmatrix} \eta_1 \\ \eta_2 \\ \vdots \\ \eta_n \end{pmatrix}$$

方程组（3.2）存在唯一解 $\boldsymbol{\phi}(t)$，定义于整个区间 $a \leqslant t \leqslant b$ 上，且满足初始条件：

$$\boldsymbol{\phi}(t_0)=\boldsymbol{\eta}$$

若 $\boldsymbol{f}(t) \neq \boldsymbol{0}$，则称方程组（3.2）为非齐次线性的.

若 $\boldsymbol{f}(t) \equiv \boldsymbol{0}$，则方程的形式为

$$\frac{\mathrm{d}\boldsymbol{x}}{\mathrm{d}t}=\boldsymbol{A}(t)\boldsymbol{x} \tag{3.3}$$

方程组（3.3）称为齐次线性的. 通常，方程组（3.3）称为对应于方程组（3.2）的齐次线性方程组.

定理 3.2 （叠加原理）若 $x_1(t)$、$x_2(t)$ 是方程组（3.3）的解，则它们的线性组合 $\alpha x_1(t)+\beta x_2(t)$ 也是方程组（3.3）的解，这里 α、β 为任意常数.

定理 3.3 方程组（3.3）一定存在 n 个线性无关的解 $x_1(t), x_2(t), \cdots, x_n(t)$. 若 $x_1(t), x_2(t), \cdots, x_n(t)$ 是方程组（3.3）的 n 个线性无关的解，则方程组（3.3）的任一解 $x(t)$ 均可表示为

$$x(t)=c_1x_1(t)+c_2x_2(t)+\cdots+c_nx_n(t)$$

式中：$c_1, c_2, \cdots, c_n$ 为相应的确定常数.

称方程组（3.3）的 n 个线性无关的解 $x_1(t), x_2(t), \cdots, x_n(t)$ 为方程组（3.3）的一个基本解组.

由定理 3.3 知，齐次线性方程组的任一解都可由其任一基本解组线性表示.

定理 3.4 设 $\boldsymbol{\phi}(t)$ 是非齐次线性方程组（3.2）的一个解，$x_1(t), x_2(t), \cdots, x_n(t)$ 是对应的齐次线性方程组的一个基本解组，则方程组（3.2）的任一解 $x(t)$ 均可表示为

$$x(t)=c_1x_1(t)+c_2x_2(t)+\cdots+c_nx_n(t)+\boldsymbol{\phi}(t)$$

由定理 3.4 知，非齐次线性方程组的通解，是其对应的齐次线性方程组的通解加上非齐次线性方程组的一个特解.

3.1.2 常系数齐次线性方程组的解

下面讨论系数为常数的齐次线性方程组的解. 为简单及以后的主要应用，仅以二阶常系数齐次线性方程组为例，二阶常系数齐次线性方程组的一般形式为

$$\begin{cases} \dfrac{\mathrm{d}x}{\mathrm{d}t} = a_1 x + a_2 y \\ \dfrac{\mathrm{d}y}{\mathrm{d}t} = b_1 x + b_2 y \end{cases} \tag{3.4}$$

式中：a_1、a_2、b_1、b_2 为常数.

记

$$\boldsymbol{A} = \begin{pmatrix} a_1 & a_2 \\ b_1 & b_2 \end{pmatrix}, \qquad \boldsymbol{Z} = \begin{pmatrix} x(t) \\ y(t) \end{pmatrix}$$

则方程组（3.4）可写成

$$\frac{\mathrm{d}\boldsymbol{Z}}{\mathrm{d}t} = \boldsymbol{AZ} \tag{3.5}$$

设 $\boldsymbol{Z}(t) = \boldsymbol{h}\mathrm{e}^{\lambda t}$ 是方程组（3.5）的解，其中 $\boldsymbol{h} = \begin{pmatrix} h_1 \\ h_2 \end{pmatrix}$ 为待定的常数向量，λ 为待定的数. 将 $\boldsymbol{Z}(t) = \boldsymbol{h}\mathrm{e}^{\lambda t}$ 代入方程组（3.5）两边，得

$$\lambda \boldsymbol{h}\mathrm{e}^{\lambda t} = \boldsymbol{A}\boldsymbol{h}\mathrm{e}^{\lambda t}$$

由 $\mathrm{e}^{\lambda t} \neq 0$ 及上式得 $\boldsymbol{Ah} = \lambda \boldsymbol{h}$，即表明 λ 是矩阵 $\boldsymbol{A}$ 的特征值，$\boldsymbol{h}$ 是对应于 λ 的特征向量. 反之，当 λ 是矩阵 $\boldsymbol{A}$ 的特征值，h 是对应于 λ 的特征向量时，$\boldsymbol{Z}(t) = \boldsymbol{h}\mathrm{e}^{\lambda t}$ 是方程组（3.5）的一个解. 可以证明，方程组（3.5）的解具有如下表达式.

（1）当 $\boldsymbol{A}$ 的特征值 $\lambda_1 \neq \lambda_2$ 时，令 $\boldsymbol{Z}^{(1)} = \boldsymbol{h}^{(1)}\mathrm{e}^{\lambda_1 t}$，$\boldsymbol{Z}^{(2)} = \boldsymbol{h}^{(2)}\mathrm{e}^{\lambda_2 t}$，其中 $\boldsymbol{h}^{(i)}$ 是对应 $\lambda_i\ (i=1,2)$ 的特征向量. 则 $\boldsymbol{Z}^{(1)}$、$\boldsymbol{Z}^{(2)}$ 是方程组（3.5）的一个基本解组，其通解为 $\boldsymbol{Z}(t) = C_1\boldsymbol{Z}^{(1)} + C_2\boldsymbol{Z}^{(2)}$.

（2）当 $\lambda_1 = \lambda_2$，且 $\boldsymbol{A}$ 相似于对角矩阵时，对应令 λ_1 有两个线性无关的特征向量 $\boldsymbol{h}^{(1)}$、$\boldsymbol{h}^{(2)}$. 令 $\boldsymbol{Z}^{(1)} = \boldsymbol{h}^{(1)}\mathrm{e}^{\lambda_1 t}$，$\boldsymbol{Z}^{(2)} = \boldsymbol{h}^{(2)}\mathrm{e}^{\lambda_1 t}$，则 $\boldsymbol{Z}^{(1)}$、$\boldsymbol{Z}^{(2)}$ 是方程组（3.5）的一个基本解组，其通解为 $\boldsymbol{Z}(t) = C_1\boldsymbol{Z}^{(1)} + C_2\boldsymbol{Z}^{(2)}$.

（3）当 $\lambda_1 = \lambda_2$，且 $\boldsymbol{A}$ 不相似于对角矩阵时，$\boldsymbol{h}^{(1)}$ 是对应令 λ_1 的特征向量，$\boldsymbol{h}^{(2)}$ 是线性方程组

$$(\boldsymbol{A} - \lambda_1 \boldsymbol{I})\boldsymbol{h}^{(2)} = \boldsymbol{h}^{(1)}$$

的解向量，其中 $\boldsymbol{I}$ 是单位矩阵. 令 $\boldsymbol{Z}^{(1)} = \boldsymbol{h}^{(1)}\mathrm{e}^{\lambda_1 t}$，$\boldsymbol{Z}^{(2)} = (t\boldsymbol{h}^{(1)} + \boldsymbol{h}^{(2)})\mathrm{e}^{\lambda_1 t}$，则 $\boldsymbol{Z}^{(1)}$、$\boldsymbol{Z}^{(2)}$ 是方程组（3.5）的一个基本解组，其通解为 $\boldsymbol{Z}(t) = C_1\boldsymbol{Z}^{(1)} + C_2\boldsymbol{Z}^{(2)}$.

3.1.3 平衡点及稳定性

在实际应用中，通常遇到的微分方程组都不是线性的，其通解很难求出，有的甚至无解析解. 但在许多情况下，我们可研究它的一类特殊的解——平衡解. 下面以二维自治方程组为例讨论. 考虑方程组

$$\begin{cases}\dfrac{\mathrm{d}x}{\mathrm{d}t}=P(x,y)\\ \dfrac{\mathrm{d}y}{\mathrm{d}t}=Q(x,y)\end{cases} \tag{3.6}$$

称方程组（3.6）是二维自治方程组. 式中：P 、Q 为已知函数，记

$$\boldsymbol{Z}=\begin{pmatrix}x(t)\\ y(t)\end{pmatrix},\quad \boldsymbol{F}=\begin{pmatrix}P(x,y)\\ Q(x,y)\end{pmatrix}=\begin{pmatrix}P(Z)\\ Q(Z)\end{pmatrix}$$

方程组（3.6）可写成向量方程

$$\frac{\mathrm{d}\boldsymbol{Z}}{\mathrm{d}t}=F(\boldsymbol{Z}) \tag{3.7}$$

定义 3.1 若常数向量 $\boldsymbol{Z}_0=\begin{pmatrix}C_1\\ C_2\end{pmatrix}$ 是方程组（3.7）的解，则称 $\boldsymbol{Z}_0$ 是方程组（3.7）的平衡解或奇解，平衡解或奇解也称平衡点或奇点.

由上述定义，$\boldsymbol{Z}_0$ 是方程组（3.7）的平衡解的充分必要条件为 $\boldsymbol{Z}_0$ 满足 $F(\boldsymbol{Z}_0)=0$.

例 3.1 求下列方程组的平衡解：

$$\begin{cases}\dfrac{\mathrm{d}x}{\mathrm{d}t}=(x-1)(y-1)\\ \dfrac{\mathrm{d}y}{\mathrm{d}t}=(x+1)(y+1)\end{cases}$$

解 令

$$\begin{cases}(x-1)(y-1)=0\\ (x+1)(y+1)=0\end{cases}$$

得 $\begin{cases}x=1,\\ y=-1\end{cases}$ 或 $\begin{cases}x=-1,\\ y=1,\end{cases}$ 即 $\boldsymbol{Z}_1=\begin{pmatrix}1\\ -1\end{pmatrix}$，$\boldsymbol{Z}_2=\begin{pmatrix}-1\\ 1\end{pmatrix}$ 是方程组的平衡解.

在介绍平衡解的稳定性概念之前，先考察下面的例子，以帮助引入并理解稳定性的概念.

例 3.2 考虑初值问题

$$\begin{cases}\dfrac{\mathrm{d}x}{\mathrm{d}t}=x(A-Bx)\\ x(0)=x_0\end{cases}$$

其中：A 、B 为正常数.

易见方程有两个平衡解 $x_1(t)\equiv 0$，$x_2(t)\equiv A/B$. 当 $x\neq 0$ 时，分离变量求得方程组满足初值条件的解为

$$x=\frac{A}{B+\left(\dfrac{A}{x_0}-B\right)\mathrm{e}^{-At}}$$

对应于不同的初值 x_0，解 $x=x(t)$ 的图像如图 3.1 所示.

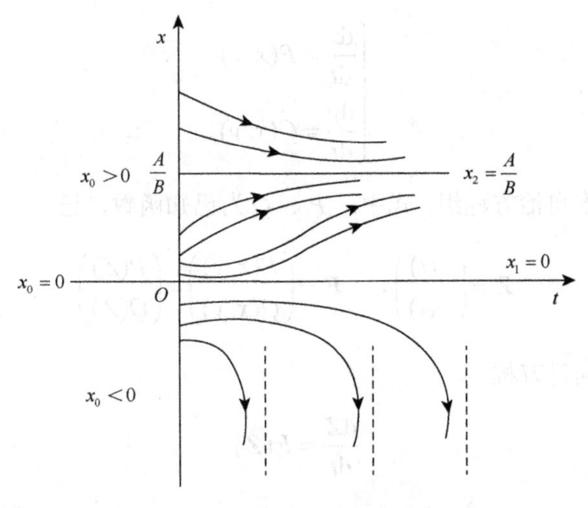

图 3.1　解 $x=x(t)$ 的图像

由图 3.1 可看出，当初值 $x_0>0$ 时，满足初值 $x(0)=x_0$ 的解均随着 t 的增大趋于平衡解 $x_2(t)=A/B$；并且当初值 x_0 充分接近 A/B 时，满足 $x(0)=x_0$ 的解 $x(t)$ 就充分接近 $x_2(t)=A/B$.

定义 3.2　设 $\boldsymbol{Z}_0$ 是方程组（3.7）的平衡解，$\boldsymbol{\Phi}(t)$ 是方程组（3.7）满足初始条件 $\boldsymbol{\Phi}(0)=z_0$ 的解. 若有 $\lim\limits_{z_0\to \boldsymbol{Z}_0}\boldsymbol{\Phi}(t)=\boldsymbol{Z}_0$，则称平衡解 $\boldsymbol{Z}_0$ 是稳定的. 对一个稳定的平衡解 $\boldsymbol{\Phi}(t)$，若满足

$$\lim_{t\to+\infty}\boldsymbol{\Phi}(t)=\boldsymbol{Z}_0$$

则称平衡解 $\boldsymbol{Z}_0$ 是渐近稳定的.

对于一般的二维自治微分方程组（3.6），$\boldsymbol{Z}_0=\begin{pmatrix}z_1^0\\z_2^0\end{pmatrix}$ 为其平衡解，即

$$P(z_1^0,z_2^0)=Q(z_1^0,z_2^0)=0$$

且 $P(x,y)$、$Q(x,y)$ 具有二阶连续偏导数，记

$$\boldsymbol{p}=-\left(\frac{\partial P(\boldsymbol{Z}_0)}{\partial x_1}+\frac{\partial Q(\boldsymbol{Z}_0)}{\partial x_2}\right),\qquad \boldsymbol{q}=\begin{vmatrix}\dfrac{\partial P(\boldsymbol{Z}_0)}{\partial x_1} & \dfrac{\partial P(\boldsymbol{Z}_0)}{\partial x_2}\\ \dfrac{\partial Q(\boldsymbol{Z}_0)}{\partial x_1} & \dfrac{\partial Q(\boldsymbol{Z}_0)}{\partial x_2}\end{vmatrix}$$

不加证明地给出下面的结论.

定理 3.5　对于方程组（3.7），若 $\boldsymbol{Z}_0$ 是其平衡解，则

（1）当 $p>0$ 且 $q>0$ 时，$\boldsymbol{Z}_0$ 是渐近稳定的；

（2）当 $p<0$ 且 $q<0$ 时，$\boldsymbol{Z}_0$ 是不稳定的.

例 3.3　讨论下面方程组平衡解的稳定性.

$$\begin{cases}\dfrac{\mathrm{d}x_1}{\mathrm{d}t}=\dfrac{r_1}{N_1}x_1(N_1-x_1-x_2)=P(x_1,x_2)\\ \dfrac{\mathrm{d}x_2}{\mathrm{d}t}=\dfrac{r_2}{N_2}x_2(N_2-x_1-x_2)=Q(x_1,x_2)\end{cases}\tag{3.8}$$

其中：r_1、r_2 为增长率.

解　令方程组右端为 0，解得此方程组的平衡点 $Z_0(0,0),Z_1(N_1,0),Z_2(0,N_2)$，由于

$$\frac{\partial P}{\partial x_1}=\frac{r_1}{N_1}(N_1-2x_1-x_2),\qquad \frac{\partial P}{\partial x_2}=-\frac{r_1}{N_1}x_1$$

$$\frac{\partial Q}{\partial x_1}=-\frac{r_2}{N_2}x_2,\qquad \frac{\partial Q}{\partial x_2}=\frac{r_2}{N_2}(N_2-x_1-2x_2)$$

对于 $Z_0(0,0)$，有

$$p=-\left[\frac{\partial P(Z_0)}{\partial x_1}+\frac{\partial Q(Z_0)}{\partial x_2}\right]=-(r_1+r_2)<0$$

$$q=\begin{vmatrix}\dfrac{\partial P(Z_0)}{\partial x_1} & \dfrac{\partial P(Z_0)}{\partial x_2}\\ \dfrac{\partial Q(Z_0)}{\partial x_1} & \dfrac{\partial Q(Z_0)}{\partial x_2}\end{vmatrix}=r_1r_2>0$$

根据定理 3.5，$Z_0(0,0)$ 是方程组（3.8）的不稳定的平衡点.

对于 $Z_1(N_1,0)$，有

$$p=-\left[\frac{\partial P(Z_1)}{\partial x_1}+\frac{\partial Q(Z_1)}{\partial x_2}\right]=-\left[-r_1+\frac{r_2}{N_2}(N_2-N_1)\right]=r_1+\frac{r_2}{N_2}(N_1-N_2)$$

$$q=\begin{vmatrix}\dfrac{\partial P(Z_1)}{\partial x_1} & \dfrac{\partial P(Z_1)}{\partial x_2}\\ \dfrac{\partial Q(Z_1)}{\partial x_1} & \dfrac{\partial Q(Z_1)}{\partial x_2}\end{vmatrix}=\frac{r_1r_2}{N_2}(N_1-N_2)$$

因此，当 $N_1>N_2$ 时，有 $p>0$ 且 $q>0$，根据定理 3.5，$Z_1(N_1,0)$ 是方程组（3.8）的渐近稳定的平衡点；当 $N_1<N_2$ 时，是不稳定的.

同理可知，当 $N_2>N_1$ 时，有 $p>0$ 且 $q>0$，根据定理 3.5，$Z_2(0,N_2)$ 是方程组（3.8）的渐近稳定的平衡点；当 $N_2<N_1$ 时，是不稳定的. 即当 $N_2>N_1$ 时方程组（3.8）的任何一个解 $x_1(t)$、$x_2(t)$ 满足：

$$\lim_{t\to+\infty}x_1(t)=0,\qquad \lim_{t\to+\infty}x_2(t)=N_2$$

3.1.4 相平面与相轨线

对非线性方程组（3.6）或方程组（3.7），可以根据方程组自身来研究其解所具备的一些性质. 方程组（3.6）的任一解 $\begin{cases}x=x(t)\\ y=y(t)\end{cases}$ 若将 t 看成参数，则它在 xOy 平面上表示一条曲线，称为相轨线，相应地将 xOy 平面成为相平面.

将方程组（3.6）中的第二式除以第一式，消去 dt 得

$$\frac{\mathrm{d}y}{\mathrm{d}x}=\frac{P(x,y)}{Q(x,y)}\tag{3.9}$$

一阶微分方程（3.9）的积分曲线就是方程组（3.6）的相轨线. 式（3.9）的解也称方程组（3.6）的首次积分.

若 $\begin{cases}x=x(t)\\ y=y(t)\end{cases}$ 是方程组（3.6）的周期解[$x(t)$ 与 $y(t)$ 有相同的周期]，则它在相平面上是一条封闭曲线，称为闭轨.

➢ 3.2　微分方程建模案例

这里通过几个典型案例来介绍微分方程建模过程.

3.2.1　种群的群体增长模型

研究生物种群的生存与环境的关系，探索种群数量随时间变化的规律，是生态学家十分关心的问题. 人们常通过建立群体增长的数学模型，进行数值计算和理论分析，来解释、预测、控制某些生态现象.

1. 单种群模型

1）确定种群规模

考虑如下问题：考察一种动物，构造一个数学模型以便确定将来该种群的规模（或数量）.

动物的数量本身是离散变量，但由于突然增加或减少的只是少数个体，与全体数量相比，这种变化是很微小的，可以近似地假设大规模种群随时间是连续变化的，可用微分方程来研究种群的增长与变化规律. 影响动物群体规模的因素很多，如果将这些因素都列入考虑的范围，将会导致问题的复杂化. 因此，建立模型的第一步是作出一些假设，抓住主要矛盾，忽略次要矛盾，将复杂的实际问题进行简化，对于上述种群问题，可以做如下假设.

（i）群体无迁入、迁出现象，处于一个相对封闭的环境中，群体的初始规模是已知的.

（ii）群体中的每个个体具有相同的死亡和繁殖机会.

假设（ii）意味着不考虑年龄与性别的差异，虽然不符合实际现象，但在考虑种群群体增长规模时，具有一定的合理性. 具有相同的死亡和繁殖机会，指的是平均繁殖与存活特征，排除了个体差异，使得问题得以简化.

（iii）在 t 时刻，单位时间内动物出生数和死亡数都与该时刻的总数成正比，比例分别为常数 b 和 $l\,(b,l>0)$.

（iv）t 时刻种群的总数为 $x(t)$，种群规模较大，可视为 t 的连续可微函数. 设初始时刻规模为 x_0，即 $x(0)=x_0$.

在以上 4 条假设下，就可以着手建立模型. 下面采用元素分析法进行分析建模. 元素分析法是考虑 t 到 $t+\Delta t$ 这段时间内种群数目的变化情况. 在 t 到 $t+\Delta t$ 这段时间内总数增加了 $x(t+\Delta t)-x(t)$ 个，由假设（iii），出生了大约 $bx(t)\Delta t$ 个，死亡了大约 $lx(t)\Delta t$ 个，于是

$$x(t+\Delta t)-x(t)\approx bx(t)\Delta t-lx(t)\Delta t$$

即

$$\frac{x(t+\Delta t)-x(t)}{\Delta t}\approx (b-l)x(t)$$

记 $b-l=r$，令 $\Delta t\to 0$，得 $\dfrac{\mathrm{d}x(t)}{\mathrm{d}t}=rx(t)$.

通常称 b 为繁殖率或出生率，l 为死亡率，r 为净增长率或自然增长率，于是得到以下模型：

$$
\begin{cases}\dfrac{\mathrm{d}x(t)}{\mathrm{d}t}=rx(t)\\ x(0)=x_0\end{cases} \tag{3.10}
$$

模型（3.10）称为指数增长模型或 Multhus 模型.

求解模型（3.10），得

$$
x(t)=x_0\mathrm{e}^{rt} \tag{3.11}
$$

由式（3.11）易知

$$
\lim_{t\to+\infty}x(t)=\begin{cases}+\infty, & r>0\\ x_0, & r=0\\ 0, & r<0\end{cases}
$$

即当自然增长率大于 0 时，种群将以指数的速度增长；当自然增长率为 0 时，种群数量将保持常数；当自然增长率小于 0 时，种群将灭绝. 通过对上述结果的分析，指数增长模型在一个种群的发展初期可能是合理的；但当发展到一定时期后，其不合理性就暴露出来，因为没有哪个种群可以无限增长下去.

在种群发展的初期，相对来说自然环境资源较宽松，种群的自然增长率可视为常数；而随着种群规模的扩大，自然环境条件对种群增长的限制作用越来越显著，增长率随着种群数量的增加反而会减少，因此，增长率应是 x、t 的函数，即 $r=r(x,t)$，于是有

$$
\frac{\mathrm{d}x(t)}{\mathrm{d}t}=r(x,t)x(t) \tag{3.12}
$$

模型（3.12）是单种群群体增长的一般模型.

为简单起见，假设净增长率不明显依赖于时间 t，而是种群数量 $x(t)$ 的减函数，即 $r=r(x)$，$\dfrac{\mathrm{d}r}{\mathrm{d}x}<0$. 在此假设下，模型（3.10）修改为

$$
\begin{cases}\dfrac{\mathrm{d}x(t)}{\mathrm{d}t}=r(x)x(t)\\ x(0)=x_0\end{cases} \tag{3.13}
$$

对模型（3.13）中的函数 $r=r(x)$ 做各种不同的假设，又可得到各种不同的模型. 荷兰生物数学学家 Verhulst 于 1845 年引入了一个常数 N，表示自然资源和环境条件所能容纳的最大种群数量（简称环境容量），当 $x=N$ 时应有净增长率为 0，即 $r(N)=0$. 为简单起见，设 $r(x)=\lambda-rs\ (\lambda,s>0)$，$\lambda$ 称为固有增长率（或内禀增长率），相当于 $x=0$ 时的增长率.

由 $r(N)=\lambda-sN=0$，得 $s=\dfrac{\lambda}{N}$，于是 $r(x)=\lambda\left(1-\dfrac{x}{N}\right)$，即得模型

$$
\begin{cases}\dfrac{\mathrm{d}x(t)}{\mathrm{d}t}=\lambda\left[1-\dfrac{x(t)}{N}\right]x(t)\\ x(0)=x_0\end{cases} \tag{3.14}
$$

模型（3.14）称为 logistic 模型或 Verhulst-Pearl（费尔哈斯特-珀尔）阻滞模型，也称密度制约模型，被广泛应用于医学、农业、生态、商业等领域.

对模型（3.14）中的方程分离变量积分，并利用初值条件可求得其解为

$$
x(t)=\frac{N}{1+\left(\dfrac{N}{x_0}-1\right)\mathrm{e}^{-\lambda t}} \tag{3.15}
$$

对模型的结果分析如下.

由 $\lambda>0$，$x(t)\geqslant 0$ 及模型（3.14）中方程易知：当 $x(t)>N$ 时，$\dfrac{\mathrm{d}x(t)}{\mathrm{d}t}<0$；当 $x(t)<N$ 时，$\dfrac{\mathrm{d}x(t)}{\mathrm{d}t}>0$. 其含义是：当种群数量超过环境容量时，种群数量将减少；当种群数量小于环境容量时，种群数量将增加. 由式（3.15）易知 $\lim\limits_{t\to+\infty}x(t)=N$，$x(t)$ 的图形如图 3.2 所示. 这表明开始时不管种群处于什么状态，当时间无限增加时，种群规模都会趋于其环境容量.

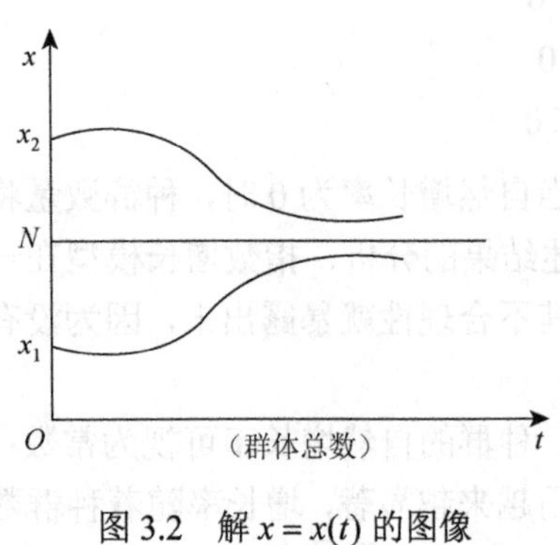

图 3.2 解 $x=x(t)$ 的图像

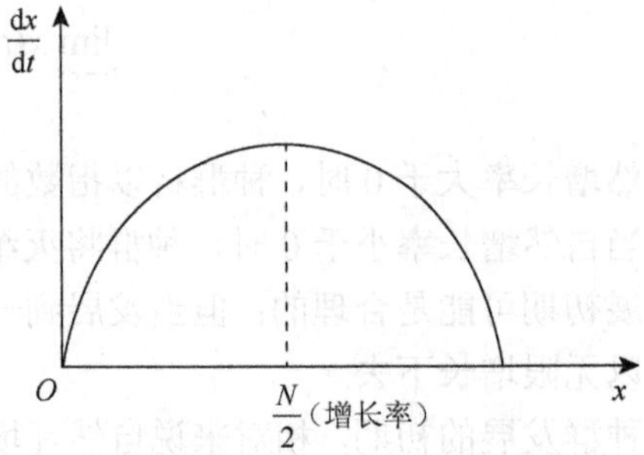

图 3.3 $\dfrac{\mathrm{d}x(t)}{\mathrm{d}t}=\phi(x)$ 的图像

在模型（3.14）的方程两边对 t 求导，得

$$\frac{\mathrm{d}^2x}{\mathrm{d}t^2}=\lambda\left(1-\frac{2x}{N}\right)\frac{\mathrm{d}x}{\mathrm{d}t}$$

当 $\bar{x}=\dfrac{N}{2}$ 时，$\dfrac{\mathrm{d}^2x}{\mathrm{d}t^2}=0$，且 $\dfrac{\mathrm{d}^2x}{\mathrm{d}t^2}$ 在 $\bar{x}=\dfrac{N}{2}$ 两边的符号变号，将 $\bar{x}=\dfrac{N}{2}$ 代入式（3.15），解得 $\bar{t}=\dfrac{1}{\lambda}\ln\left(\dfrac{N}{x_0}-1\right)$，$(\bar{t},\bar{x})$ 是 $x=x(t)$ 的拐点. 当 $x=\bar{x}=\dfrac{N}{2}$ 时，$\dfrac{\mathrm{d}x(t)}{\mathrm{d}t}$ 达到最大值，即增长率的最大值在 $x=\dfrac{N}{2}$ 处达到（图 3.3）.

下面以美国 1820～1970 年的人口为例来验证 logistic 模型(3.14). 取 1790 年为初始时刻，$x_0=3.9$(百万)，取 $N=197$(百万)，$\lambda=0.031\,34$. 据式（3.15）计算出 1820～1970 年每十年美国的人口，与美国实际人口对比如表 3.1 所示.

表 3.1 美国人口的计算值与实际值对照表

项目	年份															
	1820	1830	1840	1850	1860	1870	1880	1890	1900	1910	1920	1930	1940	1950	1960	1970
计算值/百万	9.7	13.0	17.4	23.0	30.2	38.1	49.9	62.4	76.5	91.6	107.0	123.0	135.9	148.2	158.8	167.0
实际值/百万	9.6	12.9	17.1	23.2	31.4	38.6	50.2	62.9	76.0	92.0	106.5	122.0	131.7	150.2	179.3	204.0

从表中可以看出，直到 1930 年，数据都比较吻合，之后误差较大. 至 1970 年，实际人口已达 204 百万，突破了 $N=197$(百万)，由此可看出模型的缺点是 N 不易确定. 事实上，在预测人口时，N 随着生产力的发展、环境条件的改善而变大.

应用 logistic 模型，预测 2050 年我国人口. 设$\lambda=0.029$，取初始时刻为 1982 年，已知$x_0=10.32$（亿），1982 年的人口年增长率为 1.455%. 将模型（3.14）改写为

$$\frac{1}{x(t)}\frac{\mathrm{d}x(t)}{\mathrm{d}t}=\lambda\left[1-\frac{x(t)}{N}\right]$$

当$t=0$时，有$0.014\,55=\lambda\left(1-\frac{10.32}{N}\right)=0.029\left(1-\frac{10.32}{N}\right)$，解得$N=20.71$. 将$t=68$，$\lambda=0.029$，$N=20.71$，$x_0=10.32$（亿）代入式（3.15），得$x(68)=18.16$（亿）.

前面我们谈到，对增长率$r(x)$做各种不同的假设，可得各种不同的模型. 例如，令$r(x)=-\lambda\ln\frac{x}{N}$，其中$\lambda>0$，$N$是环境容量，可得

$$\begin{cases}\dfrac{\mathrm{d}x}{\mathrm{d}t}=\lambda\left(\ln\dfrac{x}{N}\right)x\\ x(0)=x_0\end{cases}$$

称为 Gompertz（冈珀茨）模型，其解为$x(t)=x_0\left(\frac{N}{x_0}\right)^{1-\mathrm{e}^{-\lambda t}}$.

如果考虑的是肿瘤的生长规律，可令

$$r(x)=\frac{\lambda}{\alpha}\left[1-\left(\frac{x}{N}\right)^{\alpha}\right]\quad(\alpha\geqslant 0)$$

得

$$\begin{cases}\dfrac{\mathrm{d}x}{\mathrm{d}t}=\dfrac{\lambda}{\alpha}\left[1-\left(\dfrac{x}{N}\right)^{\alpha}\right]x\\ x(0)=x_0\end{cases}\tag{3.16}$$

当$\alpha=1$，$N\to+\infty$时，式（3.16）成为指数增长模型；当$\alpha=1$时，式（3.16）成为 logistic 模型.

2）可再生资源管理

人类在地球上赖以生存的资源大致可分为三类：第一类是无限的资源，或者说是与人类的需求量相比有充足数量的资源，如阳光、空气等；第二类是有限的资源，它用一点少一点，如煤、石油等矿藏资源；第三类是有限的但是可以再生的资源，如粮食、鱼等生物资源，这一类资源称为可再生资源，可再生资源的管理是指对这一类资源开发利用的策略. 对于某种生物资源，如某种鱼，过度的捕捞将导致其绝种，而完全不开发利用，这种鱼增长到一定数量后将达到“饱和”，它也不会在总量上给人类以更多的补充，而白白浪费掉，因此，合理地开发利用可再生资源具有重要的意义.

可再生资源管理的建模主要有两个步骤：在没有收获的情形下资源自然增长模型以及收获策略对资源增长情况的影响. 下面以在某一区域中养某种鱼为例进行阐述.

假设在无捕捞的情形下，该鱼的群体增长符合 logistic 模型（3.14）[符合模型（3.14）的种群称为纯补偿型. 由增长率的图形可看出，$x(t)$越小，$\frac{\mathrm{d}x}{\mathrm{d}t}$越大，或对群体的补充量越大]. 常见的捕捞方式有两种：一种是固定限额捕捞策略，或称为具有常收获，即单位时间内捕捞h条鱼（如以天为单位的话，每天就捕捞h条鱼，早捕捞到h条鱼就早收工，晚捕捞到就晚收工）. 在这种策略下，模型（3.14）成为

$$\begin{cases}\dfrac{\mathrm{d}x}{\mathrm{d}t}=r(x)x-h\\ x(0)=x_0\end{cases}$$

另一种重要收获策略就是固定努力量捕捞策略. 努力量是指每单位时间用于捕捞的人力、物力及工作时间的长短，包括用于捕捞的船、渔网、钓线的规格和数目等. 若用 E 表示捕捞努力量，则 E 与参加捕捞的人力、物力及工作时间的长短有关，固定努力量则表示在单位时间内（如以天或月为单位等）参加捕捞的人力、物力及工作时间的长短都是常数，因此 E 为常数. 在此情况下，在单位时间内，鱼群密度越大，捕捞的条数 $h(t)$ 就越多. 当然，E 越大捕捞的条数 $h(t)$ 也越多. 设 $h(t)=qEx(t)$，其中 q 为常数，称为可捕系数. 令 $q=1$，则模型（3.14）可修改为

$$\begin{cases}\dfrac{\mathrm{d}x}{\mathrm{d}t}=r(x)x-Ex=\lambda x\left(1-\dfrac{x}{N}\right)-Ex\\ x(0)=x_0\end{cases}\tag{3.17}$$

模型（3.17）称为 Scheafer（谢弗）模型. 这里仅讨论可再生资源开发模型.

令 $\lambda x\left(1-\dfrac{x}{N}\right)-Ex=0$，得平衡解 $x_0^*=0$ 和 $x_1^*=N\left(1-\dfrac{E}{\lambda}\right)$.

当 $x(t)\neq x_0^*,x_1^*$ 时，求解模型（3.17），得

$$x(t)=\frac{x_1^*}{1+\left(\dfrac{x_1^*}{x_0}-1\right)\mathrm{e}^{-(\lambda-E)t}}\tag{3.18}$$

若 $E<\lambda$，则 $x_1^*>0$，由式（3.18）易知 $x(t)\to x_1^*\ (t\to\infty)$. 这表明平衡解 x_1^* 是稳定的，而 $x_0^*=0$ 是不稳定的. 也就是说，当捕捞努力量 $E<\lambda$ 时，鱼群总能调节到 x_1^* 上去. 我们称上述捕捞为可持续捕捞. 记 x_1^* 为 x_{sy}，称

$$Y_{sy}=Ex_{sy}=NE\left(1-\frac{E}{\lambda}\right)\tag{3.19}$$

为捕捞努力量 E 下的可持续渔获量.

式（3.19）中，Y_{sy} 是 E 的函数，资源管理的目的在于制定一种捕捞策略，使得生物资源在可持续捕捞条件下为人类提供最大的收益. 对于 Scheafer 模型，若把"收益"理解为以收获种群个体数为指标的渔获量 $Y=Ex$，则问题的数学描述为

$$\max_{E,x} Y=Ex\tag{3.20}$$

$$\text{s.t. } \lambda x\left(1-\frac{x}{N}\right)-Ex=0\tag{3.21}$$

解得 $E_{\mathrm{M}}=\lambda/2$，$x_{\mathrm{M}}=N/2$，最大可持续产量 $Y_{\mathrm{M}}=E_{\mathrm{M}}x_{\mathrm{M}}=\lambda N/4$，努力量 $x_{\mathrm{M}}=N/2$ 就是最大可持续渔获量的策略.

若 $E=\lambda$，则 $x_1^*=0$；若 $E>\lambda$，由式（3.18）知 $x(t)\to 0\ (t\to\infty)$. 这表明种群将不断减少直至完全灭绝，称这种捕捞方式为生物学捕捞过度.

若我们追求的不是渔获量最大，而是经济收入最佳，则模型又有所变化.

设所收获的单位生物量的价格为 p（常数），则函数

$$TR=pY=pEx$$

表示渔获量 Y 所得到的总收益. 若假设捕捞成本 T_c 与努力量成正比，则 $T_c=cE$. 其中，常数 c 为单位努力量的成本消耗. 于是，净收益为

$$PR = TR - T_c = pEx - cE = (px - c)E$$

问题成为

$$\max_{E,x} PR = (px - c)E \tag{3.22}$$

$$\text{s.t.}\ \lambda x\left(1 - \frac{x}{N}\right) - Ex = 0 \tag{3.23}$$

解得

$$E_{\mathrm{M}} = \frac{\lambda}{2}\left(1 - \frac{c}{pN}\right), \quad x_{\mathrm{M}} = \frac{N}{2}\left(1 + \frac{c}{pN}\right)$$

$$Y_{\mathrm{M}} = \frac{\lambda N}{4}\left[1 - \left(\frac{c}{pN}\right)^2\right], \quad PR_{\mathrm{M}} = \frac{p\lambda N}{4}\left(1 - \frac{c}{pN}\right)^2$$

PR_{M} 就是可持续净收益.

由式（3.23）可得 $x_{\mathrm{M}} = N\left(1 - \frac{E}{\lambda}\right)$，代入 PR 的表达式，得

$$PR = \left[pN\left(1 - \frac{E}{\lambda}\right) - c\right]E \tag{3.24}$$

令 $PR = 0$，得 $E = \lambda\left(1 - \frac{c}{pN}\right)$，记此 E 为 E_∞，由于它表示生物种群和经济收益均处于平衡状态，称 E_∞ 为生物经济平衡努力量. 由式（3.24）可以看出，当 $E > E_\infty$ 时，$PR < 0$，这时渔业生产将出现亏损，在努力量 E_∞ 下，平衡种群

$$x(E_\infty) = N\left(1 - \frac{E_\infty}{\lambda}\right) = \frac{c}{p}$$

它刚好是成本价格比，完全由经济因素所确定.

2. 两个种群的相互作用模型

两个种群在同一环境中生存，通常表现为生存竞争、弱肉强食、互惠共存几种基本形式. 下面介绍种群的生存竞争模型和捕食者-被捕食者模型，又称为弱肉强食模型.

1）生存竞争模型

两个相似的生物种群为了相同的有限的食物来源和生存环境而进行生存竞争，其结局总是竞争较弱的生物完全灭绝，较强的达到环境允许的最大数量，这种现象在生态学上称为竞争排斥原理.

设有甲、乙两个相似的种群，用 $x_1(t)$、$x_2(t)$ 分别表示它们在 t 时刻的数量. 假设当两个种群独自在一个自然环境中生存时，数量的演变遵从 logistic 规律. 记 r_1、r_2 分别为它们的固有增长率，N_1、N_2 为它们的最大容量，则对于甲种群，当它单独生存时应有

$$\frac{\mathrm{d}x_1}{\mathrm{d}t} = r_1 x_1\left(1 - \frac{x_1}{N_1}\right)$$

其中：因子 $1 - \frac{x_1}{N_1}$ 反映了由于甲对有限资源的消耗导致的对其本身增长的阻滞作用，$\frac{x_1}{N_1}$ 可解释为相对于 N_1 而言单位数量的甲消耗的供养甲的食物量（设食物总量为 1）.

当两个种群在同一自然环境中生存时，因为乙消耗同一种有限资源对甲的增长产生了影

响，所以较为合理的是在因子$1-\frac{x_1}{N_1}$中再减去一项，该项与种群乙的数量x_2（相对于N_2而言）成正比，于是得到种群甲增长的方程为

$$\frac{\mathrm{d}x_1}{\mathrm{d}t}=r_1x_1\left(1-\frac{x_1}{N_1}-\sigma_1\frac{x_2}{N_2}\right)$$

这里σ_1的意义是：单位数量乙（相对于N_2而言）消耗的供养甲的食物量为单位数量甲（相对于N_1而言）消耗的供养甲的食物量的σ_1倍. 类似地，甲的存在也影响了乙，种群乙的方程可表示为

$$\frac{\mathrm{d}x_2}{\mathrm{d}t}=r_2x_2\left(1-\sigma_2\frac{x_1}{N_1}-\frac{x_2}{N_2}\right)$$

对σ_2可作相应的解释. 于是建立了一个简单的种群竞争模型

$$\begin{cases}\dfrac{\mathrm{d}x_1}{\mathrm{d}t}=r_1x_1\left(1-\dfrac{x_1}{N_1}-\sigma_1\dfrac{x_2}{N_2}\right)\\[2ex]\dfrac{\mathrm{d}x_2}{\mathrm{d}t}=r_2x_2\left(1-\sigma_2\dfrac{x_1}{N_1}-\dfrac{x_2}{N_2}\right)\end{cases}\tag{3.25}$$

为了研究两个种群的相互竞争的结局，即当$t\to\infty$时$x_1(t)$、$x_2(t)$的趋势，不必解方程组（3.25），只需对其平衡点进行稳定性分析. 详细的讨论读者可以参照模型（3.14）方法进行，本章只讨论如下特殊情形.

当$\sigma_1=\sigma_2=1$时，可利用例3.3的结果，当环境条件所能允许的种群甲的数量N_1大于种群乙的最大数量N_2时，种群甲将在竞争中获胜，并趋近于其最大数量，种群乙将在竞争中失败并逐渐灭绝. 条件$N_1>N_2$表示种群甲对环境条件的适应能力强于种群乙，即种群甲的竞争力强于种群乙.

2）捕食者-被捕食者模型

20世纪20年代，意大利生物学家D'Ancona（狄安科纳）研究了各种鱼类的相互制约关系，他从第一次世界大战期间地中海各港口捕获的各种鱼类占总捕获量的百分比资料中，发现鲨鱼的比例在战时明显增加（表3.2）.

表3.2　鲨鱼所占比例

项目	年份									
	1914	1915	1916	1917	1918	1919	1920	1921	1922	1923
鲨鱼比例/%	11.9	21.4	22.1	21.2	36.4	27.3	16.0	15.9	14.8	10.7

战争期间捕鱼少，海里的食用鱼增加，靠食用鱼为生的鲨鱼也会增加，为什么鲨鱼增加要快些？即捕获量的降低反而对鲨鱼更有利一些？下面通过建立数学模型来解释这一现象.

设在同一环境中有甲、乙两个种群，甲种群以天然资源生存，乙种群靠捕食甲种群为生，称甲种群为食饵，乙种群为捕食者. 分别用$x(t)$和$y(t)$表示t时刻食饵和捕食者的数量.

假设食饵单独存在时以增长率a按指数规律增长，即

$$\frac{\mathrm{d}x}{\mathrm{d}t}=ax$$

捕食者的存在使食饵的增长率降低，设降低的速度与捕食者的数量$y(t)$成正比（或被捕食率与$y(t)$成反比），比例系数为b，b反映了捕食者的获取能力，于是$x(t)$应满足

$$\frac{dx(t)}{dt}=[a-by(t)]x(t)$$

称上述方程为食饵方程.

捕食者离开食饵无法生存，假设它独自存在时以死亡率 d 按指数规律消亡，则 $y(t)$ 满足

$$\frac{dy}{dt}=-dy \quad (d>0)$$

当食饵存在时，它导致了捕食者死亡率的下降，增长率的提高. 假设捕食者的增长率与食饵的数量成正比，比例系数为 c，c 反映了食饵的供给能力，于是 $y(t)$ 应满足

$$\frac{dy(t)}{dt}=[-d+cx(t)]y(t)$$

称上述方程为捕食者方程.

至此，我们建立一个简单的捕食者-被捕食者模型：

$$\begin{cases}\dfrac{dx}{dt}=ax-bxy\\[2mm]\dfrac{dy}{dt}=cxy-dy\end{cases} \tag{3.26}$$

模型（3.26）虽然简单，却难以求其解的解析表达式. 我们来求其平衡解，令

$$P(x,y)\equiv ax-bxy=0, \qquad Q(x,y)\equiv cxy-dy=0$$

解得两个平衡点 $P_1(0,0)$ 和 $P_2(d/c,a/b)$.

模型（3.26）“线性化”之后的系数矩阵为

$$\boldsymbol{A}=\begin{pmatrix}P_x & P_y\\ P_x & Q_y\end{pmatrix}=\begin{pmatrix}a-by & -bx\\ cy & cx-d\end{pmatrix}$$

$$p=-(a-by+cx-d)|_{P_i} \quad (i=1,2), \qquad q=|\boldsymbol{A}|_{P_i} \quad (i=1,2)$$

其中：p、q 的结果及稳定性如表 3.3 所示.

表 3.3　p、q 的结果及稳定性表

平衡点	p	q	稳定性
$P_1(0,0)$	$-(a+d)$	$-ad$	不稳定
$P_2\left(\dfrac{d}{c},\dfrac{a}{b}\right)$	0	ad	P_2是中心

从表中看出，P_2 是“线性化”的中心，这是临界情况，不能肯定 P_2 是模型（3.26）的中心. 下面在相平面中进行讨论. 由式（3.26），得

$$\frac{dx}{dy}=\frac{x(a-by)}{y(-d+cx)}$$

分离变量并积分的相轨线为

$$(x^d e^{-cx})(y^a e^{-by})=S \tag{3.27}$$

其中：S 为常数，由初值确定.

记　$g(x)=x^d e^{-cx} \quad (x\geqslant 0), \qquad h(y)=y^a e^{-by} \quad (y\geqslant 0)$

$$g'(x)=x^{d-1}e^{-cx}(d-cx)$$

则

令 $g'(x)=0$，得 $x_0=d/c$. 当 $0<x<x_0$ 时，$g'(x)>0$，$g(x)$ 单调增加；当 $x_0<x<+\infty$ 时，$g'(x)<0$，$g(x)$ 单调减少；$g(0)=g(+\infty)=0$，$x_0=d/c$ 是 $g(x)$ 在 $[0,+\infty)$ 上的最大值点，设 $g(x_0)=g_{\mathrm{m}}$.

同理，$h(y)$ 在 $y_0=a/b$ 处有唯一的最大值，记为 $h(y_0)=h_{\mathrm{m}}$，$h(y)$ 与 $g(x)$ 具有完全相同的性质，如图 3.4 所示.

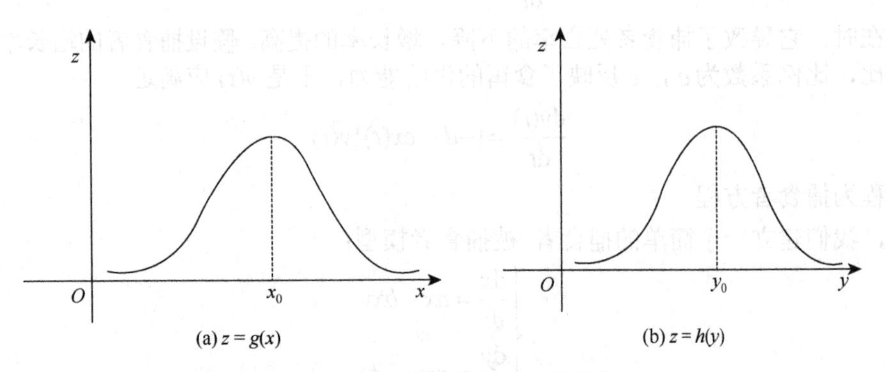

图 3.4　$z=g(x)$ 与 $z=h(y)$ 的图像

方程组（3.26）的任一解 (x,y) 的相轨线就是满足方程

$$g(x)h(y)=S \tag{3.28}$$

的相平面中点的集合. 其中：$0\leqslant S\leqslant g_{\mathrm{m}}h_{\mathrm{m}}$.

当 $S=0$ 时，仅当 $x=y=0$ 才满足式（3.28），此时相轨线退化为一个点 $P_1(0,0)$（它是一个平衡点或奇点）.

当 $S=g_{\mathrm{m}}h_{\mathrm{m}}$ 时，仅当 $x=x_0=d/c$，$y=y_0=a/b$ 才满足式（3.28），此时相轨线也退化为一个点 $P_2(d/c,a/b)$.

当 $0<S<g_{\mathrm{m}}h_{\mathrm{m}}$ 时，若 $y=y_0$，则式（3.28）成为

$$g(x)=\frac{S}{h(y_0)}=\frac{S}{h_{\mathrm{m}}}$$

而 $0<S/h_{\mathrm{m}}<g_{\mathrm{m}}h_{\mathrm{m}}/h_{\mathrm{m}}=g_{\mathrm{m}}$，即 S/h_{m} 是介于 0 与 g_{m} 之间的数，由 $g(x)$ 的图形[图 3.4(a)]可知，在 $(0,x_0)$ 和 $(x_0,+\infty)$ 中各存在唯一的点 x_1 和 x_2 使 $g(x_1)=g(x_2)=S/h_{\mathrm{m}}$，从而 $g(x_1)h(y_0)=S$，$g(x_2)h(y_0)=S$，即 $Q_1(x_1,y_0)$、$Q_2(x_2,y_0)$ 是相轨线上的两个点（图 3.5）.

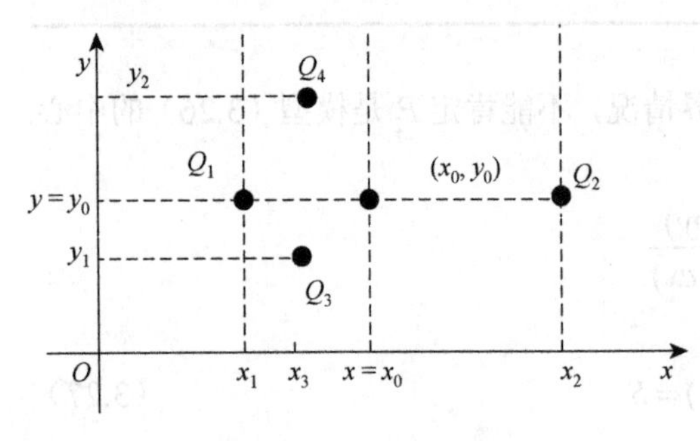

图 3.5　相轨线分析图

当 $x<x_1$ 时，有

$$g(x)<g(x_1)$$

$$g(x)h(y)<g(x_1)h(y)\leqslant g(x_1)h_{\mathrm{m}}=S$$

即当 $0\leqslant x<x_1$ 时，任意 y 都不满足 $g(x)h(y)=S$. 同理，当 $x>x_2$ 时，任意 y 都不满足 $g(x)h(y)=S$. 因此，满足式（3.28）的点 (x,y) 都分布在 $x=x_1$ 与 $x=x_2$ 这两条直线之间.

对于 $x=x_1$ 或 $x=x_2$，仅有一个 y 值 $y=y_0$，使 (x_1,y_0) 和 (x_2,y_0) 满足式（3.28）.

当 $x_1<x_3<x_2$ 时，式（3.28）成为

$$g(x_3)h(y)=S，\qquad h(y)=\frac{S}{g(x_3)}$$

而$0 < \dfrac{S}{g(x_3)} < \dfrac{S}{g(x_1)} = h_{\mathrm{m}}$，即$\dfrac{S}{g(x_3)}$是介于 0 与$h_{\mathrm{m}}$之间的一个值，由$h(y)$的图像[图 3.4（b）]可知，在$(0,y_0)$和$(y_0,+\infty)$中各存在唯一的点$y_1$和$y_2$，使$h(y_1)=h(y_2)=\dfrac{S}{g(x_3)}$，即$Q_3(x_3,y_1)$、$Q_4(x_3,y_2)$是相轨线上的点（图3.5）.

综合上述讨论，对确定的$S(0 < S < h_{\mathrm{m}}g_{\mathrm{m}})$，方程（3.27）表示的曲线是一条包围$(x_0,y_0)$的闭轨，即方程组（3.26）的任一解[除$(x_0,y_0)$和（0，0）外]，在相平面内都是包围$(x_0,y_0)=\left(\dfrac{d}{c},\dfrac{a}{b}\right)$的闭轨，因而每一个解$\begin{cases} x=x(t) \\ y=y(t) \end{cases}$都是周期解，其周期依赖于初始条件. $P_1\left(\dfrac{d}{c},\dfrac{a}{b}\right)$是式（3.26）的中心.

直线$x=\dfrac{d}{c}$，$y=\dfrac{a}{b}$将第一象限分为S_1、S_2、S_3、S_4四个部分（图3.6），由模型（3.26）的右边可知：在S_1中$\dfrac{\mathrm{d}x}{\mathrm{d}t}>0$，$\dfrac{\mathrm{d}y}{\mathrm{d}t}<0$，$x(t)$随$t$的增大而递增，$y(t)$随$t$的增大而递减；在$S_2$中$\dfrac{\mathrm{d}x}{\mathrm{d}t}>0$，$\dfrac{\mathrm{d}y}{\mathrm{d}t}>0$，$x(t)$、$y(t)$均随$t$的增大而递增；在$S_3$中$\dfrac{\mathrm{d}x}{\mathrm{d}t}<0, \dfrac{\mathrm{d}y}{\mathrm{d}t}>0$，$x(t)$随$t$的增大而递减，$y(t)$随$t$的增大而递增；在$S_4$中$\dfrac{\mathrm{d}x}{\mathrm{d}t}<0,\dfrac{\mathrm{d}y}{\mathrm{d}t}<0$，$x(t)$、$y(t)$均随$t$的增大而递减.

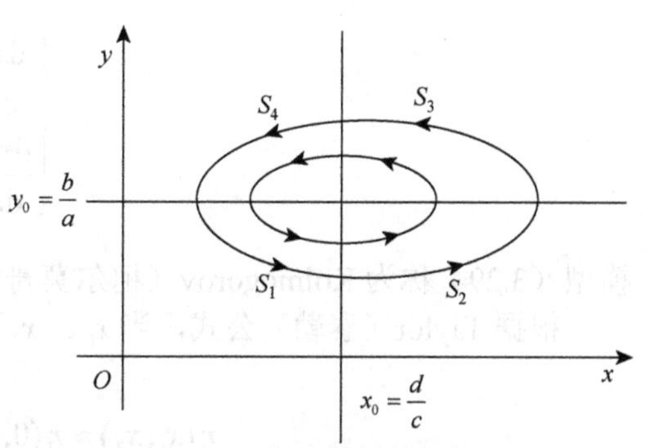

图 3.6　相轨线示意图

虽然在不同的轨线上周期不同，但在一个周期内，每条轨线上两个物种的平均值保持一个常数. 食饵的平均值为$\bar{x}=\dfrac{d}{c}$，捕食者的平均值为$\bar{y}=\dfrac{a}{b}$. 事实上，由$\dfrac{\mathrm{d}x}{\mathrm{d}t}=x(a-by)$可得

$$\frac{\mathrm{d}x}{x}=(a-by)\mathrm{d}t$$

积分得

$$\int_0^T (a-by)\mathrm{d}t=\int_0^T \frac{\mathrm{d}x}{x}=[\ln|x(t)|]_0^T=\ln|x(T)|-\ln|x(0)|=0 \quad (x(T)=x(0))$$

从而

$$\int_0^T a\mathrm{d}t=b\int_0^T y(t)\mathrm{d}t \quad 或 \quad \frac{1}{T}\int_0^T y(t)\mathrm{d}t=\frac{a}{b}$$

即$\bar{y}=\dfrac{1}{T}\displaystyle\int_0^T y(t)\mathrm{d}t=\dfrac{a}{b}$. 同理，从捕食者方程出发可得$\bar{x}=\dfrac{1}{T}\displaystyle\int_0^T x(t)\mathrm{d}t=\dfrac{d}{c}$.

当食饵的自然增长率a下降时，捕食者的平均数量$\bar{y}=\dfrac{a}{b}$将减少；当捕食者的获取能力b提高时，捕食者的平均数量同样减少.

假设系统中加入了人工干预，人们同时捕杀鱼饵和捕食者. 例如，设人的捕鱼能力系数为ε，则食饵的自然增长率下降为$a-\varepsilon$，捕食者的死亡率增加为$d+\varepsilon$，此时x、y满足

$$
\begin{cases}
\dfrac{\mathrm{d}x}{\mathrm{d}t}=(a-\varepsilon)x-bxy\\
\dfrac{\mathrm{d}y}{\mathrm{d}t}=cxy-(d+\varepsilon)y
\end{cases}
$$

在一个周期内，食饵的平均值为$\bar{x}=(d+\varepsilon)/C$，捕食者的平均值为$\bar{y}=(a-\varepsilon)/b$. 这表明，适当的捕鱼对鱼饵有利，对捕食者不利. 这就回答了为什么人们正常捕鱼时，鲨鱼的比例要小一些的问题.

类似于以上解释，如果某种农药既杀死害虫（食饵），同时又杀死益虫（捕食者），那么不过量的喷洒，平均来说对害虫有利.

两个种群在 t 时刻的规模若记为$x_1(t)$、$x_2(t)$，由于它们之间的相互作用，它们的增长率应该是x_1、x_2的函数，所以两个种群相互作用的一般模型为

$$
\begin{cases}
\dfrac{\mathrm{d}x_1}{\mathrm{d}t}=x_1r_1(x_1,x_2)\\
\dfrac{\mathrm{d}x_2}{\mathrm{d}t}=x_2r_2(x_1,x_2)
\end{cases}
\tag{3.29}
$$

模型（3.29）称为 Kolmogorov（柯尔莫哥洛夫）模型.

根据 Taylor（泰勒）公式，当x_1、x_2不太大时，有

$$
r_1(x_1,x_2)\approx r_1(0,0)+\left.\frac{\partial r_1}{\partial x_1}\right|_{(0,0)}x_1+\left.\frac{\partial r_1}{\partial x_2}\right|_{(0,0)}x_2
$$

$$
r_2(x_1,x_2)\approx r_2(0,0)+\left.\frac{\partial r_2}{\partial x_1}\right|_{(0,0)}x_1+\left.\frac{\partial r_2}{\partial x_2}\right|_{(0,0)}x_2
$$

因此模型（3.29）可以简化为

$$
\begin{cases}
\dfrac{\mathrm{d}x_1}{\mathrm{d}t}=x_1(b_1+a_{11}x_1+a_{12}x_2)\\
\dfrac{\mathrm{d}x_2}{\mathrm{d}t}=x_2(b_2+a_{21}x_1+a_{22}x_2)
\end{cases}
\tag{3.30}
$$

模型（3.30）称为 Lotka-Voltrra（洛特卡-沃尔泰拉）模型. 一般当a_{11}、$a_{22}\leqslant 0$时，表示种群的自限性（受环境容量制约）；当a_{12}、$a_{21}<0$时，表示两个种群相互竞争；当a_{12}、$a_{21}>0$时，表示两个种群互惠共存；当$a_{12}<0$，$a_{21}>0$时，表示两个种群是食饵与捕食者的关系.

生物现象是十分复杂的，描述这种现象的生态学模型也是多种多样的，必须针对不同的研究对象，具体分析各种不同的生态现象，才能建立一个比较适合实际情况的数学模型.

3.2.2 传染病模型

不同类型传染病的传播过程有其各自不同的特点，了解这些特点需要相当多的病理知识，我们不可能从医学角度来逐一分析各种传染病的传播，而只是按照一般的传播机理建立几个模型，目的是描述传染病的传播过程，分析受感染人数的变化规律，探索制止传染病蔓延的手段.

传染病的传播涉及多个因素，不可能通过一次简单的假设建立起完善的数学模型. 通常采用的方法是，先作出简单的假设，看看会得到什么结果，然后针对不合理或不完善的地方，逐步修改或增加假设，直至得到比较满意的模型.

1. 指数增长模型

首先作出如下假设.

（i）除感病特征外，人群的个体之间没有差异，人群只分为病人和易感染者两类，病人与易感染者在人群中混合均匀.

（ii）人群的数量足够大，只考虑传染过程的平均效应. 可假设t时刻的病人数$x(t)$是连续可微函数，初始时刻的病人数为x_0，即$x(0)=x_0$.

（iii）单位时间内（如每天）每个病人有效接触（使人致病的接触）的人数是常数λ，称λ为接触率.

在以上假设之下，考察t至$t+\Delta t$这段时间内病人数的变化情况. 在这段时间内病人数增加了$x(t+\Delta t)-x(t)$个. 由假设（iii），在单位时间内，每个病人能使λ个人致病，$x(t)$个病人就能使$\lambda x(t)$个人致病，在Δt时间内，大约有$\lambda x(t)\Delta t$个人致病. 因此

$$x(t+\Delta t)-x(t)\approx \lambda x(t)\Delta t$$

上式两边除以Δt后，令$\Delta t\to 0$，可得

$$\frac{\mathrm{d}x}{\mathrm{d}t}=\lambda x$$

于是得到了熟悉的指数增长模型

$$\begin{cases}\dfrac{\mathrm{d}x}{\mathrm{d}t}=\lambda x\\ x(0)=x_0\end{cases}\tag{3.31}$$

模型（3.31）的解为

$$x=x(t)=x_0\mathrm{e}^{\lambda t}\tag{3.32}$$

在传染病暴发初期，指数增长模型还是基本适用的. 但若$\lambda>0$，当$t\to+\infty$时，$x(t)\to+\infty$，意味着病人数将按指数规律无限增加，这显然与实际明显不符. 究其原因，问题出在假设（iii），每个病人有效接触的人当中，有些本身就是病人，这些人不能算作新感染的病人，而在建模时未加区分.

2. SI 模型

我们不妨仍保留假设（i）和假设（iii），并增加以下两条假设.

（iv）不考虑出生、死亡过程和人群的迁出、迁入，总人数N不变.

（v）人群分为易感染者（susceptible）和已感染者（infective）两类，t时刻易感染者所占比例为$s(t)$，已感染者所占比例为$i(t)$. 且$i(t)$的初值已知，即$i(0)=i_0$.

由以上假设，单位时间内每个病人有效接触λ个人，其中易感染者约为$\lambda s(t)$个[病人为$\lambda i(t)$]，t至$t+\Delta t$这段时间内新增病人数约为

$$[i(t)N][\lambda s(t)]\Delta t$$

因此有

$$N[i(t+\Delta t)-i(t)]\approx[i(t)N][\lambda s(t)]\Delta t$$

两边除以Δt后，令$\Delta t\to 0$，可得

$$N\frac{\mathrm{d}i}{\mathrm{d}t}=\lambda Nsi$$

由假设（iv）和假设（v），有

$$s(t)+i(t)=1$$

从而得到SI模型

$$\begin{cases}\dfrac{\mathrm{d}i}{\mathrm{d}t}=\lambda i(1-i)\\ i(0)=i_0\end{cases}\tag{3.33}$$

模型（3.33）正是熟悉的logistic模型，其解为

$$i(t)=\frac{1}{1+\left(\dfrac{1}{i_0}-1\right)\mathrm{e}^{-\lambda t}}\tag{3.34}$$

下面对SI模型及其结果进行分析.

由式（3.33），有

$$\frac{\mathrm{d}i}{\mathrm{d}t}=\lambda i(1-i)\equiv f(i)\quad(0\leqslant i\leqslant 1),\qquad f'(i)=\lambda(1-2i)$$

令$f'(i)=0$，得$i=\dfrac{1}{2}$. 当$i=\dfrac{1}{2}$时，$f(i)$即$\dfrac{\mathrm{d}i}{\mathrm{d}t}$达到最大值$\left(\dfrac{\mathrm{d}i}{\mathrm{d}t}\right)_{\mathrm{m}}=\dfrac{\lambda}{4}$.

在式（3.34）中令$i=\dfrac{1}{2}$，得

$$\frac{1}{2}=\frac{1}{1+\left(\dfrac{1}{i_0}-1\right)\mathrm{e}^{-\lambda t}}$$

由此解得

$$t_{\mathrm{m}}=\frac{\ln\left(\dfrac{1}{i_0}-1\right)}{\lambda}\tag{3.35}$$

由式（3.35）有以下结论.

（1）t_{m}是病人增加的速率取最大值的时刻，预示着传染病高潮的到来，这是医疗卫生部门十分关注的时刻.

（2）t_{m}与λ成反比，λ为疾病的传染率，它标志着当地的卫生水平. λ越小，卫生水平越高，所以改善保健设施、提高卫生水平可以推迟传染病高潮的到来.

在式（3.34）两边对t求导，得

$$\frac{\mathrm{d}i(t)}{\mathrm{d}t}=\frac{\lambda\left(\dfrac{1}{i_0}-1\right)\mathrm{e}^{-\lambda t}}{\left[1+\left(\dfrac{1}{i_0}-1\right)\mathrm{e}^{-\lambda t}\right]^2} \tag{3.36}$$

在 $\frac{\mathrm{d}i}{\mathrm{d}t}-t$ 平面上画出式（3.36）的图形（图 3.7），该曲线在医学上称为传染病曲线，它给出了传染病传播的速度随时间的变化规律.

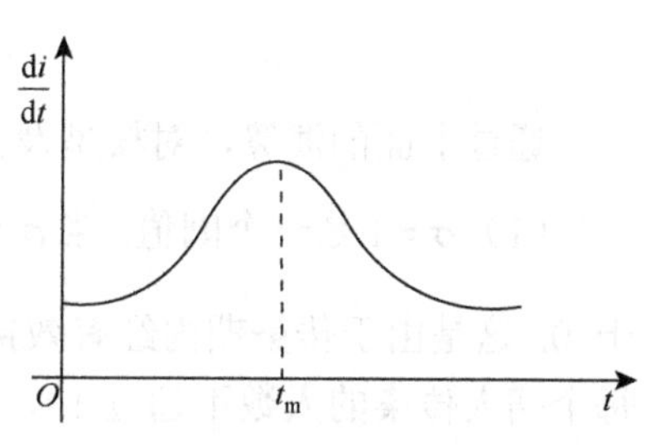

图 3.7　传染病曲线图

在式（3.34）中，令 $t\to+\infty$，得 $i\to1$. 这意味着随时间 t 无限增加所有的人终将被传染，全变为病人，这与实际情况不符. 原因是建模过程中没有考虑病人可以治愈，人群中的健康者只能变成病人，而病人不会变成健康者.

3. SIS 模型

人们对有些传染病免疫力很低，病人治愈后可再度被感染，我们在 SI 模型的基础上增加一个假设.

假设（vi）患病者以固定的比率痊愈，而重新成为易感染者. 令常数 μ 为治愈率（单位时间内痊愈的百分数），$1/\mu$ 称为该种传染病的平均传染期.

增加假设（vi）后，不难推得，模型（3.33）将被修改为 SIS 模型

$$\begin{cases}\dfrac{\mathrm{d}i}{\mathrm{d}t}=\lambda i(1-i)-\mu i\\ i(0)=i_0\end{cases} \tag{3.37}$$

令 $\sigma=\lambda/\mu$，σ 是传染期内每个病人有效接触的平均人数，称为接触数，则模型（3.37）变形为

$$\begin{cases}\dfrac{\mathrm{d}i}{\mathrm{d}t}=-\lambda i\left[i-\left(1-\dfrac{1}{\sigma}\right)\right]\\ i(0)=i_0\end{cases} \tag{3.38}$$

求得其解为

$$i(t)=\begin{cases}\dfrac{\left(1-\dfrac{1}{\sigma}\right)i_0}{i_0-\left[i_0-\left(1-\dfrac{1}{\sigma}\right)\right]\mathrm{e}^{-\lambda\left(1-\frac{1}{\sigma}\right)t}}, & \sigma\neq1\\ \dfrac{i_0}{\lambda i_0 t+1}, & \sigma=1\end{cases} \tag{3.39}$$

由式（3.39）知

$$i_\infty=\lim_{t\to\infty}i(t)=\begin{cases}1-\dfrac{1}{\sigma}, & \sigma>1\\ 0, & \sigma<1\\ 0, & \sigma=1\end{cases}$$

当$\sigma \neq 1$时，在式（3.39）两边对t求导，得

$$\frac{\mathrm{d}i(t)}{\mathrm{d}t}=\frac{-\lambda\left(1-\frac{1}{\sigma}\right)^2 i_0\left[i_0-\left(1-\frac{1}{\sigma}\right)\right]\mathrm{e}^{-\lambda\left(1-\frac{1}{\sigma}\right)t}}{\left\{i_0-\left[i_0-\left(1-\frac{1}{\sigma}\right)\right]\mathrm{e}^{-\lambda\left(1-\frac{1}{\sigma}\right)t}\right\}^2} \tag{3.40}$$

通过上面的演算，对模型及其结果分析如下.

（1）$\sigma=1$是一个阈值. 当$\sigma \leqslant 1$时，由式（3.40）知$\frac{\mathrm{d}i(t)}{\mathrm{d}t}<0$，$i(t)$随$t$的增大单调递减趋于 0. 这是由于传染期内经有效接触使健康人变成病人的数目不超过原来病人数（或在传染期每个病人传染的人数不超过 1），这时疾病的流行终究完全被控制与消除.

（2）当$\sigma>1$时，$i(t)$的增减与初值i_0有关. 若$i_0<1-\frac{1}{\sigma}$，由式（3.40）知$\frac{\mathrm{d}i(t)}{\mathrm{d}t}>0$，$i(t)$随$t$的增大单调递增趋于$1-\frac{1}{\sigma}$. 若$i_0>1-\frac{1}{\sigma}$，由式（3.40）知$\frac{\mathrm{d}i(t)}{\mathrm{d}t}<0$，$i(t)$随$t$的增大单调递减趋于$1-\frac{1}{\sigma}$. 疾病的流行不能完全消除，当$t$充分大时，病人的比例稳定在$1-\frac{1}{\sigma}$；当$\sigma$增大时，这个比例增大.

在 SIS 模型中，令$\mu=0$或$\sigma\to\infty$，即得 SI 模型.

4. SIR 模型

有些传染病是具有免疫性的，即病人治愈后不再会被传染，他们已经退出了传染系统，称这类人为移出者（removed）.

将 SIS 模型中的假设（vi）进行相应的修改.

假设（vii）患病者以固定的比率μ痊愈，痊愈后成为移出者. 总人数N不变，人群分为健康者、病人和移出者，t时刻他们所占比例分别为$s(t)$、$i(t)$、$r(t)$，初值为$s(0)=s_0$，$i(0)=i_0$，$r(0)=r_0$.

由假设（vii）有

$$s(t)+i(t)+r(t)=1 \tag{3.41}$$

在t至$t+\Delta t$这段时间内，考虑病人数的变化情况有

$$N[i(t+\Delta t)-i(t)]\approx[i(t)N][\lambda s(t)]\Delta t-\mu[i(t)N]\Delta t$$

若考虑健康者人数的变化情况则又有

$$N[s(t)-s(t+\Delta t)]\approx[i(t)N][\lambda s(t)]\Delta t$$

两边除以Δt后，令$\Delta t\to 0$，可得 SIR 模型

$$\begin{cases}\frac{\mathrm{d}i}{\mathrm{d}t}=\lambda si-\mu i, & i(0)=i_0\\ \frac{\mathrm{d}s}{\mathrm{d}t}=-\lambda si, & s(0)=s_0\end{cases} \tag{3.42}$$

SIR 模型（3.42）无解析解，我们在s-i相平面上对解进行分析.

由式（3.41），相轨线的定义域为

$$D=\{(s,i)\mid s,i\geqslant 0, s+i\leqslant 1\} \tag{3.43}$$

将式（3.42）消去$\mathrm{d}t$，得

$$\frac{\mathrm{d}i}{\mathrm{d}s}=\frac{\lambda si-\mu i}{-\lambda si}=\frac{\mu}{\lambda s}-1=\frac{1}{\sigma s}-1$$

即

$$\begin{cases}\dfrac{di}{ds}=\dfrac{1}{\sigma s}-1 \\ i|s=s_0=i_0\end{cases} \tag{3.44}$$

对方程（3.44）分离变量后积分并利用初值条件可得

$$i=(s_0+i_0)-s+\frac{1}{\sigma}\ln\frac{s}{s_0} \tag{3.45}$$

1）结果分析

（1）由式（3.44），令 $\frac{di}{ds}=0$，即 $\frac{1}{\sigma s}-1=0$，得 $s=\frac{1}{\sigma}$. 当 $0<s<\frac{1}{\sigma}$ 时，$\frac{di}{ds}>0$，i 随 s 的增大单调递增；当 $\frac{1}{\sigma}<s<1$ 时，$\frac{di}{ds}<0$，i 随 s 的增大单调递减；当 $s=\frac{1}{\sigma}$ 时，i 取得极大值 i_m.

（2）由式（3.42）第二式 $\frac{ds}{dt}<0$，知 s 随 t 的增大单调递减. 由第一式知，当 $0<s<\frac{1}{\sigma}$ 时，$\frac{di}{dt}<0$，i 随 t 的增大单调递减；当 $\frac{1}{\sigma}<s<1$ 时，$\frac{di}{dt}>0$，i 随 t 的增大单调递增.

综合（1）、（2），SIR 模型（3.42）的相轨线如图 3.8 所示.

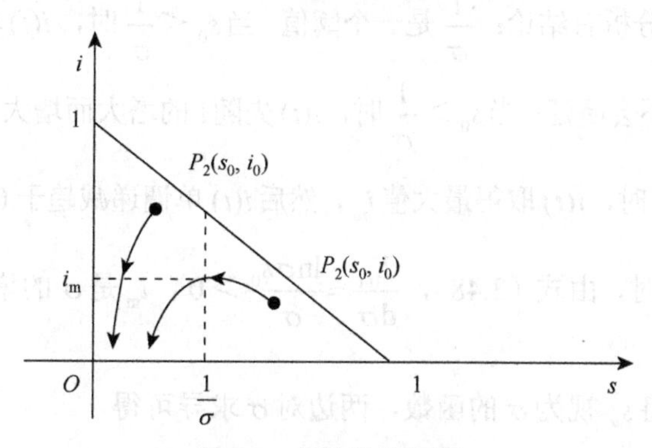

图 3.8　相轨线趋势图

当 $s_0<\frac{1}{\sigma}$ 时，$P_2(s_0,i_0)$ 的相轨线向左下运动；当 $s_0>\frac{1}{\sigma}$ 时，$P_1(s_0,i_0)$ 的相轨线先向左上方运动，经 $\left(\frac{1}{\sigma},i_m\right)$ 点后再向左下方运动.

（3）由图 3.8 可以推测，$\lim\limits_{t\to+\infty}i(t)=0$，记为

$$i_\infty=0 \tag{3.46}$$

证　因 $\frac{ds}{dt}\leqslant 0$，$s(t)$ 随 t 的增大单调递减且有下界 0，由单调有界准则知 $\lim\limits_{t\to+\infty}s(t)=s_\infty$ 存在. 将式（3.41）对 t 求导，由式（3.42）得

$$\frac{dr}{dt}=-\left(\frac{di}{dt}+\frac{ds}{dt}\right)=\mu i\geqslant 0$$

则 $r(t)$ 随 t 的增大单调递增且有上界 1，故 $\lim\limits_{t\to+\infty}r(t)=r_\infty$ 存在. 在式（3.41）中令 $t\to+\infty$，得 $i_\infty=1-r_\infty-s_\infty$. 由 $i(t)\geqslant 0$ 知 $i_\infty\geqslant 0$. 现证 $i_\infty=0$，若不然，设 $i_\infty=\varepsilon>0$，则当 t 充分大（$t>T$）时，$i(t)>\frac{\varepsilon}{2}$，于是 $\frac{dr}{dt}=\mu i>\frac{\mu\varepsilon}{2}$. 从 T 到 t 积分得

$$\int_T^t \frac{dr}{dt}dt = \int_T^t \frac{\mu\varepsilon}{2}dt$$

从而

$$r(t) - r(T) > \frac{\mu\varepsilon}{2}(t - T)$$

或

$$r(t) > \frac{\mu\varepsilon}{2}(t - T) + r(T)$$

上式中令 $t \to +\infty$ 得 $r_\infty \geqslant +\infty$，与 r_∞ 存在矛盾，故 $i_\infty = 0$. 因此，无论初值状况如何，病人数的比例将趋于 0.

在式（3.45）中，令 $t \to +\infty$，则

$$s_0 + i_0 - s_\infty + \frac{1}{\sigma}\ln\frac{s_\infty}{s_0} = 0 \tag{3.47}$$

在式（3.45）中，令 $s = 1/\sigma$，则

$$i_m = (s_0 + i_0) - \frac{1}{\sigma}(1 + \ln\sigma s_0) \tag{3.48}$$

由（1）、（2）、（3）分析有结论：$\frac{1}{\sigma}$ 是一个阈值. 当 $s_0 < \frac{1}{\sigma}$ 时，$i(t)$ 单调递减趋于 0，$s(t)$ 单调递减趋于 s_∞，传染病不会蔓延；当 $s_0 > \frac{1}{\sigma}$ 时，$i(t)$ 先随 t 的增大而增大，传染病会蔓延；$s(t)$ 随 t 单调递减，当递减至 $\frac{1}{\sigma}$ 时，$i(t)$ 取得最大值 i_m，然后 $i(t)$ 单调递减趋于 0，$s(t)$ 单调递减趋于 s_∞.

进一步，当 $s_0 > \frac{1}{\sigma}$ 时，由式（3.48），$\frac{di_m}{d\sigma} = \frac{\ln\sigma s_0}{\sigma^2} > 0$，$i_m$ 是 σ 的增函数，当 σ 减小时，i_m 减小.

在式（3.47）中，将 s_∞ 视为 σ 的函数，两边对 σ 求导可得

$$\frac{ds_\infty}{d\sigma} = \frac{s_\infty \ln\frac{s_\infty}{s_0}}{\sigma^2\left(\frac{1}{\sigma} - s_\infty\right)}$$

注意到 $s_\infty < \frac{1}{\sigma}, s_\infty < s_0$，故 $\frac{ds_\infty}{d\sigma} < 0$，$s_\infty$ 是减函数，当 σ 减小时，s_∞ 增大.

因此，减少 σ 可使传染病人数的比例的最大值 i_m 降低，使最终未被感染人数的比例 s_∞ 增大. $\sigma = \frac{\lambda}{\mu}$，减小 σ 有两条途径：一是减小 λ，这意味着提高卫生水平；二是增大 μ，这意味着提高医疗水平.

为了防止传染病蔓延，需 $s_0 \leqslant \frac{1}{\sigma}$，这可通过预防接种使群体免疫达到降低 s_0 的目的. 若忽略 i_0，则 $s_0 + r_0 = 1$，欲使 $s_0 = 1 - r_0 \leqslant \frac{1}{\sigma}$，只需 $r_0 \geqslant 1 - \frac{1}{\sigma}$，即当免疫者的比例不小于 $1 - \frac{1}{\sigma}$ 时，可以制止传染病的蔓延.

2）参数 σ 的估计

在式（3.47）中，忽略 i_0，即令 $i_0 = 0$，可得

$$\sigma = \frac{\ln \frac{s_\infty}{s_0}}{s_\infty - s_0} \tag{3.49}$$

当一次传染病过后，可以获得s_∞、s_0的值，由式（3.49）就可以计算得到本次传染过程中的σ值，当同样的传染病再次到来时，若卫生水平和医疗水平没有明显提高（即λ、μ无多大变化），则可用前面获得的σ值作为相同传染病再次到来时模型中参数σ的估计值.

3.2.3 药物在人体内的分布与排出模型

研究药物在人体内的分布、代谢、排出体外的动态过程往往是一个十分复杂的问题，为简单起见，人们常常将机体划分为n个独立的部分称为房室. 例如，血液丰富的内脏器官可以看成一个房室，肌肉组织为另一个房室，也可以把某个器官看成一个房室，这种划分是近似的、简化的，并且也是被有关专业人士认可的.

1. *房室模型*

对n个房室构成的系统，先做如下假设.

（i）各房室内部的药物近似分布均匀，其浓度只是时间的函数.

（ii）药物量的改变只是发生在不同的房室之间，或房室与体外之间，它们按一定的规律相互转移.

这样，研究药物在人体的分布过程，成了确定各个房室中的药物是如何随时间变化的问题. 房室模型的特点，是将一个在空间和时间上都连续的问题，简化成n个离散房室之间的变化. 设t时刻第i个房室的药物量为$x_i(t)\ (i=1,2,\cdots,n)$.

（iii）设单位时间内从房室i流入房室j的药量$m_{ij}(t)$与$x_i(t)$成正比，比例系数为$k_{ij}\ (i \neq j; i,j=1,2,\cdots,n)$.

（iv）单位时间内从外界流入房室i的药量为$f_i(t)\ (i=1,2,\cdots,n)$，从房室i流出体外的药量为$m_{i0}(t)$，且$m_{i0}(t)$与$x_i(t)$成正比，比例系数为$k_{i0}\ (i=1,2,\cdots,n)$.

由以上假设，在t至$t+\Delta t$这段时间内，房室i的药量$x_i(t)$的改变量满足

$$x_i(t+\Delta t) - x_i(t) \approx \left[\sum_{\substack{j=1\\ j\neq i}}^{n} k_{ji} x_j(t) + f_i(t) - \sum_{\substack{j=0\\ j\neq i}}^{n} k_{ij} x_i(t)\right]\Delta t$$

上式两边除以Δt后，令$\Delta t \to 0$，得

$$\frac{\mathrm{d}x_i}{\mathrm{d}t} = \sum_{\substack{j=1\\ j\neq i}}^{n} k_{ji} x_j + k_{ii} x_i + f_i(t) \tag{3.50}$$

其中：

$$k_{ii} = -\sum_{\substack{j=0\\ j\neq i}}^{n} k_{ij} \quad (i=1,2,\cdots,n) \tag{3.51}$$

若令$\boldsymbol{Z}=(x_1,x_2,\cdots,x_n)^{\mathrm{T}}$，$\boldsymbol{K}=(k_{ij})_{n\times n}$，$\boldsymbol{f}(t)=(f_1,f_2,\cdots,f_n)^{\mathrm{T}}$，则式（3.50）可写为

$$\begin{cases} \dfrac{\mathrm{d}\boldsymbol{Z}}{\mathrm{d}t} = \boldsymbol{KZ} + \boldsymbol{f}(t) \\ \boldsymbol{Z}(0) = \boldsymbol{Z}_0 \end{cases} \tag{3.52}$$

模型（3.52）称为（n个房室的）房室模型.

模型中的药物输入过程 $f(t)$ 根据给药的方式而定：快速的静脉注射，可近似地视为药物在瞬间吸收，可用脉冲函数表示；静脉点滴注射，药物恒速注入，可用常量表示；口服药物有一个吸收过程，可用指数函数 $f(t)=k\mathrm{e}^{-\alpha t}$ 表示，其中，k 取决于口服量，α 取决于药物的缓释性.

2. 二房室模型举例

为简单起见，将机体分为两个室，血液较丰富的中心室（包括心、肺、肾等器官）和血液较贫乏的周边室（四肢、肌肉组织等），中心室和周边室中 t 时刻的药量分别用 $x_1(t)$ 和 $x_2(t)$ 表示. 假定只有中心室与体外有药物交换，并且忽略药物的分解吸收（图 3.9）.

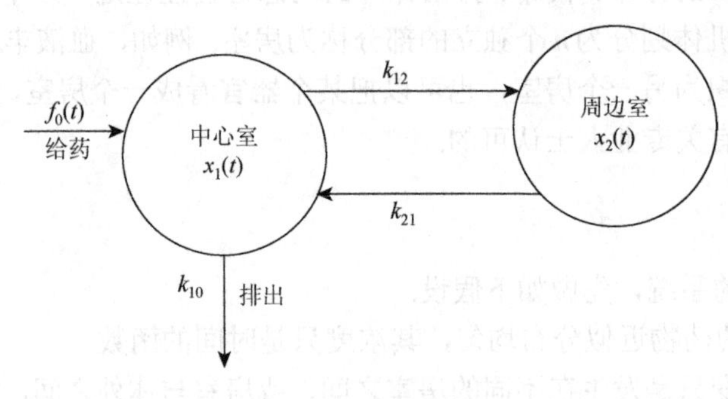

图 3.9　二房室模型图

在上述假设下，由式（3.50），有

$$\begin{cases}\dfrac{\mathrm{d}x_1}{\mathrm{d}t}=-k_{12}x_1-k_{10}x_1+k_{21}x_2+f_0(t)\\ \dfrac{\mathrm{d}x_2}{\mathrm{d}t}=k_{12}x_1-k_{21}x_2\end{cases}\tag{3.53}$$

若用 $C_i(t)$ 和 $V_i\ (i=1,2)$ 分别表示血药浓度和容积，则 $x_i(t)=C_i(t)V_i\ (i=1,2)$. 模型（3.53）可改写为

$$\begin{cases}\dfrac{\mathrm{d}C_1}{\mathrm{d}t}=-(k_{12}+k_{10})C_1+\dfrac{V_2}{V_1}k_{21}C_2+\dfrac{f_0(t)}{V_1}\\ \dfrac{\mathrm{d}C_2}{\mathrm{d}t}=\dfrac{V_2}{V_1}k_{12}C_1-k_{21}C_2\end{cases}\tag{3.54}$$

方程组（3.54）是非齐次线性微分方程组，它对应的齐次线性方程组的通解为

$$\begin{cases}\overline{C}_1=A_1\mathrm{e}^{-\alpha t}+B_1\mathrm{e}^{-\beta t}\\ \overline{C}_2=A_2\mathrm{e}^{-\alpha t}+B_2\mathrm{e}^{-\beta t}\end{cases}$$

其中：α、β 为齐次线性方程组对应的系数矩阵 $\boldsymbol{A}$ 的两个特征值，它们满足

$$\begin{cases}\alpha+\beta=k_{10}+k_{12}+k_{21}(=-p)\\ \alpha\beta=|\boldsymbol{A}|=k_{10}k_{21}(=q)\end{cases}\tag{3.55}$$

为了得到方程组（3.54）的特解，需知道给药速率 $f_0(t)$，以快速静脉注射为例进行讨论. 这种注射可以简化为在 $t=0$ 的瞬时将剂量为 D_0 的药物输入中心室，血液浓度立即上升为 D_0/V_1，于是 $f_0(t)$ 和初始条件为

$$f_0(t)=0,\quad C_1(0)=\frac{D_0}{V_1},\quad C_2(0)=0 \tag{3.56}$$

方程组（3.54）在条件（3.56）下的解为

$$C_1(t)=Ae^{-\alpha t}+Be^{-\beta t} \tag{3.57}$$

其中：

$$A=\frac{D_0(k_{21}-\alpha)}{V_1(\beta-\alpha)},\qquad B=\frac{D_0(\beta-k_{21})}{V_1(\beta-\alpha)}$$

$$C_2(t)=\frac{D_0k_{12}}{V_1(\beta-\alpha)}(e^{-\alpha t}-e^{-\beta t}) \tag{3.58}$$

其中：α、β由方程组(3.55)确定. 由方程组(3.55)知，$\alpha,\beta>0$，于是当$t\to+\infty$时，$C_1(t)\to 0$，$C_2(t)\to 0$. 下面介绍参数k_{10}、k_{12}、k_{21}的估计方法.

在一系列$t_i\ (i=1,2,\cdots,n)$时刻从中心室采取血样并获得血药浓度$C_1(t_i)$的数据.

（1）计算α、β、A、B.

不妨设$\alpha<\beta$，于是当t充分大时$Ae^{-\alpha t}$是$C_1(t)$的主部[见式（3.57）]：

$$C_1(t)=Ae^{-\alpha t} \tag{3.59}$$

或

$$\ln C_1(t)=\ln A-\alpha t \tag{3.60}$$

对适当大的t_i及其相应的$C_1(t_i)$，用最小二乘法估计出α、A、$\ln A$，然后计算

$$\overline{C}_1=C_1(t)-Ae^{-\alpha t} \tag{3.61}$$

由式（3.57），知

$$\ln\overline{C}_1=\ln B-\beta t \tag{3.62}$$

对于较小的t_i和由式（3.61）算出的$\overline{C}_1(t_i)$，仍用最小二乘法可得到B、β.

（2）确定k_{10}、k_{12}、k_{21}.

因为当$t\to+\infty$时，$C_1(t)\to 0$，$C_2(t)\to 0$，进入中心室的药物全部被排出，所以

$$D_0=k_{10}V_1\int_0^{+\infty}C_1(t)\mathrm{d}t \tag{3.63}$$

将式（3.57）代入式（3.63），得

$$D_0=k_{10}V_1\left(\frac{A}{\alpha}+\frac{B}{\beta}\right) \tag{3.64}$$

又因为

$$C_1(0)=\frac{D_0}{V_1}=A+B \tag{3.65}$$

联立式（3.64）和式（3.65）解得

$$k_{10}=\frac{\alpha\beta(A+B)}{\alpha B+\beta A} \tag{3.66}$$

最后，由式（3.65）得

$$k_{21}=\frac{\alpha\beta}{k_{10}} \tag{3.67}$$

$$k_{12}=\alpha+\beta-k_{10}-k_{21} \tag{3.68}$$

3.2.4 战争模型

战争是一个复杂的军事行动，涉及许多因素，如果把战争所涉及的因素都考虑进去，是很难建立数学模型的. 对于一次局部的战争，有些因素可以不考虑，如气候、后勤供应等. 在最简单的情形下，假定两军的战斗力完全取决于两军的士兵人数、两军士兵都处于对方火力范围之内. 由于战斗紧迫、短暂，甚至可不考虑支援部队.

正规战模型：令 $x(t)$ 为 t 时刻甲方军人数，$y(t)$ 为 t 时刻乙方军人数，并作如下假设.

(i) 甲方的军人数减员率与乙方军人数成正比，同样乙方军人数减员率只与甲方军人数成正比.

(ii) 双方均无增援.

由以上假设，可得最简单的正规战争模型

$$\begin{cases}\dfrac{\mathrm{d}x}{\mathrm{d}t}=-ay, & x(0)=x_0\\[2mm] \dfrac{\mathrm{d}y}{\mathrm{d}t}=-bx, & y(0)=y_0\end{cases} \tag{3.69}$$

其中：$a>0$，$b>0$，a、b 均为常数，两式相除并积分，得

$$ay^2-bx^2=ay_0^2-bx_0^2=C \tag{3.70}$$

式（3.70）在 xOy 平面上是一簇双曲线，如图 3.10 所示.

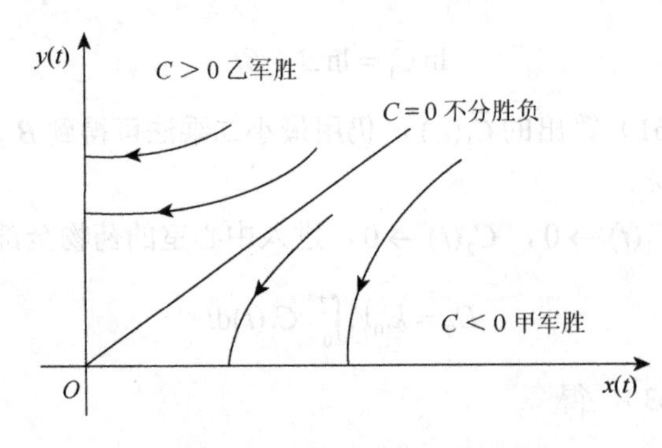

图 3.10 相轨线趋势图

由图 3.10 知，乙军要想获胜，即要使不等式

$$ay_0^2>bx_0^2$$

成立，可采用两种方式：一是增大 a，即配备更先进的武器；二是增加最初投入战斗的人数 y_0. 值得注意的是，在上式中，a 增大 2 倍，ay_0^2 增大 2 倍，但 y_0 增大 2 倍，ay_0^2 增大 4 倍，这说明兵员增加战斗力将大大增加.

当甲、乙双方都有援兵时，可设 t 时刻的增援率分别为 $f(t)$、$g(t)$，此时模型（3.69）变为

$$
\begin{cases}
\dfrac{\mathrm{d}x}{\mathrm{d}t} = -ay + f(t) \\
\dfrac{\mathrm{d}y}{\mathrm{d}t} = -bx + g(t)
\end{cases}
\tag{3.71}
$$

一般的战争模型可表示为

$$
\begin{cases}
\dfrac{\mathrm{d}x}{\mathrm{d}t} = -u(x,y) - ay + f(t) \\
\dfrac{\mathrm{d}y}{\mathrm{d}t} = -v(x,y) - bx + g(t)
\end{cases}
\tag{3.72}
$$

对函数$u(x,y)$、$v(x,y)$作不同假设可得不同模型，限于篇幅，对模型（3.71）和模型（3.72）在此不做讨论，有兴趣的读者可参见文献（姜启源 等，2018）.

3.2.5 经济增长模型

经济增长问题是一个十分复杂的问题，由于影响经济增长的因素很多，如发展经济、提高生产力主要有增加投资、增加劳动力、技术革新等手段，要建立一个适当的数学模型来全面反映经济增长的规律往往是困难的. 为此，我们考虑影响经济增长最重要的因素——增加投资、增加劳动力，建立生产产值与资金、劳动力之间的关系，研究资金与劳动力的最佳分配，使投资效益最大，讨论如何调节资金和劳动力的增长率，使生产率得到有效增长.

1. Douglas 生产函数

假设某地区或部门在t时刻的资金、劳动力、产值分别为$K(t)$、$L(t)$、$Q(t)$，引入记号：

$$
z = \frac{Q}{L}, \quad y = \frac{K}{L}
\tag{3.73}
$$

其中：z和y分别表示每个劳动力的产值和投资.

关于z与y的关系，可以作合理的假设：z随着y的增加而增长，但增长的速度是递减的，从而可以假设z与y有如下关系：

$$
z = cy^{\alpha} \quad (0 < \alpha < 1)
\tag{3.74}
$$

由式（3.73）和式（3.74）可得

$$
Q = cK^{\alpha}L^{\alpha-1} \quad (0 < \alpha < 1)
\tag{3.75}
$$

容易计算得到

$$
\frac{\partial Q}{\partial K}, \frac{\partial Q}{\partial L} > 0, \qquad \frac{\partial^2 Q}{\partial K^2}, \frac{\partial^2 Q}{\partial L^2} < 0
$$

上述结果表明，产值随资金和劳动力的增加单调递增，同时，随着资金和劳动力的进一步增加，产值的增加会逐步趋缓.

利用式（3.75）可以进一步得到

$$
\frac{K}{Q}\frac{\partial Q}{\partial K} = \alpha, \quad \frac{L}{Q}\frac{\partial Q}{\partial L} = 1-\alpha, \quad K\frac{\partial Q}{\partial K} + L\frac{\partial Q}{\partial L} = Q
\tag{3.76}
$$

其中：α为资金在产值中占有的份额；$1-\alpha$为劳动力在产值中所占的份额. 这表明α的大小反映了资金、劳动力二者对于创造产值的权重.

式（3.75）更一般的形式可以表示为

$$
Q = cK^{\alpha}L^{\beta} \quad (0 < \alpha, \beta < 1)
$$

2. 资金与劳动力的最佳分配

假设资金、劳动力与创造产值之间满足式（3.75），怎样合理分配资金和劳动力，使生产创造的产值最大？

假定资金来自贷款，其利率为r，每个劳动力需要支付工资w，则当资金为K、劳动力为L、产值为Q时，得到的效益为

$$S = Q - rK - wL$$

问题可以化为求资金与劳动力的分配比例K/L（即每个劳动力占有的资金），使效益S最大.

该模型可以用微分法求解得到

$$\frac{\partial Q}{\partial K}\bigg/\frac{\partial Q}{\partial L} = \frac{r}{w}$$

$$\frac{K}{L} = \frac{\alpha}{1-\alpha}\frac{w}{r}$$

这就是资金与劳动力的最佳分配.

上式表明，当α、w变大，r变小时，分配比例K/L也随之变大，这与实际的经济活动规律是相符的.

3. 劳动生产率增长的条件

劳动生产率是指劳动的效率，通常可以用每个劳动力的产值$z(t) = Q(t)/L(t)$表示.

在考察经济增长时，常用总产值$Q(t)$和劳动生产率$z(t)$来衡量经济增长的指标，需要讨论$K(t)$、$L(t)$满足什么条件时，才能使$Q(t)$、$z(t)$保持增长.

为建立合适的数学模型，需要做一些假设.

（i）投资增长率与产值成正比，比例系数$\lambda > 0$，即用一定比例扩大再生产.

（ii）劳动力相对增长率为常数μ，μ可以是负数，表示劳动力减少.

这两个假设可以用数学表达式表示为

$$\frac{\mathrm{d}K}{\mathrm{d}t} = \lambda Q \quad (\lambda > 0) \tag{3.77}$$

$$\begin{cases} \dfrac{\mathrm{d}L}{\mathrm{d}t} = \mu L \\ L(0) = L_0 \end{cases} \tag{3.78}$$

初值问题（3.78）的解为

$$L(t) = L_0 \mathrm{e}^{\mu t}$$

将Q代入式（3.77），得

$$\frac{\mathrm{d}K}{\mathrm{d}t} = c\lambda L y^{\alpha}$$

利用关系式$K = Ly$和式（3.78）可得

$$\frac{\mathrm{d}K}{\mathrm{d}t} = L\frac{\mathrm{d}y}{\mathrm{d}t} + \mu L y$$

从而得到关于$y(t)$的方程

$$\frac{\mathrm{d}y}{\mathrm{d}t} + \mu y = c\lambda y^{\alpha}$$

这就是著名的Bernoulli（伯努利）方程，它的解可表示为

$$y(t)=\left\{\frac{c\lambda}{\mu}\left[1-\left(1-\mu\frac{K_0}{\dot{K}_0}\right)\mathrm{e}^{-(1-\alpha)\mu t}\right]\right\}^{\frac{1}{1-\alpha}} \tag{3.79}$$

以下根据式（3.79）研究 $Q(t)$、$z(t)$ 保持增长的条件.

（1）$Q(t)$ 增长，即 $\dfrac{\mathrm{d}Q(t)}{\mathrm{d}t}>0$，由 $Q(t)=cLy^{\alpha}$ 以及上面的关系式可以计算得

$$\frac{\mathrm{d}Q}{\mathrm{d}t}=cL\alpha y^{\alpha-1}\frac{\mathrm{d}y}{\mathrm{d}t}+c\mu Ly^{\alpha}=cLy^{2\alpha-1}[c\lambda\alpha+\mu(1-\alpha)y^{1-\alpha}]$$

将式（3.79）代入上式中，可知条件 $\dfrac{\mathrm{d}Q(t)}{\mathrm{d}t}>0$ 等价于

$$\left(1-\mu\frac{K_0}{\dot{K}_0}\right)\mathrm{e}^{-(1-\alpha)\mu t}<\frac{1}{1-\alpha} \tag{3.80}$$

因为上式右端大于 1，所以当 $\mu\geqslant 0$（即劳动力不减少）时式（3.80）恒成立；而当 $\mu<0$ 时，式（3.80）成立的条件是

$$t<\frac{1}{(1-\alpha)\mu}\ln\left[(1-\alpha)\left(1-\mu\frac{K_0}{\dot{K}_0}\right)\right] \tag{3.81}$$

说明如果劳动力减少，$Q(t)$ 只能在有限时间内保持增长. 若式（3.81）中的

$$(1-\alpha)\left(1-\mu\frac{K_0}{\dot{K}_0}\right)\geqslant 1$$

则不存在这样的增长时段.

（2）$z(t)$ 增长，即 $\dfrac{\mathrm{d}z(t)}{\mathrm{d}t}>0$，由 $z(t)=cy^{\alpha}$ 知 $\dfrac{\mathrm{d}y(t)}{\mathrm{d}t}>0$，由 $y(t)$ 所满足的方程知，当 $\mu\leqslant 0$ 时恒成立，而当 $\mu>0$ 时，由 $y(t)$ 表达式（3.79）可得 $\dfrac{\mathrm{d}y(t)}{\mathrm{d}t}>0$ 等价于

$$\left(1-\mu\frac{K_0}{\dot{K}_0}\right)\mathrm{e}^{-(1-\alpha)\mu t}>0$$

显然此式成立的条件为 $\mu\dfrac{K_0}{\dot{K}_0}<1$，即

$$\mu<\frac{\dot{K}_0}{K_0}$$

这个条件表明，劳动力增长率小于初始投资增长率.

以上讨论的模型是在一种简单的假设下给出的，并讨论了资金与劳动力的最佳分配，这是一种静态模型；而另一微分方程研究的劳动生产率增长条件是一个动态模型，虽然它的推导与讨论比较复杂，但是结果却相当简明，并且可以给出合理的解释.

3.3 差分方程简介

本节将简要介绍差分方程的一些相关知识，一些定理的证明将被略去.

3.3.1 差分与差分方程

定义 3.3 设 $y_0, y_1, \cdots, y_n, \cdots$ 为一序列，称

$$\Delta y_n = y_{n+1} - y_n \quad (n = 0,1,2,\cdots)$$

为序列 $\{y_n\}$ 的（一阶）差分. 称 $\{y_n\}$ 的一阶差分的差分为 $\{y_n\}$ 的二阶差分，记为 $\Delta^2 y_n$.

$$\Delta^2 y_n = \Delta(\Delta y_n) = \Delta y_{n+1} - \Delta y_n = y_{n+2} - 2y_{n+1} + y_n$$

类似地可定义 k 阶差分.

定义 3.4 包含了（变量 n 及）k 阶差分 $\Delta^k y_n$ 的方程称为 k 阶差分方程，其一般形式为

$$\varPhi(n, y_n, \Delta y_n, \cdots, \Delta^k y_n) = 0 \tag{3.82}$$

显然式（3.82）可改写为

$$F(n, y_n, y_{n+1}, \cdots, y_{n+k}) = 0 \tag{3.83}$$

设 $y_n = f(n)$ 是一序列，若 $y_n, \Delta y_n, \cdots, \Delta^k y_n$ 对任意自然数 n 都使式（3.82）成为恒等式[或者 $y_n, y_{n+1}, \cdots, y_{n+k}$ 对任意自然数 n 都使式（3.83）成为恒等式]，则称 $y_n = f(n)$ 是式（3.82）的一个解[或 $\{y_n\}$ 是式（3.83）的一个解].

由上述定义，差分方程的一个解是一个序列. 若解中包含的彼此独立的任意常数的个数恰好等于方程的阶数，就称此解为通解.

在许多情形下，式（3.83）可改写为

$$y_{n+k} = \psi(n, y_n, y_{n+1}, \cdots, y_{n+k-1}) \tag{3.84}$$

若指定了初值条件 $f(0) = y_0, f(1) = y_1, \cdots, f(k-1) = y_{k-1}$，则当 ψ 连续时方程（3.84）有且仅有一个解 $y_n = f(n)$，此解称为满足初始条件的特解. 特解是一个数列 $y_0, y_1, \cdots, y_n$ 它在坐标轴上是一列离散的点，我们把它称为过初值 $y_0, y_1, \cdots, y_{k-1}$ 的一个轨道.

例 3.4 考察二阶差分方程

$$\Delta^2 y_n + \Delta y_n + 2y_n = 0 \tag{3.85}$$

易知方程（3.85）可改写为

$$y_{n+2} + y_n = 0 \tag{3.86}$$

不难验证：

$$y_n = \cos\frac{n\pi}{2} \quad 与 \quad y_n = \sin\frac{n\pi}{2} \quad (n = 0,1,2,\cdots)$$

都是方程（3.86）的解，并且

$$y_n = c_1\cos\frac{n\pi}{2} + c_2\sin\frac{n\pi}{2} \quad (n = 0,1,2,\cdots)$$

也是方程（3.86）的解，其中 c_1, c_2 为任意常数，它们彼此独立. 因此

$$y_n = c_1\cos\frac{n\pi}{2} + c_2\sin\frac{n\pi}{2}$$

是方程（3.86）的通解，而 $y_n = \cos\frac{n\pi}{2}$ 是满足初值 $y_0 = 1$，$y_1 = 0$ 的特解.

3.3.2 线性差分方程

形如

$$y_{n+k}+a_1(n)y_{n+k-1}+\cdots+a_k(n)y_n=r(n) \tag{3.87}$$

的方程称为线性差分方程，其中，$a_1(n),\cdots,a_k(n)$ 和 $r(n)$ 已知，$a_k(n)\neq 0$，$a_1(n),\cdots,a_k(n)$ 称为系数，$r(n)$ 称为自由项. 当 $r(n)=0$ 时，方程（3.87）称为齐次线性方程；当 $r(n)\neq 0$ 时，方程（3.87）称为非齐次线性方程.

线性差分方程的解具有线性微分方程的解类似的性质，这里不再赘述，仅将两个主要结果列出.

定理 3.6 k 阶齐次线性差分方程一定有 k 个线性无关的解 $f_1(n),f_2(n),\cdots,f_k(n)$，其通解可由任意 k 个线性无关的解线性表示为

$$Y_n=c_1f_1(n)+c_2f_2(n)+\cdots+c_kf_k(n)$$

$f_1(n),f_2(n),\cdots,f_k(n)$ 称为一个基本解组.

定理 3.7 k 阶齐次线性差分方程的通解为 Y_n+y^*，其中，Y_n 为对应齐次线性方程的通解，y^* 为非齐次线性方程的任一特解.

当方程（3.87）中的系数 $a_i(n)\ (i=1,2,\cdots,k)$ 都是常数（与 n 无关）时，称方程为常系数方程，其形式为

$$y_{n+k}+a_1y_{n+k-1}+\cdots+a_ky_n=r(n) \tag{3.88}$$

相应的齐次线性方程为

$$y_{n+k}+a_1y_{n+k-1}+\cdots+a_ky_n=0\quad (a_k\neq 0) \tag{3.89}$$

设 $y_n=\lambda^n\ (\lambda\neq 0)$ 是方程（3.89）的解，代入方程（3.89）的左端，得

$$\lambda^{n+k}+a_1\lambda^{n+k-1}+\cdots+a_k\lambda^n=0$$

即

$$\lambda^k+a_1\lambda^{k-1}+\cdots+a_{k-1}\lambda+a_k=0 \tag{3.90}$$

若 λ 是方程（3.90）的根，则 $y_n=\lambda^n\ (\lambda\neq 0)$ 是方程（3.89）的解，故满足方程（3.90）的根称为特征根或特征值，称方程（3.90）为方程（3.89）的特征方程；反之，当 λ 是特征根时，$y_n=\lambda^n\ (\lambda\neq 0)$ 是方程（3.89）的解.

与微分方程类似，关于常系数齐次线性差分方程（3.89），有如下结论.

（1）若特征方程（3.90）有 k 个互异实根 $\lambda_1,\lambda_2,\cdots,\lambda_k$，则 $\lambda_1^n,\lambda_2^n,\cdots,\lambda_k^n$ 是方程（3.89）的基本解组，方程（3.89）的通解为 $y_n=c_1\lambda_1^n+c_2\lambda_2^n+\cdots+c_k\lambda_k^n$.

（2）若方程（3.90）有一个 l 次重根 λ_j，则相应于 λ_j，方程（3.89）有 l 个线性无关的解 $\lambda_j^n,n\lambda_j^n\cdots,n^{l-1}\lambda_k^n$，它们是基本解组中的解.

（3）若方程（3.90）有一对共轭复根 $\lambda_j=\rho(\cos\theta+\mathrm{i}\sin\theta)$ 和 $\overline{\lambda}_j=\rho(\cos\theta-\mathrm{i}\sin\theta)$，则相应于 λ_j、$\overline{\lambda}_j$，方程（3.89）有两个线性无关的解 $\rho^n\cos n\theta$ 和 $\rho^n\sin n\theta$，它们是基本解组中的解.

（4）当（3）中的复根 λ_j 和 $\overline{\lambda}_j$ 都为 $l\ (1\leqslant l\leqslant k/2)$ 次重根时，相应于方程（3.89）有 $2l$ 个线性无关的解

$$\begin{cases}\rho^n\cos n\theta,n\rho^n\cos n\theta,\cdots,n^{l-1}\rho^n\cos n\theta\\ \rho^n\sin n\theta,n\rho^n\sin n\theta,\cdots,n^{l-1}\rho^n\sin n\theta\end{cases}$$

它们都是基本解组中的解.

例 3.5 求例 3.4 中差分方程 $y_{n+2}+y_n=0$ 的通解.

解 特征方程为 $\lambda^2+1=0$，特征根为

$$\lambda_1 = \mathrm{i} = 1\left(\cos\frac{\pi}{2} + \mathrm{i}\sin\frac{\pi}{2}\right), \quad \overline{\lambda}_1 = -\mathrm{i} = 1\left(\cos\frac{\pi}{2} - \mathrm{i}\sin\frac{\pi}{2}\right), \quad \rho = 1, \quad \theta = \frac{\pi}{2}$$

由（3）知，$\cos\frac{n\pi}{2}$ 和 $\sin\frac{n\pi}{2}$ 是基本解组中的解，又方程为 2 阶，$\cos\frac{n\pi}{2}$ 和 $\sin\frac{n\pi}{2}$ 就是基本解组，故方程（3.86）的通解为 $Y_n = c_1\cos\frac{n\pi}{2} + c_2\sin\frac{n\pi}{2}$.

3.3.3 平衡解与稳定性

差分方程平衡解的定义与微分方程类似，即若 $y_n = b$（常数）是某差分方程的解，则称 b 是该方程的平衡解. 由上述定义，b 是 $F(n, y_n, y_{n+1}, \cdots, y_{n+k}) = 0$ 的平衡解等价于 b 是 $F(n, b, b, \cdots, b) = 0$ 的根，其中，$n = 0, 1, 2, \cdots$.

差分方程平衡解的稳定性概念与微分方程平衡解稳定性的概念相似. 仅以一阶自治差分方程为例进行叙述. 对一阶差分方程

$$y_{n+1} = f(y_n) \tag{3.91}$$

设 b 是方程（3.91）的平衡解，$\{y_n\}$ 是满足初值条件 $y(0) = y_0$ 的解.

定义 3.5 若对任意给定的正数 ε，存在 $\delta > 0$，当 $|y_0 - b| < \delta$ 时，恒有 $|y_n - b| < \varepsilon$ $(n = 1, 2, \cdots)$，则称平衡解 b 是稳定的.

定义 3.6 若平衡解 b 是稳定的，且存在 $\delta_1 > 0$，使当 $|y_0 - b| < \delta_1$ 时，有 $\lim_{n\to\infty} y_n = b$ [$\{y_n\}$ 是满足初值条件 $y(0) = y_0$ 的任一解]，则称 b 是渐近稳定的；若 $\delta_1 = +\infty$，则称 b 是全局渐近稳定的.

定义 3.7 若存在 $\varepsilon_0 > 0$，使对任意 $\delta > 0$，存在以 y_0 为初值的解 $\{y_n\}$，满足 $|y_0 - b| < \delta$，但有某个 $|y_n - b| \geqslant \varepsilon_0$ 成立，则称 b 是不稳定的.

对常系数线性方程（3.89），$y_n \equiv 0$ 显然是平衡解. 由解的结构可得如下定理.

定理 3.8 若方程（3.89）的特征根 λ_j 均满足 $|\lambda_j| < 1$，则 $y_n \equiv 0$ 是全局渐近稳定的平衡解；若有某个特征根 λ_j 满足 $|\lambda_j| > 1$，则 $y_n \equiv 0$ 是不稳定的.

对于非齐次线性方程

$$y_{n+k} + a_1 y_{n+k-1} + \cdots + a_k y_n = r \tag{3.92}$$

若 $y_n = b$ 是平衡解，则它的稳定条件与定理 3.8 中的相同.

对于一阶自治方程（3.91），若 $y_n = b$ 是平衡解，即有 $b = f(b)$. 将方程（3.91）右边的函数 f 在点 b 处 Taylor 展开，得

$$y_{n+1} = f(y_n) = f(b) + f'(b)(y_n - b) + o(y_n - b) = b + f'(b)(y_n - b) + o(y_n - b) \tag{3.93}$$

"线性化"后的方程为

$$y_{n+1} - f'(b)y_n = [1 - f'(b)]b \tag{3.94}$$

特征方程为 $\lambda - f'(b) = 0$，特征根为 $\lambda = f'(b)$.

当 $|f'(b)| < 1$ 时，b 是（局部）渐近稳定的；当 $|f'(b)| > 1$ 时，b 是不稳定的；当 $|f'(b)| = 1$ 时，为临界情况，需要具体讨论.

最后，简要叙述一下差分方程组. 以两个未知序列 y_n、z_n 的一阶差分方程组为例，其一般形式为

$$\begin{cases} F(n, y_n, z_n, y_{n+1}, z_{n+1}) = 0 \\ G(n, y_n, z_n, y_{n+1}, z_{n+1}) = 0 \end{cases} \tag{3.95}$$

在有些情况下，y_{n+1}、z_{n+1}可以从方程组（3.95）中解出，而将方程组（3.95）化为如下等价形式：

$$\begin{cases} y_{n+1} = f(n, y_n, z_n) \\ z_{n+1} = g(n, y_n, z_n) \end{cases} \tag{3.96}$$

特别当方程组（3.96）的右边不显含n时，它就成为一个自治系统：

$$\begin{cases} y_{n+1} = f(y_n, z_n) \\ z_{n+1} = g(y_n, z_n) \end{cases} \tag{3.97}$$

记

$$\boldsymbol{X}_n = \begin{pmatrix} y_n \\ z_n \end{pmatrix}, \quad \boldsymbol{F}(X_n) = \begin{pmatrix} f(y_n, z_n) \\ g(y_n, z_n) \end{pmatrix} = \begin{pmatrix} f(X_n) \\ g(X_n) \end{pmatrix}$$

则方程组（3.97）可写成

$$\boldsymbol{X}_{n+1} = \boldsymbol{F}(\boldsymbol{X}_n) \tag{3.98}$$

若有常数向量$\boldsymbol{B} = \begin{pmatrix} b_1 \\ b_2 \end{pmatrix}$使之成为方程组（3.98）的解$\boldsymbol{B} = \boldsymbol{F}(\boldsymbol{B})$，则称$\boldsymbol{B}$为方程组（3.98）的平衡解.

当方程组（3.97）中的f、g均为线性函数时，就成为线性差分方程组

$$\begin{cases} y_{n+1} = a_{11} y_n + a_{12} z_n + c_1 \\ z_{n+1} = a_{21} y_n + a_{22} z_n + c_2 \end{cases} \tag{3.99}$$

记$\boldsymbol{A} = \begin{pmatrix} a_{11} & a_{12} \\ a_{21} & a_{22} \end{pmatrix}$，$\boldsymbol{C} = \begin{pmatrix} c_1 \\ c_2 \end{pmatrix}$，称$\boldsymbol{A}$为系数矩阵，方程（3.99）可改写为

$$\boldsymbol{X}_{n+1} = \boldsymbol{A}\boldsymbol{X}_n + \boldsymbol{C} \tag{3.100}$$

当$\boldsymbol{C} = \begin{pmatrix} 0 \\ 0 \end{pmatrix}$时，成为齐次线性差分方程组

$$\boldsymbol{X}_{n+1} = \boldsymbol{A}\boldsymbol{X}_n \tag{3.101}$$

由方程组（3.101）递推得

$$\boldsymbol{X}_n = \boldsymbol{A}^n \boldsymbol{X}_0 \tag{3.102}$$

式（3.102）就是方程组（3.101）的一般解.

设$\boldsymbol{B}$是方程组（3.101）的平衡解，则

$$\boldsymbol{B} = \boldsymbol{A}\boldsymbol{B} \tag{3.103}$$

显然$\boldsymbol{B} = \begin{pmatrix} 0 \\ 0 \end{pmatrix}$是一个平衡解，由式（3.102）知，$\boldsymbol{B} = \begin{pmatrix} 0 \\ 0 \end{pmatrix}$全局渐近稳定的充分必要条件是$\lim\limits_{n\to\infty} \boldsymbol{A}^n = \boldsymbol{0}$. 这等价于矩阵$\boldsymbol{A}$的所有特征值$\lambda$满足$|\lambda| < 1$.

当$\boldsymbol{A}$有特征值λ_j满足$|\lambda_j| > 1$时，$\boldsymbol{B} = \begin{pmatrix} 0 \\ 0 \end{pmatrix}$不稳定；当$\boldsymbol{A}$有特征值$\lambda_j$满足$|\lambda_j| = 1$，$\boldsymbol{B} = \begin{pmatrix} 0 \\ 0 \end{pmatrix}$的稳定性需要具体讨论；当$\boldsymbol{A}$有特征值1时，由式（3.103）知，$\boldsymbol{A}$有非零平衡解，它是对应特征值1的特征向量.

对方程组（3.97）的平衡解的稳定性，可类似于微分方程，采用“线性化”的方法进行讨论.

➢ 3.4 差分方程建模案例

下面通过几个典型案例介绍差分方程的建模过程.

3.4.1 市场经济中的蛛网模型

市场经济的基本规律是：若某种商品供不应求，导致价格上涨，这就刺激厂家扩大生产，结果往往是使得产品数量大增，出现供大于求的局面，从而又导致商品价格下降，厂家又不得不压缩产量，而这可能再次出现供不应求，又一次出现价格上涨的情况. 如此反复，将可能产生两种结果：一是逐步实现供求平衡；二是出现严重的恶性循环，振荡越来越大.

许多商品的生产都有一定的周期性，因此以下将一个生产周期作为一个时段来建立上述问题的离散模型.

设在第 n 个时段内商品的价格 y_n 取决于商品的数量 x_n，即

$$y_n = f(x_n) \tag{3.104}$$

它反映了消费者对这类商品的需求程度，称 f 为需求函数. 因商品的数量越多，价格越低，故 f 为减函数. 生产者总是依据本时段的价格来确定下一时段的生产规模，因此下一时段的产量 x_{n+1} 与本时段的价格 y_n 之间有函数关系

$$x_{n+1} = h(y_n) \tag{3.105}$$

它反映了生产者的供应能力，称 h 为供应函数. 显然，h 是一个增函数. 设 h 的反函数为 g，则式（3.105）可写成

$$y_n = g(x_{n+1}) \tag{3.106}$$

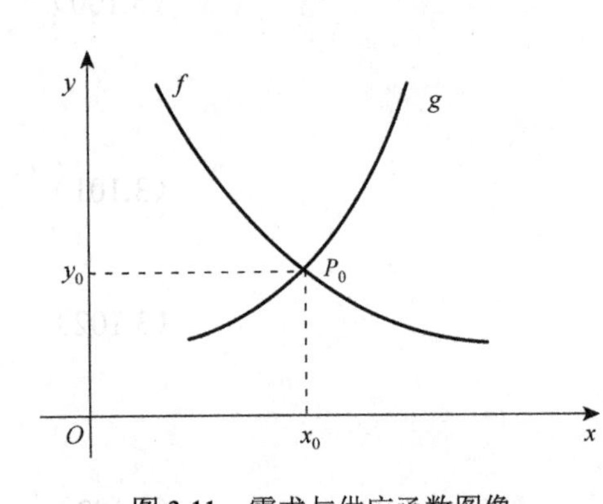

图 3.11　需求与供应函数图像

上述两个函数在 xOy 平面上相交于一点 $P_0(x_0, y_0)$，如图 3.11 所示. $y_0 = f(x_0)$，$x_0 = h(y_0)$，按照平衡点的定义，$P_0 = (x_0, y_0)$ 就是差分方程组

$$\begin{cases} y_n = f(x_n) \\ x_{n+1} = h(y_n) \end{cases} \tag{3.107}$$

的平衡点. 若 P_0 是渐近稳定的，则方程组（3.107）的任一解 $Z_n = (x_n, y_n)$ 应满足 $\lim\limits_{n\to\infty} Z_n = P_0$，即

$$\lim_{n\to\infty} x_n = x_0, \qquad \lim_{n\to\infty} y_n = y_0$$

将式（3.107）右边的函数在 $P_0(x_0, y_0)$ 处 Taylor 展开后得

$$\begin{cases} y_n = f(x_0) + f'(x_0)(x_n - x_0) + o(x_n - x_0) \\ x_{n+1} = h(y_0) + h'(y_0)(y_n - y_0) + o(y_n - y_0) \end{cases} \tag{3.108}$$

因 $f(x_0) = y_0$，$h(y_0) = x_0$，f 为减函数，故 $f'(x_0) < 0$，记 $f'(x_0) = -\alpha\ (\alpha > 0)$；$h$ 是一个增函数，故 $h'(y_0) < 0$，记 $h'(y_0) = \beta\ (\beta > 0)$. 从而式（3.108）成为

$$\begin{cases} y_n - y_0 = -\alpha(x_n - x_0) + o(x_n - x_0) \\ x_{n+1} - x_0 = \beta(y_n - y_0) + o(y_n - y_0) \end{cases} \tag{3.109}$$

当 $x_n - x_0$、$y_n - y_0$ 较小时，略去式（3.109）中的高阶无穷小项，就得到了一个简单的市场经济模型

$$\begin{cases} y_n - y_0 = -\alpha(x_n - x_0) \\ x_{n+1} - x_0 = \beta(y_n - y_0) \end{cases} \tag{3.110}$$

方程组（3.110）是一个常系数的线性差分方程组.

从方程组（3.110）中消去 y_n 可得

$$x_{n+1} - x_0 = -\alpha\beta(x_n - x_0) \quad (n = 1, 2, \cdots) \tag{3.111}$$

或

$$x_{n+1} + \alpha\beta x_n = (1 + \alpha\beta)x_0 \tag{3.112}$$

式（3.112）对应的齐次线性方程的特征方程为 $\lambda + \alpha\beta = 0$，特征根为 $\lambda = -\alpha\beta$.

当

$$|\lambda| = \alpha\beta < 1 \quad 或 \quad \alpha < \frac{1}{\beta} \tag{3.113}$$

时，式（3.111）的平衡点 x_0 是稳定的；而当

$$|\lambda| = \alpha\beta > 1 \quad 或 \quad \alpha > \frac{1}{\beta} \tag{3.114}$$

时，x_0 是不稳定的.

实际上，由式（3.111）对 n 递推可得

$$x_{n+1} = (-\alpha\beta)^n (x_1 - x_0) + x_0 \tag{3.115}$$

由式(3.115)知：x_0 稳定的条件是式(3.113)；x_0 不稳定的条件是式(3.114)(假定 $\alpha\beta \neq 1$).

注意到 $\alpha = |f'(x_0)|$，它表示函数 f 的图形在点 (x_0, y_0) 处的倾斜程度；$\beta = h'(y_0)$，$\frac{1}{\beta} = \frac{1}{h'(y_0)} = g'(y_0)$，$\frac{1}{\beta}$ 描述函数 g 的图形在点 (x_0, y_0) 处的倾斜程度.

$\frac{1}{\beta} > \alpha$ 表示在点 P_0 处 g 的图形比 f 的图形陡峭，此时若 $P_1(x_1, y_1)$ 离 P_0 不是太远，则按式(3.104)和式(3.105)逐次得出的 $P_2(x_2, y_1), P_3(x_2, y_2), \cdots, P_n(x_n, y_n), \cdots$ 将趋向于 $P_0(x_0, y_0)$（图 3.12）.

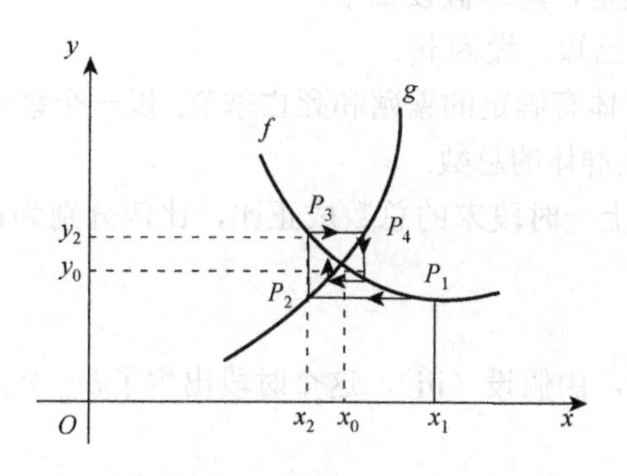

图 3.12　解的变化趋势图（$1/\beta > \alpha$）

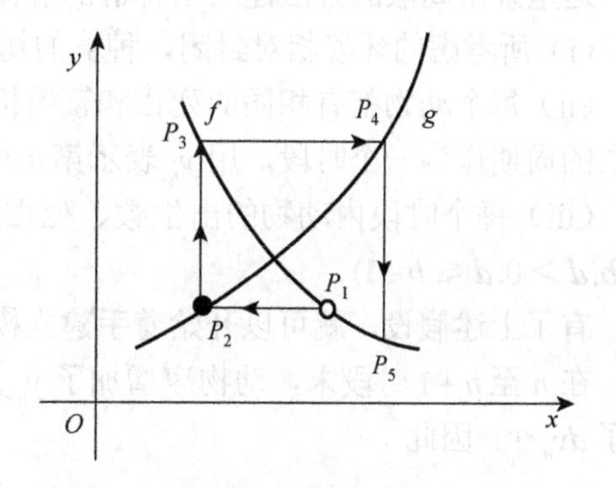

图 3.13　解的变化趋势图（$1/\beta < \alpha$）

在相反的情况下，即 $1/\beta < \alpha$ 时，$P_1, P_2, \cdots P_n, \cdots$ 将远离 P_0（图 3.13）.

由图 3.12 和图 3.13 可以看到，解的变化趋势就像一张蛛网. 基于上述直观解释，把模型（3.107）称为市场经济的蛛网模型.

由模型（3.110）知，α 表示商品供应量减少 1 个单位时价格的上涨幅度，β 表示商品价格上涨 1 个单位时（下一个时期）商品的增加量. α 的值反映了消费者对商品需求的敏感程度，β 的数值反映了生产经营者对商品价格的敏感程度. 由式（3.113）可知，控制经

济稳定的办法是尽量减少α和β的值. 两种极端情形是$\alpha=0$或$\beta=0$，此时经济一定是稳定的.

若生产者在决定产品的数量x_{n+1}时，同时考虑前两期的价格y_{n-1}、y_n，为简单起见，不妨考虑$\frac{y_{n-1}+y_n}{2}$，则供应函数修改为

$$x_{n+1}=h\left(\frac{y_{n-1}+y_n}{2}\right) \tag{3.116}$$

模型（3.110）相应修改为

$$\begin{cases} y_n-y_0=-\alpha(x_n-x_0) \\ x_{n+1}-x_0=\dfrac{\beta}{2}(y_n+y_{n-1}-y_0) \end{cases} \tag{3.117}$$

由模型（3.117）可得

$$2x_{n+2}+\alpha\beta x_{n+1}+\alpha\beta x_n=2(1+\alpha\beta)x_0 \tag{3.118}$$

式（3.118）的特征方程为

$$2\lambda^2+\alpha\beta\lambda+\alpha\beta=0$$

解得特征根为

$$\lambda_{1,2}=\frac{-\alpha\beta\pm\sqrt{(\alpha\beta)^2-8\alpha\beta}}{4} \tag{3.119}$$

由式（3.119）可知，当$\alpha\beta<2$时，$|\lambda_{1,2}|<1$，x_0是式（3.118）稳定的平衡点. 因此

$$\alpha\beta<2 \tag{3.120}$$

可保证$P_0(x_0,y_0)$是稳定的平衡解，与条件（3.113）相比，参数α、β的范围扩大了.

3.4.2 差分形式的 logistic 模型

这里采用离散的方法建立单种群的群体增长模型，基本假设如下.

（i）所考虑的环境相对封闭，种群的初始规模已知，设为y_0.

（ii）每个动物都有相同的死亡和繁殖机会，群体有确定的繁殖和死亡季节. 以一个繁殖和死亡的周期作为一个时段，用y_n表示第n时段末该群体的总数.

（iii）每个时段内动物的出生数、死亡数都与上一时段末的总数成正比，比例分别为b、$d\ (b,d>0,d\leqslant b+1)$.

有了上述假设，就可以开始着手建立模型了.

在n至$n+1$时段末，动物净增加了$y_{n+1}-y_n$个，由假设（iii），这个时段出生了by_n个，死亡了dy_n个. 因此

$$y_{n+1}-y_n=by_n-dy_n=(b-d)y_n$$

从而有模型

$$\begin{cases} y_{n+1}=(1+b-d)y_n \\ y(0)=y_0 \end{cases} \tag{3.121}$$

模型（3.121）称为指数增长模型，记$r=b-d$，称为纯增长率. 由模型（3.121）解得

$$y_n=(1+r)^n y_0 \tag{3.122}$$

由式（3.122）可得以下结论.

（1）当 $-1 \leqslant r < 0$ 时，$\lim\limits_{n\to\infty} y_n = 0$，种群将灭绝；

（2）当 $r = 0$ 时，$y_n = y_0$，种群保持常数 y_0；

（3）当 $r > 0$ 时，$\lim\limits_{n\to\infty} y_n = +\infty$，种群的数量将无限增大.

上述结果与实际情形不符，有必要进行修改.

在指数模型 $y_{n+1} = y_n + ry_n$ 中，纯增长率 r 为常数是不太合理的，因为受到环境的制约，当种群规模达到很大时，其纯增长率就会下降. 类比于微分方程的情形，引入一个环境容量 K，当 y_n 达到 K 时，纯增长率为 0，于是可简单地将指数模型中的 r 修改为 $r\left(1-\dfrac{y_n}{K}\right)$，因子 $1-\dfrac{y_n}{K}$ 称为环境阻力，从而模型（3.121）修改为

$$\begin{cases} y_{n+1} = y_n + r\left(1-\dfrac{y_n}{K}\right)y_n \\ y(0) = y_0 \ (r \geqslant 0) \end{cases} \tag{3.123}$$

注：若无世代交叠，即子代出生后亲代便不存在，或其数量可以忽略，则模型（3.123）就成为

$$\begin{cases} y_{n+1} = r\left(1-\dfrac{y_n}{K}\right)y_n \\ y(0) = y_0 \end{cases} \tag{3.124}$$

在模型（3.123）中令

$$y_n = \frac{(1+r)K}{r} x_n \tag{3.125}$$

则模型（3.123）变为

$$x_{n+1} = (1+r)(1-x_n)x_n$$

记 $\lambda = 1+r$，有 $\lambda \geqslant 1$，上式变为

$$\begin{cases} x_{n+1} = \lambda(1-x_n)x_n \\ x(0) = x_0 \end{cases} \tag{3.126}$$

模型（3.123）、模型（3.124）、模型（3.126）都称为 logistic 离散模型或差分形式的阻滞增长模型.

由 $x_{n+1} \geqslant 0$ 及模型（3.126）知 $0 \leqslant x_n \leqslant 1$. 记

$$f(x_n) = \lambda(1-x_n)x_n \tag{3.127}$$

则

$$x_{n+1} = f(x_n) = \lambda(1-x_n)x_n \tag{3.128}$$

下面求方程（3.128）的平衡点，为此令

$$x = f(x) = \lambda(1-x)x \tag{3.129}$$

当 $\lambda = 1$ 时，方程（3.129）仅有一个解 $b_1 = 0$，此时

$$x_{n+1} = (1-x_n)x_n \leqslant x_n$$

$\{x_n\}$ 单调减少，又 $x_n \geqslant 0$，故 $\lim\limits_{n\to\infty} x_n = l$ 存在，在 $x_{n+1} = (1-x_n)x_n$ 两边令 $n\to\infty$，得

$$l = (1-l)l$$

于是 $l = 0 = b_1$. 因此，$\lim\limits_{n\to\infty} x_n = 0 = b_1$，$b_1 = 0$ 是渐近稳定的. 当 $\lambda = 1$ 时，$r = 0$，模型（3.123）成为 $y_{n+1} = y_n$，种群保持常数.

当$\lambda > 1$时，方程（3.129）有两个解$b_1 = 0$，$b_2 = \dfrac{\lambda - 1}{\lambda}$.

由式（3.94）和式（3.128），在平衡点b处“线性化”后的方程为

$$x_{n+1} - f'(b)x_n = [1 - f'(b)]b \tag{3.130}$$

由方程（3.128），$f(x) = \lambda(1-x)x$，故

$$f'(b) = \lambda(1-2b) \tag{3.131}$$

将$b = b_1 = 0$代入式（3.131），得$f'(b_1) = \lambda > 1$，由 3.3 节的结论知，$b_1 = 0$不是稳定的平衡解.

将$b = b_2 = \dfrac{\lambda - 1}{\lambda}$代入式（3.131），可得

$$|f'(b_2)| = |2 - \lambda| \tag{3.132}$$

由式（3.132）知，当$|2-\lambda| < 1$，即$1 < \lambda < 3$时，$b_2 = \dfrac{\lambda-1}{\lambda}$是渐近稳定的；当$|2-\lambda| > 1$，即$\lambda > 3$时，$b_2$是不稳定的；当$1 < \lambda < 3$时，$x_n$将趋向$\dfrac{\lambda-1}{\lambda}$，由式（3.125），$y_n$将趋向$K$，即种群将达到环境所容许的最大数量.

当$\lambda = 3$时，由式（3.132），得$|f'(b_2)| = 1$，出现临界情形. 进一步的讨论表明，$b_2 = \dfrac{\lambda-1}{\lambda} = \dfrac{2}{3}$也是渐近稳定的平衡点，这里不再赘述.

习　题　3

3.1　讨论方程组$\begin{cases} \dfrac{dx}{dt} = -3x + y \\ \dfrac{dy}{dt} = x - 3y \end{cases}$平衡解的稳定性.

3.2　验证坐标原点是方程$\begin{cases} \dfrac{dx}{dt} = y + 3x^2 \\ \dfrac{dy}{dt} = x - 3y^2 \end{cases}$的平衡点，并讨论它的稳定性.

3.3　在种群竞争模型中设$\sigma_1\sigma_2 = 1\,(\sigma_1 \neq \sigma_2)$，求平衡点并分析稳定性.

3.4　在食饵-捕食者系统中，在食饵方程中增加自身的阻滞作用的 logistic 项，讨论平衡点的稳定性.

3.5　在食饵-捕食者系统中，如果捕食者捕食的对象只是成年的食饵，而未成年的食饵因体积太小免遭捕获. 作适当假设，建立这三者之间关系的模型，并求平衡点.

3.6　Consider two species whose survival depend on their mutual cooperation. An example would a species of bee that feeds primarily on the nectar of plant species and simultaneously pollinate that plant. One simple model of this mutualism is given by the autonomous system

$$\begin{cases} \dfrac{dx}{dt} = -ay + bxy \\ \dfrac{dy}{dt} = -my + nxy \end{cases}$$

（1）What assumption are implicitly being made about the growth of each species in the absence of cooperation?

（2）Interpret the constants a, b, m and n in terms of the physical problem.

（3）What are the equilibrium levels?

（4）Perform a graphical analysis and indicate the trajectory directions in the phase plane.

(5) Find an analytic solution and sketch typical in the phase plane.

(6) Interpret the outcomes predicted by your graphical analysis. Do you believe the model is realistic? Why?

3.7 求下列差分方程的解：

(1) $y_n + y_{n+3} = 0$，已知 y_0, y_1, y_2；

(2) $y_{n+2} - 4y_n = 5,\quad y_0 = y_1 = -5/3$.

3.8 对于3.4节中的蛛网模型讨论下列问题.

因为一个时段上市的商品不能立即销售完毕，其数量也会影响到下一时段的价格，所以第 $n+1$ 时段的价格 y_{n+1} 由第 $n+1$ 和 n 时段的产量 x_{n+1} 和 x_n 决定. 如果 x_{n+1} 仍只取决于 y_n，试给出平衡解稳定的条件.

3.9 设渔场的鱼自然增长，符合差分方程logistic模型，且以常量 $h > 0$ 进行捕捞，即

$$\begin{cases} y_{n+1} = y_n + r_0\left(1 - \dfrac{y_n}{K}\right)y_n - h \\ y(0) = y_0 \end{cases}$$

给出它的平衡点，并讨论平衡点的稳定性.

3.10 Assume we are considering the survival of whale and that if the number whale falls below a minimum survival level m the species will become extinct . Assume also that the population is limited by the carrying capacity M of the environment. That is if the whale population is above M, it will experience a decline because the environment cannot that lager a population level. In the following model, a_n represents the whale population after n years, discuss the model

$$a_{n+1} - a_n = k(M - a_n)(a_n - m)$$

本章常用词汇中英文对照

微分方程 differential equation

微分方程模型 differential equation model

线性微分方程 linear differential equation

平衡解 equilibrium values (solution)

稳定性 stability

相平面 phase plane

相轨线 phase trajectory

指数增长模型 exponential growth model

逻辑斯谛模型 logistic model

生存竞争模型 competition for existence model

捕食者-被捕食者模型 predator-prey model

传染病模型 infection model

房室模型 compartmental model

战争模型 war model

差分方程 difference equation

差分方程模型 difference equation model

蛛网模型 cobweb model

第4章 预测模型

预测类数学建模问题是现实世界中经常遇见的一类经典实际问题，它的一般要求是分析过去已有数据的内在趋势，并据此对未来的数据进行预测，以便指导以后的工作或对问题做进一步的研究. 本章主要介绍几种常见的预测模型，帮助大家了解不同背景下不同预测方法的应用.

➢ 4.1 数据拟合预测模型

在解决实际问题的生产（或工程）实践和科学实验过程中，通常需要通过研究某些变量之间的函数关系来帮助大家认识事物的内在规律和本质属性，而这些变量之间的未知函数关系又常隐含在实验观测得到的某些数据之中. 因此，能否根据某些实验观测数据找到变量与变量之间相对准确的函数关系就成为解决实际问题的关键.

数据拟合是函数逼近或数值逼近的重要组成部分. 在数学建模的某些问题中，通常要处理由实验或测量所得到的大量数据，其目的是为进一步研究该问题提供数学手段. 这些数据有时是某一类已知规律（函数）的测试数据，有时是某个未知规律（函数）的测量数据，数据拟合就是通过这些已知数据去确定某类函数的参数或寻找某个近似函数，使所得的函数与已知数据具有较高的吻合度，并且能够使用数学工具分析数据反映对象的性质. 借助数据拟合得到函数关系，就能对事物的未来变换进行预测.

下面介绍基于线性最小二乘的数据拟合模型.

数据拟合问题的一般提法是：已知一组（二维）数据，即平面上的 n 个点 $(x_i, y_i)\,(i=1,2,\cdots,n, x_i)$ 互不相同，寻求一个函数（曲线） $y=f(x)$ ，使 $f(x)$ 在某种准则下与所有数据点最为接近，即曲线拟合得最好.

线性最小二乘法是解决曲线拟合最常用的方法，其基本思路是，令

$$f(x)=a_1 r_1(x)+a_2 r_2(x)+\cdots+a_m r_m(x) \tag{4.1}$$

其中：$r_k(x)$ 为事先选定的一组线性无关的函数；$a_k\ (k=1,2,\cdots,m; m<n)$ 为待定系数.

拟合准则是使 $y_i(i=1,2,\cdots,n)$ 与 $f(x_i)$ 之间距离 δ_i 的平方和最小，称为最小二乘准则.

1. 系数 a_k 的确定

记

$$J(a_1,a_2,\cdots,a_m)=\sum_{i=1}^{n}\delta_i^2=\sum_{i=1}^{n}[f(x_i)-y_i]^2 \tag{4.2}$$

为求 $a_1,a_2,\cdots,a_m$ 使 J 达到最小，只需利用极值的必要条件 $\dfrac{\partial J}{\partial a_j}=0\ (j=1,2,\cdots,m)$ ，得到关于 $a_1,a_2,\cdots,a_m$ 的线性方程组

$$\sum_{i=1}^{n} r_j(x_i)\left[\sum_{k=1}^{m} a_k r_k(x_i) - y_i\right] = 0 \quad (j=1,2,\cdots,m)$$

即

$$\sum_{k=1}^{m} a_k \left[\sum_{i=1}^{n} r_j(x_i) r_k(x_i)\right] = \sum_{i=1}^{n} r_j(x_i) y_i \quad (j=1,2,\cdots,m) \tag{4.3}$$

记

$$\boldsymbol{R} = \begin{pmatrix} r_1(x_1) & \cdots & r_m(x_1) \\ \vdots & & \vdots \\ r_1(x_n) & \cdots & r_m(x_n) \end{pmatrix}_{n\times m}$$

$$\boldsymbol{A} = (a_1, a_2, \cdots, a_m)^{\mathrm{T}}, \qquad \boldsymbol{Y} = (y_1, y_2, \cdots, y_n)^{\mathrm{T}}$$

则方程组（4.3）可表示为

$$\boldsymbol{R}^{\mathrm{T}}\boldsymbol{R}\boldsymbol{A} = \boldsymbol{R}^{\mathrm{T}}\boldsymbol{Y} \tag{4.4}$$

当$\{r_1(x), r_2(x), \cdots, r_m(x)\}$线性无关时，$\boldsymbol{R}$列满秩，$\boldsymbol{R}^{\mathrm{T}}\boldsymbol{R}$可逆，于是方程组（4.4）有唯一解

$$\boldsymbol{A} = (\boldsymbol{R}^{\mathrm{T}}\boldsymbol{R})^{-1}\boldsymbol{R}^{\mathrm{T}}\boldsymbol{Y}$$

此时，反映y与x之间联系的函数关系$y=f(x)$也就确定了，当给出一组新的x值时，就可以得到对应的y值.

2. 函数$r_k(x)$的选取

面对一组数据$(x_i, y_i)\ (i=1,2,\cdots,n)$，用线性最小二乘法作曲线拟合时，最关键的一步是恰当地选取$r_1(x), r_2(x), \cdots, r_m(x)$. 若通过机理分析能够知道$y$与$x$之间的函数关系，则$r_1(x), r_2(x), \cdots, r_m(x)$容易确定；若无法知道$y$与$x$之间的关系，通常可以将数据$(x_i, y_i)\ (i=1,2,\cdots,n)$作图，直观地判断应该用什么样的曲线去拟合. 常用的曲线有：

（1）直线$y=a_1x+a_2$；

（2）多项式$y=a_1x^m+\cdots+a_mx+a_{m+1}$（$m=2,3$，不宜太高）；

（3）双曲线（一支）$y=\dfrac{a_1}{x}+a_2$；

（4）指数曲线$y=a_1\mathrm{e}^{a_2x}$.

对于指数曲线，拟合前需作变量代换，化为对a_1、a_2的线性函数.

已知一组数据，用什么样的曲线拟合最好，可以在直观判断的基础上，选几种曲线分别拟合，然后比较，看哪条曲线的最小二乘指标J最小.

例 4.1 某企业 2014～2020 年的利润如表 4.1 所示，试预测 2021 年和 2022 年的利润.

表 4.1 企业利润表

项目	年份						
	2014	2015	2016	2017	2018	2019	2020
利润/万元	70	122	144	152	174	196	202

解 作出已知数据的散点图，如图 4.1 所示.

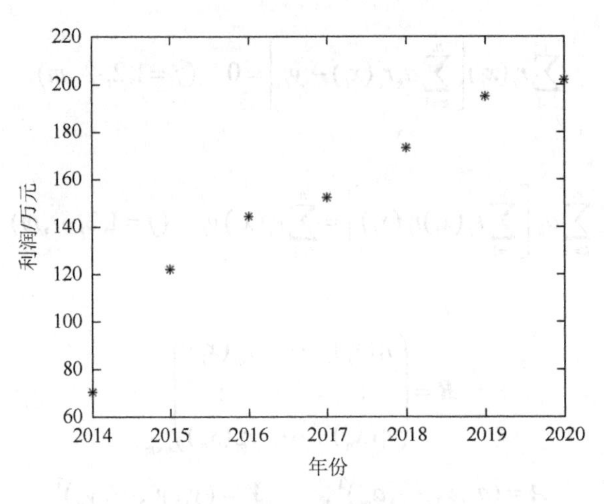

图 4.1　企业利润散点图

由图 4.1 发现，该企业的年生产利润几乎直线上升. 因此，可以考虑用线性函数 $y = a_1 x + a_0$ 作为拟合函数来预测该企业未来的年利润. 将数据代入，得到函数系数的最小二乘解为 $a_1 = 21$，$a_0 = -4.070\,5 \times 10^4$，故 2021 年的利润预测值为 233.428 6 万元，2022 年的利润预测值为 253.928 6 万元.

➢ 4.2　时间序列预测模型

时间序列（time series）是指将同一统计指标的数值按其发生的时间先后顺序排列而成的数列. 时间序列分析方法是基于随机过程理论和数理统计学方法，来研究随机数据序列所遵从的统计规律，其主要目的是根据已有的历史数据对未来进行预测以解决实际问题. 时间序列分析在经济学、军事科学、空间科学、气象预报、工业自动化等领域有着广泛的应用. 例如，经济数据中大多数以时间序列的形式给出，根据观察时间的不同，时间序列中的时间可以是年份、季度、月份，或其他任何时间形式. 它可以反映社会经济现象的发展变化过程，描述现象的发展状态和结果；可以研究社会经济现象的发展趋势和发展速度；可以探索现象发展变化的规律，对某些社会经济现象进行预测；可以对不同地区或国家之间进行对比分析. 这是统计分析的重要方法之一.

例如，国内生产总值（gross domestic product，GDP）按年度顺序排列起来的数列、某种商品销售量按季度或月度排列起来的数列等都是时间序列. 时间序列一般用 $y_1, y_2, \cdots, y_t$ 表示，其中，t 为时间.

在社会经济统计中，编制与分析时间序列具有以下重要的作用.

（1）为分析研究社会经济现象的发展速度、发展趋势及变化规律提供基本统计数据.

（2）通过计算分析指标，研究社会经济现象的变化方向、速度及结果.

（3）将不同的时间序列同时进行分析研究可以揭示现象之间的联系程度及动态演变关系.

（4）建立数学模型，揭示现象的变化规律并对未来进行预测.

4.2.1　时间序列的因素分析及组合形式

时间序列分析是一种动态的数列分析，其目的在于掌握统计数据随时间变化的规律. 时间序列中每一时期的数值都是由许多不同的因素同时发生作用后的综合结果. 例如，某商品销售月售量，受居民的购买力、商品的价格、质量的好坏、顾客的爱好、季节的变化等因素的影响.

时间序列可以分为平稳序列和非平稳序列两类. 平稳序列是基本不存在趋势的序列，各观测值基本上在某个固定的水平上波动，或虽有波动，但并不存在某种规律，而且波动可以看成是随机的. 而非平稳序列可能包括一种或几种成分的复合型序列. 由于人们往往难以对各种因素进行细分，测定每一种因素作用的大小，在进行非平稳序列分析时，人们通常将各种可能发生影响的因素按其性质不同分成四类，即长期趋势、季节变动、循环变动和不规则变动.

1. 长期趋势

长期趋势是指由于某种根本性因素的影响，时间序列在较长时间内朝着一定的方向持续上升或下降，或停留在某一水平上的倾向. 它反映了事物的主要变化趋势. 例如，由于科学技术在农业中的应用，从一个较长时期看，粮食亩产量是持续增加的. 又如，我国国民经济主要指标，如 GDP、国民收入、农民人均纯收入等随着时间的变化呈现增长的趋势. 也有一些时间序列随着时间的推移无明显的上升或下降，呈现出一种稳定趋势. 因此，对时间序列进行分析，掌握长期趋势变化，是进行时间序列预测的核心.

2. 季节变动

季节变动是指由于受自然条件和社会条件的影响，时间序列在一年内随着季节的转变而引起的周期性变动. 经济现象的季节变动是季节性的固有规律作用于经济活动的结果. 例如，农作物的生长受季节影响，从而导致一些农产品的销售和农产品加工工业的季节变动，这是自然方面的季节变动. 另外，也有人为的季节变动，春节、中秋节等节日期间，某些食品的需求量剧增，这是人为季节变动的表现.

季节变动的周期性比较稳定，一般是以一年为一个变动周期. 当然也有不到一年的周期变动，例如，银行的活期储蓄，发工资前少，发工资后多，在每月具有周期性.

3. 循环变动

循环变动一般是指周期不固定的波动变化，有时以数年为周期变动，有时以几个月为周期变动，并且每次周期一般不完全相同. 循环变动与长期趋势不同，它不是朝单一方向持续发展，而是涨落相间的波浪式起伏变动. 循环变动与季节变动也不同，它的波动时间较长，变动周期长短不一，短则一年以上，长则数年、数十年，上次出现以后，下次何时出现难以预料.

4. 不规则变动

不规则变动是指由各种偶然性因素引起的无周期变动. 不规则变动又可分为突然变动和随机变动. 突然变动是指诸如战争、自然灾害、地震、意外事故、方针、政策的改变所引起的变动；随机变动是指由于大量的随机因素所产生的影响. 不规则变动的变动规律不易掌握，很难预测.

时间序列由长期趋势、季节变动、循环变动、不规则变动四类因素组成. 四类因素的组合形式，常见的有以下几种类型.

（1）加法型 $y_t = T_t + S_t + C_t + I_t$.

（2）乘法型 $y_t = T_t \cdot S_t \cdot C_i \cdot I_t$.

（3）混合型 $y_t = T_t \cdot S_t + C_t + I_t$， $y_t = S_t + T_t \cdot C_t \cdot I_t$.

其中：y_t 为时间序列的全变动；T_t 为长期趋势；S_t 为季节变动；C_t 为循环变动；I_t 为不规则变动.

对于一个具体的时间序列，要由哪几类变动组合，采取哪种组合形式，应根据所掌握的资料、时间序列的特点，以及研究目的来确定.

4.2.2 移动平均法

移动平均法也称时间序列修匀，是根据时间序列资料逐项推移，依次计算包含一定项数的时序平均数，以反映长期趋势的方法. 当时间序列的数值由于受周期变动和不规则变动的影响，起伏较大，不易显示出发展趋势时，可采用移动平均法，消除这些因素的影响，分析、预测序列的长期趋势.

以下分别介绍简单移动平均法和加权移动平均法.

1. 简单移动平均法

随着移动平均项数的奇偶性变化，简单移动平均法的移动平均公式有所不同. 当移动平均项数为奇数时，相应的移动平均过程较为简单；当移动平均项数为偶数时，一次移动平均值与原序列中的数值不对应，此时需要进行两次移动平均. 第 2 次移动平均的项数为 2，第 2 次移动平均所得结果才是与原时间序列数值对应的趋势模拟值或预测值.

设时间序列为 $Y=(y_1,y_2,\cdots,y_t,\cdots,y_n)$，奇数项移动平均公式为

$$M_t=\frac{y_{t-k}+\cdots+y_{t-2}+y_{t-1}+y_t+y_{t+1}+y_{t+2}+\cdots+y_{t+k}}{N}\quad (t-k\geqslant 1, t+k\leqslant n) \tag{4.5}$$

其中：M_t 为 t 期移动平均数；$N=2k+1$ 为移动平均的项数. 式（4.5）表明，t 期移动平均数是取 y_t 及其前后各 k 个值得到的平均数.

当 N 为偶数时，一次移动平均公式为

$$M_{t-1,t}=\frac{y_{t-k}+\cdots+y_{t-1}+y_t+y_{t+1}+\cdots+y_{t+k-1}}{N}\quad (t-k\geqslant 1, t+k-1\leqslant n) \tag{4.6}$$

$M_{t-1,t}$ 与原序列中的数值不对应，因此需要再进行一次二项移动平均，由 $M_{t-1,t}$ 和 $M_{t,t+1}$ 得

$$M_t=\frac{M_{t-1,t}+M_{t,t+1}}{2}\quad (t-k\geqslant 1, t+k-1\leqslant n) \tag{4.7}$$

在式（4.5）～式（4.7）中，t 向前移动一个时期，就增加一个新数据，去掉一个远期数据，得到一个新的平均数. 因为它不断地“吐故纳新”，逐期向前移动，所以称为移动平均法.

表 4.2 给出了 $N=3$ 和 $N=4$ 时的移动平均公式.

表 4.2　移动平均公式（$N=3$，$N=4$）

时期	指标值	三项移动平均 $\hat{y}_t$	四项移动平均 $\hat{y}_{t-1,t}$	$\hat{y}_{t-1,t}$ 二项移动平均 $\hat{y}_t$
t_1	y_1			
t_2	y_2	$\frac{y_1+y_2+y_3}{3}$	$\hat{y}_{23}=\frac{y_1+y_2+y_3+y_4}{4}$	
t_3	y_3	$\frac{y_2+y_3+y_4}{3}$	$\hat{y}_{34}=\frac{y_2+y_3+y_4+y_5}{4}$	$\frac{\hat{y}_{23}+\hat{y}_{34}}{2}=\hat{y}_3$
t_4	y_4	$\frac{y_3+y_4+y_5}{3}$	$\hat{y}_{45}=\frac{y_3+y_4+y_5+y_6}{4}$	$\frac{\hat{y}_{34}+\hat{y}_{45}}{2}=\hat{y}_4$
t_5	y_5	$\frac{y_4+y_5+y_6}{3}$		
⋮	⋮	⋮		
t_n	y_n			

恰当地确定移动平均项数 N 对于改善移动平均公式的平滑效果十分重要.

对于随机波动较大的数据，通过移动平均公式平滑后，随机波动会显著减少. 移动平均项数 N 越大，平滑效果越明显；与此同时，趋势模拟值对原始数据的变动反应也越来越不灵敏. 反过来，移动平均项数 N 越小，平滑效果越差；同时，趋势模拟值对原始数据的变动反应较为灵敏一些.

在实际应用过程中，可以选取若干个 N 值进行试算，比较模拟误差，从中选择模拟效果最好的模型.

例 4.2 表 4.3 前 3 列给出了我国粮食产量 2005～2014 年的变化趋势，采用简单移动平均法分别计算 $N=3$，$N=4$ 时各年产量的预测值并进行比较.

表 4.3 简单移动平均法趋势模拟值计算表

年份	代号	粮食产量/万 t	三项移动平均 $\hat{y}_t$	四项移动平均 $\hat{y}_{t-1,t}$	$\hat{y}_{t-1,t}$ 二项移动平均 $\hat{y}_t$
2005	y_1	48 402			
2006	y_2	49 804	49 455		
				$y_{23}=50\,309$	
2007	y_3	50 160	50 945		50 894
				$y_{34}=51\,479$	
2008	y_4	52 871	52 038		52 085
				$y_{45}=52\,691$	
2009	y_5	53 082	53 534		53 561
				$y_{56}=54\,431$	
2010	y_6	54 648	54 950		55 192
				$y_{67}=55\,952$	
2011	y_7	57 121	56 909		56 841
				$y_{78}=57\,730$	
2012	y_8	58 958	58 758		58 488
				$y_{89}=59\,246$	
2013	y_9	60 194	59 954		
2014	y_{10}	60 710			

当 $N=3$，$N=4$ 时，所得结果如表 4.3 第 4 列和第 5 列所示.

分别计算三项移动平均和四项移动平均模拟值与实际值的残差平方和 s^2，再开平方可得均方误差 s，以此作为比较模型优劣的指标.

当 $N=3$ 时，有

$$s^2=\frac{1}{6}\sum_{t=3}^{8}(y_t-\hat{y}_t)^2=\frac{1\,690\,566}{6}=281\,761,\qquad s=530.8（万t）$$

当 $N=4$ 时，有

$$s^2=\frac{1}{6}\sum_{t=3}^{8}(y_t-\hat{y}_t)^2=\frac{1\,981\,229}{6}=330\,204,\qquad s=574.6（万t）$$

显然，取 $N=3$ 进行移动平均模拟效果优于 $N=4$.

2. 加权移动平均法

在简单移动平均公式中，计算平均数时每期数据的作用是相同的. 在实际应用中，不同时间的数据所包含的信息量不同，通常新数据包含更多关于系统未来变化的信息，很明显，第 t 期的数据自身和靠近第 t 期的数据包含更多第 t 期数据波动的信息. 因此，简单移动平均法将各期数据等同对待不尽合理. 加权移动平均法的基本思想是：在移动平均计算过程中考虑各时期数据的重要性差异，对靠近模拟目标的数据赋予较大的权重.

设时间序列为 $Y=(y_1,y_2,\cdots,y_t,\cdots,y_n)$，一般加权移动平均公式为

$$M_{tw}=\frac{w_1y_k+w_2y_{t-1}+\cdots+w_Ny_{t-N+1}}{w_1+w_2+\cdots w_N}\quad (t\geqslant N) \tag{4.8}$$

其中：M_{tw} 为 t 期加权移动平均数；w_i 为 y_{t-i+1} 的权数，它体现了相应的 y_t 在加权平均数中的重要性.

利用加权移动平均数进行预测，其预测公式为

$$\hat{y}_{t+1}=M_{tw} \tag{4.9}$$

即以第 t 期加权移动平均数作为第 $t+1$ 期的预测值.

例 4.3 对于例 4.2，试用加权移动平均法进行模拟.

当 $N=3$ 时，将 y_{t-1}、y_t、y_{t+1} 的权重分别取

$$w_{t-1}=0.25,\quad w_t=0.5,\quad w_{t+1}=0.25$$

当 $N=4$ 时，将 y_{t-2}、y_{t-1}、y_t、y_{t+1} 的权重分别取

$$w_{t-2}=0.2,\quad w_{t-1}=0.3,\quad w_t=0.3,\quad w_{t+1}=0.2$$

可得如表 4.4 所示的模拟结果.

表 4.4 加权移动平均法趋势模拟值计算表

年份	代号	粮食产量/万 t	三项移动平均 $\hat{y}_t$	四项移动平均 $\hat{y}_{t-1,t}$	$\hat{y}_{t-1,t}$ 二项移动平均 $\hat{y}_t$
2005	y_1	48 402			
2006	y_2	49 804	49 543		
				$y_{23}=50\ 244$	
2007	y_3	50 160	50 749		50 860
				$y_{34}=51\ 476$	
2008	y_4	52 871	52 246		52 104
				$y_{45}=52\ 731$	
2009	y_5	53 082	53 421		53 516
				$y_{56}=54\ 301$	
2010	y_6	54 648	54 861		55 115
				$y_{67}=55\ 928$	
2011	y_7	57 121	56 962		56 860
				$y_{78}=57\ 792$	
2012	y_8	58 958	58 808		58 552
				$y_{89}=59\ 312$	
2013	y_9	60 194	60 014		
2014	y_{10}	60 710			

分别计算三项移动平均和四项移动平均模拟值与实际值的残差平方和s^2，再开平方可得均方误差s，以此作为比较模型优劣的指标.

当$N=3$时，有

$$s^2=\frac{1}{6}\sum_{t=3}^{8}(y_t-\hat{y}_t)^2=\frac{945\,617}{6}=157\,602,\quad s=397.0（万t）$$

当$N=4$时，有

$$s^2=\frac{1}{6}\sum_{t=3}^{8}(y_t-\hat{y}_t)^2=\frac{1\,717\,691}{6}=286\,282,\quad s=535.1（万t）$$

显然，无论是当$N=3$还是$N=4$时，加权移动平均公式的模拟效果均优于简单移动平均.

4.2.3 指数平滑法

前面介绍的移动平均法存在两个不足之处：一是存储数据量较大；二是对最近的N期数据等同看待，而对$t-T$期以前的数据则完全不考虑，这往往不符合实际情况. 指数平滑法有效克服了这两个缺点. 它既不需要存储很多历史数据，又考虑了各期数据的重要性，而且使用了全部历史资料. 它是移动平均法的改进与发展，应用极为广泛.

指数平滑法根据平滑次数的不同，又分为一次指数平滑法、二次指数平滑法和三次指数平滑法，分别介绍如下.

1. 一次指数平滑法

1）预测模型

设时间序列为$y_1,y_2,\cdots,y_t$，$S_t=\dfrac{y_t+y_{t-1}+\cdots+y_{t-N+1}}{N}$ $(t\geqslant N)$，则可得一次指数平滑公式为

$$S_t^{(1)}=\alpha y_t+(1-\alpha)S_{t-1}^{(1)} \tag{4.10}$$

其中：$S_t^{(1)}$为一次指数平滑值；α为加权系数，且$0<\alpha<1$.

为进一步理解指数平滑的实质，把式（4.10）依次展开，有

$$\begin{aligned}S_t^{(1)}&=\alpha y_i+(1-\alpha)[\alpha y_{t-1}+(1-\alpha)S_{t-2}^{(1)}]\\&=\alpha y_t+\alpha(1-\alpha)y_{t-1}+(1-\alpha)^2S_{t-2}^{(1)}\\&\cdots\cdots\\&=\alpha y_t+\alpha(1-\alpha)y_{t-1}+\alpha(1-\alpha)^2y_{t-2}+\cdots+(1-\alpha)^tS_0^{(1)}\\&=\alpha\sum_{j=0}^{t-1}(1-\alpha)^jy_{t-j}+(1-\alpha)^tS_0^{(1)}\end{aligned} \tag{4.11}$$

由于$0<\alpha<1$，当t趋向于无穷大时，$(1-\alpha)^t$趋于0，式（4.11）变为

$$S_t^{(1)}=\alpha\sum_{j=0}^{\infty}(1-\alpha)^jy_{t-j} \tag{4.12}$$

由此可见，$S_t^{(1)}$实际为$y_t,y_{t-1},\cdots,y_{t-j},\cdots$的加权平均，加权系数分别为$\alpha,\alpha(1-\alpha),\alpha(1-\alpha)^2,\cdots$按几何级数衰减，越近的数据，权数越大，越远的数据，权数越小，且权数之和为 1. 因加权系数符合指数规律，又具有平滑数据的功能，故称为指数平滑.

以这种平滑值进行预测，就是一次指数平滑法. 预测模型为

$$\hat{y}_{t+1}=S_t^{(1)}$$

即

$$\hat{y}_{t+1} = \alpha y_t + (1-\alpha)\hat{y}_t \tag{4.13}$$

也就是以第 t 期指数平滑值作为第 $t+1$ 期预测值.

由式（4.13）可以看出，只要知道当期的实际值和上一期的指数平滑值，就可用 α 和 $1-\alpha$ 加权求和，得出当期的指数平滑值. 由此可见，利用指数平滑法不需要很多的时间序列数据，而且也不需要确定几个权重，只要寻找一个 α 值即可. 下面介绍如何进行权重的选择.

2）加权系数的选择

在进行指数平滑时，加权系数的选择是很重要的. 由式（4.13）可以看出，α 的大小规定了在新预测值中新数据和原预测值所占的比重. α 值越大，新数据所占的比重就越大，原预测值所占的比重就越小；反之则相反. 若把式（4.13）改写为

$$\hat{y}_{t+1} = \hat{y}_t + \alpha(y_t - \hat{y}_t) \tag{4.14}$$

则从式（4.14）可看出，新预测值是根据预测误差对原预测值进行修正而得到的. α 的大小体现了修正的幅度，α 值越大，修正幅度越大；α 值越小，修正幅度越小. 因此，α 值既代表预测模型对时间序列数据变化的反应速度，同时又决定了预测模型修匀误差的能力.

若选取 $\alpha = 0$，则

$$\hat{y}_{t+1} = \hat{y}_t$$

即下期预测值就等于本期预测值，在预测过程中不考虑任何新信息；若选取 $\alpha = 1$，则

$$\hat{y}_{t+1} = y_t$$

即下期预测值就等于本期观测值，完全不相信过去的信息. 这两种极端情况很难做出正确的预测. 因此，α 值应根据时间序列的具体性质在 0 至 1 之间选择. 具体如何选择一般可遵循下列原则.

（1）若时间序列波动不大，比较平稳，则 α 应取小一点，如 0.1～0.3，以减小修正幅度，使预测模型能包含较长时间序列的信息.

（2）若时间序列具有迅速且明显的变动倾向，则 α 应取大一点，如 0.6～0.8，使预测模型灵敏度高一些，以便迅速跟上数据的变化.

在实用时，类似于移动平均法，多取几个 α 值进行试算，看哪个预测误差较小，就采用哪个 α 值作为权重.

3）初始值的确定

用一次指数平滑法进行预测，除了选择合适的 α 外，还要确定初始值 $S_0^{(1)}$. 初始值是由预测者估计或指定的. 当时间序列的数据较多，如 20 个以上时，初始值对以后的预测值影响很小，可选用第一期数据为初始值；当时间序列的数据较少，如 20 个以下时，初始值对以后的预测值影响很大，这时，就必须认真研究如何正确确定初始值. 一般以最初几期实际值的平均值作为初始值.

例 4.4 某企业利润如表 4.5 所示，试预测 2021 年该企业的利润.

表 4.5 某企业利润及指数平滑预测值计算表 单位：万元

年份	利润 y_1	预测值 $\hat{y}_1$ ($\alpha = 0.2$)	预测值 $\hat{y}_1$ ($\alpha = 0.5$)	预测值 $\hat{y}_1$ ($\alpha = 0.8$)
2008	227.7	219.100 0	219.100 0	219.100 0
2009	210.5	220.820 0	223.400 0	225.980 0
2010	208.6	218.756 0	216.950 0	213.596 0
2011	224.8	216.724 8	212.775 0	209.599 2

续表

年份	利润 y_1	预测值 $\hat{y}_1$ ($\alpha=0.2$)	预测值 $\hat{y}_1$ ($\alpha=0.5$)	预测值 $\hat{y}_1$ ($\alpha=0.8$)
2012	228.9	218.339 8	218.787 5	221.759 8
2013	236.7	220.451 9	223.843 8	227.472 0
2014	232.4	223.701 5	230.271 9	234.854 4
2015	243.6	225.441 2	231.335 9	232.890 9
2016	238.6	229.073 0	237.468 0	241.458 2
2017	251.2	230.938 4	237.934 0	239.011 6
2018	242.9	234.990 7	244.567 0	248.762 3
2019	248.6	236.572 6	243.733 5	244.072 5
2020	246.3	238.978 0	246.166 7	247.694 5
		240.442 4	246.233 4	246.578 9

解 采用指数平滑法，并分别取$\alpha=0.2, 0.5, 0.8$进行计算，初始值

$$S_0^{(1)}=\frac{y_1+y_2}{2}=219.1$$

即按预测模型

$$\hat{y}_{t+1}=\alpha y_t+(1-\alpha)\hat{y}_t$$
$$\hat{y}_t=S_0^{(1)}=219.1$$

计算各期预测值，列于表 4.5 中.

从表 4.5 可以看出，$\alpha=0.2, 0.5, 0.8$时，预测值是很不相同的. 究竟α取何值为好，可通过计算它们的方差S^2，选取使S^2较小的那个α值.

当$\alpha=0.2$时，有

$$S^2=\frac{1}{12}\sum_{t=1}^{12}(y_t-\hat{y}_t)^2=151.2$$

当$\alpha=0.5$时，有

$$S^2=83.9$$

当$\alpha=0.8$时，有

$$S^2=80.6$$

计算结果表明，当$\alpha=0.8$时，S^2较小，故选取$\alpha=0.8$，预测 2021 年该企业的利润为

$$\hat{y}_{2021}=246.58\text{（亿元）}$$

2. 二次指数平滑法

一次指数平滑法虽然克服了移动平均法的两个缺点，但当时间序列的变动出现直线趋势时，用一次指数平滑法进行预测，仍存在明显的滞后偏差，因此，也必须加以修正. 修正的方法与趋势移动平均法相同，即再作二次指数平滑，利用滞后偏差的规律建立直线趋势模型. 这就是二次指数平滑法，其计算公式为

$$\begin{cases}S_t^{(1)}=\alpha y_t+(1-\alpha)S_{t-1}^{(1)}\\ S_t^{(2)}=\alpha S_t^{(1)}+(1-\alpha)S_{t-1}^{(2)}\end{cases}\tag{4.15}$$

其中：$S_t^{(1)}$为一次指数平滑值；$S_t^{(2)}$为二次指数平滑值.

当时间序列$\{y_t\}$从某时期开始具有直线趋势时，类似趋势移动平均法，可用直线趋势模型

$$\hat{y}_{t+T}=a_t+b_tT \quad (T=1,2,\cdots) \tag{4.16}$$

其中：

$$\begin{cases} a_t=2S_t^{(1)}-S_t^{(2)} \\ b_t=\dfrac{\alpha}{1-\alpha}(S_t^{(1)}-S_t^{(2)}) \end{cases} \tag{4.17}$$

进行预测.

下面用矩量分析方法来证明式（4.17）.

由式（4.12）可知

$$S_t^{(1)}=\alpha\sum_{j=0}^{\infty}(1-\alpha)^j y_{t-j}$$

同理

$$S_t^{(2)}=\alpha S_t^{(1)}+(1-\alpha)S_{t-1}^{(2)}=\alpha\sum_{j=0}^{\infty}(1-\alpha)^j S_{t-j}^{(1)}$$

而

$$S_{t-j}^{(1)}=\alpha y_{t-j}+(1-\alpha)S_{t-j-1}^{(1)}=\alpha\sum_{i=0}^{\infty}(1-\alpha)^i y_{t-j-i}$$

所以

$$E(S_t^{(1)})=\alpha\sum_{j=0}^{\infty}(1-\alpha)^j E(y_{t-j})=\alpha\sum_{j=0}^{\infty}(1-\alpha)^j(a_i-b_i\cdot j)=a_t-\frac{1-\alpha}{\alpha}b_t$$

其中：

$$\alpha\sum_{j=0}^{\infty}(1-\alpha)^j=1, \qquad \alpha\sum_{j=0}^{\infty}(1-\alpha)^j j=\frac{1-\alpha}{\alpha}$$

$$E(S_{t-j}^{(1)})=\alpha\sum_{i=0}^{\infty}(1-\alpha)^i E(y_{t-j-i})=\alpha\sum_{i=0}^{\infty}(1-\alpha)^i[a_t-b_t(j+i)]=a_t-b_tj-\frac{1-\alpha}{\alpha}b_t$$

$$\begin{aligned} E(S_t^{(2)})&=\alpha\sum_{j=0}^{\infty}(1-\alpha)^j E(S_{t-j}^{(1)})=\alpha\sum_{j=0}^{\infty}(1-\alpha)^j\left(a_t-b_tj-\frac{1-\alpha}{\alpha}b_t\right) \\ &=\alpha\sum_{j=0}^{\infty}(1-\alpha)^j\left(a_t-b_tj-\frac{1-\alpha}{\alpha}b_t\right)=\alpha_t-\frac{2(1-\alpha)}{\alpha}b_t \end{aligned}$$

因为随机变量的数学期望是随机变量的最佳估计值，所以可取 $S_t^{(1)}$、$S_t^{(2)}$ 代替，从而有

$$\begin{cases} S_t^{(1)}=a_t-\dfrac{(1-\alpha)}{\alpha}b_t \\ S_t^{(2)}=a_t-\dfrac{2(1-\alpha)}{\alpha}b_t \end{cases} \tag{4.18}$$

由此可得解

$$\begin{cases} a_t=2S_t^{(1)}-S_t^{(2)} \\ b_t=\dfrac{\alpha}{1-\alpha}(S_t^{(1)}-S_t^{(2)}) \end{cases}$$

例 4.5 以我国 1996～2012 年国内生产总值资料为例，试用二次指数平滑法预测 2013 年和 2014 年的国内生产总值.

解 取$\alpha = 0.3$，初始值$S_0^{(1)}$和$S_0^{(2)}$都取序列前两项的均值，即$S_0^{(1)} = 11\,077.95$，$S_0^{(2)} = 10\,946.47$．计算$S_t^{(1)}$和$S_t^{(2)}$，列于表4.6.

表4.6 我国国内生产总值及一、二次指数平滑值计算表 单位：亿元

年份	国内生产总值	一次平滑值	二次平滑值
1996	71 176.6	75 074.80	75 659.53
1997	78 973.0	76 244.26	75 834.95
1998	84 402.3	78 691.67	76 691.97
1999	89 677.1	81 987.30	78 280.57
2000	99 214.6	87 155.49	80 943.04
2001	109 655.2	93 905.40	84 831.75
2002	120 332.7	101 833.60	89 932.30
2003	135 822.8	112 030.40	96 561.72
2004	159 878.3	126 384.70	105 508.60
2005	184 937.4	143 950.50	117 041.20
2006	216 314.4	165 659.70	131 626.70
2007	265 810.3	195 704.90	150 850.20
2008	314 045.4	231 207.00	174 957.20
2009	340 902.8	264 115.80	201 704.80
2010	401 512.8	305 334.90	232 793.80
2011	473 104.0	355 665.60	269 655.40
2012	519 470.1	404 807.00	310 200.80

计算得到$S_{17}^{(1)} = 404\,807$，$S_{17}^{(2)} = 310\,200.8$.

由式（4.17），当$t = 16$时，有

$$a_{17} = 2S_{17}^{(1)} - S_{17}^{(2)} = 2 \times 404\,807 - 310\,200.8 = 499\,413.2$$

$$b_{17} = \frac{0.3}{1-0.3}(S_{17}^{(1)} - S_{17}^{(2)}) = \frac{0.3}{0.7}(404\,807 - 310\,200.8) = 40\,545.51$$

于是，当$t = 16$时的直线趋势方程为

$$\hat{y}_{17+T} = 499\,413.2 + 40\,545.51T$$

预测2013年和2014年的国内生产总值为

$$\hat{y}_{2013} = \hat{y}_{18} = \hat{y}_{17+1} = 499\,413.2 + 40\,545.51 = 539\,958.71\text{（亿元）}$$

$$\hat{y}_{2014} = \hat{y}_{19} = \hat{y}_{17+2} = 499\,413.2 + 40\,545.51 \times 2 = 580\,504.22\text{（亿元）}$$

3. 三次指数平滑法

当时间序列的变动表现为二次曲线趋势时，需要用三次指数平滑法. 三次指数平滑是在二次指数平滑的基础上，再进行一次平滑，其计算公式为

$$\begin{cases} S_t^{(1)} = \alpha y_t + (1-\alpha)S_{t-1}^{(1)} \\ S_t^{(2)} = \alpha S_t^{(1)} + (1-\alpha)S_{t-1}^{(2)} \\ S_t^{(3)} = \alpha S_t^{(2)} + (1-\alpha)S_{t-1}^{(3)} \end{cases} \tag{4.19}$$

其中：$S_t^{(3)}$为三次指数平滑值.

三次指数平滑法的预测模型为

$$\hat{y}_{t+T} = a_t + b_t T + c_t T^2 \tag{4.20}$$

其中：

$$\begin{cases} a_t = 3S_t^{(1)} - 3S_t^{(2)} + S_t^{(3)} \\ b_t = \dfrac{\alpha}{2(1-\alpha)^2}[(6-5\alpha)S_t^{(1)} - 2(5-4\alpha)S_t^{(2)} + (4-3\alpha)S_t^{(3)}] \\ c_t = \dfrac{\alpha^2}{2(1-\alpha)^2}(S_t^{(1)} - 2S_t^{(2)} + S_t^{(3)}) \end{cases} \tag{4.21}$$

4.3 神经网络预测模型

神经网络（neural network）是从微观结构及功能上对人脑神经系统进行模拟而建立起来的数学模型，它具有模拟人脑思维的能力. 其主要特点是具有非线性特性、学习能力、自适应性等，是模拟人类智能的一种重要方法. 神经网络是由神经元互联而成的，能接收并处理信息，而这种信息处理主要是由神经元之间的相互作用，即通过神经元之间的连接权值来处理并实现的. 神经网络在人工智能、自动控制、计算机科学、信息处理、模式识别等领域得到了非常成功的应用.

人工神经网络（artificial neural network，ANN）是由大量处理单元（即神经元 neuron）广泛互联而成的网络，是对人脑的抽象、简化与模拟，反映人脑的基本特征. 神经网络由分布于若干层的节点组成，它的构成随神经网络的类型及复杂度的不同而不同. 每个节点都有自己的输入值、权值、求和与激活函数、输出值，在处理之前，数据被分为训练数据集和测试数据集，然后将权值和输入值指派到第一层的每一个节点. 每次重复训练时，系统处理输入并与实际值相比较，得到度量后的误差，并反馈给系统，调整权重. 在大多数情况下，调整后的权重都能更好地预测实际值. 当达到预定义的最小误差水平时，处理结束.

误差逆传播网络（back propagation of errors network），也称 BP 神经网络，是目前应用最为广泛和成功的神经网络之一，由 Rumelhart（鲁姆哈特）和 Mc Clelland（麦克利兰）于 1986 年提出，是一种多层网络的“逆推”学习算法. 其基本思想是：学习过程由信号的正向传播与误差的反向传播两个过程组成，正向传播时，输入样本从输入层传入，经隐含层逐层处理后传向输出层. 若输出层的实际输出与期望输出不符，则转向误差的反向传播阶段. 误差的反向传播是将输出误差以某种形式通过隐含层向输入层逐层反传，并将误差分摊给各层的所有单元，从而获得各层单元的误差信号，此误差信号即作为修正各单元权值的依据.

4.3.1 人工神经元数学模型

根据生物神经元的结构及基本功能，可以将其简化为图 4.2 的形式.

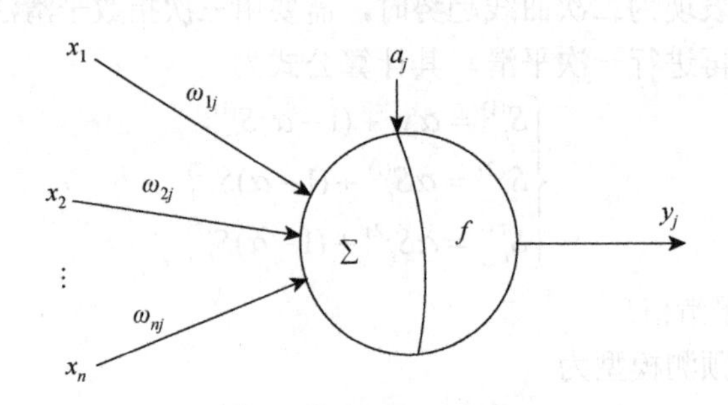

图 4.2 人工神经元模型

建立人工神经元数学模型：

$$y_j = f\left(\sum_{i=1}^{n} w_{ij}x_i - a_j\right) \tag{4.22}$$

其中：x_i 为神经元 i 的输入；w_{ij} 为神经元 i 与神经元 j 之间的连接权值；a_j 为神经元 j 的值（threshold）；$f(\cdot)$ 为输入到输出的传递函数（也称激活函数）；y_j 为神经元 j 的输出. 在这个模型中，神经元接收到来自 n 个其他神经元传递过来的输入信号，这些输入信号通过带权重的连接（connection）进行传递，神经元接收到的总输入值与神经元的阈值进行比较后，通过“激活函数”（activation function）以产生神经元的输出.

4.3.2 BP 神经网络的结构

BP 神经网络是一种单向传播的多层前向网络，具有三层或三层以上的神经网络，包括输入层、中间层（隐含层）和输出层. 上下层之间实现全连接，每一层神经元之间无连接. 当一对学习样本提供给网络后，神经元的激活值从输入层经过各中间层向输出层传播，在输出层的各神经元获得网络的输入响应. 接下来，按照减少目标输出与实际误差的方向，从输出层开始，经过各中间层，逐层修正各连接权值，最后回到输入层. 这种算法称为误差逆传播算法，即 BP 算法. 随着这种误差逆传播修正的不断进行，网络对输入模式响应的正确率也不断提高.

根据 BP 神经网络的设计网络，一般的预测问题都可以通过隐含层的网络实现，如图 4.3 所示，三层 BP 神经网络中，输入和输出神经元依据输入向量和研究目标而定，若输入向量有 n 个元素，则输入层的神经元可以选为 n 个，隐含层神经元个数 m 与输入层神经元个数 n 之间可以按照 $m = 2n + 1$ 的关系来选取. 当然，在实际操作中要不断调整各种参数，观察学习训练的效果，力求找出最优的预测结果.

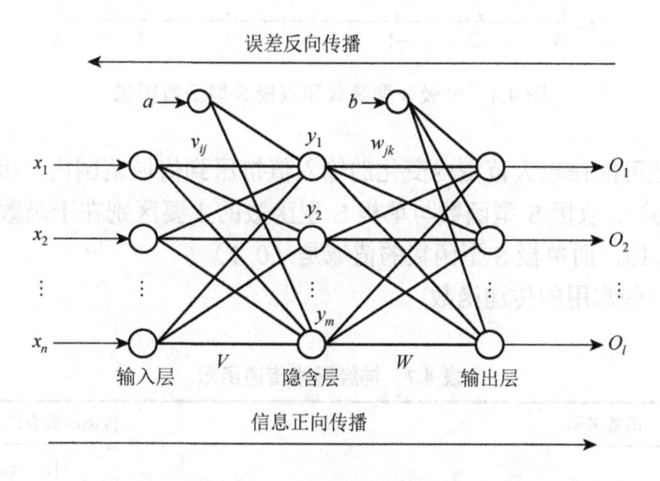

图 4.3 BP 神经网络结构

在图 4.3 所示的神经网络结构中，$x_i\ (i = 1,2,\cdots,n)$ 是神经网络的（实际）输入，$y_j\ (j = 1,2,\cdots,m)$ 是隐含层的输出，即为输出层的输入，$O_k\ (k = 1,2,\cdots,l)$ 是网络的（实际）输出，a、b 分别为隐含层和输出层神经元（节点）的阈值，v_{ij}、w_{jk} 分别为输入层到隐含层和隐含层到输出层的权值. 也就是说，图中所表示的 BP 神经网络，它的输入层神经元（节点）个

数为 n，隐含层神经元（节点）个数为 m，输出层神经元（节点）个数为 l，这种结构称为 n-m-l 结构的三层 BP 神经网络.

4.3.3 传递函数（激活函数）

理想中的激活函数是阶跃函数，阶跃函数为

$$\mathrm{sgn}(x)=\begin{cases}1, & x\geqslant 0\\ 0, & x<0\end{cases}$$

它将输入值映射为输出值 0 或 1，显然 1 对应于神经元兴奋，0 对应于神经元抑制. 然而，阶跃函数具有不连续、不光滑等不良性质，因此实际常用 sigmoid 函数（也称 S 型函数）$f(x)=\dfrac{1-\mathrm{e}^{-\alpha x}}{1+\mathrm{e}^{-\alpha x}}$ 作为激活函数. 单极 S 型函数为 $f(x)=\dfrac{1}{1+\mathrm{e}^{-\alpha x}}$，双极 S 型函数 $f(x)=\dfrac{1-\mathrm{e}^{-\alpha x}}{1+\mathrm{e}^{-\alpha x}}$，如图 4.4 所示.

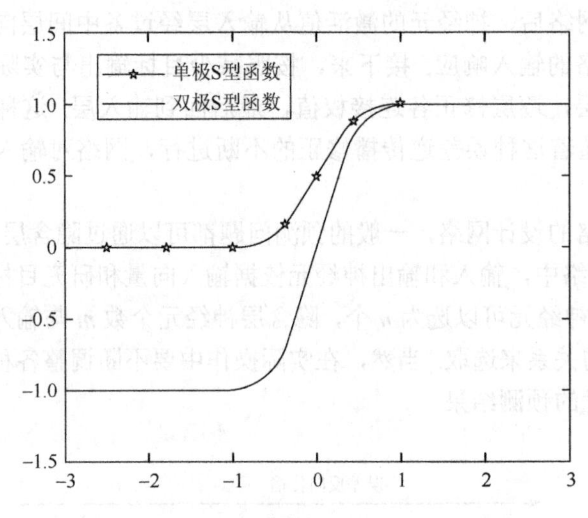

图 4.4 单极 S 型函数和双极 S 型函数图像

sigmoid 函数把可能在较大范围内变化的输入值挤压到值域范围内，因此有时也称挤压函数（squash function）. 双极 S 型函数与单极 S 型函数的主要区别在于函数的值域，双极 S 型函数的值域是（−1, 1），而单极 S 型函数的值域是（0, 1）.

表 4.7 给出了一些常用的传递函数.

表 4.7 神经网络传递函数

函数名称	传递函数表达式
二值函数	$f(x)=\begin{cases}1, & x\geqslant 0\\ 0, & x<0\end{cases}$
线性函数	$f(x)=\alpha x$
分段线性函数	$f(x)=\begin{cases}0, & x\leqslant 0\\ cx, & 0<x\leqslant x_c\\ 1, & x>x_c\end{cases}$

4.3.4 BP 神经网络学习算法及其流程

神经网络的学习过程，就是根据训练数据来调整神经元之间的“连接权”以及每个功能神经元的阈值. 换言之，神经网络学到的东西，蕴含在连接权和阈值之中. 学习算法及其流程如下.

（1）网络初始化. 根据输入 $\boldsymbol{X}=(x_1,x_2,\cdots,x_n)$ 和期望输出 $\boldsymbol{D}=(d_1,d_2,\cdots,d_l)$ 来确定网络输入层、隐含层和输出层神经元（节点）的个数，初始化各层神经元之间的连接权值 v_{ij} 、 w_{jk} ，初始化隐含层阈值 a、输出层阈值 b，给定学习速率和激活函数.

（2）隐含层输出计算. 根据输入向量 $\boldsymbol{X}$，输入层与隐含层间连接权值 v_{ij} 以及隐含层阈值 a，计算隐含层输出

$$y_j=f\left(\sum_{i=1}^{n}v_{ij}x_i-a_j\right)=f\left(\sum_{i=0}^{n}v_{ij}x_i\right)\quad(j=1,2,\cdots,m)$$

其中：m 为隐含层节点数 $v_{i0}=-1$， $x_0=a_j$； $f(\cdot)$ 为隐含层传递函数. 这里采用传递函数 $f(x)=(1+\mathrm{e}^{-x})^{-1}$.

（3）输出层输出计算. 根据隐含层输出 $\boldsymbol{Y}$、连接权值 w_{jk} 、阈值 b，计算 BP 神经网络的实际输出

$$o_k=f\left(\sum_{j=1}^{m}w_{jk}y_j-b_k\right)=f\left(\sum_{j=0}^{m}w_{jk}y_j\right)\quad(k=1,2,\cdots,l)$$

（4）误差计算. 根据网络实际输出 O 与期望输出 D，计算网络总体均方误差

$$E=\frac{1}{2}(D-O)^2=\frac{1}{2}\sum_{k=1}^{l}(d_k-o_k)^2$$

（5）权值更新. 根据网络总体误差 E，按照以下公式更新网络连接权值 v_{ij} 、 w_{jk}：

$$v_{ij}=v_{ij}+\Delta v_{ij},\qquad w_{jk}=w_{jk}+\Delta w_{jk}$$

$$\Delta v_{ij}=\eta\left(\sum_{k=1}^{l}\delta_k^o w_{jk}\right)y_j(1-y_j)x_i$$

$$\Delta w_{jk}=\eta\delta_k^o y_j$$

其中： $\delta_k^o=(d_k-o_k)o_k(1-o_k)$； $\eta\in(0,1)$ 为学习速率，控制着算法每一轮迭代中的更新步长，太大可能引起震荡，太小收敛速度又会过慢.

（6）判断算法迭代是否结束（可用网络总误差是否达到精度要求等方式来判断），若没有结束，返回（2）.

4.4 灰色预测模型

灰色预测的主要特点是模型使用的不是原始数据序列，而是生成的数据序列. 其核心体系是灰色模型（grey model，GM），即对原始数据累加（或其他方法）生成得到近似的指数规律再进行建模的方法. 其优点是：不需要很多数据，一般只需要 4 个数据，就能解决历史数据少、序列完整性和可靠性低的问题；能利用微分方程来充分挖掘系统的本质，精度高；能将无规律

的原始数据进行处理得到规律性较强的生成序列，运算简便，易于检验，不考虑分布规律，不考虑变化趋势. 其缺点是只适用于中短期、指数增长的预测.

GM(1,1)是灰色预测的基本模型，它表示模型是一阶微分方程，且只含1个变量的灰色模型.

4.4.1 GM(1, 1)模型预测方法

已知参考数据列 $\boldsymbol{x}^{(0)}=(x^{(0)}(1),x^{(0)}(2),\cdots,x^{(0)}(n))$，1次累加生成序列（1-AGO）

$$\begin{aligned}\boldsymbol{x}^{(1)}&=(x^{(1)}(1),x^{(1)}(2),\cdots,x^{(1)}(n))\\&=(x^{(0)}(1),x^{(0)}(1)+x^{(0)}(2),\cdots,x^{(0)}(1)+\cdots+x^{(0)}(n))\end{aligned}$$

其中：$x^{(1)}(k)=\sum_{i=1}^{k}x^{(0)}(i)\ (k=1,2,\cdots,n)$. $\boldsymbol{x}^{(1)}$ 的均值生成序列

$$\boldsymbol{z}^{(1)}=(z^{(1)}(2),z^{(1)}(3),\cdots,z^{(1)}(n))$$

其中：$z^{(1)}(k)=0.5x^{(1)}(k)+0.5x^{(1)}(k-1)\ (k=2,3,\cdots,n)$.

建立灰微分方程

$$x^{(0)}(k)+az^{(1)}(k)=b\quad(k=2,3,\cdots,n)$$

相应的白化微分方程为

$$\frac{\mathrm{d}x^{(1)}}{\mathrm{d}t}+ax^{(1)}(t)=b\tag{4.23}$$

记 $\boldsymbol{u}=(a,b)^{\mathrm{T}}$，$\boldsymbol{Y}=(x^{(0)}(2),x^{(0)}(3),\cdots,x^{(0)}(n))^{\mathrm{T}}$，$\boldsymbol{B}=\begin{pmatrix}-z^{(1)}(2)&1\\-z^{(1)}(3)&1\\\vdots&\vdots\\-z^{(1)}(n)&1\end{pmatrix}$，则由最小二乘法，求得使 $\boldsymbol{J}(u)=(\boldsymbol{Y}-\boldsymbol{Bu})^{\mathrm{T}}(\boldsymbol{Y}-\boldsymbol{Bu})$ 达到最小值的 $\boldsymbol{u}$ 的估计值为

$$\hat{\boldsymbol{u}}=(\hat{a},\hat{b})^{\mathrm{T}}=(\boldsymbol{B}^{\mathrm{T}}\boldsymbol{B})^{-1}\boldsymbol{B}^{\mathrm{T}}\boldsymbol{Y}$$

于是求解方程（4.23），得

$$\hat{x}^{(1)}(k+1)=\left[x^{(0)}(1)-\frac{\hat{b}}{\hat{a}}\right]\mathrm{e}^{-\hat{a}k}+\frac{\hat{b}}{\hat{a}}\quad(k=0,1,\cdots,n-1,\cdots)$$

4.4.2 GM(1, 1)模型预测步骤

1. 数据的检验与处理

为了保证建模方法的可行性，需要对已知数据列做必要的检验处理. 设参考数据为 $\boldsymbol{x}^{(0)}=(x^{(0)}(1),x^{(0)}(2),\cdots,x^{(0)}(n))$，计算序列的级比

$$\lambda(k)=\frac{x^{(0)}(k-1)}{x^{(0)}(k)}\quad(k=2,3,\cdots,n)$$

若所有的级比 $\lambda(k)$ 都落在可容覆盖 $\Theta=\left(\mathrm{e}^{-\frac{2}{n+1}},\mathrm{e}^{\frac{1}{n+2}}\right)$ 内，则序列 $\boldsymbol{x}^{(0)}$ 可以作为模型GM(1,1)的数据进行灰色预测；否则，需要对序列 $\boldsymbol{x}^{(0)}$ 做必要的变换处理，使其落入可容覆盖内. 即取适当的常数 c，作平移变换

$$y^{(0)}(k)=x^{(0)}(k)+c \quad (k=1,2,\cdots,n)$$

使序列 $\boldsymbol{y}^{(0)}=(y^{(0)}(1),y^{(0)}(2),\cdots,y^{(0)}(n))$ 的级比

$$\lambda_y(k)=\frac{y^{(0)}(k-1)}{y^{(0)}(k)}\in\Theta \quad (k=2,3,\cdots,n)$$

2. 建立模型

按式（4.23）建立GM(1,1)模型，则可以得到预测值

$$\hat{x}^{(1)}(k+1)=\left[x^{(0)}(1)-\frac{\hat{b}}{\hat{a}}\right]\mathrm{e}^{-\hat{a}k}+\frac{\hat{b}}{\hat{a}} \quad (k=0,1,\cdots,n-1,\cdots)$$

而且

$$\hat{x}^{(0)}(k+1)=\hat{x}^{(1)}(k+1)-\hat{x}^{(1)}(k) \quad (k=1,2,\cdots,n-1,\cdots)$$

3. 检验预测值

1）残差检验

令残差为 $\varepsilon(k)$，计算

$$\varepsilon(k)=\frac{x^{(0)}(k)-\hat{x}^{(0)}(k)}{x^{(0)}(k)} \quad (k=1,2,\cdots,n)$$

其中：$\hat{x}^{(0)}(1)=x^{(0)}(1)$. 若 $\varepsilon(k)<0.2$，则可认为达到一般要求；若 $\varepsilon(k)<0.1$，则认为达到较高的要求.

2）级比偏差值检验

首先由参考数据 $x^{(0)}(k-1)$、$x^{(0)}(k)$ 计算出级比 $\lambda(k)$，然后用发展系数 a 求出相应的级比偏差

$$\rho(k)=1-\frac{1-0.5a}{1+0.5a}\lambda(k)$$

若 $\rho(k)<0.2$，则可认为达到一般要求；若 $\rho(k)<0.1$，则认为达到较高的要求.

4. 预测预报

由GM(1,1)模型得到指定时区内的预测值，根据实际问题的需要，给出相应的预测预报.

4.4.3 GM(1, 1)模型预测实例

例 4.6 某城市 2014～2020 年道路交通噪声平均声级数据如表 4.8 所示.

表 4.8 城市交通噪声数据 单位：dB

序号	年份	L_{eq}	序号	年份	L_{eq}
1	2014	71.1	5	2018	71.4
2	2015	72.4	6	2019	72.0
3	2016	72.4	7	2020	71.6
4	2017	72.1			

1. 级比检验

建立交通噪声平均声级数据时间序列如下：

$$\boldsymbol{x}^{(0)}=(x^{(0)}(1),x^{(0)}(2),\cdots,x^{(0)}(7))=(71.1,72,4,72.4,72.1,71.4,72.0,71.6)$$

（1）求级比 $\lambda(k)$.

$$\lambda(k)=\frac{x^{(0)}(k-1)}{x^{(0)}(k)}$$

$$\boldsymbol{\lambda}=(\lambda(2),\lambda(3),\cdots,\lambda(7))=(0.982,1,1.004\ 2,1.009\ 8,0.991\ 7,1.005\ 6)$$

（2）级比判断. 由于所有的 $\lambda(k)\in[0.982,1.009\ 8]\ (k=2,3,\cdots,7)$，可以用 $\boldsymbol{x}^{(0)}$ 作令人满意的 GM(1,1) 建模.

2. GM(1, 1)建模

（1）对原始数据 $\boldsymbol{x}^{(0)}$ 进行一次累加，得

$$\boldsymbol{x}^{(1)}=(71.1,143.5,215.9,288,359.4,431.4,503)$$

（2）构造数据矩阵 $\boldsymbol{B}$ 和数据向量 $\boldsymbol{Y}$，有

$$\boldsymbol{B}=\begin{pmatrix}-\frac{1}{2}[x^{(1)}(1)+x^{(1)}(2)] & 1\\ -\frac{1}{2}[x^{(1)}(2)+x^{(1)}(3)] & 1\\ \vdots & \vdots\\ -\frac{1}{2}[x^{(1)}(6)+x^{(1)}(7)] & 1\end{pmatrix},\qquad \boldsymbol{Y}=\begin{pmatrix}x^{(0)}(2)\\ x^{(0)}(3)\\ \vdots\\ x^{(0)}(7)\end{pmatrix}$$

（3）计算

$$\hat{\boldsymbol{u}}=\begin{pmatrix}\hat{a}\\ \hat{b}\end{pmatrix}=(\boldsymbol{B}^{\mathrm{T}}\boldsymbol{B})^{-1}\boldsymbol{B}^{\mathrm{T}}\boldsymbol{Y}=\begin{pmatrix}0.002\ 3\\ 72.657\ 3\end{pmatrix}$$

于是得到 $\hat{a}=0.002\ 3$，$\hat{b}=72.657\ 3$.

（4）建立模型

$$\frac{\mathrm{d}x^{(1)}}{\mathrm{d}t}+\hat{a}x^{(1)}=\hat{b}$$

求解，得

$$\hat{x}^{(1)}(k+1)=\left[x^{(0)}(1)-\frac{\hat{b}}{\hat{a}}\right]\mathrm{e}^{-\hat{a}k}+\frac{\hat{b}}{\hat{a}}=-30\ 929\mathrm{e}^{-0.002\ 3k}+31\ 000 \tag{4.24}$$

（5）求生成序列预测值 $\hat{x}^{(1)}(k+1)$ 和模型还原值 $\hat{x}^{(0)}(k+1)$. 令 $k=1,2,3,4,5,6$. 由式（4.24）的时间响应函数可算得 $\hat{\boldsymbol{x}}^{(1)}$，其中取 $\hat{x}^{(1)}(1)=\hat{x}^{(0)}(1)=x^{(0)}(1)=71.1$，由 $\hat{x}^{(0)}(k+1)=\hat{x}^{(1)}(k+1)-\hat{x}^{(1)}(k)$，取 $k=1,2,3,4,5,6$，得

$$\hat{\boldsymbol{x}}^{(0)}=(\hat{x}^{(0)}(1),\hat{x}^{(0)}(2),\cdots,\hat{x}^{(0)}(7))=(71.1,72.4,72.2,72.1,71.9,71.7,71,6)$$

3. 模型检验

模型的各种检验指标值的计算结果如表 4.9 所示.

表 4.9　GM(1, 1)模型检验表

序号	年份	原始值	预测值	残差	相对误差	级比偏差
1	2014	71.1	71.100 0	—	—	—
2	2015	72.4	72.405 7	−0.005 7	0.01%	0.020 3
3	2016	72.4	72.236 2	0.163 8	0.23%	0.002 3
4	2017	72.1	72.067 1	0.032 9	0.05%	−0.001 8
5	2018	71.4	71.898 4	−0.498 4	0.70%	−0.007 4
6	2019	72.0	71.730 1	0.269 9	0.37%	0.010 7
7	2020	71.6	71.562 2	0.037 8	0.05%	−0.003 2

4.5　预测模型的建模举例

假设为了保障第五届会议的顺利召开，需要为会议筹备组制定一个预订宾馆客房、租借会议室、租用客车的合理方案. 要解决这个问题，首先需要预测与会代表的人数. 预测的依据是代表回执数量及往届与会人员的数据. 已知本届会议的回执情况（表 4.10）以及以往几届会议代表回执和与会情况（表 4.11）. 要解决的问题是：根据这些数据预测本届与会代表人数.

表 4.10　本届会议的代表回执中有关住房要求的信息人

性别	合住 1	合住 2	合住 3	独住 1	独住 2	独住 3
男	154	104	32	107	68	41
女	78	48	17	59	28	19

注：表头第 1 行中的数字 1、2、3 分别指每天每间 120～160 元、161～200 元、201～300 元三种不同价格的房间；合住是指要求两人合住一间；独住是指可安排单人间，或一人单独住一个双人间.

表 4.11　以往几届会议代表回执和与会情况

类别	第一届	第二届	第三届	第四届
发来回执的代表数	315	356	408	711
发来回执但未与会的代表数	89	115	121	213
未发回执但与会的代表数	57	69	75	104

由表 4.10 的数据可知，本届发来回执的代表数为 755. 由表 4.11 的数据可知，发来回执但未与会的代表数和未发回执但与会的代表与发来回执数间的关系. 为此，定义两个指标分别描述上述两种情况.

定义 4.1　未知与会率$=\dfrac{\text{未发回执但与会的代表的数}}{\text{发来回执的代表数}}$.

定义 4.2　缺席率$=\dfrac{\text{发来回执但未与会的代表数}}{\text{发来回执的代表数}}$.

根据以上定义，可以得到往届的缺席率和未知与会率，如表 4.12 所示.

表 4.12　往届的缺席率和未知与会率

类别	第一届	第二届	第三届	第四届
缺席率	0.282 540	0.323 034	0.296 569	0.299 578
未知与会率	0.180 952	0.193 820	0.183 824	0.146 273

从表 4.12 可以看出，缺席率一直保持在 0.3 左右，而未知与会率却变化较快. 为此，认为第五届的缺席率仍为 0.3，这样缺席的人数为 $755\times0.3=226.5$. 保守起见，对 226.5 进行向下取整，即缺席的人数为 226 人.

未知与会率变化相对剧烈，不适合应用比例方法确定，同时由于数据有限，应用灰色预测方法比较合适. 从实际问题的角度，可认为以未知与会率为研究对象较为合适. 将往届的未知与会率数据代入 4.4.2GM(1, 1)预测步骤，可很快得到本届的未知与会率为 0.1331，所以本届未发回执但与会的代表数为 $755\times0.133\,1=100.490\,5$. 同样，保守考虑，向上取整为 101 人，这样就可以预测本届与会代表的人数为（$755+101-226$）$=630$（人）.

习　题　4

4.1　某地区用水管理机构需要对居民的用水速度（单位时间的用水量）和日总用水量进行估计. 现有一居民区，其自来水是由一个圆柱形水塔提供，水塔高 12.2 m，塔的直径为 17.4 m. 水塔是由水泵根据水塔中的水位自动加水. 按照设计，当水塔中的水位降至最低水位（约 8.2 m）时，水泵自动启动加水；当水位升高到最高水位（约 10.8 m）时，水泵停止工作.

下表给出的是 28 个时刻的数据，由于水泵正向水塔供水，有 4 个时刻无法测到水位（表中为“—”）.

时刻 t/h	0	0.92	1.84	2.95	3.87	4.98	5.90
水位/m	9.68	9.48	9.31	9.13	8.98	8.81	8.69
时刻 t/h	7.01	7.93	8.97	9.98	10.92	10.95	12.03
水位/m	8.52	8.39	8.22	—	—	10.82	10.5
时刻 t/h	12.95	13.88	14.98	15.9	16.83	17.93	19.04
水位/m	10.21	9.94	9.65	9.41	9.18	8.92	8.66
时刻 t/h	19.96	20.84	22.01	22.96	23.88	24.99	25.91
水位/m	8.43	8.22	—	—	10.59	10.35	10.18

试建立数学模型来估计居民的用水速度和日总用水量.

4.2　税收作为政府财政收入的主要来源，是地区政府实行宏观调控、保证地区经济稳定增长的重要因素. 各级政府每年均需预测来年的税收收入以安排财政预算.

下表是某地历年税收数据（单位：亿元）. 请预测今后 5 年的税收收入，为年度税收计划和财政预算提供更有效、更科学的依据.

年份	1	2	3	4	5	6	7
税收	15.2	15.9	18.7	22.4	26.9	28.3	30.5
年份	8	9	10	11	12	13	14
税收	33.8	40.4	50.7	58	66.7	81.2	83.4

本章常用词汇中英文对照

数据拟合　data fitting

最小二乘法　method of least square

时间序列　time series

移动平均　moving average

指数平滑　exponential smoothing

神经网络　neural network

传递函数　transfer function

灰色预测　gray prediction

第5章 评价模型

评价是人们最常用的思维方式之一，凡是涉及比较判断的问题，都离不开评价的思想. 通常而言，对某些简单、直观的问题（单指标的评价问题），通过比较可以直接给出确定的答案，如比较两个人的身高、体重，两个物体的长度等. 但在现实生活中，人们面临的问题往往更加复杂，如经济效益评价、项目方案评价、武器效能评价、人员综合考核、项目投资决策等. 对于上述问题，答案不容易直接给出，往往需要考虑多方面的因素进行综合评价，才能得到科学合理的结果.

针对被评价系统或对象，建立综合评价指标体系，确定各评价指标的重要性程度，克服不同指标之间量纲不一致引起的不可公度性，以及建立综合评价数学模型协调指标间的矛盾性，是综合评价要解决的问题.

➢ 5.1 评价指标体系

5.1.1 评价指标体系的概念

单一的评价指标，只能反映被评价对象的某一方面的具体特征. 如果被评价对象规模宏大、因素众多、层次结构复杂，要全面、准确地评价其基本特征与要素之间的复杂关系，不可能仅通过单一指标实现，需要使用多个相互联系、相互作用的评价指标. 这种由多个相互联系、相互作用的评价指标，按照一定层次结构组合而成，具有特定评价功能的有机整体，称为综合评价指标体系.

例如，针对社会经济系统的综合评价，通常可以设置经济性指标、社会性指标、技术性指标、资源性指标、政策性指标、基础设施指标等，以上的每一个指标，又可以进一步分解为若干小类指标或分析指标，经过逐层分解，形成指标树，构成指标体系.

5.1.2 评价指标体系的设置原则

要建立一套具有实用价值的综合评价指标体系，不仅需要较熟练的专业知识和高度的概括能力，而且需要遵循一定的原则.

1. *科学性原则*

指标的选取应建立在对被评价系统进行科学研究的基础之上，定性分析与定量分析结合，正确反映系统整体与内部相互关系的数量特征. 同时，既要保证定性分析的科学性，也要保证定量分析的精确性.

2. *系统性原则*

建立评价指标体系时，应对影响评价目标的诸多因素进行系统的考虑. 指标体系应该反映被评价系统的整体性能和综合情况，指标体系的整体评价功能大于各指标的简单总和，同时应注意使指标体系层次清楚、结构合理、相互关联、协调一致.

3. 独立性原则

独立性是指评价指标间的关系是不相关的，要尽量避免指标间显见的交叉、包含关系，隐含的相关关系要以适当的方法加以清除. 相对独立性使得每个指标可以反映被评价系统的某一个方面，可以独立地评价系统中的某项内容.

4. 层次性原则

将复杂的系统评价问题分解，使分解出的各要素按属性的不同分为若干组，从而形成不同的层次. 同一层次的元素作为准则，对下一层次的要素起支配作用，同时又受到上一层元素的支配，从而形成一个支配关系确定的递阶层次结构.

5. 实用性原则

评价指标含义要明确，数据要规范，口径要一致，资料收集要可靠. 指标设置要符合被评价系统的实际情况，原则上从现有统计指标中产生，不要盲目地追求指标的数量. 同时，应从系统的现状出发，不可照搬其他系统的现成指标.

6. 简易性原则

在确定层次结构时，层次数量在满足问题的要求下应尽可能地少. 每一层次中的指标个数也不宜过多，一般不要超过 9 个. 层次结构的简易程度将直接决定着评价结果的好坏，对于解决实际问题是极为重要的.

➢ 5.2 评价指标体系建立及预处理方法

评价指标体系的建立，使整个被评价系统的综合情况得到了体现. 但被评价系统本身的复杂性，使得评价指标多种多样，根据各指标的性质，一般说来，可将指标分为定量指标和定性指标两类. 对各定量指标来说，它们具有不同的量纲；对定性指标而言，其描述的方式也不一致. 因此，为了对整个系统进行综合评价，必须将各指标进行标准化处理，使定性指标科学地得以量化，将不同量纲的定量指标化为无量纲的标准化指标.

5.2.1 评价指标体系的建立及筛选方法

1. Delphi 法（专家调研法）

Delphi（德尔菲）法是一种向专家发函、征求意见的调研方法. 评价者可根据评价目标和评价对象的特征，在所设计的调查表中列出一系列的评价指标，分别征询专家对所设计的评价指标的意见，然后进行统计处理，并反馈咨询结果. 经过几轮咨询后，如果专家意见趋于集中，那么由最后一次咨询确定出具体的评价指标体系.

2. 最小均方差法

对于 n 个取定的被评价对象，每个对象都有 m 个评价指标，其指标观测值分别为

$$x_i=(x_{i1},x_{i2},\cdots,x_{im})\quad(i=1,2,\cdots,n)$$

容易看出，如果n个被评价对象关于某项评价指标的取值都差不多，那么尽管这个评价指标是非常重要的，但对于这n个被评价对象的评价结果来说，它并不起什么作用，因此，为了减少计算量就可以删除这个评价指标.

最小均方差法的筛选原则如下.

记

$$s_j=\sqrt{\frac{1}{n-1}\sum_{i=1}^{n}(x_{ij}-\overline{x}_j)^2}\quad(j=1,2,\cdots,m)$$

为评价指标x_j按n个评价对象取值构成的样本均方差. 其中：

$$\overline{x}_j=\frac{1}{n}\sum_{i=1}^{n}x_{ij}\quad(j=1,2,\cdots,m)$$

为评价指标x_j按n个被评价对象取值构成的样本均值.

若存在$k_0\ (1\leqslant k_0\leqslant m)$，使得

$$s_{k_0}=\min_{1\leqslant j\leqslant m}\{s_j\}\quad 且\quad s_{k_0}\approx 0$$

则可删除与s_{k_0}相应的第k_0个评价指标x_{k0}，继续筛选；否则筛选工作结束，即得到最后的评价指标体系.

3. 极小极大离差法

针对n个被评价对象的m个评价指标的指标观测值

$$x_i=(x_{i1},x_{i2},\cdots,x_{im})\quad(i=1,2,\cdots,n)$$

先求出各评价指标x_j的最大离差d_j，即

$$d_j=\max_{1\leqslant i,k\leqslant n}\{|x_{ij}-x_{kj}|\}$$

再求出各评价指标d_j的最小值，即令

$$d_0=\min_{1\leqslant j\leqslant m}\{d_j\}$$

若$d_0\approx 0$，则可以删除与d_0相应的评价指标，继续筛选；否则筛选工作结束，即得到最后的评价指标体系.

5.2.2 评价指标预处理方法

1. 定性指标的量化处理方法

定性指标的特点是没有测量数据及定量形式，或者数据很粗糙，只能以定性形式表示，且大都存在一定的模糊性. 因此，定性指标很难用经典数学的语言来描述，也很难用固定的尺度来度量. 在对定性指标进行量化处理时，应比较客观地反映指标的实际情况，尽可能地将其分解成若干个可量化的分指标，对实在不能分解的定性指标，在量化方法的处理上要尽量做到科学、合理，必要时还要借助于模糊数学、灰色系统理论或物元分析方法等描述不确定现象的数学工具，以体现出该类指标的不确定性. 对定性指标的量化处理上，常用的方法有以下几种.

1）等级法

等级法是一种传统方法，它有多种形式，如上、中、下三级制，甲、乙、丙、丁四级制，优秀、良好、中等、及格、不及格或甲、乙、丙、丁、戊五级制. 有时，各级之间又被分成两

部分或三部分，如优上、优下、中上、中下，或优上、优中、优下等，实际上就是把等级的数量扩充成 2 倍或 3 倍.

等级法的优点是简便易行，缺点是粗略，标准不好掌握.

2）标度法

这种方法是将定性指标依问题性质划分为若干级别，分别赋予适当的量值. 在估计事物性质的区别时，可以用 5 种判断来加以表示，即相等、较强、强、很强、绝对强. 当需要更高精度时，还可以在相邻判断之间做出比较，这样，总共有 9 个级别. 心理学实验表明，大多数人对不同事物在相同属性上的差别的分辨能力在 5～9 级之间，即在同时比较中，7±2 个对象为心理学极限. 如果取 7±2 个元素进行逐对比较，它们之间的差别可以用 9 个数值表示出来. 因此采用 1～9 的标度能很好地反映多数人的判断能力，具体分值如表 5.1 所示.

表 5.1　分级指标及标度打分值

指标	很低	低	一般	高	很高
正向指标	1	3	5	7	9
逆向指标	9	7	5	3	1

有的问题是采用五级打分来区分优劣的，即评语为优、良、一般、合格、不合格，相应的分值为 5、4、3、2、1. 当然，也可以划分为其他级别，赋予其他分值，方法类似，视实际问题的具体情况而定.

3）模糊数法

该方法是利用模糊数学中模糊子集和模糊数的概念来确定定性指标的指标值，进而再进行标准化处理.

模糊数学是一种处理模糊信息的工具，是描述与加工模糊信息的数学方法. 它主要研究“认知不确定”问题，其研究对象具有“内涵明确，外延不明确”的特点. 例如，“年轻人”就是一个模糊概念，每一个人都很清楚年轻人的内涵，但要划定一个确切的范围，在这个范围之内的是年轻人，范围之外的都不是年轻人，则很难办到，这是因为年轻人这个概念外延不明确. 对于这类“认知不确定”问题，模糊数学主要是凭经验借助于隶属函数来进行处理.

在系统评价中，不确定性指标大都属于“内涵明确，外延不明确”的指标，因此，可应用模糊数学理论来对指标的属性进行处理.

定义 5.1　设 U 是论域，称映射

$$\mu_A\text{：}U\to[0,1]$$

确定了 U 上的一个模糊子集 A，映射 μ_A 称为 A 的隶属函数，对于任意 $z\in U$，$\mu_A(z)$为 z 关于 A 的隶属度.

模糊子集 A 完全由其隶属函数 μ_A 描述，论域 U 中的元素 z 与 A 的关系由隶属度 $\mu_A(z)$给出. 显然，对于用模糊子集来反映的定性指标确定其隶属函数，实质上是用某种曲线来描述其满意程度，即隶属度函数的分布，对每项元素 z 经隶属函数映射后的结果就表征了元素对该指标的满意程度.

2. 定量指标的标准化处理方法

不同的定量指标使用的量纲和单位往往是不一致的，且不具有可比性. 为了消除它们之间

的差异，平衡各指标的作用，使评价更加合理、公正，必须通过适当的方法将评价指标无量纲化，使其量化值得到统一和标准化.

设有 n 个评价指标 $f_j\ (1\leqslant j\leqslant n)$，$m$ 个方案 $a_i\ (1\leqslant i\leqslant m)$，$m$ 个方案 n 个指标量化后构成的矩阵 $\boldsymbol{X}=(x_{ij})_{m\times n}$ 称为评价矩阵.

常见的指标类型有效益型、成本型、固定型、区间型四种. 效益型指标是指属性值越大越好的指标，有时也称正向指标；成本型指标是指属性值越小越好的指标，有时也称逆向指标；固定型指标是指属性值越接近某个固定值越好的指标；区间型指标是指属性值越接近某个固定区间（包括落入该区间）越好的指标. 下面分别介绍几种常用的指标标准化方法.

1）效益型和成本型指标的标准化方法

（1）极差变换法.

在评价矩阵 $\boldsymbol{X}=(x_{ij})_{m\times n}$ 中，对于效益型指标 f_j，令

$$y_{ij}=\frac{x_{ij}-\min\limits_i x_{ij}}{\max\limits_i x_{ij}-\min\limits_i x_{ij}}\quad (1\leqslant i\leqslant m;1\leqslant j\leqslant n)\tag{5.1}$$

对于成本型指标 f_j，令

$$y_{ij}=\frac{\max\limits_i x_{ij}-x_{ij}}{\max\limits_i x_{ij}-\min\limits_i x_{ij}}\quad (1\leqslant i\leqslant m;1\leqslant j\leqslant n)\tag{5.2}$$

则得到的矩阵 $\boldsymbol{Y}=(y_{ij})_{m\times n}$ 称为极差变换标准化矩阵. 该方法的优点是经过极差变换后，均有 $0\leqslant y_{ij}\leqslant 1$，且各指标下最好结果的属性值 $y_{ij}=1$，最坏结果的属性值 $y_{ij}=0$；缺点是变换前后的各指标值不成比例.

（2）线性比例变换法.

在评价矩阵 $\boldsymbol{X}=(x_{ij})_{m\times n}$ 中，对于效益型指标，令

$$y_{ij}=\frac{x_{ij}}{\max\limits_i x_{ij}}\quad (\max_i x_{ij}\neq 0;1\leqslant i\leqslant m;1\leqslant j\leqslant n)\tag{5.3}$$

对成本型指标，令

$$y_{ij}=\frac{\min\limits_i x_{ij}}{x_{ij}}\quad (1\leqslant i\leqslant m;1\leqslant j\leqslant n)\tag{5.4}$$

则矩阵 $\boldsymbol{Y}=(y_{ij})_{m\times n}$ 称为线性比例标准化矩阵. 该方法的优点是变换方式是线性的，且变化前后的属性值成比例；缺点是对任一指标来说，变换后的 $y_{ij}=1$ 和 $y_{ij}=0$ 不一定同时出现.

（3）向量归一化法.

在评价矩阵 $\boldsymbol{X}=(x_{ij})_{m\times n}$ 中，令

$$y_{ij}=\frac{x_{ij}}{\sqrt{\sum\limits_{i=1}^{m}{x_{ij}}^2}}\quad (1\leqslant i\leqslant m;1\leqslant j\leqslant n)\tag{5.5}$$

则矩阵 $\boldsymbol{Y}=(y_{ij})_{m\times n}$ 称为向量归一标准化矩阵. 显然，矩阵 $\boldsymbol{Y}$ 的列向量的模等于 1，即 $\sum\limits_{i=1}^{m}{y_{ij}}^2=1$.

该方法的优点是使 $0\leqslant y_{ij}\leqslant 1$，且变换前后正逆方向不变；缺点是它是非线性变换，变换后各指标的最大值和最小值不相同.

（4）标准样本变换法.

在 $\boldsymbol{X}=(x_{ij})_{m\times n}$ 中，令

$$y_{ij}=\frac{x_{ij}-\overline{x}_j}{\sigma_j}\quad(1\leqslant i\leqslant m;1\leqslant j\leqslant n)\tag{5.6}$$

其中：样本均值 $\overline{x}_j=\frac{1}{m}\sum_{i=1}^{m}x_{ij}$；样本均方差 $\sigma_j=\sqrt{\frac{1}{m-1}\sum_{i=1}^{m}(x_{ij}-\overline{x}_j)^2}$．则得出的矩阵 $\boldsymbol{Y}=(y_{ij})_{m\times n}$ 称为标准样本变换矩阵. 经过标准样本变换之后，标准化矩阵的样本均值为 0，方差为 1.

（5）指标值之间差距较大时的处理方法.

当指标值之间差距较大时，一般采用 S 形曲线函数进行无量纲处理.

对效益型指标，令

$$y_{ij}=\left(1+\exp\left\{2-\frac{x_{ij}-\min\limits_i x_{ij}}{\max\limits_i x_{ij}-\min\limits_i x_{ij}}\right\}\right)^{-1}\tag{5.7}$$

对成本型指标，令

$$y_{ij}=1-\left(1+\exp\left\{2-\frac{x_{ij}-\min\limits_i x_{ij}}{\max\limits_i x_{ij}-\min\limits_i x_{ij}}\right\}\right)^{-1}\tag{5.8}$$

2）固定型指标的标准化方法

对于固定型指标，若设 α_j 为给定的固定值，则标准化处理的方法主要有以下几种.

$$y_{ij}=\begin{cases}\dfrac{x_{ij}}{\alpha_j}, & x_{ij}\in[\min\limits_i x_{ij},\alpha_j]\\ 1+\dfrac{\alpha_j}{\max\limits_i x_{ij}}-\dfrac{\alpha_{ij}}{\max\limits_i x_{ij}}, & x_{ij}\in[\alpha_j,\max\limits_i x_{ij}]\end{cases}\tag{5.9}$$

$$y_{ij}=1-\frac{|x_{ij}-\alpha_j|}{\max\limits_i|x_{ij}-\alpha_j|}\tag{5.10}$$

$$y_{ij}=\frac{\max\limits_i|x_{ij}-\alpha_j|-|x_{ij}-\alpha_j|}{\max\limits_i|x_{ij}-\alpha_j|-\min\limits_i|x_{ij}-\alpha_j|}\tag{5.11}$$

$$y_{ij}=\frac{\min\limits_i|x_{ij}-\alpha_j|}{|x_{ij}-\alpha_j|}\tag{5.12}$$

式（5.9）的优点是各最优属性值标准化后的值均为 1，缺点是各最差属性值标准化后的值不统一，即不一定都为 0. 而式（5.10）～式（5.12）的变换不是线性变换.

3）区间型指标的标准化方法

对区间型的指标，若该固定区间为 $[q_1^j,q_2^j]$，其指标标准化处理的方法主要有以下几种.

$$y_{ij}=\begin{cases}1-\dfrac{x_{ij}}{q_1^j}, & x_{ij}\in[\min\limits_i x_{ij},q_1^j]\\ 1, & x_{ij}\in[q_1^j,q_2^j]\\ 1+\dfrac{q_2^j}{\max\limits_i x_{ij}}-\dfrac{x_{ij}}{\max\limits_i x_{ij}}, & x_{ij}\in[q_2^j,\max\limits_i x_{ij}]\end{cases}\tag{5.13}$$

$$y_{ij}=\begin{cases}1-\dfrac{q_1{}^j-x_{ij}}{\max\{q_1{}^j-\min\limits_i x_{ij},\max\limits_i x_{ij}-q_2{}^j\}}, & x_{ij}<q_1{}^j\\ 1, & x_{ij}\in[q_1^j,q_2^j]\\ 1-\dfrac{x_{ij}-q_2{}^j}{\max\{q_1{}^j-\min\limits_i x_{ij},\max\limits_i x_{ij}-q_2{}^j\}}, & x_{ij}>q_2{}^j\end{cases} \tag{5.14}$$

➢ 5.3 评价指标权重的确定

权重（或称权数、权重系数、加权系数）是指各评价指标对评价对象影响程度的大小，是指标重要性的度量. 评价指标体系中每个层次的各项指标都有权重，指标权重的确定是系统评价中难度较大的一项工作，往往需要整体上多次调整、反复归纳综合才能完成.

目前，关于指标权重的确定方法比较多，一般说来，根据计算权重时原始数据的来源不同，可分为主观赋权法、客观赋权法和组合赋权法三类.

主观赋权法是指根据决策者的主观经验和判断，用某种特定法则测算出指标权重的方法. 常用的有 Delphi 法、相对比较法、连环比率法等. 客观赋权法是指根据评价矩阵提供的评价指标的客观信息，用某种特定法则确定指标权重的方法. 它主要视评价指标对所有的评价方案差异的大小来决定权系数的大小. 常用的有离差法、均方差法、主成分分析法、熵值法等. 组合赋权法是指综合运用主、客观赋权的结果，得到新权重的方法. 主观赋权法依赖经验判断，难免带有一定的主观性；但该方法解释性强. 客观赋权法确定的权重依据客观指标信息，在大多数情况下精度较高；但由于指标信息数据采集难免受到随机干扰，在一定程度上影响了其真实可靠性，而且解释性差，对所得结果难以给出明确的解释. 因此，两种赋权法各有利弊，实际应用中可将它们有机结合.

5.3.1 主观赋权法

常用的主观赋权法的共同特点是各评价指标的权重是由专家根据自己的经验及对实际的判断给出的. 选取专家不同，得出的权重也不同. 因此，这类方法注定具有很大的主观性.

1. 相对比较法

该方法将所有指标分别按行和列构成一个正方形的表. 先根据三级比例标度，指标两两相对比较评分，并填入表中，再将各指标评分值按行求和，得到各指标评分和，最后进行归一化处理，求得各指标的权重.

设有 n 个评价指标 $f_1,f_2,\cdots,f_n$，按三级比例标度两两相对比较评分，记指标 f_i 与 f_j 相对比较评分值为 a_{ij}，则按照三级比例标度有

$$a_{ij}=\begin{cases}1, & f_i\text{比}f_j\text{重要}\\ 1/2, & f_i\text{与}f_j\text{同样重要}\\ 0, & f_i\text{比}f_j\text{不重要}\end{cases}$$

记评分值矩阵 $\boldsymbol{A}=(a_{ij})_{n\times n}$，则指标 f_i 的权重

$$w_i = \frac{\sum_{j=1}^{n} a_{ij}}{\sum_{i=1}^{n}\sum_{j=1}^{n} a_{ij}} \tag{5.15}$$

使用相对比较法时，指标之间的相对重要性应具有可比性和传递性.

2. 连环比率法

连环比率法是先将所有指标按一定顺序排列，然后按顺序从前到后，相邻两指标比较其相对重要性，依次赋以比率值，并赋以最后一个指标的得分值为1，再从后到前，按比率值依次求出各指标的修正评分值，最后归一化处理得到各指标的权重.

设有 n 个评价指标 $f_1, f_2, \cdots, f_n$，连环比率法的具体步骤如下.

（1）将 n 个指标按任意顺序排列，不妨设为 $f_1, f_2, \cdots, f_n$.

（2）从前到后，依次赋予相邻两指标相对重要程度的比率值. 指标 f_i 与 f_{i+1} 比较，赋予指标 f_i 比率值 $r_i\ (i=1,2,\cdots,n-1)$，比率值 r_i 按下式确定：

$$r_i = \begin{cases} 3(\text{或}1/3), & f_i\text{比}f_{i+1}\text{重要（或相反）} \\ 2(\text{或}1/2), & f_i\text{比}f_{i+1}\text{较为重要（或相反）} \\ 1, & f_i\text{与}f_{i+1}\text{同样重要} \end{cases} \quad (i=1,2,\cdots,n-1)$$

（3）计算各指标的修正评分值. 赋予 f_n 的修正评分值 $k_n = 1$，根据比率值 r_i 计算各指标的修正评分值 $k_i = r_i k_{i+1}\ (i=1,2,\cdots,n-1)$.

（4）进行归一化处理，求出各指标的权重值

$$w_i = \frac{k_i}{\sum_{i=1}^{n} k_i} \quad (i=1,2,\cdots,n) \tag{5.16}$$

该方法相对比较简便，但由于赋权结果过于依赖相邻指标的比率值，而比率值有主观判断误差，在逐步计算过程中会产生误差传递，以至影响指标权重的准确性.

3. Delphi 法

Delphi 法求权重的步骤如下.

（1）选择专家.

（2）将 p 个指标、有关资料，以及统一的确定权重的规则发给选定的专家，请他们独立地给出各指标的权重值.

（3）回收结果并计算各指标权重的均值、标准差，以及各专家估计值与均值的偏差.

（4）将计算结果及补充资料返还给各位专家，要求所有专家在新的基础上重新确定权重.

（5）重复（3）和（4），直至所有专家给出的各指标权重与其均值的偏差不超过预先给定的标准为止，也就是各专家的意见基本趋于一致，以此时各指标权重的均值作为指标的权重.

5.3.2 客观赋权法——熵值法

熵是信息论中测度一个系统不确定性的量. 信息量越大，不确定性就越小，熵也越小；反

之，信息量越小，不确定性就越大，熵也越大. 熵值法主要是依据各指标值所包含的信息量的大小，利用指标的熵值来确定指标权重. 熵值法的一般步骤如下.

（1）对评价矩阵 $\boldsymbol{X}=(x_{ij})_{m\times n}$ 进行标准化处理，得到标准化矩阵 $\boldsymbol{Y}=(y_{ij})_{m\times n}$，并进行归一化处理得

$$p_{ij}=\frac{y_{ij}}{\sum_{i=1}^{m}y_{ij}}\quad (1\leqslant i\leqslant m;1\leqslant j\leqslant n) \tag{5.17}$$

（2）计算第 j 个指标的熵值

$$e_j=-k\sum_{i=1}^{m}p_{ij}\ln p_{ij}\quad (1\leqslant j\leqslant n) \tag{5.18}$$

其中：$k>0$；$e_j\geqslant 0$.

（3）计算第 j 个指标的差异系数. 对于第 j 个指标，指标值的差异越大，对方案评价的作用越大，熵值越小；反之，差异越小，对方案评价的作用越小，熵值就越大. 因此，定义差异系数为

$$g_j=1-e_j\quad (1\leqslant j\leqslant n) \tag{5.19}$$

（4）确定指标权重. 第 j 个指标的权重为

$$w_j=\frac{g_j}{\sum_{j=1}^{n}g_j}\quad (1\leqslant j\leqslant n) \tag{5.20}$$

5.3.3 组合赋权法

组合赋权法可以分为两类：一类为乘法合成归一化方法；另一类为线性加权组合法.

1. 乘法合成归一化方法

乘法合成归一化方法的计算公式为

$$q_j=\frac{a_jw_j}{\sum_{j=1}^{n}a_jw_j}\quad (j=1,2,\cdots,n) \tag{5.21}$$

其中：q_j 为第 j 个指标的组合权重；a_j 为第 j 个指标的客观权重；w_j 为第 j 个指标的主观权重. 这种组合方法由于存在使大者更大、小者更小的“倍增效应”，有时用该方法确定的权重不尽合理. 此法仅适用于指标权重分配较均匀的情况.

2. 线性加权组合法

线性加权组合法的计算公式为

$$q_j=\sum_{i=1}^{k}a_iw_{ij}\quad (j=1,2,\cdots,n) \tag{5.22}$$

其中：q_j 为第 j 个指标的组合权重；a_i 为第 i 种方法的加权系数；w_{ij} 为第 i 种方法确定的第 j 个指标的权重. 这种方法克服了乘法合成归一化方法的“倍增效应”，具有较好的实际应用效果. 需要指出的是，该方法的关键是确定 a_i 的数值.

➤ 5.4 综合评价方法

5.4.1 简单线性加权法

简单线性加权法是一种常用的多指标综合评价方法，这种方法根据实际情况，先确定各评价指标的权重，再对评价矩阵进行标准化处理，求出各个方案的线性加权指标平均值，并以此作为各可行方案排序的判据. 应该注意，简单线性加权法对评价矩阵的标准化处理，应当使所有的指标正向化. 简单线性加权法的基本步骤如下.

（1）用适当的方法确定各评价指标的权重，设权重向量为 $\boldsymbol{W}=(w_1,w_2,\cdots,w_n)^{\mathrm{T}}$，其中，$\sum_{j=1}^{n} w_j = 1$.

（2）对评价矩阵 $\boldsymbol{X}=(x_{ij})_{m\times n}$ 进行标准化处理，标准化矩阵为 $\boldsymbol{Y}=(y_{ij})_{m\times n}$，并且标准化之后的指标均为正向指标.

（3）求出各方案的线性加权指标值 $u_i = \sum_{j=1}^{n} w_j y_{ij}\ (1 \leqslant i \leqslant m)$.

（4）以线性加权指标值 u_i 为判据，选择线性加权指标值最大者为最满意方案，即

$$u(a^*) = \max_{1\leqslant i\leqslant m} u_i = \max_{1\leqslant i\leqslant m} \sum_{j=1}^{n} w_j y_{ij}$$

5.4.2 理想解法

理想解法也称 TOPSIS（technique for order preference by similarity to ideal solution）法，直译为逼近理想解的排序方法，是一种有效的多指标评价方法. 这种方法通过构造多指标问题的理想解和负理想解，并以靠近理想解和远离负理想解两个基准作为评价各可行方案的判据. 因此，理想解法亦称双基点法.

理想解是指设想各指标属性都达到最满意值的解. 负理想解是指设想各指标属性都达到最不满意值的解.

确定了理想解和负理想解，还需要确定一种测度方法，表示各方案目标值靠近理想解和远离负理想解的程度，这种测度称为相对贴近度. 根据相对贴近度的大小，可以对各方案进行排序.

设评价矩阵 $\boldsymbol{X}=(x_{ij})_{m\times n}$，指标权重向量为 $\boldsymbol{W}=(w_1,w_2,\cdots,w_n)^{\mathrm{T}}$，则理想解法的基本步骤如下.

（1）用向量归一化法对评价矩阵进行标准化处理，得到标准化矩阵.

$$\boldsymbol{Y}=(y_{ij})_{m\times n}$$

其中：

$$y_{ij} = \frac{x_{ij}}{\sqrt{\sum_{i=1}^{m} x_{ij}^2}} \quad (i=1,2,\cdots,m;\ j=1,2,\cdots,n)$$

（2）计算加权标准化矩阵.

$$V=(v_{ij})_{m\times n}=(w_j y_{ij})_{m\times n}$$

（3）确定理想解和负理想解.

$$\text{理想解 } V^*=\left\{\left(\max_{1\leqslant i\leqslant m} v_{ij}\,\middle|\, j\in J^+\right),\left(\min_{1\leqslant i\leqslant m} v_{ij}\,\middle|\, j\in J^-\right)\right\}=\{v_1^*,v_2^*,\cdots,v_n^*\}$$

$$\text{负理想解 } V^-=\left\{\left(\min_{1\leqslant i\leqslant m} v_{ij}\,\middle|\, j\in J^+\right),\left(\max_{1\leqslant i\leqslant m} v_{ij}\,\middle|\, j\in J^-\right)\right\}=\{v_1^-,v_2^-,\cdots,v_n^-\}$$

其中：$J^+=\{\text{效益型指标集}\}$；$J^-=\{\text{成本型指标集}\}$.

（4）分别计算各方案到理想解和负理想解的距离.

$$S_i^*=\sqrt{\sum_{j=1}^n (v_{ij}-v_j^*)^2}\quad (i=1,2,\cdots,m) \tag{5.23}$$

$$S_i^-=\sqrt{\sum_{j=1}^n (v_{ij}-v_j^-)^2}\quad (i=1,2,\cdots,m) \tag{5.24}$$

（5）计算各方案的相对贴近度.

$$C_i^*=\frac{S_i^-}{S_i^-+S_i^*}\quad (i=1,2,\cdots,m) \tag{5.25}$$

（6）按相对贴近度的大小，对各方案进行排序，相对贴近度最大者为最优方案.

5.4.3　离差最大化方法

离差最大化方法实际上是利用离差最大化思想确定指标权重，再利用简单线性加权法对方案进行综合评价.

记标准化处理后的评价矩阵为$\boldsymbol{Y}=(y_{ij})_{m\times n}$，设标准化之后的指标均为正向指标，即$y_{ij}$是越大越好，指标权重向量为$\boldsymbol{W}=(w_1,w_2,\cdots,w_n)^{\mathrm{T}}>\boldsymbol{0}$，并满足单位化约束条件$\sum_{j=1}^n w_j^2=1$.

在权重向量$\boldsymbol{W}$的作用下，构造加权规范化评价矩阵

$$\boldsymbol{C}=\begin{matrix} \\ A_1 \\ A_2 \\ \vdots \\ A_m\end{matrix}\begin{matrix} f_1 & f_2 & \cdots & f_n \\ \end{matrix}\begin{pmatrix} w_1y_{11} & w_2y_{12} & \cdots & w_ny_{1n} \\ w_1y_{21} & w_2y_{22} & \cdots & w_ny_{2n} \\ \vdots & \vdots & & \vdots \\ w_1y_{m1} & w_2y_{m2} & \cdots & w_ny_{mn} \end{pmatrix}$$

根据简单线性加权法，各评价方案A_i的多指标综合评价值可表示为

$$D_i(\boldsymbol{W})=\sum_{j=1}^n w_j y_{ij}\quad (i=1,2,\cdots,m) \tag{5.26}$$

很显然，$D_i(\boldsymbol{W})$越大越好，$D_i(\boldsymbol{W})$越大表明评价方案A_i越优. 因此，在权重向量$\boldsymbol{W}$已知的情况下，根据上述公式可以很容易地对各评价方案进行评价或排序.

下面讨论权重向量$\boldsymbol{W}$的确定方法. 若指标f_j对所有评价方案而言均无差别（无差异），则指标f_j对方案评价及排序将不起作用，这样的评价指标可令其权重为0；反之，若指标f_j能使

所有评价方案的属性值有较大差异，这样的评价指标对方案评价及排序将起重要作用，应该给予较大的权重. 假设对于指标 f_j 而言，评价方案 A_i 与其他所有评价方案之离差用 $V_{ij}(\boldsymbol{W})$ 来表示，则可定义

$$V_{ij}(\boldsymbol{W})=\sum_{k=1}^{m}|w_j y_{ij}-w_j y_{kj}| \quad (i=1,2,\cdots,m;j=1,2,\cdots,n) \tag{5.27}$$

令

$$V_j(\boldsymbol{W})=\sum_{i=1}^{m}V_{ij}(\boldsymbol{W})=\sum_{i=1}^{m}\sum_{k=1}^{m}w_j\,|y_{ij}-y_{kj}| \quad (j=1,2,\cdots,n) \tag{5.28}$$

则 $V_j(\boldsymbol{W})$ 表示对指标 f_j 而言，所有评价方案与其他评价方案之总离差. 根据前述分析，权重向量 $\boldsymbol{W}$ 的选择应使所有评价指标对所有评价方案之总离差最大. 为此，构造目标函数

$$\max F(\boldsymbol{W})=\sum_{j=1}^{n}V_j(\boldsymbol{W})=\sum_{j=1}^{n}\sum_{i=1}^{m}\sum_{k=1}^{m}|y_{ij}-y_{kj}|\,w_j \tag{5.29}$$

则求解权重向量 $\boldsymbol{W}$ 等价于求解最优化问题

$$\begin{aligned}&\max F(\boldsymbol{W})=\sum_{j=1}^{n}\sum_{i=1}^{m}\sum_{k=1}^{m}|y_{ij}-y_{kj}|\,w_j\\&\text{s.t.}\ \sum_{j=1}^{n}w_j^2=1\end{aligned} \tag{5.30}$$

解此最优化模型，得到

$$w_j^*=\frac{\sum_{i=1}^{m}\sum_{k=1}^{m}|y_{ij}-y_{kj}|}{\sqrt{\sum_{j=1}^{n}\left(\sum_{i=1}^{m}\sum_{k=1}^{m}|y_{ij}-y_{kj}|\right)^2}} \quad (j=1,2,\cdots,n) \tag{5.31}$$

理论上可以证明 $\boldsymbol{W}^*=(w_1^*,w_2^*,\cdots,w_m^*)^{\mathrm{T}}$ 为目标函数 $F(\boldsymbol{W})$ 的唯一极大值点. 由于传统的权重向量一般都是满足归一化约束条件而不是单位化约束条件，在得到单位化权重向量 $\boldsymbol{W}^*$ 之后，为了与习惯用法相一致，还可以对 $\boldsymbol{W}^*$ 进行归一化处理，即令

$$\tilde{w}_j^*=\frac{w_j^*}{\sum_{j=1}^{n}w_j^*} \quad (j=1,2,\cdots,n) \tag{5.32}$$

由此得到

$$\tilde{w}_j^*=\frac{\sum_{i=1}^{m}\sum_{k=1}^{m}|y_{ij}-y_{kj}|}{\sum_{j=1}^{n}\sum_{i=1}^{m}\sum_{k=1}^{m}|y_{ij}-y_{kj}|} \quad (j=1,2,\cdots,n) \tag{5.33}$$

综上所述，多指标评价及排序的方法和步骤可以归纳和概括如下.

（1）根据评价指标类型构造标准化评价矩阵 $\boldsymbol{Y}=(y_{ij})_{m\times n}$.

（2）根据离差最大化方法计算最优权重向量 $\boldsymbol{W}^*$，同时计算各评价方案 A_i 的多指标综合评价值 $D_i(\boldsymbol{W}^*)\ (i=1,2,\cdots,m)$.

（3）根据各评价方案多指标综合评价值的大小，对方案进行比较排序.

5.4.4 模糊综合评价法

模糊综合评价法是一种基于模糊数学原理的综合评价方法. 该综合评价方法是应用模糊关系合成的原理，将一些边界不清、不易定量的因素定量化，从多个因素对被评价事物隶属等级状况进行综合性评价的一种方法. 它具有结果清晰、系统性强的特点，对多因素、多层次的复杂问题评判效果比较好，是别的数学分支和模型难以代替的方法，因而应用广泛.

模糊总结评价模型的建立，主要包括以下步骤.

（1）确定因素集. 一个对象往往需要用多个指标刻画其特征，设$U=\{u_1,u_2,\cdots,u_m\}$为刻画被评价对象的m种因素.

（2）确定评语集. 由于每个指标的评价值不同，往往会形成不同的等级. 由各种不同决断构成的集合称为评语集，设可能出现的评语有n个，则评语集可记为$V=\{v_1,v_2,\cdots,v_n\}$.

（3）确定各因素的权重. 一般情况下，因素集中的各因素在综合评价中所起的作用是不相同的，综合评价结果不仅与各因素的评价有关，而且在很大程度上还依赖于各因素对综合评价所起的作用，这就需要确定一个各因素之间的权重分配，它是U上的一个模糊向量，记为

$$\boldsymbol{A}=(a_1,a_2,\cdots,a_m)$$

其中：a_i为第i个因素的权重，且满足$\sum_{i=1}^{m}a_i=1$.

确定权重的方法有很多，如前面介绍的Delphi法、线性加权法等.

（4）确定模糊综合评价矩阵. 对指标u_i来说，对各个评语的隶属度为V上的模糊子集. 对指标u_i的评价记为

$$R=\{r_{i1},r_{i2},\cdots,r_{in}\}$$

各指标的模糊综合评价矩阵为

$$\boldsymbol{R}=\begin{pmatrix} r_{11} & r_{12} & \cdots & r_{1n} \\ r_{21} & r_{22} & \cdots & r_{2n} \\ \vdots & \vdots & & \vdots \\ r_{m1} & r_{m2} & \cdots & r_{mn} \end{pmatrix}$$

它是一个从U到V的模糊关系矩阵.

（5）综合评价. 如果有一个从U到V的模糊关系$\boldsymbol{R}=(r_{ij})_{m\times n}$，那么利用$\boldsymbol{R}$就可以得到一个模糊变换

$$T_{\boldsymbol{R}}:F(U)\to F(V)$$

由此变换，就可以得到综合评价结果$\boldsymbol{B}=\boldsymbol{A}*\boldsymbol{R}$，其中，$*$为算子符号，给予不同的模糊算子，就有不同的评价模型. 综合评价结果可以看成是V上的模糊向量，记为$\boldsymbol{B}=(b_1,b_2,\cdots,b_n)$.

（6）归一化处理. 如果评判结果$\sum_{j=1}^{n}b_j\neq 1$，应将它归一化.

5.4.5 灰色关联分析法

基于灰色关联度的灰色综合评价方法，是指利用各方案与最优方案之间关联度的大小对评

价对象进行比较、排序的方法. 灰色关联分析方法对样本量的大小没有特殊的要求，在进行关联分析时不需要服从典型的概率分布；而且区别于传统的分析方法中常用的因素两两对比的模式，将各个因素置于统一的系统之中进行比较与分析. 因此，灰色关联的分析方法被广泛应用于各个领域，具有重要的理论意义和实践价值.

其具体操作步骤如下.

（1）确定比较对象（评价对象）和参考数列（评价标准）. 设评价对象有 m 个，评价指标有 n 个，参考数列为 $x_0=\{x_0(k)\,|\,k=1,2,\cdots,n\}$，比较数列为 $x_i=\{x_i(k)\,|\,k=1,2,\cdots,n\}\ (i=1,2,\cdots,m)$.

（2）确定各指标值对应的权重. 可灵活运用各种赋权方法确定各指标对应的权重 $\boldsymbol{w}=(w_1,w_2,\cdots,w_n)$，其中，$w_k\ (k=1,2,\cdots,n)$ 为第 k 个评价指标对应的权重.

（3）计算灰色关联系数. $x_0(k)$ 和 $x_i(k)$ 的关联系数记为 $\xi_i(k)$，则

$$\xi_i(k)=\frac{\min\limits_{s}\min\limits_{t}|x_0(t)-x_s(t)|+\rho\max\limits_{s}\max\limits_{t}|x_0(t)-x_s(t)|}{|x_0(k)-x_i(k)|+\rho\max\limits_{s}\max\limits_{t}|x_0(t)-x_s(t)|}$$

其中：$\rho\in[0,1]$ 为分辨系数. 一般来说，分辨系数 ρ 越大，分辨能力越差；分辨系数 ρ 越小，分辨能力越好，通常取 $\rho=0.5$.

（4）计算灰色加权关联度. 灰色加权关联度的计算公式为

$$r_i=\sum_{k=1}^{n}\omega_i\xi_i(k)$$

其中：r_i 为第 i 个评价对象对理想对象的灰色加权关联度.

（5）评价分析. 根据灰色加权关联度的大小，对各评价对象进行排序，关联度越大，其评价效果越好.

➢ 5.5 层次分析模型

层次分析法（analytic hierarchy process，AHP）是美国运筹学家 Saaty（萨蒂）于 20 世纪 70 年代初提出来的，它是将半定性、半定量的问题转化为定量计算的一种行之有效的方法. 层次分析法把复杂的决策系统层次化，通过逐层比较各种关联因素的重要性为分析、决策提供定量的依据，特别适用于那些难以完全定量分析的复杂问题，因此在资源分配、综合评价、政策分析、冲突求解、决策预报等领域得到了广泛的应用.

5.5.1 层次结构问题及其模型

人们在进行社会、经济、科学管理领域问题的系统分析中，面临的常常是一个由相互关联、相互制约的众多因素构成的复杂且往往缺少定量数据的系统. 应用 AHP 分析系统决策问题时，首先要把问题条理化、层次化、构造出一个有层次的结构模型. 在这个模型下，复杂问题被分解为元素的组成部分，这些元素又按其属性及关系形成若干层次，上一层次的元素作为准则对下一层次有关元素起支配作用. 这些层次可以分为以下三类.

（1）最高层. 这一层次中只有一个元素，一般它是分析问题的预定目标或理想结果，因此也称目标层.

（2）中间层. 这一层次包括为实现目标所涉及的中间环节，它可以由若干个层次组成，如所需考虑的准则、子准则，因此也称准则层.

（3）最底层. 这一层次包括为实现目标可供选择的各种措施、决策方案等，因此也称措施层或方案层.

上述各层次之间的支配关系不一定是完全的，即可以存在这样的元素，它并不支配下一层次的所有元素，而仅支配其中部分元素. 这种自上而下的支配关系所形成的层次结构称为递阶层次结构. 一个典型的递阶层次结构模型如图 5.1 所示.

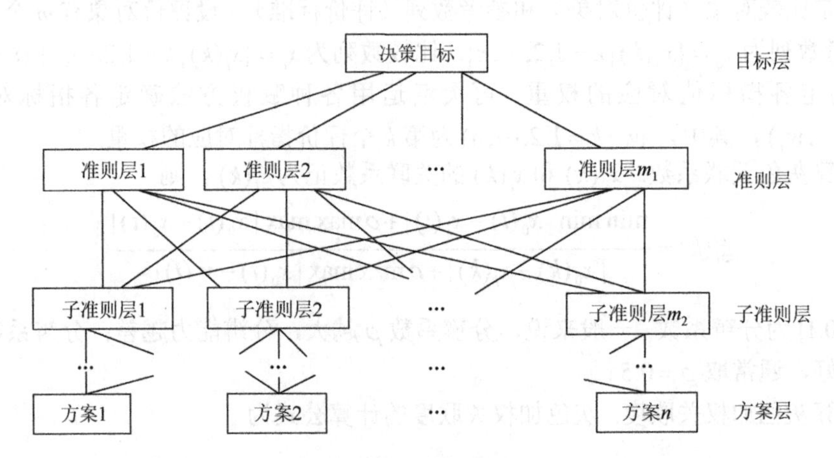

图 5.1　递阶层次结构模型

递阶层次结构中的层次数与问题的复杂程度及需要分析的详尽程度有关，层次数一般不受限制，每一层次中各元素所支配的元素一般不超过 9 个，这是因为支配的元素过多会给两两比较判断带来困难. 一个好的层次结构对于解决问题是极为重要的，因而层次结构必须建立在决策者对所面临问题有全面、深入认识的基础上. 如果在层次的划分及确定层次元素间的支配关系上举棋不定，那么最好重新分析问题，弄清元素间的相互关系，以确保建立一个合理的层次结构.

一个递阶层次结构应具有以下特点.

（1）从上到下顺序地存在支配关系，并用直线段表示. 除第一层外，每个元素至少受上一层一个元素支配；除最后一层外，每个元素至少支配下一层次一个元素. 上下层元素的联系比同一层次中元素的联系要强得多，故认为同一层次及不相邻元素之间不存在支配关系.

（2）整个结构中层次数不受限制.

（3）最高层只有一个元素，每个元素所支配的元素一般不超过 9 个，元素过多时可进一步分组.

（4）对某些具有子层次的结构可引入虚元素，使之成为递阶层次结构.

递阶层次结构是AHP中最简单的层次结构形式. 有时一个复杂问题仅仅用递阶层次结构难以表示，这时就要采用更复杂的形式，如内部依存的递阶层次结构、反馈层次结构等，它们都是递阶层次结构的扩展形式. 这里只讨论递阶层次结构模型，其余模型读者可参阅相关文献.

下面结合一个实例来说明递阶层次结构的建立.

例 5.1　设某港务局要改善一条河道的过河运输条件，为此需要确定是否建立桥梁或隧道以代替现有的轮渡.

在此问题中，过河方式的确定取决于过河方式的效益和代价（即成本），通常用费比（即效益/代价）作为选择方案的标准，为此分别给出两个层次结构（图 5.2 和图 5.3）. 它们分别考虑了影响过河的效益和代价的因素，这些因素可分为经济的、社会的和环境的三类. 决策的制定将取决于根据这两个层次结构确定的方案的效益权重与代价权重之比.

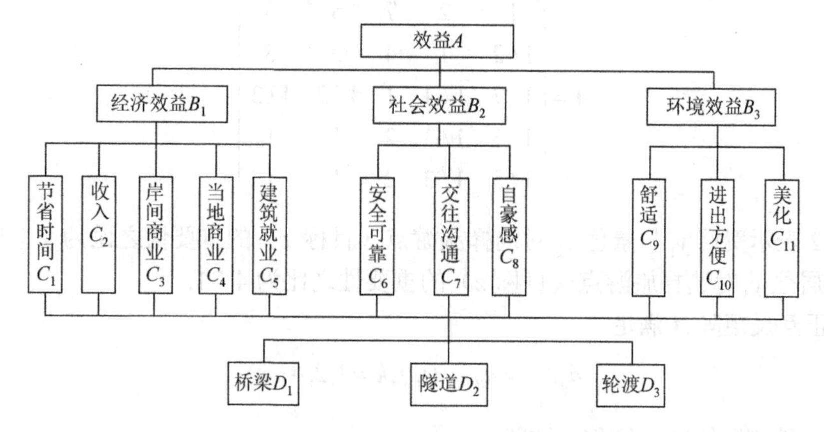

图 5.2　渡河评价效益的层次结构模型

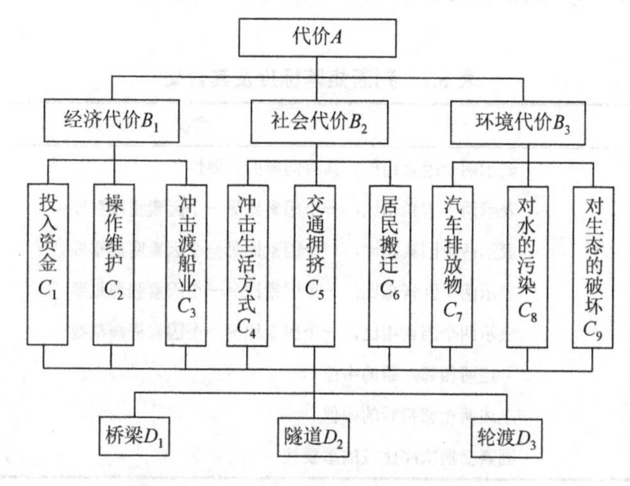

图 5.3　渡河评价代价的层次结构模型

5.5.2　成对比较判断矩阵与正互反矩阵

层次分析法的一个基本步骤是要比较若干因素对同一目标的影响，从而确定它们在目标中所占的比重. 例如，在旅游问题中要比较景色、费用等因素对地点选择的影响，当然这里所指的影响可以是诸因素在目标中的地位、实现目标所需费用、所得的利润等. 这些因素有的有相同的量纲，在数量上是可比的，如费用问题；有些受到相当大主观因素的影响，并且许多因素放在一起进行比较时，就更加困难和难以确定. 下面介绍一种方法——成对比较法，用它可以提高诸因素比较的准确程度.

设比较 n 个因素 $y=\{y_1,y_2,\cdots,y_n\}$ 对目标 z 的影响，从而确定它们所占的比重. 每次取两个因素 y_i 和 y_j，用 a_{ij} 表示 y_i 与 y_j 对 z 的影响程度之比，按 1～9 的比例标度来度量. n 个元素彼此比较，便构成一个两两比较的判断矩阵 $\boldsymbol{A}=(a_{ij})_{m\times n}$，显然判断矩阵具有下述性质：

$$a_{ij}>0,\quad a_{ij}=\frac{1}{a_{ij}},\quad a_{ii}=1\quad (i,j=1,2,\cdots,n)$$

称满足上述性质的矩阵 $\boldsymbol{A}$ 为正互反矩阵. 例如，在旅游问题中，考虑 5 个因素，即费用 y_1、景色 y_2、居住 y_3、饮食 y_4、交通 y_5，用成对比较法得到正互反矩阵

$$\boldsymbol{A}=\begin{pmatrix} 1 & 2 & 7 & 5 & 5 \\ 1/2 & 1 & 4 & 3 & 3 \\ 1/7 & 1/4 & 1 & 1/2 & 1/3 \\ 1/5 & 1/3 & 2 & 1 & 1 \\ 1/5 & 1/3 & 2 & 1 & 1 \end{pmatrix} \tag{5.34}$$

式中：$a_{12}=2$ 表示费用 y_1 与景色 y_2 对选择旅游点（目标 z）的重要性之比为 2∶1；$a_{23}=4$ 表示景色 y_2 与居住 y_3 对选择旅游点（目标 z）的重要性之比为 4∶1.

若一个正互反矩阵 $\boldsymbol{A}$ 满足

$$a_{ij}a_{jk}=a_{ik} \quad (i,j,k=1,2,\cdots,n) \tag{5.35}$$

则称 $\boldsymbol{A}$ 为一致性判断矩阵，简称一致阵.

关于 a_{ij} 的确定，Saaty 引用了数字 1～9 及其倒数作为标度（表 5.2）.

表 5.2　判断矩阵标度及其含义

标度	含义
1	表示两个因素相比，具有同样的重要性
3	表示两个因素相比，一个因素比另一个因素稍微重要
5	表示两个因素相比，一个因素比另一个因素明显重要
7	表示两个因素相比，一个因素比另一个因素强烈重要
9	表示两个因素相比，一个因素比另一个因素极端重要
2,4	上述两相邻判断的中值
6,8	上述两相邻判断的中值
倒数	因素交换次序比较的重要性

选择 1～9 的标度方法是基于下述一些事实和科学根据.

（1）在估计事物性质的区别时，常用 5 种判断来表示，即相等、较强、强、很强、绝对强. 当需要更高精度时，还可以在相邻判断之间进行比较. 这样，总共有 9 个数据，保持了连贯性，以便于在实践中应用.

（2）心理学家认为，人们在同时比较若干对象时，能够区别差异的心理学极限为 7±2 个对象，这样它们之间的差异正好可以用 9 个数字表示出来.

（3）Saaty 将 1～9 的标度方法与另外的 26 种标度方法进行过比较，结果表明，1～9 标度是可行的，并且能较好地将思维判断数量化.

5.5.3　权向量与一致性指标

通过两两成对比较得到的判断矩阵 $\boldsymbol{A}$ 不一定满足矩阵的一致性条件（5.35）. 我们希望能找到一个数量标准来衡量矩阵 $\boldsymbol{A}$ 不一致的程度，为此，先来分析一下一致阵的情况.

设想一下，现在把一块单位质量的大石头 Z 分成 n 块小石头 y_i，各小块石头的质量为

$w_i\ (i=1,2,\cdots,n)$，则 $y_1, y_2, \cdots y_n$ 在 Z 中所占的比重可用其质量排序，即为 $(w_1, w_2, \cdots, w_n)^{\mathrm{T}}$，$y_i$ 与 y_j 的相对质量为 $a_{ij} = w_i / w_j$. 这样就得到判断矩阵

$$\boldsymbol{A}=\begin{pmatrix} w_1/w_1 & w_1/w_2 & \cdots & w_1/w_n \\ w_2/w_1 & w_2/w_2 & \cdots & w_2/w_n \\ \vdots & \vdots & & \vdots \\ w_n/w_1 & w_n/w_2 & \cdots & w_n/w_n \end{pmatrix}$$

显然 $\boldsymbol{A}$ 是满足一致性条件的正互反矩阵，并且有

$$\boldsymbol{A}=\begin{pmatrix} w_1 \\ w_2 \\ \vdots \\ w_n \end{pmatrix}\left(\frac{1}{w_1},\frac{1}{w_2},\cdots,\frac{1}{w_n}\right)$$

记 $\boldsymbol{w}=(w_1, w_2, \cdots, w_n)^{\mathrm{T}}$，有

$$\boldsymbol{Aw}=\boldsymbol{w}\left(\frac{1}{w_1},\frac{1}{w_2},\cdots,\frac{1}{w_n}\right)\boldsymbol{w}=n\boldsymbol{w}$$

这表明 $\boldsymbol{w}$ 为 $\boldsymbol{A}$ 的特征向量，并且特征根为 n. 也就是说，对于一致的判断矩阵来说，排序向量 $\boldsymbol{w}$ 就是 $\boldsymbol{A}$ 的特征向量. 反过来看，若 $\boldsymbol{A}$ 是一致的正互反阵，则有以下性质：

$$a_{ii}=1,\quad a_{ij}=a_{ji}^{-1},\quad a_{ij}a_{jk}=a_{ik}$$

因此，$a_{1j}a_{jk}=a_{1k}$，即 $a_{jk}=a_{1k}/a_{1j}$，这样就有

$$\boldsymbol{A}=(a_{ij})_{n\times m}=\begin{pmatrix} a_{11}^{-1} \\ a_{12}^{-1} \\ \vdots \\ a_{1n}^{-1} \end{pmatrix}(a_{11}, a_{12}, \cdots, a_{1n})$$

于是

$$\boldsymbol{A}\begin{pmatrix} a_{11}^{-1} \\ a_{12}^{-1} \\ \vdots \\ a_{1n}^{-1} \end{pmatrix}=\begin{pmatrix} a_{11}^{-1} \\ a_{12}^{-1} \\ \vdots \\ a_{1n}^{-1} \end{pmatrix}(a_{11}, a_{12}, \cdots, a_{1n})\begin{pmatrix} a_{11}^{-1} \\ a_{12}^{-1} \\ \vdots \\ a_{1n}^{-1} \end{pmatrix}=n\begin{pmatrix} a_{11}^{-1} \\ a_{12}^{-1} \\ \vdots \\ a_{1n}^{-1} \end{pmatrix}$$

这表明，$\boldsymbol{w}=(a_{11}^{-1}, a_{12}^{-1}, \cdots, a_{1n}^{-1})^{\mathrm{T}}$ 为 $\boldsymbol{A}$ 的特征向量，并且由于 $\boldsymbol{A}$ 是相对变量 $\boldsymbol{w}$ 关于目标 Z 的判断阵，即 $\boldsymbol{w}$ 为诸对象的一个排序.

另外，一致的正互反矩阵 $\boldsymbol{A}$ 还具有下述性质.

（1）$\boldsymbol{A}$ 的转置 $\boldsymbol{A}^{\mathrm{T}}$ 也是一致的；

（2）$\boldsymbol{A}$ 的每一行均为任意指定一行的正数倍数，从而 $r(\boldsymbol{A})=1$；

（3）$\boldsymbol{A}$ 的最大特征根 $\lambda_{\max}=n$，其余的特征根全为 0；

（4）若 $\boldsymbol{A}$ 的 $\lambda_{\max}$ 对应的特征向量 $\boldsymbol{w}=(w_1, w_2, \cdots, w_n)^{\mathrm{T}}$，则 $a_{ij}=w_i/w_j$.

由上面的性质可知，当 $\boldsymbol{A}$ 是一致时，$\lambda_{\max}=n$，将 $\lambda_{\max}$ 对应的特征向量归一化后仍记为 $\boldsymbol{w}=(w_1, w_2, \cdots, w_n)^{\mathrm{T}}$，满足

$$\sum_{i=1}^{n} w_i = 1$$

其中：$\boldsymbol{w}$ 称为权向量，在层次分析中它的作用极为重要，它表示了 $y_1, y_2, \cdots, y_n$ 在目标 Z 中的比重.

关于正互反矩阵 **A**，根据矩阵论的 Perron-Frobenius（佩龙-弗罗贝尼乌斯）定理，有下面的结论.

定理 5.1　正互反矩阵 **A**，存在正实数的模最大的特征根，这个特征根是单根，其余的特征根的模均小于它，并且这个最大特征根对应着正的特征向量.

定理 5.2　n 阶正互反矩阵 $\boldsymbol{A}=(a_{ij})_{n\times m}$ 是一致阵当且仅当 $\lambda_{\max}=n$.

这样，根据定理 5.2，就可以检验判断矩阵是否具有一致性. 若判断矩阵不具有一致性，则 $\lambda_{\max}\neq n$，并且这时的特征向量 **w** 不能真实地反映 $\{y_1,y_2,\cdots,y_n\}$ 在目标 Z 中的所占的比重. 衡量不一致程度的数量指标称为一致性指标，Saaty 将它定义为

$$\mathrm{CI}=\frac{\lambda_{\max}-n}{n-1} \tag{5.36}$$

由于 $\sum_{i=1}^{n}\lambda_i=n$，实际上 CI 相当于 $n-1$ 个特征根 $\lambda_2,\lambda_3,\cdots,\lambda_n$（最大特征根 $\lambda_{\max}$ 除外）的平均值. 当然，对于一致性正互反矩阵来说，一致性指标 CI 等于 0.

显然，仅依靠 CI 值来作为判断矩阵 **A** 是否具有满意一致性的标准是不够的，因为人们对客观事物认识的复杂性和多样性，以及可能产生的片面性，跟问题的因素多少、规模大小有关，即随着 n 值（1～9）的增大，误差相应也会增大，为此，Saaty 又提出了平均随机一致性指标 RI.

平均随机一致性指标 RI 是这样得到的：对于固定的 n，随机构造正互反矩阵 **A′**，其中，a'_{ij} 是从 $1,2,\cdots,9,1/2,1/3,\cdots,1/9$ 中随机抽取的，这样的 **A′** 是最不一致的，取充分大的子样（500 个样本）得到 **A′** 的最大特征根的平均值 $\lambda'_{\max}$，定义

$$\mathrm{RI}=\frac{\lambda'_{\max}-n}{n-1} \tag{5.37}$$

对于 1～9 阶的判断矩阵，Saaty 给出 RI 值如表 5.3 所示.

表 5.3　平均随机一致性指标 RI

n	1	2	3	4	5	6	7	8	9
RI	0	0	0.58	0.90	1.12	1.24	1.32	1.41	1.45

令 CR = CI/RI，其中，CR 为一致性比率. 若 CR＜0.1，则认为判断矩阵具有满意的一致性；否则，就需要调整判断矩阵，使之具有满意的一致性.

5.5.4　层次分析法的计算

层次分析法计算的根本问题是如何计算判断矩阵的最大特征根及其对应的特征向量，下面给出精确计算和近似计算两种方法.

1. 幂法

由于正矩阵 **A** 具有单一的模最大的正特征根 $\lambda_{\max}$，可以方便地用幂法来计算，下面的定理为应用幂法奠定了基础.

定理 5.3　设 **A**＞**0**，$\boldsymbol{x}\in\mathbf{R}^n$，则

$$\lim_{k\to\infty}\frac{A^k x}{x^{\mathrm{T}}A^k x}=Cv_1 \tag{5.38}$$

其中：v_1 为 A 的最大特征根对应的特征向量. 特别地，若取 $x=e=(1,1,\cdots,1)^{\mathrm{T}}$ ，则

$$\lim_{k\to\infty}\frac{A^k e}{e^{\mathrm{T}}A^k e}=w \tag{5.39}$$

就是 A 的属于最大特征根的归一化的特征向量.

综上所述，用幂法求正矩阵 A 的最大特征根及其对应的特征向量的步骤如下.

（1）任取初始正向量 $x^{(0)}=(x_1^{(0)},x_2^{(0)},\cdots,x_n^{(0)})^{\mathrm{T}}$ ，$k=0$，计算

$$m_0=\|x^{(0)}\|_\infty=\max_i\{x_i^{(0)}\},\qquad y^{(0)}=\frac{1}{m_0}x^{(0)}$$

（2）迭代计算.

$$x^{(k+1)}=Ay^{(k)},\quad m_{k+1}=\|x^{(k+1)}\|_\infty,\quad y^{(k+1)}=\frac{x^{(k+1)}}{m_{k+1}}$$

（3）若 $|m_{k+1}-m_k|<\varepsilon$ ，则转（4）；否则，令 $k=k+1$ ，转（2）.

（4）将 $y^{(k+1)}$ 归一化，即

$$w=\frac{y^{(k+1)}}{\sum_{i=1}^{n}y_i^{(k+1)}},\qquad \lambda_{\max}=m_{k+1}$$

这时的 $\lambda_{\max}$ 和 w 就是所要求的最大特征根和权向量.

2. 近似算法

1）方根法

应用于小型计算机计算判断矩阵最大特征根及其对应的特征向量，计算步骤如下.

（1）计算判断矩阵每一行元素的乘积.

$$m_i=\prod_{j=1}^{n}a_{ij}\quad (i=1,2,\cdots,n)$$

（2）计算 m_i 的 n 次方根.

$$\overline{w}_i=\sqrt[n]{m_i}$$

（3）对向量 $w=(\overline{w}_1,\overline{w}_2,\cdots,\overline{w}_n)^{\mathrm{T}}$ 归一化，即

$$w_i=\frac{\overline{w}_i}{\sum_{j=1}^{n}\overline{w}_j}$$

则 $w=(w_1,w_2,\cdots,w_n)^{\mathrm{T}}$ 为所求的特征向量.

（4）计算判断矩阵的最大特征根.

$$\lambda_{\max}=\sum_{i=1}^{n}\frac{(Aw)_i}{nw_i}$$

其中：$(Aw)_i$ 表示向量 Aw 的第 i 个元素. 例如，由 $A=\begin{pmatrix}1 & 1/5 & 1/3\\ 5 & 1 & 3\\ 3 & 1/3 & 1\end{pmatrix}$，得

$$M=\begin{pmatrix}1\times1/5\times1/3\\5\times1\times3\\3\times1/3\times1\end{pmatrix},\quad \overline{w}=\begin{pmatrix}0.405\\2.466\\1\end{pmatrix},\quad w=\begin{pmatrix}0.105\\0.637\\0.258\end{pmatrix}$$

$$\lambda_{\max}=\sum_{i=1}^{3}\frac{(Aw)_i}{nw_i}=\frac{0.318}{3\times0.105}+\frac{1.936}{3\times0.637}+\frac{0.785}{3\times0.258}=3.037$$

2）和积法

和积法的计算步骤如下.

（1）将判断矩阵第一列归一化.

$$\overline{a}_{ij}=\frac{a_{ij}}{\sum_{k=1}^{n}a_{kj}}\quad (i=1,2,\cdots,n;j=1,2,\cdots,n)$$

（2）归一化后的矩阵按行相加.

$$\overline{w}_i=\sum_{j=1}^{n}\overline{a}_{ij}\quad (i=1,2,\cdots,n)$$

（3）对向量 $w=(\overline{w}_1,\overline{w}_2,\cdots,\overline{w}_n)^{\mathrm{T}}$ 归一化，即

$$w_i=\frac{\overline{w}_i}{\sum_{j=1}^{n}\overline{w}_j}$$

则 $w=(w_1,w_2,\cdots,w_n)^{\mathrm{T}}$ 为所求的特征向量.

（4）计算判断矩阵的最大特征根.

$$\lambda_{\max}=\sum_{i=1}^{n}\frac{(Aw)_i}{nw_i}$$

其中：$(Aw)_i$ 为向量 Aw 的第 i 个元素. 仍以前述矩阵为例，由

$$A=\begin{pmatrix}1&1/5&1/3\\5&1&3\\3&1/3&1\end{pmatrix}$$

得

$$\overline{A}=\begin{pmatrix}0.111&0.131&0.077\\0.556&0.652&0.692\\0.333&0.217&0.231\end{pmatrix},\quad \overline{w}=\begin{pmatrix}0.317\\1.9\\0.781\end{pmatrix},\quad w=\begin{pmatrix}0.106\\0.634\\0.761\end{pmatrix},\quad \lambda_{\max}=3.036$$

5.5.5 层次分析法的基本步骤

（1）分析系统中各因素之间的关系，建立系统的递阶层次结构.

（2）构造两两成对比较的判断矩阵，判断矩阵元素的值反映了人们对因素关于目标的相对重要性的认识，在相邻的两个层次中，高层次为目标，低层次为因素.

（3）层次单排序及其一致性检验. 若 $Aw=\lambda_{\max}w$，将 w 归一化，即为诸因素对于目标的相对重要性的排序数值，计算出 CI 值. 若 CR＜0.1，则认为层次单排序的结果有满意的一致性；否则需要调整判断矩阵的元素取值.

（4）层次总排序. 计算同一层次所有因素对于最高层（总目标）相对重要性的排序权值，

称为层次总排序，这一过程是最高层次到最低层次逐层进行的. 若上一层次 A 包含 m 个因素 $A_1,A_2,\cdots,A_m$，其层次总排序的权值分别为 $a_1,a_2,\cdots,a_m$；下一层次 B 包含 n 个因素 $B_1,B_2,\cdots,B_n$，它们对于因素 A_j 的层次单排序的权值分别为 $b_{1j},b_{2j},\cdots,b_{nj}$（当 B_k 与 A_j 无联系时，$b_{kj}=0$），此时 B 层次总排序的权值由表 5.4 给出.

表 5.4　层次总排序的权值

层次 A	A_1　A_2　$\cdots$　A_m	B 层次总排序数值
层次 B	a_1　a_2　$\cdots$　a_m	
B_1	b_{11}　b_{12}　$\cdots$　b_{1m}	$\sum_{j=1}^{m} a_j b_{1j}$
B_2	b_{21}　b_{22}　$\cdots$　b_{2m}	$\sum_{j=1}^{m} a_j b_{2j}$
$\vdots$	$\vdots$　$\vdots$　$\vdots$	$\vdots$
B_n	b_{n1}　b_{n2}　$\cdots$　b_{nm}	$\sum_{j=1}^{m} a_j b_{nj}$

这一过程是从高层到低层逐层进行的. 若 B 层次某些因素对于 A_j 单排序的一致性指标为 CI_j，相应地，平均随机一致性指标为 RI_j，则 B 层次总排序一致性比率为

$$\mathrm{CR}=\frac{\sum_{j=1}^{m} a_j \mathrm{CI}_j}{\sum_{j=1}^{m} a_j \mathrm{RI}_j} \tag{5.40}$$

类似地，若 CR＜0.1，则认为层次总排序结果具有满意的一致性；否则就需要重新调整判断矩阵的元素取值.

5.5.6　应用举例

某工厂有一笔企业利润留成，要由厂领导和职代会决定如何利用. 可供选择的方案有发奖金、扩建福利设施、引用新设备，为进一步促进企业发展，如何合理使用这笔利润？

首先，对于这个问题采用层次分析法进行分析，所有措施都是为了更好地调动职工生产积极性、提高企业技术水平和改善职工生活，当然最终目的是促进企业的发展. 因此，建立的递阶层次结构如图 5.4 所示.

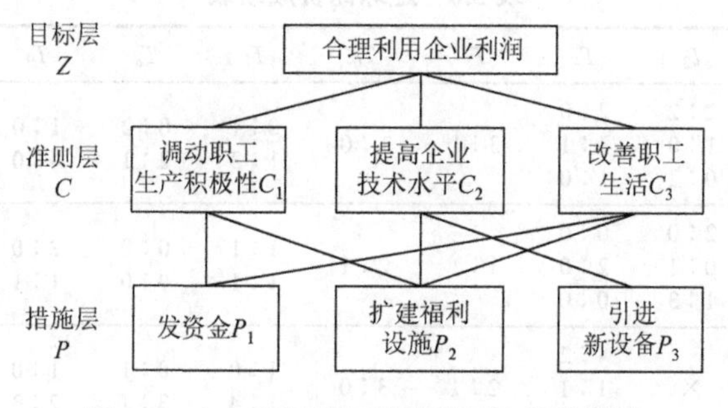

图 5.4　企业利润使用的递阶层次结构模型

其次，构造判断矩阵，并求最大特征根、特征向量、一致性指标、随机一致性比率.

判断矩阵 Z-C

Z	C_1	C_2	C_3	W
C_1	1	1/5	1/3	0.105
C_2	5	1	3	0.637
C_3	3	1/3	1	0.258

$\lambda_{\max}=3.308$，$\mathrm{CI}=0.019$，$\mathrm{CR}=0.033$

判断矩阵 C_1-P

C_1	P_1	P_2	W
P_1	1	3	0.75
P_2	1/3	1	0.25

$\lambda_{\max}=2$，$\mathrm{CI}=0$

判断矩阵 C_2-P

C_2	P_2	P_3	W
P_2	1	1/5	0.167
P_3	5	1	0.863

$\lambda_{\max}=2$，$\mathrm{CI}=0$

判断矩阵 C_3-P

C_3	P_1	P_2	W
P_1	1	2	0.667
P_2	1/2	1	0.333

$\lambda_{\max}=2$，$\mathrm{CI}=0$

各方案对总目标的层次总排序如表 5.5 所示.

表 5.5 各方案对总目标的层次总排序

项目	C_1	C_2	C_3	层次 P 的总排序
	0.105	0.637	0.258	
P_1	0.750	0	0.667	0.251
P_2	0.250	0.167	0.333	0.218
P_3	0	0.833	0	0.531

最后，对总排序进行一致性检验.

$$\mathrm{CI}=0.105\times0+0.637\times0+0.258\times0=0$$

从而，三种方案的相对优先排序为 $P_3>P_1>P_2$，利润分配为：引进新设备占 53.1%，发奖金占 25.1%，用于改善福利占 21.8%.

5.6 足球比赛的排名问题

表 5.6 给出了我国 12 支足球队在 1988～1989 年全国足球甲级联赛中的成绩，要求设计一个依据这些成绩排出诸队名次的算法，并给出用该算法排名的结果.

表 5.6 足球比赛成绩表

类别	T_1	T_2	T_3	T_4	T_5	T_6	T_7	T_8	T_9	T_{10}	T_{11}	T_{12}
T_1	×	0:1 1:0 0:0	2:2 1:0 0:2	2:0 3:1 1:0	3:1	1:0	0:1 1:3	0:2 2:1	1:0 4:0	1:1 1:1	×	×
T_2		×	2:0 0:1 1:3	0:0 2:0 0:0	1:1	2:1	1:1 1:1	0:0 0:0	2:0 1:1	0:2 0:0	×	×
T_3			×	4:2 1:1 0:0	2:1	3:0	1:0 1:4	0:1 3:1	1:0 2:3	0:1 2:0	×	×

续表

类别	T_1	T_2	T_3	T_4	T_5	T_6	T_7	T_8	T_9	T_{10}	T_{11}	T_{12}
T_4				×	2∶3	0∶1	0∶5 2∶3	2∶1 1∶3	0∶1 0∶0	1∶1 1∶1	×	×
T_5					×	0∶1	×	×	×	×	1∶0 1∶2	0∶0 1∶1
T_6						×	×	×	×	×	×	×
T_7							×	1∶0 2∶0 0∶0	2∶1 3∶0 1∶0	3∶1 3∶0 2∶2	3∶1	2∶0
T_8								×	0∶1 1∶2 2∶0	1∶1 1∶0 0∶1	3∶1	0∶0
T_9									×	3∶0 1∶0 0∶0	1∶0	1∶0
T_{10}										×	1∶0	2∶0
T_{11}											×	1∶1 1∶2 1∶1
T_{12}												×

利用层次分析法来进行分析，在此，考虑球队的积分因素 E_1 和技术因素 E_2. 在积分因素 E_1 方面，主要考虑球队的比赛场数 k、胜率 η；在技术因素 E_2 方面，主要考虑球队的净胜球数 c、总进球数 v 等因素，建立一个递阶层次结构模型，如图 5.5 所示.

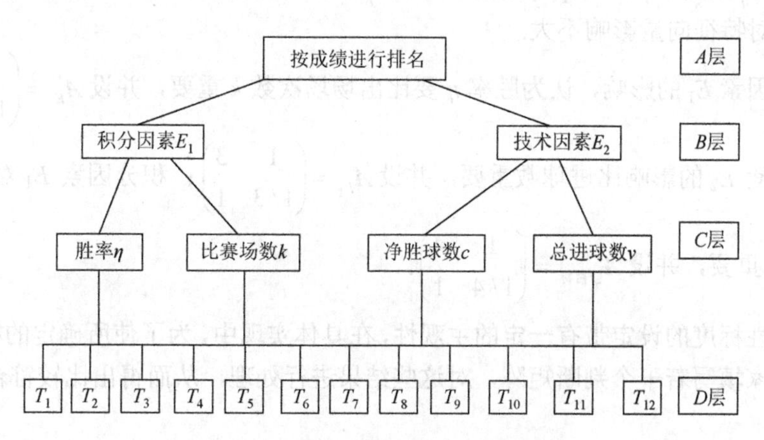

图 5.5　球队排名的递阶层次结构模型

5.6.1　递阶层次结构

计算各队相对于 4 个准则因素的权重.

T_i 队的进球数：$v_i = \sum_{j=1}^{k_i} y_{ij}\ (i=1,2,\cdots,12)$；

T_i 队的失球数：$z_i = \sum_{j=1}^{k_i} z_{ij}\ (i=1,2,\cdots,12)$；

T_i队净胜球数：$c_i = v_i - z_i$.

其中：k_i为T_i队的比赛场数；y_{ij}为T_i队在第j场中的进球数：z_{ij}为T_i队在第j场中的失球数.

引入"胜率"指标，胜率就是获胜的总场数占其参赛总场数的百分率.

设获胜总场数

$$B_i = \sum_{j=1}^{k_i} b_{ij} \quad (i = 1, 2, \cdots, 12)$$

$$b_{ij} = \begin{cases} 1, & T_i\text{队在第}j\text{场比赛中获胜} \\ 0.5, & T_i\text{队在第}j\text{场比赛中踢平} \\ 0, & T_i\text{队在第}j\text{场比赛中失败} \end{cases}$$

由此可得，T_i的胜率$\eta_i = \dfrac{B_i}{k_i} \times 100\% \ (i = 1, 2, \cdots, 12)$.

5.6.2 构造两两比较判断矩阵

在本题设定层次中，D层元素对C层各准则构成的判断矩阵分别为

$$\boldsymbol{A}_\eta = (a_{ij})_{n\times n}, a_{ij} = \eta_i / \eta_j, \qquad \boldsymbol{A}_k = (b_{ij})_{n\times n}, b_{ij} = k_i / k_j$$

$$\boldsymbol{A}_c = (c_{ij})_{n\times n}, c_{ij} = \exp c_i / \exp c_j, \quad \boldsymbol{A}_v = (v_{ij})_{n\times n}, v_{ij} = v_i / v_j$$

其中：$n = 12$.

对于$\boldsymbol{A}_c$中c_{ij}采用$\exp c_i / \exp c_j$是由于c_i或c_j中有可能出现负值，经此式变换，使之成为正数，这样处理对特征向量影响不大.

对于积分因素E_1的影响，认为胜率η要比出场场次数k重要，并设$\boldsymbol{A}_{E_1} = \begin{pmatrix} 1 & 4 \\ 1/4 & 1 \end{pmatrix}$；净胜球数对技术因素$E_2$的影响比进球数重要，并设$\boldsymbol{A}_{E_2} = \begin{pmatrix} 1 & 3 \\ 1/3 & 1 \end{pmatrix}$；积分因素$E_1$对总排名的影响比技术因素$E_2$重要，并设$\boldsymbol{A}_{\text{总目标}} = \begin{pmatrix} 1 & 4 \\ 1/4 & 1 \end{pmatrix}$.

以上重要性标度的设定带有一定的主观性，在具体实现中，为了使所确定的权重比较可靠，可以找若干专家填写若干个判断矩阵，对这些结果进行处理，从而得出比较符合客观的矩阵.

5.6.3 元素相对权的计算

1. 权重计算方法的选择

在给定准则下，计算权重的方法有多种，在此采用特征根的方法，即解判断矩阵$\boldsymbol{A}$的特征根和特征向量的问题：

$$\boldsymbol{A}\boldsymbol{w} = \lambda_{\max} \boldsymbol{w}$$

其中：$\lambda_{\max}$为$\boldsymbol{A}$的最大特征根，所得的$\boldsymbol{w}$经归一化处理后可作为权重向量.

在计算最大特征根$\lambda_{\max}$时可采用幂法.

2. 判断矩阵一致性检验

一致性指标$\mathrm{CI}=\dfrac{\lambda_{\max}-n}{n-1}$（$n$ 为矩阵阶数）. 当 CI 值越趋近 0，其矩阵一致性也就越好，在本题中A_η、A_k、A_r、A_n计算出来的$\lambda_{\max}$均为 12，即它们的 CI = 0，判断矩阵具有完全一致性. 另外，A_{E_1}、A_{E_2}、A_{E_z}和$A_{总目标}$的 n 值均为 2，在 AHP 理论中，不需对$n=1$和$n=2$的判断矩阵进行一致性检验，各层次的完全一致性使层次总排序也具有完全一致性. 这说明本模型对实际情况估计具有较为满意的可靠程度.

5.6.4 对所有球队进行排序

经过自上而下合成权重，得出最后一层对总目标的排序向量，即$T_1,T_2,\cdots,T_{12}$的排名向量为（0.112，0.093，0.110，0.044，0.065，0.061，0.151，0.084，0.086，0.087，0.043，0.069）最终各队名次为（以名次先后列出队号）

$$T_7，T_1，T_3，T_2，T_{10}，T_9，T_8，T_{12}，T_5，T_6，T_4，T_{11}$$

习 题 5

5.1 城市人居环境不仅包括城市居民居住生活的实体环境，还包括居民所从事的经济、社会、文化、政治等活动的环境. 试根据当代城市发展的实际情况，从居住条件、经济条件、生态环境和公共基础设施四个方面入手，建立城市人居环境综合评价的指标体系，并通过查阅相关文献，收集相关数据，对我国主要大中城市的人居环境状况进行综合评价.

5.2 为了实现全面建成小康社会的战略目标，努力建设一个“办事高效、运转协调、行为规范”的政府管理体系，政府绩效评估已成为现代公共管理理论研究的前沿课题. 试根据我国国情，从国民经济、人民生活、公共事业、生态环境、社会和谐、政府成本、政府内部管理流程、政府学习与发展，以及群众满意度等方面建立地方政府绩效综合评估的指标体系，并运用适当评估模型对地方政府绩效进行综合评估，结合评估结论给出提升地方政府管理绩效，推进政府管理创新的意见建议.

5.3 假定你想购买一台电冰箱，并假设影响你决策的因素有制冷性能、耗电量大小、容量、品牌的信誉（是否名牌产品）、维修的方便程度，以及外表是否美观. 经走访若干家大商场，你只对其中的 A、B、C、D 四种冰箱有兴趣，试建立分析决策的层次结构模型.

5.4 用层次分析法解决一两个实际问题.

（1）学校评选优秀学生或优秀班级，试给出若干准则，构造递阶层次结构模型，可分为相对评价和绝对评价两种情况讨论.

（2）你的家乡准备集资兴办一座小型饲养场，问是养猪，还是养鸡、养鸭、养兔……

（3）How to make your own decision about some factors such as its function and price while perchasing a PC.

（4）Set up a bierarchy structure model for college graduates’occupation choices.

本章常用词汇中英文对照

综合评价	integrated evaluation	标准化	standardization
指标体系	index system	规范化	normalization
定量指标	quantitative index	权重	weight
定性指标	qualitative index	熵值法	entropy value method

德尔菲法　Delphi method

线性加权和法　linear weight method

离差　dispersion

模糊综合评价方法　fuzzy comprehensive evaluation

因素集　factor set

评语集　comment set

灰色关联分析　grey correlation analysis

分辨系数　distinguishing coefficient

层次分析法　analytic hierarchy process

排序　sequencing

层次结构　hierarchy structure

特征向量　characteristic vector

特征值　characteristic value

一致性指标　consistency indicators

平均随机一致性指标　average random consistency index

第6章 优化模型

最优化问题是人们在工程技术、科学研究、经济管理等诸多领域中经常遇到的问题. 例如：结构设计要在满足强度要求等条件下使所用材料的总质量最小；资源分配要使各用户利用有限资源产生的总效益最大；安排运输方案要在满足物资需求及装载条件下使运输总费用最低；编制生产计划要按照产品工艺流程及顾客需求，尽量降低人力、设备、原材料等成本使总利润最高. 随着科学技术尤其是计算机技术的不断发展，以及数学理论与方法向各学科和各应用领域更广泛、更深入地渗透，在21世纪信息时代，最优化理论和技术在社会的诸多方面起着越来越重要的作用.

➢ 6.1 线性规划模型

线性规划最早由苏联学者 Kantorovich（康托罗维奇）于 1939 年提出，但他的工作当时并未为人所熟知. 直到 1947 年，美国学者 Danzig（丹齐克）提出求解线性规划最有效的算法——单纯形法后，才引起数学家、经济学家、计算机工作者的重视，并迅速发展成为一门完整的学科而得到广泛的应用. 利用线性规划建立数学模型也是中国大学生数学建模竞赛中最常用的方法之一.

6.1.1 问题的提出

有 7 种规格的包装箱要装到两辆铁路平板车上去. 包装箱的宽和高是一样的，但厚度 t 和质量 w 是不同的. 表 6.1 给出了每种包装箱的厚度、质量、数量. 每辆平板车有 10.2 m 长的地方来装包装箱（像面包片那样），载重为 40 t，由于当地货运的限制，对 C_5、C_6、C_7 类包装箱的总数有一个特别的限制：这类箱子所占的空间（厚度）不能超过 302.7 cm. 请给出最好的装运方式.

表 6.1 各类包装箱数据

项目	包装箱						
	C_1	C_2	C_3	C_4	C_5	C_6	C_7
t/cm	48.7	52.0	61.3	72.0	48.7	52.0	64.0
w/kg	2 000	3 000	1 000	500	4 000	2 000	1 000
件数	8	7	9	6	6	4	8

这是美国大学生数学建模竞赛 1988 年 B 题（MCM—88B）. 题中所有包装箱共重 89 t，而两辆平板车只能载重共 80 t，因此不可能全装下. 究竟在两辆车上各装哪些种类箱子各多少才合适，必须有评价的标准，这标准就是遵守题中说明的质量、厚度、件数等方面的约束条件，尽可能地多装. 而尽可能多装有两种理解：一是尽可能在体积上多装，因为规定是按面包片重叠那样的装法，所以等价于使两辆车上的装箱总厚度尽可能大；二是尽可能在质量上多装，即使得两辆车上的装箱总质量尽可能大.

下面先就第一种理解，建立数学模型.

设 x_{ij} 为第 i 辆平板车上装 C_j 类箱的箱数（$i=1,2$；$j=1,2,\cdots,7$），则目标为使两辆平板车的装箱总厚度之和尽可能地大，即

$$\max T=\sum_{i=1}^{2}(0.487x_{i1}+0.52x_{i2}+0.613x_{i3}+0.72x_{i4}+0.487x_{i5}+0.52x_{i6}+0.64x_{i7})$$

其中：T 为目标函数. 装箱过程中必须遵循的各约束如下.

质量约束：$2x_{i1}+3x_{i2}+x_{i3}+0.5x_{i4}+4x_{i5}+2x_{i6}+x_{i7}\leqslant 40\ (i=1,2)$；

厚度约束：$0.487x_{i1}+0.52x_{i2}+0.613x_{i3}+0.72x_{i4}+0.487x_{i5}+0.52x_{i6}+0.64x_{i7}\leqslant 10.2\ (i=1,2)$；

特殊约束：$0.487x_{i5}+0.52x_{i6}+0.64x_{i7}\leqslant 3.027\ (i=1,2)$；

箱数约束：$\begin{cases}x_{11}+x_{21}\leqslant 8\\x_{12}+x_{22}\leqslant 7\\x_{13}+x_{23}\leqslant 9\\x_{14}+x_{24}\leqslant 6\\x_{15}+x_{25}\leqslant 6\\x_{16}+x_{26}\leqslant 4\\x_{17}+x_{27}\leqslant 8\end{cases}$

自然约束：$x_{ij}\geqslant 0$（x_{ij} 取整数）.

以上 5 类约束统称为本模型的约束条件，将约束条件、目标函数、优化目标（max 或 min）合在一起就得到问题的一个数学模型：

$$\max T=\sum_{i=1}^{2}(0.487x_{i1}+0.52x_{i2}+0.613x_{i3}+0.72x_{i4}+0.487x_{i5}+0.52x_{i6}+0.64x_{i7})$$

$$\text{s.t.}\begin{cases}2x_{i1}+3x_{i2}+x_{i3}+0.5x_{i4}+4x_{i5}+2x_{i6}+x_{i7}\leqslant 40\ (i=1,2)\\0.487x_{i1}+0.52x_{i2}+0.613x_{i3}+0.72x_{i4}+0.487x_{i5}+0.52x_{i6}+0.64x_{i7}\leqslant 10.2\ (i=1,2)\\0.487x_{i5}+0.52x_{i6}+0.64x_{i7}\leqslant 3.027\ (i=1,2)\\x_{11}+x_{21}\leqslant 8\\x_{12}+x_{22}\leqslant 7\\x_{13}+x_{23}\leqslant 9\\x_{14}+x_{24}\leqslant 6\\x_{15}+x_{25}\leqslant 6\\x_{16}+x_{26}\leqslant 4\\x_{17}+x_{27}\leqslant 8\\x_{ij}\geqslant 0, x_{ij}\text{取整数}\ (i=1,2;\ j=1,2,\cdots,7)\end{cases}$$

至于第二种理解，要使两辆平板车的装箱总质量之和最大，则目标函数为

$$W=\sum_{i=1}^{2}(2x_{i1}+3x_{i2}+x_{i3}+0.5x_{i4}+4x_{i5}+2x_{i6}+x_{i7})$$

优化目标仍然是寻求目标函数达到最大. 于是其数学模型是将目标函数改为

$$\max W=\sum_{i=1}^{2}(2x_{i1}+3x_{i2}+x_{i3}+0.5x_{i4}+4x_{i5}+2x_{i6}+x_{i7})$$

约束条件与前述模型相同.

这两个模型就是（整数）线性规划模型.

线性规划所要解决的问题具有以下的特征.

（1）每个问题都有一组变量$(x_1,x_2,\cdots,x_n)$表示某一方案，这组未知数的一组定值就代表一个具体方案，由于实际问题的要求，通常决策变量取值是非负的.

（2）存在一定的约束条件，而这些约束条件可以由决策变量的线性等式或线性不等式表示.

（3）有一个目标（称为目标函数）可以由决策变量的一个线性函数表示，根据问题的需要，要求目标函数实现最大化或最小化.

一般线性规划问题的数学模型为

$$\max(\min)\ Z = c_1x_1 + c_2x_2 + \cdots + c_nx_n$$

$$\text{s.t.}\begin{cases} a_{11}x_1 + a_{12}x_2 + \cdots + a_{1n}x_n * b_1 \\ a_{21}x_1 + a_{22}x_2 + \cdots + a_{2n}x_n * b_2 \\ \qquad\cdots\cdots \\ a_{m1}x_1 + a_{m2}x_2 + \cdots + a_{mn}x_n * b_m \\ x_1,x_2,\cdots,x_n \geqslant 0 \end{cases}$$

其中："*"表示"＝""≥""≤"中的一种，利用求和记号"$\sum$"，也可把模型记为

$$\max(\min)Z = \sum_{j=1}^{n} c_jx_j$$

$$\text{s.t.}\begin{cases} \sum_{j=1}^{n} a_{ij}x_j * b_j & (i=1,2,\cdots,m) \\ x_j \geqslant 0 & (j=1,2,\cdots,n) \end{cases}$$

满足全部约束条件的一组决策变量$x_1,x_2,\cdots,x_n$，称为此线性规划问题的可行解，而使目标函数达到问题要求的最优值（max 或 min）的可行解称为线性规划问题的最优解.

若线性规划问题中，决策变量部分或全部只能取整数，即模型中有决策变量的整数约束，则也将该问题称为整数线性规划问题，相应的模型称为整数线性规划模型. 例如，两辆铁路平板车的装货问题就是一个整数线性规划问题. 虽然整数线性规划模型只是多了一个整数约束，但在求解上与普通线性规划模型有很大不同.

6.1.2 线性规划模型的求解

线性规划问题可用图解法、单纯形法、对偶单纯形法等多种方法求解，这里仅介绍图解法.

1. 图解法

图解法主要针对两个变量的线性规划问题，用图解法求解两个变量的线性规划问题可按以下步骤进行.

（1）在平面直角坐标系中，求出可行解区域，即各约束条件所表示的半平面的公共部分.

（2）求最优解. 将目标函数中的 Z 看成参数，作出等值线. 选取一条等值线，使其与可行解区域有公共点，并使 Z 取得模型要求的最大值或最小值.

例 6.1 用图解法求解线性规划模型

$$\max Z = 3x_1 + 4x_2$$

$$\text{s.t.}\begin{cases}x_1+2x_2\leqslant 6\\3x_1+2x_2\leqslant 12\\x_2\leqslant 2\\x_1,x_2\geqslant 0\end{cases}$$

解 （1）求可行解区域.

将 x_1,x_2 看成平面直角坐标系中某个点的坐标，则满足一个约束不等式的所有点(x_1,x_2)就形成了一个半平面. 在坐标系中画出五个约束确定的五个半平面，就可以得到其公共部分 *OABCD*（图 6.1 中阴影部分），这就是本模型的可行解区域.

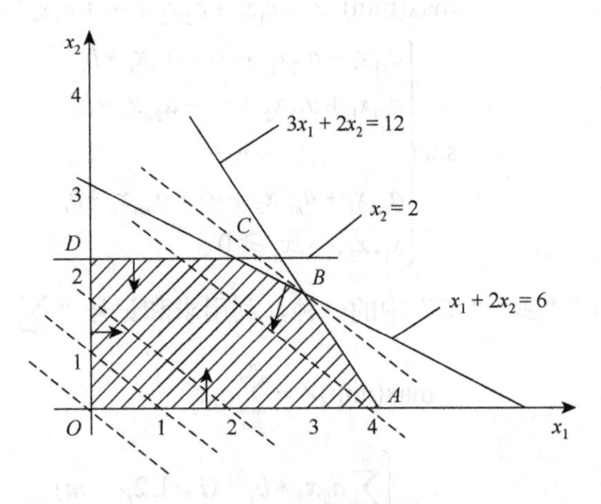

图 6.1 例 6.1 图解法示意图

（2）求最优解.

为求最优解，将 Z 看成参数，则 $Z=3x_1+4x_2$ 表示一族平行直线，称为等值线. 每一条等值线上的任一点(x_1,x_2)的目标函数等于一个定值 Z. 令 $Z=0, 3, 12$ 等，可作出一组等值线，从图 6.1 可以看出，Z 取值越大，对应的等值线离原点越远. 因此，要求最优解只要在等值线中找到既与可行解区域有公共点，又尽可能离原点远的那一条就行了. 显然，过点 B 的等值线即为所求. 为求点 B，只需解方程组

$$\begin{cases}x_1+2x_2=6\\3x_1+2x_2=12\end{cases}$$

可得最优解 $x_1=3$，$x_2=3/2$，对应的目标函数最大值为 $Z=3\times3+4\times3/2=15$. 由图 6.1 还可知，本模型的最优解是唯一的.

例 6.2 用图解法求解线性规划模型

$$\max Z=x_1+2x_2$$

$$\text{s.t.}\begin{cases}x_1+2x_2\leqslant 6\\3x_1+2x_2\leqslant 12\\x_2\leqslant 2\\x_1,x_2\geqslant 0\end{cases}$$

解 （1）求可行解区域. 因约束条件与例 6.1 完全相同，故可行解区域与例 6.1 完全相同.

（2）求最优解. 将目标函数 $Z=x_1+2x_2$ 中的 Z 看成参数，可得一族等值线，从图 6.2 可以看出，线段 BC 所对应的点(x_1,x_2)均为本模型的最优解. 点 B 坐标为 $x_1=3$，$x_2=3/2$，点 C 坐标为$x_1=2$，$x_2=2$. 全体最优解可以表示为$x_1=3\lambda+2(1-\lambda)$，$x_2=3\lambda/2+2(1-\lambda)$ $(0\leqslant\lambda\leqslant1)$，所对应的目标函数最优值为$Z=3+2\times3/2=6$. 在这个模型中最优解有无穷多个.

例 6.3 用图解法求解线性规划模型

$$\min f=x_1+x_2$$
$$\text{s.t.}\begin{cases}x_1+2x_2\geqslant2\\x_1-x_2\geqslant-1\\x_1,x_2\geqslant0\end{cases}$$

解 （1）求可行解区域. 图 6.3 中阴影部分 $ABCD$ 即为本模型的可行解区域.

（2）求最优解. 过点 B 的等值线即为所求. 点 B 坐标为（0, 1），故最优解为$x_1=0$，$x_2=1$，最优值为$f=0+1=1$.

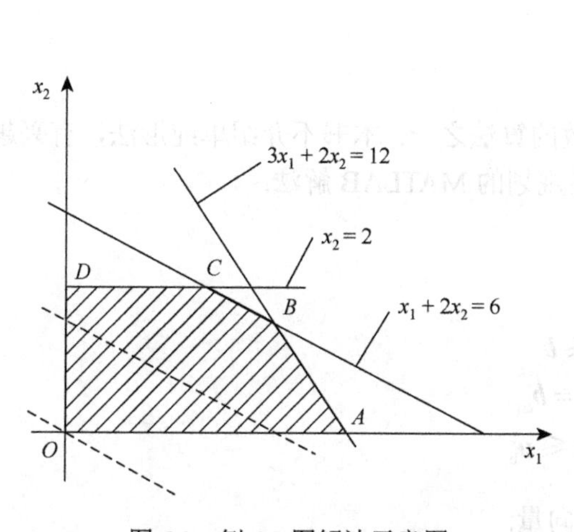

图 6.2 例 6.2 图解法示意图

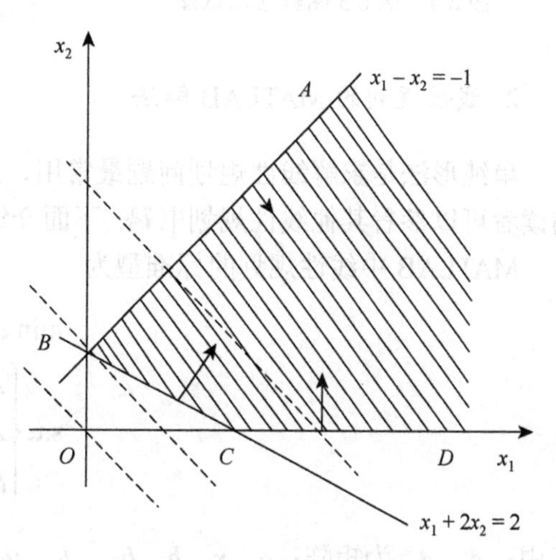

图 6.3 例 6.3 图解法示意图

例 6.4 用图解法求解线性规划模型

$$\min f=x_1+x_2$$
$$\text{s.t.}\begin{cases}x_1+2x_2\geqslant2\\x_1-x_2\geqslant-1\\x_1,x_2\geqslant0\end{cases}$$

解 本题与例 6.3 有相同的可行解区域及目标函数等值线，但要求的最优值是最大值. 从图 6.3 可以看出，本题有可行解但无最优解.

例 6.5 用图解法求解线性规划模型

$$\min f=3x_1-2x_2$$
$$\text{s.t.}\begin{cases}x_1+x_2\leqslant3\\2x_1+3x_2\geqslant12\\x_1,x_2\geqslant0\end{cases}$$

解 求可行解区域. 从图 6.4 中可以看出，四个约束不等式表示的半平面没有公共部分，因此，此题没有可行解.

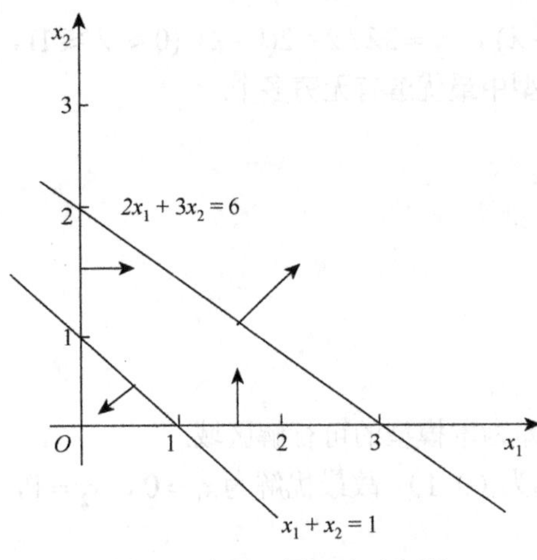

图 6.4　例 6.5 图解法示意图

从以上 5 个例题中，可以得到以下几个重要的一般性结论.

（1）线性规划问题可能没有可行解. 当有可行解时，也有可能无最优解（最优值无界）；当有最优解时，最优解可能是唯一的，也可能有无穷多个.

（2）线性规划问题的可行解区域都是“凸”区域，即区域中任意两点的连线全属于该区域.

（3）线性规划问题若有最优解，则一定在可行解区域的顶点（不能表示为区域中任意两点的中点的点）上达到.

需要指出的是，上述结论对于含有 n 个决策变量的线性规划问题同样是正确的.

2. 线性规划的 MATLAB 解法

单纯形法是求解线性规划问题最常用、最有效的算法之一. 本书不介绍单纯形法，有兴趣的读者可以参看其他线性规划书籍. 下面介绍线性规划的 MATLAB 解法.

MATLAB 中线性规划的标准型为

$$\min \boldsymbol{c}^{\mathrm{T}}\boldsymbol{x}$$
$$\text{s.t.}\begin{cases}\boldsymbol{A}\cdot\boldsymbol{x}\leqslant\boldsymbol{b}\\ \boldsymbol{A}_{\mathrm{eq}}\cdot\boldsymbol{x}=\boldsymbol{b}_{\mathrm{eq}}\\ \boldsymbol{l}_{\mathrm{b}}\leqslant\boldsymbol{x}\leqslant\boldsymbol{u}_{\mathrm{b}}\end{cases}$$

其中：$\boldsymbol{A}$、$\boldsymbol{A}_{\mathrm{eq}}$ 为矩阵；$\boldsymbol{c}$、$\boldsymbol{x}$、$\boldsymbol{b}$、$\boldsymbol{b}_{\mathrm{eq}}$、$\boldsymbol{l}_{\mathrm{b}}$、$\boldsymbol{u}_{\mathrm{b}}$ 为列向量.

MATLAB 中求解线性规划的命令格式如下.

```
[x,fval]=linprog(c,A,b)
[x,fval]=linprog(c,A,b,Aeq,beq)
[x,fval]=linprog(c,A,b,Aeq,beq,lb,ub)
[x,fval]=linprog(c,A,b,Aeq,beq,lb,ub,x0,options)
```

其中：x 的返回值是决策变量的取值；fval 返回的是最优值；c 为目标函数向量；A 和 b 对应的是线性不等式约束；Aeq 和 beq 对应的是线性等式约束；lb 和 ub 分别对应决策变量的下界向量和上界向量；x0 是 x 的初始值；options 是控制参数，可以使用默认参数.

对于线性规划形式

$$\max \boldsymbol{c}^{\mathrm{T}}\boldsymbol{x}$$
$$\text{s.t. }\boldsymbol{A}\cdot\boldsymbol{x}\geqslant\boldsymbol{b}$$

要化成 MATLAB 线性规划标准型

$$\max -\boldsymbol{c}^{\mathrm{T}}\boldsymbol{x}$$
$$\text{s.t. }-\boldsymbol{A}\cdot\boldsymbol{x}\leqslant-\boldsymbol{b}$$

例 6.6　求解线性规划问题

$$\min z = 40x_1 + 36x_2$$

$$\text{s.t.}\begin{cases} 5x_1 + 3x_2 \geqslant 60 \\ x_1 \leqslant 9 \\ x_2 \leqslant 15 \\ x_1 \geqslant 0, x_2 \geqslant 0 \end{cases}$$

解 （1）先化成 MATLAB 标准型，即

$$\min z = (40,36)\begin{pmatrix} x_1 \\ x_2 \end{pmatrix}$$

$$\text{s.t.}\begin{cases} (-5,-3)\begin{pmatrix} x_1 \\ x_2 \end{pmatrix} \leqslant -60 \\ \begin{pmatrix} 0 \\ 0 \end{pmatrix} \leqslant \begin{pmatrix} x_1 \\ x_2 \end{pmatrix} \leqslant \begin{pmatrix} 9 \\ 15 \end{pmatrix} \end{cases}$$

（2）求解. 编写 MATLAB 程序如下.

```
c=[40 36];
A=[-5 3];b=[-60];
Aeq=[];beq=[];
lb=zeros(2,1);ub=[9;15];
[x,fval]=linprog(c,A,b,Aeq,beq,lb,ub)
```

运行该程序，求得最优解为 $x_1 = 9$ ， $x_2 = 5$ ，对应的最优值为 $z = 540$.

例 6.7 求解线性规划问题

$$\min z = x_1 - x_2 + x_3$$

$$\text{s.t.}\begin{cases} x_1 + 2x_2 + 3x_3 = 6 \\ 4x_1 + 5x_2 - 6x_3 = 6 \\ x_1 \geqslant 0, x_2 \geqslant 0, x_3 \geqslant 0 \end{cases}$$

解 （1）先化成 MATLAB 标准型，即

$$\min z = (1,-1,1)\begin{pmatrix} x_1 \\ x_2 \\ x_3 \end{pmatrix}$$

$$\text{s.t.}\begin{cases} \begin{pmatrix} 1 & 2 & 3 \\ 4 & 5 & -6 \end{pmatrix}\begin{pmatrix} x_1 \\ x_2 \\ x_3 \end{pmatrix} = \begin{pmatrix} 6 \\ 6 \end{pmatrix} \\ \begin{pmatrix} x_1 \\ x_2 \\ x_3 \end{pmatrix} \geqslant \begin{pmatrix} 0 \\ 0 \\ 0 \end{pmatrix} \end{cases}$$

（2）求解. 编写 MATLAB 程序如下.

```
c=[1 -1 1];
A=[];b=[];
Aeq=[1 2 3;4 5-6];beq=[6;6];
lb=zeros(3,1);ub=[];
[x,fval]=linprog(c,A,b,Aeq,beq,lb,ub)
```

运行该程序，求得最优解为 $x_1=0$，$x_2=2$，$x_3=2/3$，对应的最优值为 $z=-4/3$.

例 6.8 求解线性规划问题

$$\min z=13x_1+9x_2+10x_3+11x_4+12x_5+8x_6$$

$$\text{s.t.}\begin{cases}x_1+x_4=400\\x_2+x_5=600\\x_3+x_6=500\\0.4x_1+1.1x_2+x_3\leqslant 800\\0.5x_4+1.2x_5+1.3x_6\leqslant 900\\x_i\geqslant 0\ (i=1,2,\cdots,6)\end{cases}$$

解 （1）先化成 MATLAB 标准型，即

$$\min z=(13,9,10,11,12,8)\boldsymbol{X}$$

$$\text{s.t.}\begin{cases}\begin{pmatrix}0.4&1.1&1&0&0&0\\0&0&0&0.5&1.2&1.3\end{pmatrix}\boldsymbol{X}\leqslant\begin{pmatrix}800\\900\end{pmatrix}\\\begin{pmatrix}1&0&0&1&0&0\\0&1&0&0&1&0\\0&0&1&0&0&1\end{pmatrix}\boldsymbol{X}=\begin{pmatrix}400\\600\\500\end{pmatrix}\\\boldsymbol{X}=\begin{pmatrix}x_1\\x_2\\x_3\\x_4\\x_5\\x_6\end{pmatrix}\geqslant\begin{pmatrix}0\\0\\0\\0\\0\\0\end{pmatrix}\end{cases}$$

（2）求解. 编写 MATLAB 程序如下.

```
c=[13 9 10 11 12 8];
A=[0.4 1.1 1 0 0 0;0 0 0 0.5 1.2 1.3];b=[800;900];
Aeq=[1 0 0 1 0 0;0 1 0 0 1 0;0 0 1 0 0 1];beq=[400;600;500];
lb=zeros(6,1);ub=[];
[x,fval]=linprog(c,A,b,Aeq,beq,lb,ub)
```

运行该程序，求得最优解为 $x_1=0$，$x_2=600$，$x_3=0$，$x_4=400$，$x_5=0$，$x_6=500$，对应的最优值为 $z=13\,800$.

例 6.9 求解线性规划问题

$$\max z=3x_1+4x_2$$

$$\text{s.t.}\begin{cases}x_1+2x_2\leqslant 6\\3x_1+2x_2\leqslant 12\\x_2\leqslant 2\\x_1,x_2\geqslant 0\end{cases}$$

解 （1）先化成 MATLAB 标准型，即

$$\min w=(-3,-4)\begin{pmatrix}x_1\\x_2\end{pmatrix}$$

$$\text{s.t.}\begin{cases}\begin{pmatrix}1 & 2\\ 3 & 2\\ 0 & 1\end{pmatrix}\begin{pmatrix}x_1\\ x_2\end{pmatrix}\leqslant\begin{pmatrix}6\\ 12\\ 2\end{pmatrix}\\ \begin{pmatrix}x_1\\ x_2\end{pmatrix}\geqslant\begin{pmatrix}0\\ 0\end{pmatrix}\end{cases}$$

（2）求解. 编写 MATLAB 程序如下.

```
c=[-3 -4];
A=[1 2;3 2;0 1];b=[6;12;2];
Aeq=[];beq=[];
lb=zeros(2,1);ub=[];
[x,fval]=linprog(c,A,b,Aeq,beq,lb,ub);
x,fmax=-fval
```

运行该程序，求得最优解为 $x_1=3$，$x_2=3/2$，对应的最优值为 $z=15$.

例 6.10　求解线性规划问题

$$\max z=2x_1+3x_2-5x_3$$

$$\text{s.t.}\begin{cases}x_1+x_2+x_3=7\\ 2x_1-5x_2+x_3\geqslant 10\\ x_1+3x_2+x_3\leqslant 12\\ x_1,x_2,x_3\geqslant 0\end{cases}$$

解　（1）先化成 MATLAB 标准型，即

$$\min w=(-2,-3,5)\begin{pmatrix}x_1\\ x_2\\ x_3\end{pmatrix}$$

$$\text{s.t.}\begin{cases}\begin{pmatrix}-2 & 5 & -1\\ 1 & 3 & 1\end{pmatrix}\begin{pmatrix}x_1\\ x_2\\ x_3\end{pmatrix}=\begin{pmatrix}-10\\ 12\end{pmatrix}\\ (1,1,1)\begin{pmatrix}x_1\\ x_2\\ x_3\end{pmatrix}=7\\ \begin{pmatrix}x_1\\ x_2\\ x_3\end{pmatrix}\geqslant\begin{pmatrix}0\\ 0\\ 0\end{pmatrix}\end{cases}$$

（2）求解. 编写 MATLAB 程序如下.

```
c=[-2 -3 5];
A=[-2 5 -1;1 3 1];b=[-10;12];
Aeq=[1 1 1];beq=7;
lb=zeros(3,1);ub=[];
[x,fval]=linprog(c,A,b,Aeq,beq,lb,ub);
x,fmax=-fval
```

运行该程序，求得最优解为 $x_1=45/7$，$x_2=4/7$，对应的最优值为 $z=102/7$.

➢ 6.2 非线性规划模型

6.2.1 非线性规划的基本概念

如果目标函数或约束条件中包含非线性函数，就称这种规划问题为非线性规划问题. 一般说来，解非线性规划问题要比解线性规划问题困难得多，而且，它也不像线性规划有单纯形法这一通用方法，非线性规划目前还没有适于各种问题的一般算法，各个方法都有自己特定的适用范围.

下面通过实例归纳出非线性规划数学模型的一般形式，介绍有关非线性规划的基本概念.

例 6.11 （投资决策问题）某企业有 n 个项目可供选择投资，并且至少要对其中一个项目投资. 已知该企业拥有总资金 M 元，投资于第 $i\ (i=1,2,\cdots,n)$ 个项目需花资金 a_i 元，并预计可收益 b_i 元. 试选择最佳投资方案.

下面来分析这个例子，并为其建立数学模型.

设投资决策变量为

$$x_i=\begin{cases}1, & \text{投资第}i\text{个项目}\\ 0, & \text{不投资第}i\text{个项目}\end{cases}\quad (i=1,2,\cdots,n)$$

则投资总额为 $\sum\limits_{i=1}^{n}a_ix_i$，投资总收益为 $\sum\limits_{i=1}^{n}b_ix_i$. 因为该公司至少要对一个项目投资，并且总的投资金额不能超过总资金 M，从而有限制条件

$$0<\sum_{i=1}^{n}a_ix_i\leqslant M$$

此外，由于 $x_i\ (i=1,2,\cdots,n)$ 只取值 0 或 1，有

$$x_i(1-x_i)=0 \quad (i=1,2,\cdots,n)$$

最佳投资方案应是投资额最小而总收益最大的方案，所以这个最佳投资决策问题归结为总资金和决策变量（取 0 或 1）的限制条件下，极大化总收益与总投资之比. 因此，其数学模型为

$$\max Z=\frac{\sum\limits_{i=1}^{n}b_ix_i}{\sum\limits_{i=1}^{n}a_ix_i}$$

$$\text{s.t.}\begin{cases}0<\sum\limits_{i=1}^{n}a_ix_i\leqslant M\\ x_i(1-x_i)=0\ \ (i=1,2,\cdots,n)\end{cases}$$

上述例题是在一组等式或不等式的约束条件下，求一个函数（目标函数）的最大值（或最小值）的问题，其中约束条件和目标函数至少有一个是非线性的，这类问题称为非线性规划问题.

非线性规划问题常表示为如下一般形式：

$$\min f(\boldsymbol{x})$$
$$\text{s.t.}\begin{cases} g_i(\boldsymbol{x})\leqslant 0 \ (i=1,2,\cdots,m) \\ h_j(\boldsymbol{x})=0 \ (j=1,2,\cdots,l) \end{cases} \quad (6.1)$$

其中：$\boldsymbol{x}=(x_1,x_2,\cdots,x_n)^{\mathrm{T}}$称为模型（6.1）的决策变量；$f(\boldsymbol{x})$称为目标函数；$g_i(\boldsymbol{x})\ (i=1,2,\cdots,m)$和$h_j(\boldsymbol{x})\ (j=1,2,\cdots,l)$称为约束函数；$g_i(\boldsymbol{x})\leqslant 0\ (i=1,2,\cdots,m)$称为不等式约束；$h_j(\boldsymbol{x})=0\ (j=1,2,\cdots,l)$称为等式约束.

对于一个实际问题，在将它归结成非线性规划问题时，一般要注意如下几点.

（1）确定供选方案. 要收集与问题有关的资料和数据，在全面熟悉问题的基础上，确认问题的可供选择的方案，并用一组变量来表示它们.

（2）提出追求目标. 经过资料分析，根据实际需要和可能，提出要追求最小化或最大化的目标，并且运用各种科学和技术原理，把它表示成数学关系式.

（3）给出价值标准. 在提出要追求的目标之后，要确立所考虑目标的“好”或“坏”的价值标准，并用某种数量形式来描述它.

（4）寻求限制条件. 由于所追求的目标一般都要在一定的条件下取得最小化或最大化的效果，还需要寻找出问题的所有限制条件，这些条件通常用变量之间的一些不等式或等式来表示.

注：线性规划与非线性规划的区别在于，如果线性规划的最优解存在，其最优解只能在其可行域的边界上达到（特别是可行域的顶点上达到），而非线性规划的最优解（如果最优解存在）在其可行域的任意一点均有可能达到.

6.2.2 无约束优化问题

1. *无约束优化问题的基本概念*

无约束优化问题是求一个函数的极值问题，即

$$\min f(\boldsymbol{x}) \quad (6.2)$$

其中：$\boldsymbol{x}\in\mathbf{R}^n$称为决策变量；$f(\boldsymbol{x})\in\mathbf{R}$称为目标函数. 问题（6.2）的解称为最优解，记为$\boldsymbol{x}^*$，该点的函数值$f(\boldsymbol{x}^*)$称为最优值.

无约束优化问题（6.2）的最优解分为全局最优解和局部最优解，其定义如下.

（1）全局最优解. 若$\boldsymbol{x}^*\in\mathbf{R}^n$，对任意$\boldsymbol{x}\in\mathbf{R}^n$，$f(\boldsymbol{x})\geqslant f(\boldsymbol{x}^*)$，则称$\boldsymbol{x}^*$为问题（6.2）的全局最优解；若对任意$\boldsymbol{x}\in\mathbf{R}^n$且$\boldsymbol{x}\neq\boldsymbol{x}^*$，有$f(\boldsymbol{x})>f(\boldsymbol{x}^*)$，则称$\boldsymbol{x}^*$为问题（6.2）的严格全局最优解.

（2）局部最优解. 若$\boldsymbol{x}^*\in\mathbf{R}^n$，存在$\delta>0$，使对任意$\boldsymbol{x}\in\mathbf{R}^n$，当$\|\boldsymbol{x}-\boldsymbol{x}^*\|<\delta$时，有$f(\boldsymbol{x})\geqslant f(\boldsymbol{x}^*)$，则称$\boldsymbol{x}^*$为问题（6.2）的局部最优解；若对任意$\boldsymbol{x}\in\mathbf{R}^n$，当$0<\|\boldsymbol{x}-\boldsymbol{x}^*\|<\delta$时，有$f(\boldsymbol{x})>f(\boldsymbol{x}^*)$，则称$\boldsymbol{x}^*$为问题（6.2）的严格局部最优解.

2. *无约束优化问题的求解*

求解无约束优化问题的基本方法是迭代算法. 迭代算法是指采用逐步逼近的计算方法来逼近问题精确解的方法. 无约束优化的求解方法主要有梯度法（最速下降法）、牛顿法和拟牛顿法等，这里就不介绍这些方法了，有兴趣的读者可以参看运筹学书籍. 下面介绍无约束优化问题的MATLAB解法.

在 MATLAB 工具箱中，用于求解无约束极值问题的函数有 fminunc 和 fminsearch，用法介绍如下.

求函数的极小值

$$\min_{x} f(\boldsymbol{x})$$

其中：$\boldsymbol{x}$ 可以为标量或向量.

MATLAB 中 fminunc 的基本命令是

```
[x,fval]=fminunc(@fun,x0,options)
```

其中：返回值 x 是所求得的极小值点，fval 是函数的极小值. fun 是一个函数 M 文件，当 fun 只有一个返回值时，它的返回值是函数 $f(\boldsymbol{x})$；当 fun 有两个返回值时，它的第二个返回值是 $f(\boldsymbol{x})$ 的梯度向量；当 fun 有三个返回值时，它的第三个返回值是 $f(\boldsymbol{x})$ 的二阶导数阵（Hessian 阵）. x0 是向量 x 的初始值. options 是优化参数，可以使用默认参数.

例 6.12 求函数 $f(x)=100(x_2-x_1^2)^2+(1-x_1)^2$ 的最小值.

解 求极值时，可以使用函数的梯度，编写函数 M 文件 fun0612.m 如下.

```
function [f,g]=fun0612(x);
f=100*(x(2)-x(1)^2)^2+(1-x(1))^2;
g=[-400*x(1)*(x(2)-x(1)^2)-2*(1-x(1));200*(x(2)-x(1)^2)];
```

编写 MATLAB 主程序如下.

```
options=optimset('GradObj','on');
[x,fval]=fminunc(@fun0612,rand(1,2),options)
```

运行程序，可求得函数的极小值点（1, 1），函数的极小值为 1.7931×10^{-23}，即最小值为 0.

在求极值时，也可以利用二阶导数，编写函数 M 文件 fun0612_2.m 如下.

```
function [f,df,d2f]=fun0612_2(x);
f=100*(x(2)-x(1)^2)^2+(1-x(1))^2;
df=[-400*x(1)*(x(2)-x(1)^2)-2*(1-x(1);200*(x(2)-x(1)^2)];
d2f=[-400*x(2)+1200*x(1)^2+2,-400*x(1);-400*x(1),200];
```

编写 MATLAB 主程序如下.

```
options=optimset('GradObj','on','Hessian','on');
[x,fval]=fminunc(@fun0612_2,rand(1,2),options)
```

运行程序即可求得函数的最小值.

求多元函数的极值也可以使用 MATLAB 的 fminsearch 命令，其使用格式如下.

```
[x,fval]=fminsearch(@fun,x0,options)
```

例 6.13 求函数 $f(x)=\sin x+3$ 在初值 3 附近的极小值点.

解 编写函数 M 文件 fun0613.m 如下.

```
function f=fun0613(x);
f=sin(x)+3;
```

编写 MATLAB 主程序如下.

```
x0=3;
[x,fval]=fminsearch(@fun0613,x0)
```

运行程序，可求得函数在初值 3 附近的极小值点 $x=4.7124$，函数的极小值为 2.

6.2.3 约束优化问题

1. 约束优化问题的基本概念

对约束优化问题（6.1），满足约束条件的点 $\boldsymbol{x}\in\mathbf{R}^n$ 称为可行点或可行解，所有可行解的集合称为可行域，记为

$$D=\{\boldsymbol{x}\in\mathbf{R}^n \mid g_i(x)\leqslant 0, i=1,2,\cdots,m; h_j(\boldsymbol{x})=0, j=1,2,\cdots,l\}$$

约束优化问题就是在可行域上求目标函数极值的问题. 问题（6.1）可表示为

$$\min_{x\in D} f(\boldsymbol{x})$$

可行域是约束优化问题中的重要概念. 最优解一定是在可行域上的，并且许多方法都是由可行域上产生的下降方向得到的.

对一般约束优化问题（6.1），若 $\boldsymbol{x}^*\in D$，存在 $\delta>0$，当 $\boldsymbol{x}\in D$ 且 $\|\boldsymbol{x}-\boldsymbol{x}^*\|<\delta$ 时，有 $f(\boldsymbol{x})\geqslant f(\boldsymbol{x}^*)$，则称 $\boldsymbol{x}^*$ 为问题（6.1）的局部最优解；若 $\boldsymbol{x}^*\in D$，存在 $\delta>0$，当 $\boldsymbol{x}\in D$ 且 $0<\|\boldsymbol{x}-\boldsymbol{x}^*\|<\delta$ 时，有 $f(\boldsymbol{x})>f(\boldsymbol{x}^*)$，则称 $\boldsymbol{x}^*$ 为问题（6.1）的严格局部最优解.

对一般约束最优化问题（6.1），若 $\boldsymbol{x}^*\in D$，有

$$f(\boldsymbol{x})\geqslant f(\boldsymbol{x}^*),\quad \forall \boldsymbol{x}\in D$$

则称 $\boldsymbol{x}^*$ 为问题（6.1）的全局最优解；若 $\boldsymbol{x}^*\in D$，有

$$f(\boldsymbol{x})>f(\boldsymbol{x}^*),\quad \forall \boldsymbol{x}\in D \text{ 且 } \boldsymbol{x}\neq\boldsymbol{x}^*$$

则称 $\boldsymbol{x}^*$ 为问题（6.1）的严格全局最优解.

2. 求解非线性规划问题的罚函数法

利用罚函数法，可将约束优化非线性规划问题的求解转化为求解一系列无约束优化问题，因而也称这种方法为序列无约束最小化技术. 新的无约束优化问题的目标函数包含非线性规划问题（6.1）的目标函数和约束条件，且含有约束的函数部分具有如下特点：在某点，若约束均满足，则该项为 0；若有的约束不满足，则该项为正，即对其进行惩罚，这部分称为惩罚项.

罚函数法求解非线性规划问题的思想是：利用问题中的约束函数作出适当的罚函数，由此构造出带参数的增广目标函数，把问题转化为无约束非线性规划问题. 它主要有两种形式：一种是外罚函数法，另一种是内罚函数法. 下面介绍外罚函数法.

考虑问题：

$$\min f(\boldsymbol{x})$$
$$\text{s.t.}\begin{cases} g_i(\boldsymbol{x})\leqslant 0\ (i=1,2,\cdots,m) \\ h_j(\boldsymbol{x})\geqslant 0\ (j=1,2,\cdots,l) \\ u_k(\boldsymbol{x})=0\ (k=1,2,\cdots,s) \end{cases} \tag{6.3}$$

取一个充分大的正数 σ，构造函数

$$P(\boldsymbol{x},\sigma)=f(\boldsymbol{x})+\sigma\sum_{i=1}^{m}\max\{g_i(\boldsymbol{x}),0\}-\sigma\sum_{j=1}^{l}\min\{h_j(\boldsymbol{x}),0\}+\sigma\sum_{k=1}^{s}|u_k(\boldsymbol{x})|$$

则以增广目标函数 $P(\boldsymbol{x},\sigma)$ 为目标函数的无约束优化问题

$$\min P(\boldsymbol{x},\sigma)$$

的最优解即为原约束优化问题（6.3）的最优解.

例 6.14 求解非线性规划

$$\min f(\boldsymbol{x}) = x_1^2 + x_2^2 + 8$$

$$\text{s.t.}\begin{cases} x_1^2 - x_2 \geqslant 0 \\ -x_1 - x_2^2 + 2 = 0 \\ x_1 \geqslant 0, x_2 \geqslant 0 \end{cases}$$

解 （1）定义增广目标函数，编写函数 M 文件 fun0614.m 如下.

```
function g=fun0614(x);
S=50000;
f=x(1)^2+x(2)^2+8;
g=f-S*min(x(1)^2-x(2),0)-S*min(x(1),0)-S*min(x(2),0)
  +S*abs(-x(1) -x(2)^2+2);
```

（2）求增广目标函数的最小值，编写 MATLAB 主程序如下.

```
[x,fval]=fminunc(@fun0614,rand(2,1))
```

运行程序，即可求得问题的解. 由于是非线性问题，很难求得全局最优解，通常只能求得一个局部最优解，而且每次的运行结果都是不一样的.

3. 约束优化问题的 MATLAB 解法

在 MATLAB 优化工具箱中，用于求解约束优化问题的函数主要有 fminbnd、quadprog、fmincon、fminimax，下面加以介绍.

1）fminbnd 函数

对于一元函数在区间上的极小值问题

$$\min_x f(x), \quad x \in [a,b]$$

MATLAB 的命令如下.

```
[x,fval]=fminbnd(@fun,a,b,options)
```

其中：返回值 x 为所求得的极小值点，fval 为函数的极小值，fun 为一个是用 M 文件定义的函数或匿名函数或 MATLAB 中的单变量数学函数.

例 6.15 求函数 $f(x)=(x-3)^2-2$ 在区间$[0,5]$上的最小值.

解 编写函数 M 文件 fun0615.m 如下.

```
function f=fun0615(x);
f=(x-3)^2-2;
```

编写 MATLAB 主程序如下.

```
[x,fval]=fminbnd(@fun0615,0,5)
```

运行程序，可求得函数的极小值点 $x=3$，函数的极小值为-2.

2）求二次规划的命令——quadprog 函数

若某非线性规划的目标函数为自变量的二次函数，约束条件又全是线性的，就称这种规划为二次规划.

MATLAB 中二次规划的数学模型可表述为

$$\min \frac{1}{2}\boldsymbol{x}^{\mathrm{T}}\boldsymbol{H}\boldsymbol{x}+\boldsymbol{c}^{\mathrm{T}}\boldsymbol{x}$$

$$\text{s.t.}\begin{cases}\boldsymbol{A}\cdot\boldsymbol{x}\leqslant\boldsymbol{b}\\ \boldsymbol{A}_{\mathrm{eq}}\cdot\boldsymbol{x}=\boldsymbol{b}_{\mathrm{eq}}\\ \boldsymbol{l}_{\mathrm{b}}\leqslant\boldsymbol{x}\leqslant\boldsymbol{u}_{\mathrm{b}}\end{cases}$$

其中：$\boldsymbol{H}$ 为实对称矩阵；$\boldsymbol{A}$、$\boldsymbol{A}_{\mathrm{eq}}$ 为矩阵；$\boldsymbol{c}$、$\boldsymbol{x}$、$\boldsymbol{b}$、$\boldsymbol{b}_{\mathrm{eq}}$、$\boldsymbol{l}_b$、$\boldsymbol{u}_b$ 为列向量.

MATLAB 中求解二次规划的命令格式如下.

```
[x,fval]=quadprog(H,c,A,b,Aeq,beq,lb,ub,x0,options)
```

其中：x 的返回值为决策变量的取值，fval 返回的是最优值，H 为目标函数中的实对称矩阵，c 为目标函数中的列向量，A 和 b 对应的是线性不等式约束，Aeq 和 beq 对应的是线性等式约束，lb 和 ub 分别对应决策变量的下界向量和上界向量，x0 为 x 的初始值，options 为控制参数，可以使用默认参数（具体细节可以参看在 MATLAB 指令中运行 help quadprog 后的帮助）.

例 6.16 求解二次规划

$$\min f(\boldsymbol{x})=2x_1^2-4x_1x_2+4x_2^2-6x_1-3x_2$$

$$\text{s.t.}\begin{cases}x_1+x_2\leqslant 3,\\ 4x_1+x_2\leqslant 9,\\ x_1,x_2\geqslant 0.\end{cases}$$

解 编写 MATLAB 程序如下.

```
H=[4,-4;-4,8];c=[-6;-3];
A=[1,1;4,1];b=[3;9];
Aeq=[];beq=[];
lb=zeros(2,1);ub=[];
[x,fval]=quadprog(H,c,A,b,Aeq,beq,lb,ub)
```

运行程序，可求得最优解为 $x_1=1.95$，$x_2=1.05$，最优值为 $\min f(\boldsymbol{x})=-11.025$.

3）一般非线性规划的 MATLAB 命令——fmincon 函数

非线性规划的数学模型可写成如下形式：

$$\min f(\boldsymbol{x})$$

$$\text{s.t.}\begin{cases}\boldsymbol{A}\cdot\boldsymbol{x}\leqslant\boldsymbol{b}\\ \boldsymbol{A}_{\mathrm{eq}}\cdot\boldsymbol{x}=\boldsymbol{b}_{\mathrm{eq}}\\ \boldsymbol{l}_{\mathrm{b}}\leqslant\boldsymbol{x}\leqslant\boldsymbol{u}_{\mathrm{b}}\\ \boldsymbol{c}(\boldsymbol{x})\leqslant\boldsymbol{0}\\ \boldsymbol{c}_{\mathrm{eq}}(\boldsymbol{x})=\boldsymbol{0}\end{cases}$$

其中：$f(\boldsymbol{x})$为标量函数；$\boldsymbol{A}$、$\boldsymbol{A}_{\mathrm{eq}}$ 为矩阵；$\boldsymbol{x}$、$\boldsymbol{b}$、$\boldsymbol{b}_{\mathrm{eq}}$、$\boldsymbol{l}_{\mathrm{b}}$、$\boldsymbol{u}_{\mathrm{b}}$ 为列向量；$\boldsymbol{c}(\boldsymbol{x})$、$\boldsymbol{c}_{\mathrm{eq}}(\boldsymbol{x})$为非线性向量函数.

MATLAB 中求解非线性规划的命令格式如下.

```
[x,fval]=fmincon(@fun,x0,A,b,Aeq,beq,lb,ub,nonlcon,options)
```

其中：x 的返回值为决策变量的取值，fval 返回的为目标函数的最优值，fun 为用 M 文件定义的目标函数 $f(\boldsymbol{x})$，x0 为 x 的初始值，A 和 b 对应的为线性不等式约束，Aeq 和 beq 对应的为线性等式约束，lb 和 ub 分别对应决策变量的下界向量和上界向量，nonlcon 为用 M 文件定义的非线性向量函数 $\boldsymbol{c}(\boldsymbol{x})$和 $\boldsymbol{c}_{\mathrm{eq}}(\boldsymbol{x})$，options 为控制参数，可以使用默认参数（具体细节可以参看在

MATLAB 指令中运行 help fmincon 后的帮助）.

例 6.17 求解非线性规划问题

$$\min f(\boldsymbol{x}) = x_1^2 + x_2^2 + x_3^2 + 8$$

$$\text{s.t.}\begin{cases} x_1^2 - x_2 + x_3^2 \geqslant 0 \\ x_1 + x_2^2 + x_3^3 \leqslant 20 \\ -x_1 - x_2^2 + 2 = 0 \\ x_2 + 2x_3^2 = 3 \\ x_1, x_2, x_3 \geqslant 0 \end{cases}$$

解 （1）定义目标函数，编写函数 M 文件 fun0617.m 如下.

```
function f=fun0617(x);
f=sum(x.^2)+8;
```

（2）定义非线性约束条件函数，编写函数 M 文件 mycon0616.m 如下.

```
function [c,ceq]=mycon0617(x);
c=[-x(1)^2+x(2)-x(3)^2;x(1)+x(2)^2+x(3)^3-20];%非线性不等式约束
ceq=[-x(1)-x(2)^2+2;x(2)+2*x(3)^2-3];        %非线性等式约束
```

（3）编写 MATLAB 主程序如下.

```
x0=rand(3,1);A=[];b=[];Aeq=[];beq=[];lb=zeros(3,1);ub=[];
[x,fval]=fmincon(@fun0617,x0,A,b,Aeq,beq,lb,ub,@mycon0617)
```

运行程序，求得最优解为 $x_1 = 0.5522$，$x_2 = 1.2033$，$x_3 = 0.9478$，最优值为 $\min f(\boldsymbol{x}) = 10.6511$.

4）求解极小-极大的命令——fminimax 函数

非线性规划模型

$$\min \max_i F_i(\boldsymbol{x})$$

$$\text{s.t.}\begin{cases} \boldsymbol{A} \cdot \boldsymbol{x} \leqslant \boldsymbol{b} \\ \boldsymbol{A}_{\text{eq}} \cdot \boldsymbol{x} = \boldsymbol{b}_{\text{eq}} \\ \boldsymbol{l}_{\text{b}} \leqslant \boldsymbol{x} \leqslant \boldsymbol{u}_{\text{b}} \\ \boldsymbol{c}(\boldsymbol{x}) \leqslant \boldsymbol{0} \\ \boldsymbol{c}_{\text{eq}}(\boldsymbol{x}) = \boldsymbol{0} \end{cases}$$

MATLAB 中求解上述形式非线性规划的命令格式为

```
[x,fval]=fminimax(@fun,x0,A,b,Aeq,beq,lb,ub,nonlcon,options)
```

例 6.18 求下列函数列 $\{ f_1(\boldsymbol{x}), f_2(\boldsymbol{x}), f_3(\boldsymbol{x}), f_4(\boldsymbol{x}), f_5(\boldsymbol{x}) \}$ 的极小-极大值时的最优解：

$$\begin{cases} f_1(\boldsymbol{x}) = 2x_1^2 + x_2^2 - 48x_1 - 40x_2 + 304 \\ f_2(\boldsymbol{x}) = -x_1^2 - 3x_2^2 \\ f_3(\boldsymbol{x}) = x_1 + 3x_2 - 18 \\ f_4(\boldsymbol{x}) = -x_1 - x_2 \\ f_5(\boldsymbol{x}) = x_1 + x_2 - 8 \end{cases}$$

解 （1）定义向量函数，编写函数 M 文件 fun0618.m 如下.

```
function f=fun0618(x);
```

```
f=[2*x(1)^2+x(2)^2-48*x(1)-40*x(2)+304;-x(1)^2-3*x(2)^2;x(1)
    +3*x(2)-18; -x(1)-x(2);x(1)+x(2)-8];
```

（2）编写 MATLAB 主程序如下.

```
x0=rand(2,1);
[x,fval]=fminimax(@fun0618,x0)
```

运行程序，求得最优解为 $x_1=4$，$x_2=4$，对应的 $f_1(\boldsymbol{x})=0$，$f_2(\boldsymbol{x})=-64$，$f_3(\boldsymbol{x})=-2$，$f_4(\boldsymbol{x})=-8$，$f_5(\boldsymbol{x})=0$.

➢ 6.3 整数规划模型

6.3.1 整数规划模型的概念

1. 整数规划的定义

数学规划中的变量（部分或全部）限制为整数时，称为整数规划. 若在线性规划模型中，变量限制为整数，则称为整数线性规划. 目前所流行的求解整数规划的方法，往往只适用于整数线性规划，还没有一种方法能有效地求解一切整数规划.

2. 整数规划的分类

如不加特殊说明，整数规划一般指整数线性规划. 整数线性规划模型大致可分为以下两类.

（1）变量全限制为整数时，称为纯（完全）整数规划；

（2）变量部分限制为整数的，称为混合整数规划.

3. 整数规划的特点

整数规划有以下两个特点.

（1）原线性规划有最优解，当自变量限制为整数后，其整数规划的解出现下述几种情况.

① 若原线性规划最优解全是整数，则整数规划最优解与线性规划最优解一致.

② 整数规划无可行解.

例如，原线性规划问题为

$$\min z = x_1 + x_2$$

$$\text{s.t.}\begin{cases} 2x_1 + 4x_2 = 5 \\ x_1 \geqslant 0,\ x_2 \geqslant 0 \end{cases}$$

的最优解为 $x_1=0$，$x_2=5/4$，对应的最优值为 $z=5/4$，显然其对应的整数规划无可行解.

③ 有可行解（当然就一定存在最优解），但最优值变差.

例如，原线性规划问题为

$$\min z = x_1 + x_2$$

$$\text{s.t.}\begin{cases} 2x_1 + 4x_2 = 6 \\ x_1 \geqslant 0,\ x_2 \geqslant 0 \end{cases}$$

的最优解为 $x_1=0$，$x_2=3/2$，对应的最小值为 $z=3/2$. 若限制整数，最优解为 $x_1=1$，$x_2=1$，对应的最小值为 $z=2$.

（2）整数规划最优解不能按照原线性规划最优解简单取整而获得，因为取整后不一定是可行解，即使是可行解也不一定是整数解中最优的.

4. 整数规划的求解方法

整数规划的求解方法有如下几种.

（1）分支定界法——可求纯或混合整数线性规划；

（2）割平面法——可求纯或混合整数线性规划；

（3）隐枚举法——求解 0-1 整数规划，包括过滤隐枚举法和分支隐枚举法；

（4）匈牙利法——解决指派问题（0-1 规划特殊情形）；

（5）Monte-Carlo（蒙特卡洛）法——求解各种类型规划.

下面将简要介绍分支定界法求解整数规划.

6.3.2 分支定界法

对相应的去掉整数约束的规划问题的所有可行解区域恰当地进行系统搜索，这就是分支与定界的内容. 通常，把可行解区域反复地分割为越来越小的子集，称为分支；对每个子集内的解集计算目标函数的一个下界（对于最小值问题）称为定界. 在每次分支后，凡是界限超出已知可行解集目标值的那些子集不再进一步分支，这样，许多子集可不予考虑，这称为剪支. 这就是分支定界法的主要思路.

分支定界法可用于解纯整数或混合的整数规划问题，于 21 世纪 60 年代初由 Doig（多伊格）和 Dakin（戴金）等提出. 由于这个方法灵活且便于用计算机求解，现在已是解整数规划的重要方法，目前已成功地应用于求解生产进度问题、旅行推销员问题、工厂选址问题、背包问题、分配问题等.

分支定界法的求解过程大致如下：以求相应的去掉整数约束的线性规划问题（称为松弛问题）的最优解为出发点. 由于原整数线性规划问题的可行解集合是其松弛问题可行解区域的子集，如果其松弛问题的最优解满足整数条件，那么该最优解就是原整数线性规划问题的最优解；如果松弛问题的最优解不满足整数条件，那么该最优解对应的目标函数值是原整数规划问题最优目标函数值的一个上界或下界（求最大值时为上界，求最小值时为下界）. 对于后一种情形，就将其松弛问题分成几个子问题（即分支），每个子问题增加一个约束条件，增加约束条件后，可行解区域随之缩小，原松弛问题的最优解将被排除出可行解区域，但原整数线性规划问题的最优可行解仍包含在可行解区域内. 分支后，最优目标值将更逼近或达到原整数规划问题的最优目标值. 继续讨论或分支，直至求出原整数规划问题的最优解. 具体的过程结合下述例子介绍.

例 6.19 求下列整数线性规划问题的最优解：

$$\max Z = x_1 + 4x_2$$

$$(\mathrm{IL})\begin{cases} x_1 - x_2 \geqslant -3 \\ 6x_1 + 7x_2 \leqslant 42 \\ x_1 \leqslant 5 \\ x_1 \geqslant 0,\ x_2 \geqslant 0,\ \text{且} x_1、x_2 \text{都为整数} \end{cases}$$

解 去掉整数约束条件，得到原问题的松弛问题为

$$\max Z = x_1 + 4x_2$$

$$(\mathrm{IL}_0)\begin{cases} x_1 - x_2 \geqslant -3 \\ 6x_1 + 7x_2 \leqslant 42 \\ x_1 \leqslant 5 \\ x_1 \geqslant 0,\ x_2 \geqslant 0 \end{cases}$$

显然，原问题（IL）的任何一个可行解也一定是松弛问题（IL_0）的可行解. 利用单纯形法求得松弛问题（IL_0）的最优解为 $x_1 = 21/13$ 和 $x_2 = 60/13$，对应的目标函数值为 $Z_0 = 261/13$. 这是原问题（IL）的目标函数最大值的一个上界.

因为问题（IL_0）的最优解不是整数值，而在问题（IL）中 x_1 必须取整数值，所以 x_1 必须取小于等于 1 或大于等于 2 的整数值. 利用这一明显结果，可将问题（IL）分成两个子问题（这一过程即称为分支）.

$$\max Z = x_1 + 4x_2$$

$$(\mathrm{IL}_1)\begin{cases} x_1 - x_2 \geqslant -3 \\ 6x_1 + 7x_2 \leqslant 42 \\ x_1 \leqslant 5 \\ x_1 \leqslant 1 \\ x_1 \geqslant 0,\ x_2 \geqslant 0,\ 且x_1、x_2都为整数 \end{cases}$$

$$\max Z = x_1 + 4x_2$$

$$(\mathrm{IL}_2)\begin{cases} x_1 - x_2 \geqslant -3 \\ 6x_1 + 7x_2 \leqslant 42 \\ x_1 \leqslant 5 \\ x_1 \geqslant 2 \\ x_1 \geqslant 0,\ x_2 \geqslant 0,\ 且x_1、x_2都为整数 \end{cases}$$

这样分支，并未丢掉原问题（IL）的任何一个可行解. 为了直观，用树形图表示这一过程，这个树形图称为枚举树（图 6.5）.

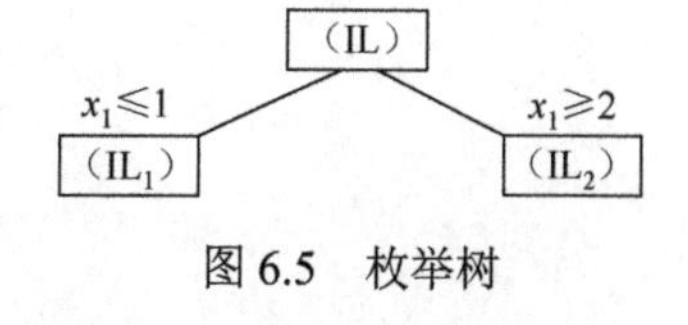

图 6.5 枚举树

要求问题（IL）的最优解，只要分别求出子问题（IL_1）和子问题（IL_2）的最优解即可.

对于子问题（IL_1）和（IL_2），仍先求其去掉整数条件的松弛问题（IL_1'）和（IL_2'）. 用单纯形法分别求得：问题（IL_1'）的最优解为 $x_1 = 1$，$x_2 = 4$，对应的目标函数值为 $z_1 = 17$；问题（IL_2'）的最优解为 $x_1 = 2$，$x_2 = 30/7$，对应的目标函数值为 $z_2 = 134/7$. 此时，问题（IL_1'）的最优解是整数解，显然，这也是子问题（IL_1）的最优解，说明子问题（IL_1）已经探明，在树形图上打上记号“#”，表明此问题已探明，无须再分支；而 $z_1 = 17$ 成为原问题（IL）的目标函数值的一个下界. 如果能求得原整数规划问题的下界（或 min 问题的上界），那么称为定界. 由于问题（IL_2'）的最优值 $z_2 = 134/7 > z_1 = 17$，且最优解中 x_2 不是整数解，仍须分支. 因为 $[x_2] = [30/7] = 4$，所以分别增加约束 $x_2 \leqslant 4$ 和 $x_2 \geqslant 5$，得子问题（IL_3）和（IL_4）如下：

$$\max z = x_1 + 4x_4$$

$$(\mathrm{IL}_3)\begin{cases} x_1 - x_2 \geqslant -3 \\ 6x_1 + 7x_2 \leqslant 42 \\ x_1 \leqslant 5 \\ x_1 \geqslant 2 \\ x_2 \leqslant 4 \\ x_1 \geqslant 0,\ x_2 \geqslant 0,\ \text{且}x_1\text{、}x_2\text{都为整数} \end{cases}$$

$$\max z = x_1 + 4x_4$$

$$(\mathrm{IL}_4)\begin{cases} x_1 - x_2 \geqslant -3 \\ 6x_1 + 7x_2 \leqslant 42 \\ x_1 \leqslant 5 \\ x_1 \geqslant 2 \\ x_2 \geqslant 5 \\ x_1 \geqslant 0,\ x_2 \geqslant 0,\ \text{且}x_1\text{、}x_2\text{都为整数} \end{cases}$$

子问题（IL_4）的松弛问题（IL_4'）无可行解，说明子问题（IL_4）无可行解，于是子问题（IL_4）探明.

子问题（IL_3）的松弛问题（IL_3'）的最优解为 $x_1 = 17/3$，$x_2 = 4$，对应的目标函数值 $z_3 = 55/3$，由于 $z_3 = 55/3 > z_1 = 17$，且 $x_1 = 7/3$ 不是整数，仍须分支，分别增加约束 $x_1 \leqslant 2$ 和 $x_2 \geqslant 3$，得子问题（IL_5）和（IL_6）如下：

$$\max z = x_1 + 4x_4$$

$$(\mathrm{IL}_5)\begin{cases} x_1 - x_2 \geqslant -3 \\ 6x_1 + 7x_2 \leqslant 42 \\ 2 \leqslant x_1 \leqslant 5 \\ x_2 \leqslant 4 \\ x_2 \leqslant 2 \\ x_1 \geqslant 0,\ x_2 \geqslant 0,\ \text{且}x_1\text{、}x_2\text{都为整数} \end{cases}$$

$$\max z = x_1 + 4x_4$$

$$(\mathrm{IL}_6)\begin{cases} x_1 - x_2 \geqslant -3 \\ 6x_1 + 7x_2 \leqslant 42 \\ 2 \leqslant x_1 \leqslant 5 \\ x_2 \leqslant 4 \\ x_2 \geqslant 3 \\ x_1 \geqslant 0,\ x_2 \geqslant 0,\ \text{且}x_1\text{、}x_2\text{都为整数} \end{cases}$$

子问题（IL_5）的松弛问题（IL_5'）的最优解为 $x_1 = 2$，$x_2 = 4$，对应的目标函数值 $z_5 = 18$，这是整数解，因此这也是子问题（IL_5）的最优解，于是子问题（IL_5）探明. 又由于 $z_5 = 18 > z_1 = 17$，$z_5 = 18$ 成为原问题（IL）的最大目标函数值的新的下界.

子问题（IL_6）的松弛问题（IL_6'）的最优解为 $x_1 = 3$，$x_2 = 24/7$，对应的目标函数值 $z_6 = 117/7 < z_5 = 18$，子问题（IL_6）虽仍未求得最优解，但已探明其不能有优于 $z_5 = 18$ 的目标函数值. 因此，无须继续讨论，子问题（IL_6）被剪支.

至此，所有子问题均已探明，求解结束，得原问题（IL）的最优解为$x_1=2$，$x_2=4$，最大值为$z=z_5=18$，整个过程可用枚举树表示（图 6.6）.

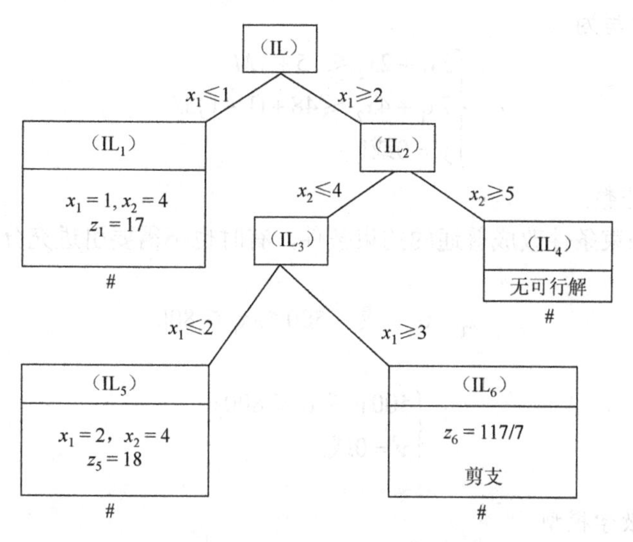

图 6.6　分支定界树形图

分支定界法包含两个重要概念，即分支和定界. 分支是针对松弛问题的最优解不是整数解，分别加入两个不等式条件，引出两个新的规划问题，而每分支一次就将松弛问题的可行解区域去掉一部分不含有整数解的区域，如此继续下去，直至求得整数解. 定界是为了提高计算效率，而将分支过程中某一步求得的整数可行解对应的目标函数值z_k作为一个界，为目标函数定界（对 max 问题是下界，对 min 问题是上界），定界的目的是舍去那些最优值较差的子问题（剪支）.

分支定界法的主要缺点是每次分支后，都必须求解一个完整的线性规划问题，致使计算量较大.

6.3.3　0-1 型整数规划

0-1 型整数规划是整数规划中的特殊情形，它的变量x_j仅取值 0 或 1，这时x_j称为 0-1 变量. x_j仅取值 0 或 1 这个条件可由约束条件

$$0\leqslant x_j\leqslant 1 \text{ 且 } x_j \text{ 为整数}$$

代替，这与一般整数规划的约束条件形式一致. 在实际问题中，如果引入 0-1 变量，通常就可把有各种情况需要分别讨论的线性规划问题统一在一个问题中讨论. 下面引入 0-1 变量的实际问题.

1. 引入 0-1 变量的实际问题

在运输问题中，有两种运输方式可供选择，但只能选择其中一种，即用车运输或用船运输. 用车运输的约束条件为$3x_1+2x_2\leqslant 15$，用船运输的约束条件为$7x_1+4x_2\leqslant 48$，即有两个相互排斥的约束条件

$$3x_1+2x_2\leqslant 15 \quad \text{或} \quad 7x_1+4x_2\leqslant 48$$

为了统一在一个问题中，引入 0-1 变量

$$y=\begin{cases}1, & \text{采取船运方式}\\0, & \text{采取车运方式}\end{cases}$$

则上述约束条件可改写为

$$\begin{cases}3x_1+2x_2\leqslant 15+yM\\7x_1+4x_2\leqslant 48+(1-y)M\\y=0\text{或}1\end{cases}$$

其中 M 为充分大的正数.

将相互排斥的约束条件改成普通的约束条件，有时也不需要引进充分大的正数. 例如，相互排斥的约束条件

$$x_1=0\quad\text{或}\quad 500\leqslant x_1\leqslant 800$$

可改写为

$$\begin{cases}500y\leqslant x_1\leqslant 800y\\y=0\text{或}1\end{cases}$$

2. 指派问题的数学模型

设有 n 项工作需分配给 n 个人去做，每人做一项，由于各人的工作效率不同，完成同一工作所需时间也就不同，设人员 i 完成工作 j 所需时间为 c_{ij} （称为效率矩阵），问如何分配工作，才能使完成所有工作所用的总时间最少？这类问题称为指派问题（assignment problem），也称最优匹配问题，它是一类重要的组合优化问题.

引入 0-1 变量 x_{ij}， $x_{ij}=1$ 表示指派第 i 个人做第 j 项工作， $x_{ij}=0$ 表示第 i 个人不做第 j 项工作，则上述问题可以表示为如下 0-1 线性规划模型：

$$\min z=\sum_{i=1}^{n}\sum_{j=1}^{n}c_{ij}x_{ij}$$

$$\text{s.t.}\begin{cases}\sum\limits_{j=1}^{n}x_{ij}=1\,(i=1,2,\cdots,n)\\\sum\limits_{i=1}^{n}x_{ij}=1\,(j=1,2,\cdots,n)\\x_{ij}=0\text{或}1\,(i,j=1,2,\cdots,n)\end{cases}$$

其中：第一个约束条件表示每个人只能做一项工作；第二个约束条件表示每项工作只能指派给一个人做.

由于指派问题的模型是比较典型的 0-1 线性规划，可以用 MATLAB 软件或 Lingo 软件进行求解.

例 6.20 分配 7 个工人去完成 7 项工作，每人完成一项工作，且每项工作只能由一个人去完成，7 个人分别完成各项工作所需时间如表 6.2 所示，试作出工作安排使总工作时间最少.

表 6.2 工人的完成时间表

人员	工作						
	A	*B*	*C*	*D*	*E*	*F*	*G*
1	6	2	6	7	4	2	5
2	4	9	5	3	8	5	8

续表

人员	工作						
	A	*B*	*C*	*D*	*E*	*F*	*G*
3	5	2	1	9	7	4	3
4	7	6	7	3	9	2	7
5	2	3	9	5	7	2	6
6	5	5	2	2	8	11	4
7	9	2	3	12	4	5	10

解 编写 Lingo 程序如下.

```
MODEL:
Sets:
  Workers/W1..W7/;
  Jobs/J1..J7/;
  Links(Workers,Jobs):C,X;
Endsets
Data:
  C=6  2  6   7  4   2   5
    4  9  5   3  8   5   8
    5  2  1   9  7   4   3
    7  6  7   3  9   2   7
    2  3  9   5  7   2   6
    5  5  2   2  8  11   4
    9  2  3  12  4   5  10;
Enddata
Min=@sum(Links:C*X);
@for(Workers(I):@sum(Jobs(J):X(I,J))=1);
@for(Jobs(J):@sum(Workers(I):X(I,J))=1);
@for(Links:@bin(X));
END
```

运行上述程序可得如下结果.

```
Objective value:          18.00000
                Variable       Value
                X(W1,J2)       1.000000
                X(W2,J4)       1.000000
                X(W3,J7)       1.000000
                X(W4,J6)       1.000000
                X(W5,J1)       1.000000
                X(W6,J3)       1.000000
                X(W7,J5)       1.000000
```

结果表明：工人 1 完成工作 *B*，工人 2 完成工作 *D*，工人 3 完成工作 *G*，工人 4 完成工作

F，工人 5 完成工作 A，工人 6 完成工作 C，工人 7 完成工作 E，花费时间最少，目标函数值为 18.

用 MATLAB 软件求解，需要将 2 维决策变量 x_{ij} ($i,j=1,2,\cdots,7$)化成 1 维决策变量 y_k ($k=1,2,\cdots,49$)，编写 MATLAB 程序如下.

```
c=[6 2 6 7 4 2 5;4 9 5 3 8 5 8;5 2 1 9 7 4 3;7 6 7 3 9 2 7;
   2 3 9 5 7 2 6;5 5 2 2 8 11 4;9 2 3 12 4 5 10];
c=c(:);
A=[];b=[];
Aeq=zeros(14,49);
for i=1:7
    Aeq(i,(i-1)*7+1:7*i)=1;
    Aeq(7+i,i:7:49)=1;
end
beq=ones(14,1);
[x,fval]=bintprog(c,A,b,Aeq,beq);
x=reshape(x,7,7),fval
```

运行上述程序所得结果与 Lingo 程序运行结果完全一致.

➢ 6.4　动态规划模型

动态规划是解决多阶段决策最优化问题的一种方法，该方法由美国数学 Bellman（贝尔曼）等于 20 世纪 50 年代初提出. 他们针对多阶段决策问题的特点，提出了解决这类问题的最优化原理，并成功地解决了生产管理、工程技术等方面的许多实际问题，从而建立了运筹学的一个新分支——动态规划.

目前，动态规划作为一种重要的决策方法，已广泛地应用于解决最优路径问题，资源分配问题，生产调度问题，库存、投资、装载、排序、设备更新等问题，以及生产过程的最优控制等. 由于其独特的解题思路，在处理某些优化问题时，它比线性规划或非线性规划方法更有成效. 但是，动态规划是求解某类问题的一种方法，而不像线性规划那样作为一种算法具有标准的数学表达式和明确定义的一组规则. 因此，读者在学习时，除要对基本概念和方法正确理解外，必须对具体问题进行具体分析，以丰富的想象力去建立模型，用创造性的技巧去求解.

动态规划模型分为离散确定型、离散随机型、连续确定型、连续随机型四类. 本节针对最基本的离散确定型问题，介绍动态规划的基本思想、原理、模型、求解方法，简要介绍处理随机系统多阶段决策的 Markov（马尔可夫）决策规划.

6.4.1　多阶段决策过程与动态规划模型

1. 多阶段决策过程最优化及举例

多阶段决策过程是指这样一类特殊的活动过程，即按时间顺序可分解成若干个相互联系的阶段，在其每一个阶段上都要做出决策，全部过程的决策是一个决策序列，所以多阶段决策问题也称序贯决策问题.

多阶段决策过程最优化的目标是使整个活动过程的总体效果达到最优. 由于各阶段决策间有机地联系着，一个阶段决策的执行将影响到下一阶段的决策，以至于影响总体效果，决策者在每阶段决策时不仅应考虑本阶段最优，还应考虑对总目标的影响，从而做出对全局最优的决策.

在多阶段决策问题中，各阶段的决策与时间密切相关，它依赖于当前的状态，又随即引起状态的转移，一个决策序列就是在变化的状态中产生出来的，故有“动态”的含义. 因此，处理它的方法称为动态规划方法. 然而，一些与时间无关的静态问题，只要在问题中人为地引进“时间”因素，也可将其视为多阶段决策问题，用动态规划方法进行处理. 在本章后面几节中将介绍这种处理方法.

下面以最短路径问题为例来说明动态规划方法.

例 6.21 （最短路径问题）如图 6.7 所示一个铺管线路网络，两点间连线旁的数表示两点间的距离，试求一条由 A 到 E 的铺管线路，使总管道长度最短.

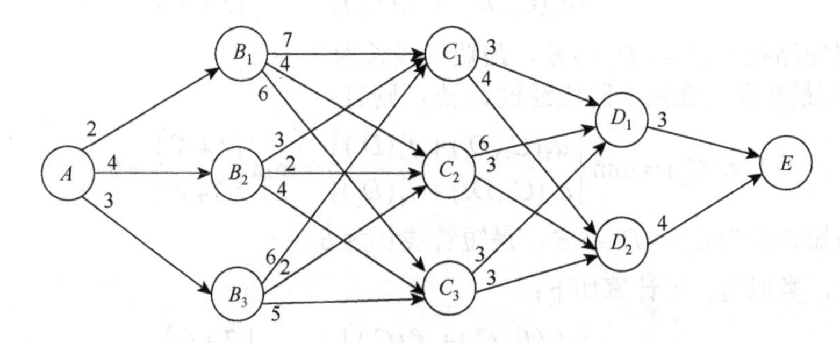

图 6.7　铺管线路网络

从图 6.7 可以看出，该工程可分为 4 个阶段，在每一阶段，当始点确定时，需要对该阶段管道的走向做出决策，即确定管道线下一站的位置. 显然，每个阶段的决策都不能仅仅以本阶段管道长度最短为依据，而应着眼于全过程的总体利益，以实现总管道长度最短的目标. 因此，这是一个阶段决策问题.

解决上述最短路径问题，最容易想到的方法是穷举法，即列出所有可能发生的方案，将从 A 到 E 所有可能的管线的长度都计算出来并加以比较，选取其中最短者作为最优方案. 这种方法，在变量（或节点）的数目较小时有效，在变量数目很大时，计算量将会十分庞大. 因此，需要根据问题的特性，寻求一种简便算法.

我们注意到，最短路径问题具有重要特性，即若最短路径在第 k 站通过点 x_k，则这一线路在由 x_k 出发到达终点的那一部分线路，对于从点 x_k 到达终点的所有可能选择的不同线路来说，必定也是距离最短的. 该特性极易用反证法加以证明. 因为若不是这样，则从点 x_k 到达终点必然有一条距离更短的线路存在，把它与原来最短路径上由起点到点 x_k 的那部分连接起来，就可得到一条由起点到终点的新路径，它比原来那条最短路径的总距离还要短，这与给定的前提条件矛盾，所以是不可能的.

最短路径的这一重要特性，启发我们从最后一个阶段开始，采用从后向前逐步递推的方法，称为逆序递推法，求出各点到终点的最短路径，最后求得从始点到终点全过程的最短路径.

下面利用上述分析建立解析式求解例 6.21.

把从 A 到 E 的全过程分为 4 个阶段，用 k 表示阶段变量，s_k 表示第 k 阶段初管线已铺设的位置 $(k=1,2,3,4)$，$u_k(s_k)$ 表示在第 k 阶段拟把管线延伸铺设的下一站位置，$d_k(s_k,u_k(s_k))$ 表示

从 s_k 到 $u_k(s_k)$ 之间的管道线段的长度，$f_k(s_k)$ 表示从 s_k 出发至终点 E 按最佳线路铺设时的最短管线长度.

按过程发展的反向顺序，由终点到始点，逐阶段的递推计算如下.

当 $k=4$ 时，该阶段有两个初始位置 D_1 和 D_2，那么 $A\to E$ 的全过程最短路径，在第 4 阶段究竟经过 D_1 和 D_2 中哪一个呢？目前还不得而知，因此只能各种可能都考虑：若全过程最短路径经过 D_1，则有 $f_4(D_1)=3$；若全过程最短路径经过 D_2，则有 $f_4(D_2)=4$.

当 $k=3$ 时，假设全过程最短路径在第 3 阶段经过 C_1 点.

若 $C_1\to D_1\to E$，则有 $d_3(C_1,D_1)+f_4(D_1)=3+3=6$；

若 $C_1\to D_2\to E$，则有 $d_3(C_1,D_2)+f_4(D_2)=4+4=8$.

因此，$f_3(C_1)=\min\{6,8\}=6$，即 $C_1\to E$ 最短路径为 $C_1\to D_1\to E$，最短管线长为 6.

类似地，假设全过程最短路径在第 3 阶段经过 C_2 点，则有

$$f_3(C_2)=\min\begin{Bmatrix}d_3(C_2,D_1)+f_4(D_1)\\ d_3(C_2,D_2)+f_4(D_2)\end{Bmatrix}=\min\begin{Bmatrix}6+3\\ 3+4^*\end{Bmatrix}=7$$

即 $C_2\to E$ 的最短路径为 $C_2\to D_2\to E$，最短管线长为 7.

假设全过程最短路径在第 3 阶段经过 C_3 点，则有

$$f_3(C_2)=\min\begin{Bmatrix}d_3(C_3,D_1)+f_4(D_1)\\ d_3(C_3,D_2)+f_4(D_2)\end{Bmatrix}=\min\begin{Bmatrix}3+3^*\\ 3+4\end{Bmatrix}=6$$

即 $C_3\to E$ 的最短路径为 $C_3\to D_1\to E$，最短管线长为 6.

当 $k=2$ 时，类似地，可计算如下：

$$f_2(B_1)=\min\begin{Bmatrix}d_2(B_1,C_1)+f_3(C_1)\\ d_2(B_1,C_2)+f_3(C_2)\\ d_2(B_1,C_3)+f_3(C_3)\end{Bmatrix}=\min\begin{Bmatrix}7+6\\ 4+7^*\\ 6+6\end{Bmatrix}=11$$

$$f_2(B_2)=\min\begin{Bmatrix}d_2(B_2,C_1)+f_3(C_1)\\ d_2(B_2,C_2)+f_3(C_2)\\ d_2(B_2,C_3)+f_3(C_3)\end{Bmatrix}=\min\begin{Bmatrix}3+6^*\\ 2+7^*\\ 4+6\end{Bmatrix}=9$$

$$f_2(B_3)=\min\begin{Bmatrix}d_2(B_3,C_1)+f_3(C_1)\\ d_2(B_3,C_2)+f_3(C_2)\\ d_2(B_3,C_3)+f_3(C_3)\end{Bmatrix}=\min\begin{Bmatrix}6+6\\ 2+7^*\\ 5+6\end{Bmatrix}=9$$

由此，$B_1\to E$ 的最短路径为 $B_1\to C_2\to D_2\to E$，最短管线长为 11；$B_2\to E$ 的最短路径为 $B_2\to C_1\to D_1\to E$ 或 $B_2\to C_2\to D_2\to E$，最短管线长为 9；$B_3\to E$ 的最短路径为 $B_3\to C_2\to D_2\to E$，最短管线长为 9.

当 $k=1$ 时，计算如下：

$$f_1(A)=\min\begin{Bmatrix}d_1(A,B_1)+f_2(B_1)\\ d_1(A,B_2)+f_2(B_2)\\ d_1(A,B_3)+f_2(B_3)\end{Bmatrix}=\min\begin{Bmatrix}2+11\\ 4+9\\ 3+9^*\end{Bmatrix}=12$$

由此，$A\to E$ 的全过程最短路径为 $A\to B_3\to C_2\to D_2\to E$，最短管线长为 12.

以上过程所用递推公式可归纳为

$$\begin{cases}f_k(s_k)=\min\{d_k(s_k,u_k(s_k))+f_{k+1}(u_k(s_k))\}\\ f_5(s_5)=0\end{cases}$$

其中：$s_1 = A$，$s_2 = E$. 此递推关系称为动态方程，它就是最短路径问题的动态规划模型. 很显然，与穷举法相比，基于上述动态方程的逆序递推方法大大减少了计算量，同时极大地丰富了计算结果.

2. 动态规划的基本概念

1）阶段和阶段变量

用动态规划方法求解问题时，要根据具体情况，将问题的全过程恰当地划分成若干个相互联系的阶段，以便把问题分解成若干个子问题逐个求解. 通常，阶段是按照决策进行的时间或空间上的先后顺序来划分的，描述阶段的变量称为阶段变量，一般用k表示. 例如，例 6.21 分为 4 个阶段，即$k = 1,2,3,4$.

2）状态和状态变量

状态是系统在变化过程中某个阶段的初始形态表征，它通过系统在某个阶段的出发位置来描述. 描述状态的变量称为状态变量，一般用s_k表示第k阶段的初始状态. 例如，例 6.21 中用s_1表示第一阶段的初始状态，即$s_1 = A$. 通常，一个阶段包含若干个状态，第k阶段所有可能状态构成的集合称为该阶段的状态集，记为S_k. 例如，例 6.21 中第二阶段的状态集为$S_2 = \{B_1, B_2, B_3\}$.

3）决策和决策变量

决策是指在某一个阶段状态给定以后，从该状态演变至下一阶段某状态的选择. 描述决策的变量称为决策变量，用$u_k(s_k)$表示第k阶段处于状态s_k时的决策变量，$u_k(s_k)$的可能值全体构成允许决策集合$D_k(s_k)$. 例如，例 6.21 中，$D_1(A) = \{B_1, B_2, B_3\}$.

4）状态转移和状态转移方程

系统由这一阶段的一个状态转变至下一个阶段的另一个状态称为状态转移. 状态转移既与状态有关，又与决策有关. 描述状态转移关系的方程称为状态转移方程. 若第k阶段的状态变量s_k与该阶段的决策变量u_k确定后，第$k+1$阶段的状态变量s_{k+1}也随之确定，则它们的关系式:

$$s_{k+1} = T_k(s_k, u_k)$$

称为由状态s_k转移至状态s_{k+1}的状态转移方程；反之，若第k阶段的状态变量s_k与$k-1$阶段的决策变量u_{k-1}确定后，第$k-1$阶段的状态变量s_{k-1}也随之确定，则它们的关系式

$$s_{k-1} = T_{k-1}(s_k, u_{k-1})$$

称为由状态s_k转移至状态s_{k-1}的状态转移方程.

5）策略和（后部）子策略

由过程的第一阶段开始到终点为止的每阶段的决策$u_k(s_k)(k = 1,2,\cdots,n)$组成的决策序列称为全过程策略，简称策略，记为

$$p_{1,n}(s_1) = (u_1(s_1), u_2(s_2), \cdots, u_n(s_n))$$

可供选择的全部策略构成策略集，记为$p_{1,n}(s_1)$. 能够达到总体最优的策略称为最优策略.

从第k阶段某一初始状态s_k开始到终点的过程称为全过程的k后部子过程，其相应的决策序列

$$p_{k,n}(s_1) = (u_k(s_k), u_{k+1}(s_{k+1}), \cdots, u_n(s_n))$$

称为k后部子策略，简称子策略. k后部子策略的全体记为$P_{k,n}(s_k)$.

6）阶段指标

阶段指标是对决策过程中某一阶段的决策效果衡量其优劣的一种数量指标. 第k阶段从初

始状态 s_k 出发，采取决策 $u_k(s_k)$ 转移至状态 s_{k+1} 的阶段指标记为 $v_k(s_k,u_k(s_k))$.

7）指标函数和最优指标函数

指标函数是用来衡量多阶段决策过程决策效果优劣的一种数量指标，它是定义在全过程或所有后部子过程上的确定的数量函数，表示为

$$V_{k,n}(s_k)=V_{k,n}(s_k,p_{k,\ n}(s_k))=V_{k,n}(s_k,u_k,s_{k+1},u_{k+1},\cdots,s_n,u_n)$$

$V_{k,n}(s_k)$ 必须具有递推关系，一般有以下两种形式：

$$V_{k,n}(s_k)=v_k(s_k,u_k(s_k))+V_{k+1,n}(s_{k+1})=\sum_{j=k}^{n}v_j(s_j,u_j(s_j))$$

或
$$V_{k,n}(s_k)=v_k(s_k,u_k(s_k))V_{k+1,n}(s_{k+1})=\prod_{j=k}^{n}(s_j,u_j(s_j))$$

指标函数 $V_{k,n}(s_k)$ 的最优值称为最优指标函数，记为 $f_k(s_k)$，它表示从第 k 阶段的状态 s_k 开始，选取最优策略（或最优后部子策略）后，得到的指标函数值. 例如，在例 6.21 中 $f_1(A)$ 表示从始点 A 至终点 E 管线的最短长度.

3. 动态规划模型的构成要素

为一个实际问题建立动态规划模型，需要考虑以下几方面的要素.

1）正确选择阶段变量 k

分析问题，识别多阶段特性，按时间或空间的先后顺序适当地划分为相互联系的若干阶段，对非时序的静态问题要人为地赋予“时段”概念.

2）正确选择状态变量 s_k

正确选择状态变量是构造动态规划模型最关键的一步. 状态变量首先应能正确描述研究过程的演变特性；其次应满足无后效性，即某阶段的状态一旦确定，则后面过程的演变不再受此前各状态及决策的影响；最后状态变量还应具有可知性，即规定的状态变量之值可通过直接或间接的方法测知. 状态变量可以是离散的，也可以是连续的.

建模时，一般从与决策有关的条件或问题的约束条件中去寻找状态变量，通常选择随递推过程累计的量或按某种规律变化的量作为状态变量.

3）正确选择决策变量 u_k 及每阶段的允许决策集合 $D_k(s_k)$

决策变量 u_k 时对过程进行控制的手段，复杂的问题中决策变量也可以是多维的向量，它的取值可能是离散的，也可能是连续的. 每阶段允许的决策集合 $D_k(s_k)$ 相当于线性规划问题中的约束条件.

4）正确写出状态转移方程

$$s_{k+1}=T_k(s_k,u_k(s_k))$$

其中：函数关系 T_k 因问题的不同而不同.

5）正确写出指标函数 $V_{k,n}(s_k)$

指标函数应具有按阶段可分离性，并满足递推关系

$$V_{k,n}(s_k)=V_{k,n}(s_k,u_k,s_{k+1},u_{k+1},\cdots,s_n,u_n)=\psi(s_k,u_k,V_{k+1,\ n}(s_{k+1}))$$

其中：函数 $\psi_k(s_k,u_k,V_{k+1,n})$ 对于变量 $V_{k+1,n}$ 要严格单调.

6.4.2 动态规划基本方程及其求解

1. 动态规划基本方程

20 世纪 50 年代 Bellman 提出了求解动态规划的最优性原理，它反映了决策过程最优化的本质，使动态规划得以成功地应用于众多领域. 下面给出的最优性定理是策略最优性的充分必要条件，是动态规划的理论基础，而最优性原理仅仅是策略最优性的必要条件，是最优性定理的推论.

定理 6.1 （最优性定理）对阶段数为 n 的多阶段决策过程，其阶段变量 $k=1,2,\cdots,n$. 允许策略 $p_{1,n}^*=(u_1^*,u_2^*,\cdots,u_n^*)$ 是最优策略的充要条件是对任一个 $k\,(1<k<n)$ 和 $s_1\in S_1$，有

$$V_{1,n}(s_1,p_{1,n}^*)=\underset{p_{1,k-1}\in P_{1,k-1}(s_1)}{\text{opt}}\left\{V_{1,k-1}(s_1,p_{1,k-1})+\underset{p_{k,n}\in P_{k,n}(\tilde{s}_k)}{\text{opt}}V_{k,n}(\tilde{s}_k,p_{k,n})\right\}$$

其中：$p_{1,n}=(p_{1,k-1},p_{k,n})$；$\tilde{s}_k=T_{k-1}(s_{k-1},u_{k-1})$；它是由给定的初始状态 s_1 和子策略 $p_{1,k-1}$ 所确定的第 k 阶段的状态. 当 V 为效益函数时，opt 取 max；当 V 为损失函数时，opt 取 min.

推论 6.1 （最优性原理）若允许策略 $p_{1,n}^*$ 是最优策略，则对任意阶段 $k\,(1<k<n)$，它的子策略 $p_{k,n}^*$ 对于以 $s_k^*=T_{k-1}(s_{k-1}^*,u_{k-1}^*)$ 为起点的后部子过程而言，必是最优的（这里 s_k^* 是由初始状态 s_1 和 $p_{1,k-1}^*$ 确定的）.

根据定理 6.1 可写出计算动态规划问题的递推关系式，称为动态规划的基本方程. 在动态规划中，有逆序递推和顺序递推两种递推方法，它们各有相应的基本方程.

1）逆序递推的基本方程

设指标函数是取各阶段指标和的形式，即

$$V_{k,n}=\sum_{j=k}^{n}v_j(s_j,u_j)$$

上式又可写成如下递推关系：

$$V_{k,n}(s_k,p_{k,n})=v_k(s_k,u_k)+V_{k+1,n}(s_{k+1},p_{k+1,n})$$

于是

$$\begin{aligned}f_k(s_k)&=\underset{p_{k,n}}{\text{opt}}V_{k,n}(s_k,p_{k,n})\\&=\underset{\{u_k,p_{k+1,n}\}}{\text{opt}}\{v_k(s_k,u_k)+V_{k+1,n}(s_{k+1},p_{k+1,n})\}\\&=\underset{D_k}{\text{opt}}\left\{v_k(s_k,u_k)+\underset{p_{k+1,n}}{\text{opt}}V_{k+1,n}(s_{k+1},p_{k+1,n})\right\}\\&=\underset{D_k}{\text{opt}}\{v_k(s_k,u_k)+f_{k+1}(s_{k+1})\}\end{aligned}$$

这样，便得到动态规划逆序递推的基本方程为

$$\begin{cases}f_k(s_k)=\underset{u_k\in D_k(s_k)}{\text{opt}}\{v_k(s_k,u_k)+f_{k+1}(s_{k+1})\}\ (k=n,n-1,\cdots,2,1)\\f_{n+1}(s_{n+1})=0\ (\text{边界条件})\end{cases}$$

其中：$s_{k+1}=T_k(s_k,u_k)$.

2）顺序递推的基本方程

假定阶段序数 k 和状态变量 s_k 的定义不变，而改变决策变量 u_k 的定义. 取 $u_k(s_{k+1})=s_k$，则这时的状态转移不是由 s_k、u_k 去确定 s_{k+1}，而是反过来由 s_{k+1}、u_k 去确定 s_k，状态转移方程变为

$$s_k = T_k'(s_{k+1}, u_k)$$

因而第 k 阶段的允许决策集合也作相应的改变，记为 $D_k'(s_{k+1})$. 指标函数也换成以 s_{k+1} 和 u_k 的函数表示. 若记 $f_k(s_{k+1})$ 是相对于过程始点至状态 s_{k+1} 的最优指标函数，则可得动态规划顺序递推的基本方程为

$$\begin{cases} f_k(s_{k+1}) = \underset{u_k \in D_k'(s_{k+1})}{\text{opt}} \{v_k(s_{k+1}, u_k) + f_{k-1}(s_k)\} \quad (k = 1, 2, \cdots, n) \\ f_0(s_1) = 0 \text{（边界条件）} \end{cases}$$

其中：$s_k = T_k'(s_{k+1}, u_k)$.

2. 动态规划基本解法

由于动态规划的基本方程有逆序递推和顺序递推两种形式，动态规划的求解也有逆序解法和顺序解法. 一般地，当初始状态给定时，用逆序解法比较方便；当终止状态给定时，用顺序解法比较方便.

1）逆序解法

考察如图 6.8 所示的 n 阶段决策过程. 其中：在第 k 阶段，决策 u_k 使状态 s_k（输入）转移为状态 s_{k+1}（输出）. 设状态转移函数为

$$s_{k+1} = T_k(s_k, u_k) \quad (k = 1, 2, \cdots, n)$$

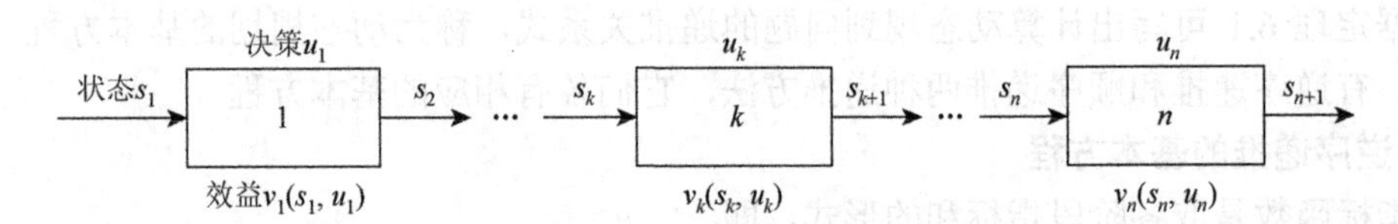

图 6.8 n 阶段决策过程

假定过程的总效益（指标函数）与各阶段效益（阶段指标函数）的关系为

$$V_{1,n} = v_1(s_1, u_1) * v_2(s_2, u_2) * \cdots * v_n(s_n, u_n)$$

其中，记号“$*$”可都表示“+”或者都表示“×”. 下面以求 $\max V_{1,n}$ 为例，介绍如何使 $V_{1,n}$ 达到最优化，即求 $\text{opt}V_{1,n}$.

设已知初始状态为 s_1，并假定最优值函数 $f_k(s_k)$ 表示第 k 阶段的初始状态为 s_k，从 k 阶段到 n 阶段所得到的最大效益.

从第 n 阶段开始，有

$$f_n(s_n) = \max_{u_n \in D_n(s_n)} v_n(s_n, u_n)$$

其中：$D_n(s_n)$ 为由状态 s_n 所确定的第 n 阶段的允许决策集合. 解此一维极值问题，就得到最优解 $u_n = u_n(s_n)$ 和最优值 $f_n(s_n)$. 若 $D_n(s_n)$ 只有一个决策，则 $u_n \in D_n(s_n)$ 就应写成

$$u_n = u_n(s_n)$$

在第 $n-1$ 阶段，有

$$f_{n-1}(s_{n-1}) = \max_{u_{n-1} \in D_{n-1}(s_{n-1})} \{v_{n-1}(s_{n-1}, u_{n-1}) * f_n(s_n)\}$$

其中：$s_n = T_{n-1}(s_{n-1}, u_{n-1})$. 解此一维极值问题，得最优解 $u_{n-1} = u_{n-1}(s_{n-1})$ 和最优值 $f_{n-1}(s_{n-1})$.

如此类推，直到第 1 阶段，有

$$f_1(s_1) = \max_{u_1 \in D_1(s_1)} \{v_1(s_1, u_1) * f_2(s_2)\}$$

其中：$s_2=T_1(s_1,u_1)$．解得最优解$u_1=u_1(s_1)$和最优值$f_1(s_1)$．由于初始状态s_1已知，$u_1=u_1(s_1)$和$f_1(s_1)$是可求出的．由$s_2=T_1(s_1,u_1)$可求出s_2，进而$u_2=u_2(s_2)$和$f_2(s_2)$也可求出．这样，按照上述递推过程相反的顺序推算下去，就可逐步求出每阶段的决策及效益．

例 6.22 用逆序解法求解非线性规划问题

$$\max z=\prod_{j=1}^{3} j\cdot x_j$$

$$\text{s.t.}\begin{cases}x_1+3x_2+2x_3\leqslant 12\\x_j\geqslant 0\ (j=1,2,3)\end{cases}$$

解 建立动态规划模型如下．

阶段变量k：把依次给变量x_1、x_2、x_3赋值各看成一个阶段，划分为3个阶段，$k=1,2,3$．

状态变量s_k：从第k阶段到第3阶段可利用资源（约束右端）的最大值，因而$s_1=12$．

决策变量x_k：第k阶段赋给x_k的值．

允许决策集合：$0\leqslant x_1\leqslant 12$，$0\leqslant x_2\leqslant s_2/3$，$0\leqslant x_3\leqslant s_3/2$．

状态转移方程：$s_2=s_1-x_1$，$s_3=s_2-3x_2$．

阶段指标：$v_k(s_k,x_k)=kx_k$．

最优值函数$f_k(s_k)$：第k阶段的初始状态为s_k，从第k阶段到第3阶段所得到的最大值．

由于原非线性规划问题的目标函数是乘积形式，可建立如下采用乘积形式的逆序递推基本方程：

$$\begin{cases}f_k(s_k)=\max\limits_{x_k\in D_k(s_k)}\{v_k(s_k,u_k)*f_{k+1}(s_{k+1})\}\\f_4(s_4)=1\end{cases}$$

运用逆序解法，由后向前依次计算如下．

当$k=3$时，有

$$f_3(s_3)=\max_{0\leqslant x_3\leqslant s_3/2}\{3x_3\cdot f_4(s_4)\}=\max_{0\leqslant x_3\leqslant s_3/2}\{3x_3\}$$

显然，当$x_3^*=s_3/2$时，$f_3(s_3)=3s_3/2$．

当$k=2$时，有

$$\begin{aligned}f_2(s_2)&=\max_{0\leqslant x_2\leqslant s_2/2}\{2x_2\cdot f_3(s_2-3x_2)\}=\max_{0\leqslant x_2\leqslant s_2/2}\{2x_2\cdot 3(s_2-3x_2)/2\}\\&=\max_{0\leqslant x_2\leqslant s_2/3}\{3x_2(s_2-3x_2)\}\end{aligned}$$

令$y_1=3x_2(s_2-3x_2)$，由$\dfrac{\mathrm{d}y_1}{\mathrm{d}y_2}=3s_2-18x_2=0$，得$x_2^*=\dfrac{1}{6}s_2$．又$\dfrac{\mathrm{d}^2y_1}{\mathrm{d}x_2^2}=-18<0$，故当$x_2^*=\dfrac{1}{6}s_2$时，$y_1$取最大值，代入得

$$f_2(s_2)=\frac{s_2}{2}\left(s_2-\frac{s_2}{2}\right)=\frac{1}{4}s_2^2$$

当$k=1$时，有

$$f_1(s_1)=\max_{0\leqslant x_1\leqslant s_1}\{x_1\cdot f_2(s_1-x_1)\}=\max_{0\leqslant x_1\leqslant s_1}\left\{x_1\cdot\frac{(12-x_1)^2}{4}\right\}$$

令$y_2=x_1(12-x_1)^2/4$，由

$$\frac{\mathrm{d}y_2}{\mathrm{d}x_1}=\frac{1}{4}(144-48x_1+3x_1^2)=0$$

得 $x_1^* = 4$ 或 12. 又 $\frac{\mathrm{d}^2 y_2}{\mathrm{d}x_1^2} = \frac{1}{4}(-48 + 6x_1)$，当 $x_1 = 4$ 时，$\frac{\mathrm{d}^2 y_2}{\mathrm{d}x_1^2} = -24 < 0$；当 $x_1 = 12$ 时，$\frac{\mathrm{d}^2 y_2}{\mathrm{d}x_1^2} = 24 > 0$. 故当 $x_1^* = 4$ 时，y_2 有最大值，代入得

$$f_1(s_1) = \frac{4(12-4)^2}{4} = 64$$

按计算顺序反推，可得各阶段的最优决策和最优值，即

$$x_1^* = 4，\quad f_1(12) = 64$$

$$s_2 = s_1 - x_1 = 12 - 4 = 8，\quad x_2^* = \frac{1}{6}s_2 = \frac{4}{3}，\quad f_2(s_2) = \frac{1}{4} \cdot 8^2 = 16$$

$$s_3 = s_2 - 3x_2 = 4，\quad x_3^* = \frac{1}{2}s_3 = 2，\quad f_3(s_3) = \frac{3}{2}s_3 = 6$$

因此，原问题的最优解为 $x_1^* = 4$，$x_2^* = 4/3$，$x_3^* = 2$，最优值 $\max z = 64$.

2）顺序解法

已知终止状态用顺序解法与已知初始状态用逆序解法在本质上没有区别. 设已知终止状态 s_{n+1}，并假定最优值函数 $f_k(s_{k+1})$ 表示第 k 阶段末的结束状态为 s_{k+1}，从第 1 阶段到第 k 阶段所得到的最大收益. 这时只要把图 6.8 的箭头倒转过来即可，把输出 s_{k+1} 视为输入，把输入 s_k 视为输出，这样便得到顺序解法. 但应注意，这里是在上述状态变量和决策变量的记法不变的情况下考虑的，因而这时的状态变换是上面状态变换的逆变化，记为 $s_k = T_k'(s_{k+1}, u_k)$，从运算而言，即是由 s_{k+1} 和 u_k 去确定 s_k.

从第 1 阶段开始，有

$$f_1(s_2) = \max_{u_1 \in D_1(s_1)} v_1(s_1, u_1)$$

其中：$s_1 = T_1'(s_2, u_1)$. 解得最优解 $u_1 = u_1(s_2)$ 和最优值 $f_1(s_2)$. 若 $D_1(s_1)$ 只有一个决策，则 $u_1 \in D_1(s_1)$ 就写成 $u_1 = u_1(s_2)$.

在第 2 阶段，有

$$f_2(s_3) = \max_{u_2 \in D_2(s_2)} \{v_2(s_2, u_2) * f_1(s_2)\}$$

其中：$s_2 = T_2'(s_3, u_2)$. 解得最优解 $u_2 = u_2(s_3)$ 和最优值 $f_2(s_3)$.

如此类推，直到第 n 阶段，有

$$f_n(s_{n+1}) = \max_{u_n \in D_n(s_n)} \{v_n(s_n, u_n) * f_{n-1}(s_n)\}$$

其中：$s_n = T_n'(s_{n+1}, u_n)$. 解得最优解 $u_n = u_n(s_{n+1})$ 和最优值 $f_n(s_{n+1})$.

由于终止状态 s_{n+1} 是已知的，$u_n = u_n(s_{n+1})$ 和 $f_n(s_{n+1})$ 是确定的，在按计算过程的相反顺序算上去，就可逐步确定出每阶段的决策及效益.

例 6.23 用顺序解法求解例 6.22.

解 改变状态变量的定义：s_{k+1} 表示从第 1 阶段到第 k 阶段末已利用资源的最大值，则有 $s_4 = 12$.

决策变量定义不变，但允许决策集合变为

$$x_1 = s_2,\quad 0 \leqslant x_2 \leqslant \frac{s_3}{3},\quad 0 \leqslant x_3 \leqslant \frac{s_4}{2}$$

状态转移方程为

$$s_2 = x_1,\quad s_3 = s_2 + 3x_2 \quad s_4 = s_3 + 2x_3$$

最优值函数 $f_k(s_{k+1})$ 表示第 k 阶段末的结束状态为 s_{k+1}，从第 1 阶段到第 k 阶段的最大值.

建立采用乘积形式的顺序递推基本方程如下：

$$\begin{cases} f_k(s_{k+1}) = \max\limits_{x_k \in D_k(s_{k+1})} \{v_k(s_{k+1}, x_k) * f_{k-1}(s_k)\} \\ f_0(s_1) = 1 \end{cases}$$

运用顺序解法，由前向后依次计算如下.

当 $k=1$ 时，有

$$f_1(s_2) = \max_{x_1 = s_2}\{x_1 \cdot f_0(s_1)\} = s_2$$

得最优解 $x_1^* = s_2$.

当 $k=2$ 时，有

$$f_2(s_3) = \max_{0 \leqslant x_2 \leqslant s_3/3}\{2x_2 \cdot f_1(s_3 - 3x_2)\} = \max_{0 \leqslant x_2 \leqslant s_3/3}\{2x_2(s_3 - 3x_2)\} = \frac{s_3^2}{6}$$

得最优解 $x_2^* = \dfrac{s_3}{6}$.

当 $k=3$ 时，有

$$f_3(s_4) = \max_{0 \leqslant x_3 \leqslant s_4/2}\{3x_3 \cdot f_2(s_4 - 2x_3)\} = \max_{0 \leqslant x_3 \leqslant 6}\left\{\frac{x_3(12-2x_3)^2}{2}\right\} = 64$$

得最优解 $x_3^* = 2$.

按计算顺序反推，可得

$$s_3 = s_4 - 2x_3 = 8, \qquad x_2^* = \frac{s_3}{6} = \frac{4}{3}$$

$$s_2 = s_3 - 3x_2 = 4, \qquad x_1^* = s_2 = 4$$

因此，同样得到原问题的最优解为 $x_1^* = 4$，$x_2^* = 4/3$，$x_3^* = 2$，最优值 $\max z = 64$.

➢ 6.5　多目标规划模型

多目标规划是数学规划的一个分支，前面介绍的四种数学规划模型都只有一个目标函数，称为单目标优化问题，简称最优化问题. 但是在日常生活和工程中，经常要求不止一项指标达到最优，往往要求多项指标同时达到最优，大量的问题都可以归结为一类在某种约束条件下使多个目标同时达到最优的多目标优化问题. 研究多于一个目标函数在给定区域上的最优化，称为多目标最优化（multiobjective optimization），通常记为 MOP. 例如，投资方向选择问题，不仅要求投资的收益最大，而且要求投资的风险最小. 又如，购买商品问题，既要考虑商品的价格，又要考虑商品的质量，甚至还要考虑商品的性能等.

6.5.1　多目标规划问题

1. 多目标规划问题的特征

在解决单目标规划问题时，我们的任务是选择一个或一组变量 X，使目标函数 $f(x)$ 取得最大（或最小）值. 对于任意两个方案所对应的解，只要比较它们相应的目标值，就可以判定谁优谁劣，但在多目标情况下，问题却不那么单纯了. 例如，有两个目标 f_1 和 f_2，希望它们都越大越好. 图 6.9 列出在这两个目标下共有 8 个解的方案，其中方案 1 与方案 2 无法比较，因为方案 1 的指标 f_2 比方案 2 的高，但方案 1 的指标 f_1 却比方案 2 的低，因而无法直接判断它们的优劣. 可是如果拿它们和方案 6 比较，那么两个指标都不如方案 6，就这 3 个方案而言，可以淘汰方案 1 和方案 2. 而方案 3 和方案 4 与方案 6 相比，方案 3 和方案 4 在各项指标上都不比方案 6 好，而且至少有一项指标还比方案 6 差，因此也可以淘汰掉方案 3 和方案 4. 把这样可以淘汰掉的解称为劣解. 而余下方案 5、6、7、8 的特点是，它们中间的一个与其余任何一个相比，总有一个指标更优越，而另一个指标却更差. 像这样的解，既不会被淘汰掉，又不全面优越于其他解，称之为非劣解（或有效解）. 这种非劣解在多目标决策中起着非常重要的作用，决策者将根据自己的偏好、意愿，以及一定的最优原则，从多个非劣解中选择出一个满意解作为其理想的实施方案. 在这里，满意解就是某种意义下的“最优解”.

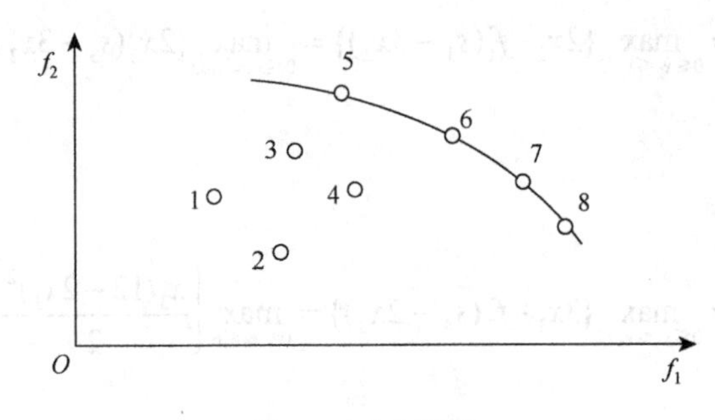

图 6.9　方案比较

2. 多目标规划问题的模型结构

多目标规划问题包含两大要素，即目标和方案.

在多目标规划问题中，目标有多层次的含义. 从最高层次来看，目标代表了问题要达到的总目标，如确定最满意的投资项目、选择最满意的食品；从较低层次来看，目标可看成是体现总目标得以实现的各个具体的目标，如投资项目的盈利要大、成本要低、风险要小；目标也可看成是衡量总目标得以实现的各个准则，如食品的味道要鲜、质量要好、花费要少.

多目标规划问题中的方案称为决策变量，也称多目标规划问题的解，备选方案称为规划问题的可行解. 在多目标规划中，有些问题的方案是有限可数的，而有些则是无限可数或不可数的. 方案有其特征或特性，称为属性. 方案的属性有两类：一类是准则，即目标属性，如食品的价格等；另一类则与目标属性不同，但往往与备选方案的约束条件有关，如食品中维生素 A 的含量等.

任何多目标规划问题，都由两个基本部分组成，即两个以上的目标函数以及若干个约束条件. 其模型结构如下.

设 $\boldsymbol{x}=(x_1,x_2,\cdots,x_n)$ 为决策变量，这里，不同的 $\boldsymbol{x}$ 定义为不同的方案. 方案集（即可行域）为 $X=\{\boldsymbol{x}\in E_n \mid g_i(\boldsymbol{x})\geqslant 0, i=1,2,\cdots,p\}$. 其中：$g_i(\boldsymbol{x})$ 为第 i 个约束函数. 设 f_j 为第 j 个目标 $(j=1,2,\cdots,m)$，则多目标规划问题的模型结构为

$$\underset{\boldsymbol{x}\in X}{\operatorname{opt}} \boldsymbol{F}(\boldsymbol{x})=(f_1(\boldsymbol{x}),f_2(\boldsymbol{x}),\cdots,f_m(\boldsymbol{x}))^{\mathrm{T}}$$

其中：$m\geqslant 2$，且 $\boldsymbol{x}\in X$ 表示决策变量应满足约束集 X.

不妨设多目标规划问题为最大化问题，即

$$\max_{\boldsymbol{x}\in X} \boldsymbol{F}(\boldsymbol{x})=(f_1(\boldsymbol{x}),f_2(\boldsymbol{x}),\cdots,f_m(\boldsymbol{x}))^{\mathrm{T}}$$

这时，解 $\boldsymbol{x}^*\in X$ 的定义如下.

绝对最优解：若对于任意 $\boldsymbol{x} \in X$，都有 $\boldsymbol{F}(\boldsymbol{x}^*) \geqslant \boldsymbol{F}(\boldsymbol{x})$；

有效解：若不存在 $\boldsymbol{x} \in X$，使 $\boldsymbol{F}(\boldsymbol{x}^*) \leqslant \boldsymbol{F}(\boldsymbol{x})$；

弱有效解：若不存在 $\boldsymbol{x} \in X$，使 $\boldsymbol{F}(\boldsymbol{x}^*) < \boldsymbol{F}(\boldsymbol{x})$.

6.5.2 可化为一个单目标问题的解法

1. 主要目标法

在有些多目标规划问题中，各种目标的重要性程度往往是不一样的. 其中重要性程度最高和最为关键的目标，称为主要目标，其余的目标则为非主要目标. 例如，考虑如下多目标规划问题：

$$\begin{cases} \max \boldsymbol{F}(\boldsymbol{x}) = (f_1(\boldsymbol{x}), f_2(\boldsymbol{x}), \cdots, f_m(\boldsymbol{x}))^{\mathrm{T}} \\ \boldsymbol{x} \in X \end{cases} \tag{6.4}$$

在多目标问题（6.4）中，假定 $f_1(\boldsymbol{x})$ 为主要目标，其余 $m-1$ 个目标为非主要目标，这时，希望主要目标达到极大值，并要求其余的目标满足一定的条件，即

$$\max f_1(\boldsymbol{x})$$

且

$$f_j(\boldsymbol{x}) \geqslant a_j \quad (j = 2,3,\cdots,m)$$

于是，多目标问题（6.4）可转化为如下单目标问题：

$$\begin{cases} \max f_1(\boldsymbol{x}) \\ \boldsymbol{x} \in X' \end{cases} \tag{6.5}$$

其中：$X' = \{\boldsymbol{x} \mid \boldsymbol{x} \in X, f_j(\boldsymbol{x}) \geqslant a_j, j = 2,3,\cdots,m\}$.

定理 6.2 单目标问题（6.5）的最优解一定是多目标问题（6.4）的弱有效解.

例 6.24 某工厂在一个计划期内生产甲、乙两种产品. 各产品都要消耗 A、B、C 三种不同的资源. 每件产品对资源的单位消耗、各种资源的限量，以及各产品的单位价格、单位利润、所造成的单位污染如表 6.3 所示.

表 6.3 生产甲、乙产品的有关数据

产品	甲	乙	资源限量
资源 A 单位消耗	9	4	240
资源 B 单位消耗	4	5	200
资源 C 单位消耗	3	10	300
单位产品的价格	400	600	
单位产品的利润	70	120	
单位产品的污染	3	2	

假定产品能全部销售出去，问每期怎样安排生产，才能使利润和产值都最大，且造成的污染最小？

解 设 x_1、x_2 分别为甲、乙两种产品的数量.

该问题有 3 个目标，即

$$\max f_1(\boldsymbol{x}) = 70x_1 + 120x_2 \text{（利润最大）}$$

$$\max f_2(\boldsymbol{x}) = 400x_1 + 600x_2 \text{（产值最大）}$$

$$\min\{-f_3(\boldsymbol{x})\} = 3x_1 + 2x_2 \text{（污染量最小）}$$

该问题的约束条件为

$$\begin{cases} 9x_1 + 4x_2 \leqslant 240 \\ 4x_1 + 5x_2 \leqslant 200 \\ 3x_1 + 10x_2 \leqslant 300 \\ x_1, x_2 \geqslant 0 \end{cases}$$

建立该问题的多目标决策模型如下：

$$\max \boldsymbol{F}(\boldsymbol{x}) = (f_1(\boldsymbol{x}), f_2(\boldsymbol{x}), f_3(\boldsymbol{x}))^{\mathrm{T}}$$

$$\begin{cases} 9x_1 + 4x_2 \leqslant 240 \\ 4x_1 + 5x_2 \leqslant 200 \\ 3x_1 + 10x_2 \leqslant 300 \\ x_1, x_2 \geqslant 0 \end{cases}$$

对于上述模型的 3 个目标，工厂确定利润最大为主要目标，另两个目标则通过预先给定的希望达到的目标值转化为约束条件进行研究，工厂认为总产值至少应达到 20 000 个单位，面污染量则应控制在 90 个单位以下，即

$$\begin{cases} f_2(\boldsymbol{x}) = 400x_1 + 600x_2 \geqslant 20\,000 \\ f_3(\boldsymbol{x}) = 3x_1 + 2x_2 \leqslant 90 \end{cases}$$

由主要目标法得到如下单目标规划问题：

$$\max f_1(\boldsymbol{x}) = 70x_1 + 120x_2$$

$$\begin{cases} 400x_1 + 600x_2 \geqslant 20\,000 \\ 3x_1 + 2x_2 \leqslant 90 \\ 9x_1 + 4x_2 \leqslant 240 \\ 4x_1 + 5x_2 \leqslant 200 \\ 3x_1 + 10x_2 \leqslant 300 \\ x_1, x_2 \geqslant 0 \end{cases}$$

用单纯形法求解，得 $x_1 = 12.5$，$x_2 = 26.25$，$f_1(\boldsymbol{x}) = 4\,025$. 这时，$f_2(\boldsymbol{x}) = 20\,750$，$f_3(\boldsymbol{x}) = 90$.

2. 线性加权和法

考虑多目标规划问题（6.4），假定目标 $f_1(\boldsymbol{x}), f_2(\boldsymbol{x}), \cdots, f_m(\boldsymbol{x})$ 具有相同的量纲. 按照所定规则分别给 f_i 赋予权系数 $w_i \geqslant 0\ (i = 1, 2, \cdots, m)$，其中 $\sum_{i=1}^{m} w_i = 1$. 作线性加权和评价函数

$$U(\boldsymbol{x}) = \sum_{i=1}^{m} w_i f_i(\boldsymbol{x})$$

则求解多目标规划问题（6.4）可转化为求解如下单目标规划问题：

$$\begin{cases} \max U(\boldsymbol{x}) = \sum_{i=1}^{m} w_i f_i(\boldsymbol{x}) \\ \boldsymbol{x} \in X \end{cases} \tag{6.6}$$

不难证明，问题（6.6）的最优解 $\boldsymbol{x}$ 是问题（6.4）的有效解或弱有效解.

定理 6.3 设 $w_i > 0\ (i=1,2,\cdots,m)$，且 $w_1 + w_2 + \cdots + w_m = 1$，则单目标问题（6.6）的最优解是多目标问题（6.4）的有效解.

类似地，可以证明如下定理.

定理 6.4 设 $w_i \geqslant 0\ (i=1,2,\cdots,m)$，且 $w_1 + w_2 + \cdots + w_m = 1$，则单目标问题（6.6）的最优解是多目标问题（6.4）的弱有效解.

例 6.25 某公司计划购进一批新卡车，可供选择的卡车有 A_1、A_2、A_3、A_4 4 种类型. 现考虑 6 个方案属性：维修期限 f_1，每 100 L 汽油所跑的里数 f_2，最大载重吨数 f_3，价格（万元）f_4，可靠性 f_5，灵敏性 f_6. 这 4 种型号的卡车分别关于目标属性的指标值 f_{ij} 如表 6.4 所示.

表 6.4 4 种型号卡车的指标值

类型	f_{ij}					
	f_1	f_2	f_3	f_4	f_5	f_6
A_1	2.0	1 500	4.0	55	一般	高
A_2	2.5	2 700	3.6	65	低	一般
A_3	2.0	2 000	4.2	45	高	很高
A_4	2.2	1 800	4.0	50	很高	一般

首先对不同度量单位和不同数量级的指标值进行标准化处理，将定性指标定量化，如图 6.10 所示.

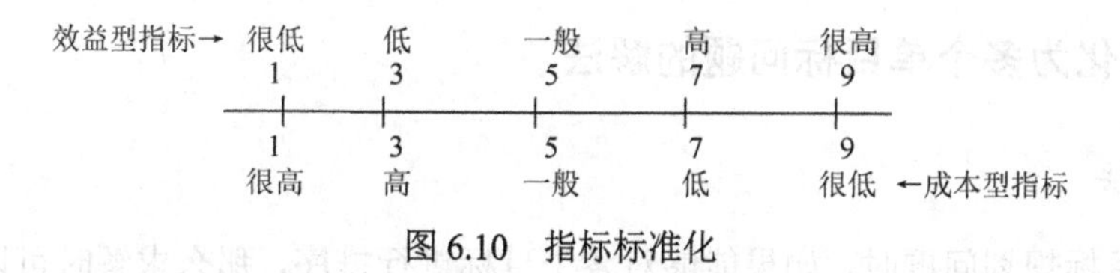

图 6.10 指标标准化

可靠性和灵敏性指标都属于效益型指标，如表 6.5 所示.

表 6.5 可靠性和灵敏性指标

可靠性		灵敏性	
类型	指标	类型	指标
一般	5	高	7
低	3	一般	5
高	7	很高	9
很高	9	一般	5

按以下公式进行无量纲的标准化处理：

$$a_{ij} = \frac{99 \times (f_{ij} - f_j^{**})}{f_j^* - f_j^{**}} + 1$$

其中：$f_j^* = \max\limits_i f_{ij}$，$f_j^{**} = \min\limits_i f_{ij}$.

变换后的指标值矩阵如表 6.6 所示.

表 6.6　变换后的指标值

类型	a_{ij}					
	f_1	f_2	f_3	f_4	f_5	f_6
A_1	1	1	67	50.5	34	50.5
A_2	100	100	1	100	1	1
A_3	1	42.25	100	1	67	100
A_4	40.6	25.75	67	25.75	100	1

设权系数向量 $\boldsymbol{W}=(0.2,0.1,0.1,0.1,0.2,0.3)$，则

$$U(x_1)=\sum_{j=1}^{6}w_j a_{1j}=34$$

$$U(x_2)=\sum_{j=1}^{6}w_j a_{2j}=40.6$$

$$U(x_3)=\sum_{j=1}^{6}w_j a_{3j}=57.925$$

$$U(x_4)=\sum_{j=1}^{6}w_j a_{4j}=40.27$$

因为

$$U^*=\max U=U(x_3)$$

所以最优方案为选购 A_3 型卡车.

6.5.3　转化为多个单目标问题的解法

1. 字典序法

在解决多目标规划问题时，如果能够对各个目标进行排序，那么求解时可以按照各个目标的重要性程度依次求出各目标的最优解. 当在某个目标求得了唯一解时，不再考虑剩下目标的最优解了，该唯一解就是所求多目标问题的有效解. 这就是字典序法.

例如，考虑多目标问题（6.4），不妨设各目标的重要性排序为

$$f_1(\boldsymbol{x})\succ f_2(\boldsymbol{x})\succ\cdots\succ f_m(\boldsymbol{x})$$

则字典序法的求解步骤如下.

（1）求解相应于 $f_1(\boldsymbol{x})$ 的第一个单目标问题

$$\begin{cases}\max f_1(\boldsymbol{x})\\ \boldsymbol{x}\in X\end{cases}$$

设该问题的最优解为 $\boldsymbol{x}^*$，且 $f_1^*=f_1(\boldsymbol{x}^*)$. 若 $\boldsymbol{x}^*$ 是唯一的最优解，则 $\boldsymbol{x}^*$ 就是问题（6.4）的满意解，停止；否则，令 $k=1$，转（2）.

（2）求解相应于 $f_{k+1}(\boldsymbol{x})$ 的第 $k+1$ 个单目标问题

$$\begin{cases}\max f_{k+1}(\boldsymbol{x})\\ \boldsymbol{x}\in X'\end{cases}$$

其中：$X'=\{\boldsymbol{x}\mid \boldsymbol{x}\in X, f_i(\boldsymbol{x})=\boldsymbol{f}_i^*, i=1,2,\cdots,k\}$. 若 $k+1=m$，则该问题的最优解就是问题（6.4）的满意解，停止；否则，转（3）.

(3) 设该问题的最优解为 $\boldsymbol{x}^*$，且 $f_{k-1}^* = f_{k+1}(\boldsymbol{x}^*)$. 若 $\boldsymbol{x}^*$ 是唯一的最优解，则 $\boldsymbol{x}^*$ 就是问题（6.4）的满意解，停止；否则，置 $k+1 \to k$，返回（2）.

很显然，按上述步骤确定的满意解一定是问题（6.4）的有效解.

例 6.26 用字典序法求解例 6.25 中的选购卡车问题. 假设

$$f_6 \succ f_1 \succ f_5 \succ f_2 \succ f_4 \succ f_3$$

则相应于 f_6 的单目标问题

$$\begin{cases} \max f_6(\boldsymbol{x}) \\ \boldsymbol{x} \in \{A_1, A_2, A_3, A_4\} \end{cases}$$

的最优解 $\boldsymbol{x}^* = A_1, A_3$. 相应于 f_1 的单目标问题

$$\begin{cases} \max f_1(\boldsymbol{x}) \\ \boldsymbol{x} \in \{A_1, A_3\} \end{cases}$$

的最优解 $\boldsymbol{x}^* = A_1, A_3$. 相应于 f_5 的单目标问题

$$\begin{cases} \max f_5(\boldsymbol{x}) \\ \boldsymbol{x} \in \{A_1, A_3\} \end{cases}$$

的最优解 $\boldsymbol{x}^* = A_3$. 由于这时只有唯一的最优解 A_3，求解到此结束，A_3 为选中的车型.

2. 步骤法

步骤法也称 STEM 法. 这是一种交互方法，其求解过程通过分析者与决策者之间的对话逐步进行，故也称步骤法.

步骤法的基本思想是：首先需要求出问题（6.4）的一组理想解 $(f_1^*, f_2^*, \cdots, f_m^*)$. 实际上，这些解 $f_i^*\ (i=1,2,\cdots,m)$ 无法同时达到，但可以当成一组理想的最优值. 以理想解作为一个标准，可以估计有效解，然后通过对话，不断修改目标值，并把降低要求的目标作为新的约束条件加到原来的约束条件中去重新计算，直到决策者得到满意的解. 具体步骤法算法如下.

（1）分别求以下 m 个单目标问题的最优解：

$$\begin{cases} \max f_i(\boldsymbol{x}) = \sum_{j=1}^{m} c_{ij} \boldsymbol{x}_j \quad (i=1,2,\cdots,m) \\ \boldsymbol{x} \in X \end{cases} \tag{6.7}$$

设最优解为 $\boldsymbol{x}^*\ (i=1,2,\cdots,m)$，其相应的目标值即理想值为 $f_i^*\ (i=1,2,\cdots,m)$，此最优解处别的目标所取的值用 z_{ki} 表示，即 $z_{ki} = f_k(\boldsymbol{x}^*)\ (k \neq i; k=1,2,\cdots,m)$. 把上述计算的结果列入表 6.7.

表 6.7 支付表

$\boldsymbol{x}$	f_1	f_2	$\cdots$	f_1	$\cdots$	f_m
$\boldsymbol{x}^{1*}$	f_1^*	z_{21}	$\cdots$	z_{11}	$\cdots$	z_{m1}
$\vdots$	$\vdots$	$\vdots$		$\vdots$		$\vdots$
$\boldsymbol{x}^{2*}$	z_1	z_2	$\cdots$	f_1^*	$\cdots$	z_{m2}
$\vdots$	$\vdots$	$\vdots$		$\vdots$		$\vdots$
$\boldsymbol{x}^{m*}$	z_{1m}	z_{2m}	$\cdots$	z_{1m}	$\cdots$	f_m^*

表 6.7 是一份 $m \times m$ 的支付表. 在表中，确定每一列的最小值并记第 i 列的最小值为 $f_i^{**}\ (i=1,2,\cdots,m)$.

（2）求解

$$
\min \lambda
$$
$$
\begin{cases}
\pi_i(f_i^* - f_i(\boldsymbol{x})) \leqslant \lambda\ (i=1,2,\cdots,m) \\
\boldsymbol{x} \in X \\
\lambda \geqslant 0
\end{cases}
\tag{6.8}
$$

其中：

$$
\pi_i = \frac{\alpha_i}{\sum_{i=1}^{m} \alpha_i} \tag{6.9}
$$

其中：

$$
\alpha_i = \begin{cases}
\dfrac{f_i^* - f_i^{**}}{f_i^*} \left(\sum_{i=1}^{m} c_{ij}^2 \right)^{-1/2}, & f_i^* > 0 \\
\dfrac{f_i^{**} - f_i^*}{f_i^{**}} \left(\sum_{i=1}^{m} c_{ij}^2 \right)^{-1/2}, & f_i^* \leqslant 0
\end{cases}
\tag{6.10}
$$

式（6.8）中：$f_i^* - f_i(\boldsymbol{x})$ 是第 i 个目标的实际值与其理想值的偏差；π_i 为相应的权系数；λ 为目标与理想值的最大加权偏差. 求得的解 $\boldsymbol{x}$ 将使最大加权偏差 λ 最小.

（3）将式（6.8）的解 $\boldsymbol{x}_0$ 与其相应的目标值 $f_1(\boldsymbol{x}_0), f_2(\boldsymbol{x}_0), \cdots, f_m(\boldsymbol{x}_0)$ 同理想值进行比较后，如果认为其中某些目标值太坏，另一些目标值可以不那么太好，可以把比较好的目标值中的某一个修改得差一些，以使水平太坏的目标得到改善.

当减少了第 j 个目标的值 Δf_j 之后，式（6.8）中的约束条件 X 应改为 X'，即

$$
X' = \begin{cases}
X \\
f_j(x) \geqslant f_j(x_0) - \Delta f_j\ (j=1,2,\cdots,k) \\
f_j(x) \geqslant f_i(x_0)\ (i \neq j; i=1,2,\cdots,m)
\end{cases}
$$

在按式（6.8）进行下一次迭代时，对应于降低了要求的那些目标 $f_j\ (j=1,2,\cdots,k)$ 的权系数 π_j 应设为 0. 这种迭代继续下去，直到得到满意的解为止.

➢ 6.6　最佳阵容问题

6.6.1　最佳阵容问题的描述

有一场由 4 个项目（高低杠、平衡木、跳马、自由体操）组成的女子体操团体赛，赛程规定：每个队至多允许 10 名运动员参赛，每一个项目可以有 6 名选手参加. 每个选手参赛的成绩评分从高到低依次为 10, 9.9, 9.8, ⋯, 0.1, 0. 每个代表队的总分是参赛选手所得总分之和，总分最多的代表队为优胜队. 此外，还规定每个运动员只能参加全能比赛（4 项全参加）和单项比

赛这两类中的一类，参加单项比赛的每个运动员至多能参加 3 个单项. 每个队应有 4 人参加全能比赛，其余运动员参加单项比赛.

现某代表队的教练已经对其所带领的 10 名运动员参加各个项目的成绩进行了大量测试，教练发现每个运动员在每个单项上的成绩稳定在 4 个得分上，如表 6.8 所示，其相应的概率也由统计得出（例如，表中第 2 列数据，8.4～0.15 表示取得 8.4 分的概率为 0.15）. 试解答以下问题.

（1）每个选手的各单项得分按最悲观估算，在此前提下，请为该队排出一个出场阵容，使该队团体总分尽可能高；每个选手的各单项得分按均值估算，在此前提下，请为该队排出一个出场阵容，使该队团体总分尽可能高.

（2）若对以往的资料及近期各种信息进行分析得到，本次夺冠的团体总分估计不少于 236.2 分. 该队为了夺冠应排出怎样的阵容？以该阵容出战，其夺冠的前景如何？得分前景（即期望值）又如何？它有 90%的把握战胜怎样水平的对手？

表 6.8　运动员各项目得分及概率分布表

项目	运动员				
	1	2	3	4	5
高低杠	8.4～0.15 9.5～0.5 9.2～0.25 9.4～0.1	9.3～0.1 9.5～0.1 9.6～0.6 9.8～0.2	8.4～0.1 8.8～0.2 9.0～0.6 10～0.1	8.1～0.1 9.1～0.5 9.3～0.3 9.5～0.1	8.4～0.15 9.5～0.5 9.2～0.25 9.4～0.1
平衡木	8.4～0.1 8.8～0.2 9.0～0.6 10～0.1	8.4～0.15 9.0～0.5 9.2～0.25 9.4～0.1	8.1～0.1 9.1～0.5 9.3～0.3 9.5～0.1	8.7～0.1 8.9～0.2 9.1～0.6 9.9～0.1	9.0～0.1 9.2～0.1 9.4～0.6 9.7～0.2
跳马	9.1～0.1 9.3～0.1 9.5～0.6 9.8～0.2	8.4～0.1 8.8～0.2 9.0～0.6 10～0.1	8.4～0.15 9.5～0.5 9.2～0.25 9.4～0.1	9.0～0.1 9.4～0.1 9.5～0.5 9.7～0.3	8.3～0.1 8.7～0.1 8.9～0.6 9.3～0.2
自由体操	8.7～0.1 8.9～0.2 9.1～0.6 9.9～0.1	8.9～0.1 9.1～0.1 9.3～0.6 9.6～0.2	9.5～0.1 9.7～0.1 9.8～0.6 10～0.2	8.4～0.1 8.8～0.2 9.0～0.6 10～0.1	9.4～0.1 9.6～0.1 9.7～0.6 9.9～0.2

项目	运动员				
	6	7	8	9	10
高低杠	9.4～0.1 9.6～0.1 9.7～0.6 9.9～0.2	9.5～0.1 9.7～0.1 9.8～0.6 10～0.2	8.4～0.1 8.8～0.2 9.0～0.6 10～0.1	8.4～0.15 9.5～0.5 9.2～0.25 9.4～0.1	9.0～0.1 9.2～0.1 9.4～0.6 9.7～0.2
平衡木	8.7～0.1 8.9～0.2 9.1～0.6 9.9～0.1	8.4～0.1 8.8～0.2 9.0～0.6 10～0.1	8.8～0.05 9.2～`0.05 9.8～0.5 10～0.4	8.4～0.1 8.8～0.1 9.2～0.6 9.8～0.2	8.1～0.1 9.1～0.5 9.3～0.3 9.5～0.1
跳马	8.5～0.1 8.7～0.1 8.9～0.5 9.1～0.3	8.3～0.1 8.7～0.1 8.9～0.6 9.3～0.2	8.7～0.1 8.9～0.2 9.1～0.6 9.9～0.1	8.4～0.1 8.8～0.2 9.0～0.6 10～0.1	8.2～0.1 9.2～0.5 9.4～0.3 9.6～0.1
自由体操	8.4～0.15 9.5～0.5 9.2～0.25 9.4～0.1	8.4～0.1 8.8～0.1 9.2～0.6 9.8～0.2	8.2～0.1 9.3～0.5 9.5～0.3 9.8～0.1	9.3～0.1 9.5～0.1 9.7～0.5 9.9～0.3	9.1～0.1 9.3～0.1 9.5～0.6 9.8～0.2

6.6.2 最佳阵容问题的解答

1. 第一问的解答

1）模型的建立

分别称高低杠、平衡木、跳马、自由体操为第 1、2、3、4 个项目，引入 0-1 变量：

$$x_{ij}=\begin{cases}1, & 第j号运动员参加第i个项目\\ 0, & 第j号运动员不参加第i个项目\end{cases}\quad (i=1,2,3,4; j=1,2,\cdots,10)$$

目标函数：设 a_{ij} 为第 j 号运动员参加第 i 个项目的得分，则全队在所有项目上所得总分为

$$\sum_{i=1}^{4}\sum_{j=1}^{10}a_{ij}x_{ij}$$

约束条件分析：显然，在每个项目上，应派满 6 名选手，于是有

$$\sum_{j=1}^{10}x_{ij}=6\quad (i=1,2,3,4)$$

第 j 号运动员参加全能比赛 $\Leftrightarrow \prod_{i=1}^{4}x_{ij}=1$

因此，每个队 4 人参加全能比赛可表示为

$$\sum_{j=1}^{10}\prod_{i=1}^{4}x_{ij}=4$$

又

第 j 号运动员不参加全能比赛 $\Leftrightarrow \prod_{i=1}^{4}x_{ij}=0 \Leftrightarrow 1-\prod_{i=1}^{4}x_{ij}=1$

参加单项的运动员能参加的项目不超过 3 项可表示为

$$\left(1-\prod_{i=1}^{4}x_{ij}\right)\sum_{i=1}^{4}x_{ij}\leqslant 3\quad (j=1,2,\cdots,10)$$

第一问归结为如下 0-1 规划模型：

$$\max\sum_{i=1}^{4}\sum_{j=1}^{10}a_{ij}x_{ij}$$

$$\text{s.t.}\begin{cases}\sum_{j=1}^{10}x_{ij}=6\ (i=1,2,3,4)\\ \sum_{j=1}^{10}\prod_{i=1}^{4}x_{ij}=4\\ \left(1-\prod_{i=1}^{4}x_{ij}\right)\sum_{i=1}^{4}x_{ij}\leqslant 3\ (j=1,2,\cdots,10)\\ x_{ij}=0或1\ (i=1,2,3,4; j=1,2,\cdots,10)\end{cases}\qquad (6.11)$$

2）模型的求解

若用枚举法求解，$x_{ij}\ (i=1,2,3,4; j=1,2,\cdots,10)$ 取 0 或 1 的组合数为 $2^{40}\approx 1.099\,5\times 10^{12}$，这

是一个相当大的数，难以完成计算. 若用隐枚举法求解，由于变量达 40 个之多，也难以完成计算. 现考虑以下算法.

先从 10 名运动员中任选 4 名作为全能选手，共有 $C_{10}^4=210$ 种选法，每次选定 4 名全能选手后，再确定余下 6 名运动员如何参加单项，使单项总分最高. 具体设选定的 4 名全能选手为 l_1、l_2、l_3、l_4，对应的选法记为 $\{l_1,l_2,l_3,l_4\}$，总分记为 $z(l_1,l_2,l_3,l_4)$，再确定余下的 6 名运动员 j_1、j_2、j_3、j_4、j_5、j_6 如何参加单项，使单项总分最高，这是一个 0-1 规划问题：

$$\max \sum_{i=1}^{4}\sum_{k=1}^{6} a_{ij_k} x_{ij_k}$$

$$\text{s.t.}\begin{cases}\sum_{k=1}^{6} x_{ij_k}=2\ (i=1,2,3,4) & \text{(A)}\\ \sum_{i=1}^{4} x_{ij_k}\leqslant 3\ (k=1,2,\cdots,6) & \text{(B)}\\ x_{ij_k}=0\text{或}1\ (i=1,2,3,4;k=1,2,\cdots,6) & \text{(C)}\end{cases} \tag{6.12}$$

设模型（6.12）的最优值为 $u(l_1,l_2,l_3,l_4)$，记

$$w(l_1,l_2,l_3,l_4)=z(l_1,l_2,l_3,l_4)+u(l_1,l_2,l_3,l_4)$$

从 10 名运动员中任选 4 名作为全能选手的所有选法的集合记为 D，显然，模型（6.11）化为求

$$\max_{\{l_1,l_2,l_3,l_4\}\in D} w(l_1,l_2,l_3,l_4)$$

因此，模型（6.11）可分解成 210 个形如（6.12）的子问题. 模型（6.11）是一个 0-1 线性规划，有 24 个变量，可用隐枚举法求解，计算量仍然较大，可采用如下方法求解.

（1）先取（6.2）的一个“较好”的可行解，如取全能总分前 4 名作为全能选手，余下 6 名运动员中，在每个项目上取单项得分较高的两名运动员，使其满足模型（6.12）的条件 $\sum_{i=1}^{4} x_{ij_k}\leqslant 3\ (k=1,2,\cdots,6)$，这样得到模型（6.11）的一个可行解，对应的目标函数值记为 w_0，以 w_0 作为阈值.

（2）对第 i 个（$i=1,2,3,4$）项目，在编号为 j_1、j_2、j_3、j_4、j_5、j_6 的 6 名运动员中，依得分从高到低取 2 名，这样条件（A）、（C）已满足，但未必满足条件（B），这样得到一个参加单项的初步阵容及整个团体的初步阵容. 计算团体初步阵容总分，设为 w，若 $w<w_0$，则可删除此子问题，转而考虑余下的子问题；若 $w\geqslant w_0$，验证模型（6.12）中的条件（B）：当参加单项的初步阵容满足条件（B）时，表明初步阵容是可行解，显然它是此子问题的最优解，此子问题已探明，用 w 取代 w_0 作为新的阈值，转而考虑余下的子问题；当参加单项的初步阵容不满足条件（B）时，分以下两种情况.

① 仅有一名单项选手如编号为 j_1 的运动员参加了全部 4 个单项，此时又分为两种情况.

a. 其余运动员参加单项的数目都不超过 2 项. 设第 i 个项目上除去两个最高分后余下得分最高的为 a_{in_i} $(i=1,2,3,4)$，第 j_1 号运动员在四个项目上的得分为 a_{ij_1} $(i=1,2,3,4)$（它们处于前两名）. 设 $\min\limits_{1\leqslant i\leqslant 4}\{a_{ij_1}-a_{in_i}\}=a_{mj_1}-a_{mn_m}$，用编号为 n_m 的运动员取代 j_1 参加第 m 个项目，可得满足条件（B）的单项最佳阵容，此子问题已探明，计算相应的团体总分 w，用 w 取代 w_0 作为新的

阈值. 例如，如表 6.9 所示，若 $\min\limits_{1\leqslant i\leqslant 4}\{a_{ij_1}-a_{in_i}\}=a_{2j_1}-a_{2n_2}$，用编号为 $n_2=j_6$ 的运动员取代 j_1 参加第 2 个项目，可得满足条件（B）的单项最佳阵容.

表 6.9　最佳阵容调配表 1

$\tilde{a}_{1j_1}$	$\tilde{a}_{1j_2}$		a_{1n_1}		
$\tilde{a}_{2j_1}$	$\tilde{a}_{2j_2}$				a_{2n_2}
$\tilde{a}_{3j_1}$		a_{3n_3}		$\tilde{a}_{3j_5}$	
$\tilde{a}_{4j_1}$			a_{4n_4}		$\tilde{a}_{4j_6}$

注：$\tilde{a}_{ij_k}$ 表示 j_k 号运动员参加第 i 个单项.

b. 若另有一名运动员例如编号为 j_2 的参加了 3 个单项，如 1、2、3，如表 6.10 和表 6.11 所示两种情况，表 6.10 的情况可按（a）求解.

表 6.10　最佳阵容调配表 2

$\tilde{a}_{1j_1}$	$\tilde{a}_{1j_2}$		a_{1n_1}	
$\tilde{a}_{2j_1}$	$\tilde{a}_{2j_2}$			a_{2n_2}
$\tilde{a}_{3j_1}$	$\tilde{a}_{3j_2}$	a_{3n_3}		
$\tilde{a}_{4j_1}$			a_{4n_4}	$\tilde{a}_{4j_6}$

表 6.11　最佳阵容调配表 3

$\tilde{a}_{1j_1}$	$\tilde{a}_{1j_2}$		a_{1n_1}		
$\tilde{a}_{2j_1}$	$\tilde{a}_{2j_2}$				a_{2n_2}
$\tilde{a}_{3j_1}$	$\tilde{a}_{3j_2}$	a_{3n_3}			
$\tilde{a}_{4j_1}$	a_{4n_4}			a_{4s}	$\tilde{a}_{4j_6}$

表 6.11 的情况，若 $\min\limits_{1\leqslant i\leqslant 4}\{a_{ij_1}-a_{in_i}\}=a_{4j_1}-a_{4n_4}$，用编号为 $n_4=j_2$ 的运动员取代 j_1 参加第 4 个项目，则 j_2 号运动员参加了全部 4 个单项，不符要求. 为此，设 a_{4s} 为第 4 个项目上第 4 高的得分，令

$$v=\min\left\{\begin{matrix}a_{1j_1}-a_{1n_1},\ a_{2j_1}-a_{2n_2},\ a_{3j_1}-a_{3n_3},\ a_{4j_1}-a_{4s},\ a_{4j_1}-a_{4j_2}+a_{1j_2}-a_{1n_1}\\ a_{4j_1}-a_{4j_2}+a_{2j_2}-a_{2n_2},\ a_{4j_1}-a_{4j_2}+a_{3j_2}-a_{3n_3}\end{matrix}\right\}$$

若 $v=a_{1j_1}-a_{1n_1}$，则用 $n_1=j_4$ 号运动员取代 j_1 参加第 1 个项目；
若 $v=a_{4j_1}-a_{4s_1}$，则用 $s=j_5$ 号运动员取代 j_1 参加第 4 个项目；
若 $v=a_{4j_1}-a_{4j_2}+a_{1j_2}-a_{1n_1}$，则用 j_2 号运动员取代 j_1 参加第 4 个项目，同时，用 $n_1=j_4$ 号

运动员取代 j_2 参加第 1 个项目，如表 6.12 所示. 这样得到的单项阵容为最佳. 此子问题已探明，计算相应的团体总分 w，用 w 取代 w_0 作为新的阈值.

表 6.12　最佳阵容调配表 4

$\tilde{a}_{1j_1}$	$\tilde{a}_{1j_2}$		$\tilde{a}_{1l_1}$		
$\tilde{a}_{2j_1}$	$\tilde{a}_{2j_2}$				a_{2l_2}
$\tilde{a}_{3j_1}$	$\tilde{a}_{3j_2}$	a_{3l_3}			
$\tilde{a}_{4j_1}$	$\tilde{a}_{4l_4}$			a_{4s}	$\tilde{a}_{4j_6}$

② 有两名单项选手参加了全部 4 个单项，例如，j_1 和 j_2 号选手参加了 4 个单项，得分为 a_{ij_1} 和 a_{ij_2} $(i=1,2,3,4)$，设在第 i 个项目上除去两个最高分后余下得分排名第 3 和第 4 的分别为 a_{in_i} 和 a_{is_i} $(i=1,2,3,4)$，如表 6.13 所示.

表 6.13　最佳阵容调配表 5

$\tilde{a}_{1j_1}$	$\tilde{a}_{1j_2}$		a_{1l_1}	a_{1s_1}	
$\tilde{a}_{2j_1}$	$\tilde{a}_{2j_2}$	a_{2s_2}			a_{2l_2}
$\tilde{a}_{3j_1}$	$\tilde{a}_{3j_2}$	a_{3l_3}	a_{3s_3}		
$\tilde{a}_{4j_1}$	$\tilde{a}_{4l_4}$			a_{4s_4}	$\tilde{a}_{4j_6}$

令

$$z_1=\min_{1\leqslant i\leqslant 4}\{a_{ij_1}+a_{ij_2}-a_{in_i}-a_{is_i}\},\quad z_2=\min_{1\leqslant u,v\leqslant 4,u\neq v}\{a_{uj_1}+a_{vj_2}-a_{un_u}-a_{vs_v}\},\quad z=\min\{z_1,z_2\}$$

若 $z=a_{ij_1}+a_{ij_2}-a_{in_i}-a_{is_i}$，则在第 i 个项目上用编号为 n_i、s_i 的运动员取代 j_1、j_2 号参加比赛，得到此子问题的最优解，此子问题已探明；若 $z=a_{uj_1}+a_{vj_2}-a_{un_u}-a_{vs_v}$ $(u\neq v,1\leqslant u,v\leqslant 4)$，则用编号为 n_u 的运动员在第 u 个项目取代 j_1，同时用编号为 l_v 的运动员在第 v 个项目取代 j_2 参加比赛，得到此子问题的最优解，此子问题已探明，计算相应的团体总分 w，用 w 取代 w_0 作为新的阈值.

注：① 当 4 名全能运动员选定后，在第 i 个项目上余下 6 名运动员的得分可能出现相等的情况，此时按从左至右的方向，在得分相同时，排在左边者排名在前.

② 原模型（6.11）中的约束条件 $\left(1-\prod_{i=1}^{4}x_{ij}\right)\sum_{i=1}^{4}x_{ij}\leqslant 3\ (j=1,2,\cdots,10)$ 隐含在其余约束条件之中. 事实上，当一组 x_{ij} 满足 $\sum_{j=1}^{10}\prod_{i=1}^{4}x_{ij}=4$ 时，乘积 $\prod_{i=1}^{4}x_{ij}\ (j=1,2,\cdots,10)$ 有 4 个等于 1，6 个等于 0；当 $\prod_{i=1}^{4}x_{ij}=0$ 时，必有 $\sum_{i=1}^{4}x_{ij}\leqslant 3$. 因此，模型（6.11）中的约束条件 $\left(1-\prod_{i=1}^{4}x_{ij}\right)\sum_{i=1}^{4}x_{ij}\leqslant 3$ 可删掉.

（3）模型求解的结果. 采用以上算法，分别取 a_{ij} 为表 6.8 中的第 1 个数据、4 个数据的均值（期望值）、第 4 个数据，利用计算机编程，得到如表 6.14 所示的结果.

表 6.14　最佳阵容表

状态	选手					
	参加全能选手的编号	参加第 1 个项目选手的编号	参加第 2 个项目选手的编号	参加第 3 个项目选手的编号	参加第 4 个项目选手的编号	团体总分
最悲观情形	2、5、6、9	7、10	4、8	1、4	3、10	212.3
均值情形	2、3、8、10	6、7	5、9	1、4	5、9	224.7
	2、8、9、10	6、7	5、6	1、4	3、5	
	2、8、9、10	6、7	3、5	1、4	3、5	
	2、8、9、10	6、7	4、5	1、4	3、5	
最乐观情形	1、4、7、8	3、6	6、9	2、9	3、5	236.5
	1、4、7、8	3、6	6、9	2、9	3、9	
	4、7、8、9	3、6	1、6	1、2	1、3	
	4、7、8、9	3、6	1、6	1、2	3、5	

2. 第二问的解答

（1）该队为了夺冠，应派出怎样的阵容. 满足赛程规定的阵容共有

$$C_{10}^4[C_6^2C_6^2C_6^2C_6^2 - C_6^1(C_5^1C_5^1C_5^1C_5^1 - C_5^1) - C_6^1] = 210 \times 46\,890 = 9\,846\,900 \text{ （个）}$$

对于给定的一个阵容，由于选手的发挥是随机的，其团体总分是一个随机变量.

设 A_{ij} 为第 j 号运动员参加第 i 个项目所得分，它是一个“四点分布”的离散型随机变量，其分布律为

$$P\{A_{ij} = a_{ij}^{(k)}\} = P_{ij}^{(k)} \quad (k = 1,2,3,4;\ i = 1,2,3,4;\ j = 1,2,\cdots,10)$$

已由题目给出. 其中：$a_{ij}^{(1)} < a_{ij}^{(2)} < a_{ij}^{(3)} < a_{ij}^{(4)}\ (i = 1,2,3,4; j = 1,2,\cdots,10)$. 对于给定的一个阵容，$x_{ij}$ 有且仅有 24 个取值 1，因此其团体总分 $\sum_{i=1}^{4}\sum_{j=1}^{10} A_{ij}x_{ij}$ 是 24 个“四点分布”的离散型随机变量之和. 该队为了夺冠，由题设，其团体总分应不小于 236.2，其对应的概率为 $P\left\{\sum_{i=1}^{4}\sum_{j=1}^{10} A_{ij}x_{ij} \geqslant 236.2\right\}$，问题可归结为如下模型：

$$\max P\left\{\sum_{i=1}^{4}\sum_{j=1}^{10} A_{ij}x_{ij} \geqslant 236.2\right\}$$

$$\text{s.t.}\begin{cases} \sum_{j=1}^{10} x_{ij} = 6\ (i = 1,2,3,4) \\ \sum_{j=1}^{10}\prod_{i=1}^{4} x_{ij} = 4 \\ x_{ij} = 0 \text{或} 1\ (i = 1,2,3,4;\ j = 1,2,\cdots,10) \end{cases} \tag{6.13}$$

由于该队在最乐观情形下的最佳阵容才得 236.5 分，可从最乐观情形入手求解模型（6.13）. 首先，对每个选手在每个项目上都赋予最高分（最乐观情形），在 9 846 900 个可行解中删除总分小于 236.2 分的可行解. 经简单分析，2、5、6、10 号选手不能参加全能. 欲总分不小于 236.2，参加全能的选手只有如下几种可能：

$$\{1348\},\{1478\},\{1489\},\{1789\},\{1378\},\{1389\},\{3489\},\{3478\},\{4789\}$$

其中：总分最高可以取值 236.5 的可行阵容有 4 种，总分最高可以取值 236.4 的可行阵容有 13 种，分别计算出以这 17 种阵容参赛且总分不小于 236.2 的概率，最大的那个概率为 $2.726\,4\times10^{-19}$，对应的阵容为 4、7、8、9 号参加全能，3、6 号参加第 1 个项目，1、6 号参加第 2 个项目，1、2 号参加第 3 个项目，3、5 号参加第 4 个项目（参见表 6.14 最后一行）.

余下需要计算那些以总分最高可以取值 236.3 或 236.2 的可行阵容参赛，且总分不小于 236.2 的概率. 由题目可看出，每个选手在每个项目上的最高分与次高分至少相差 0.2 分，当某个阵容在最乐观情形下总分取得 236.3 分或 263.2 分，若某个选手在某个项目上取了个次高分或更低的分数，则其团体总分必小于 236.2 分. 因此，在计算上述概率时，每个参赛选手在每个项目上得分的概率应取得分最高分的那个概率（表 6.15）. 总分不小于 236.2 的概率，就是所有参赛选手在其所参赛的项目上取最高分的概率的乘积.

表 6.15　概率表

项目	选手									
	1	2	3	4	5	6	7	8	9	10
1	0.1	0.2	0.1	0.1	0.1	0.2	0.2	0.1	0.1	0.2
2	0.1	0.1	0.1	0.1	0.2	0.1	0.1	0.4	0.2	0.1
3	0.2	0.1	0.1	0.3	0.2	0.3	0.2	0.1	0.1	0.1
4	0.1	0.2	0.2	0.1	0.2	0.1	0.2	0.1	0.3	0.2
概率乘积	$2\times c$	$4\times c$	$2\times c$	$3\times c$	$8\times c$	$6\times c$	$8\times c$	$4\times c$	$6\times c$	$4\times c$

注：$c=10^{-4}$.

当全能选手为{1348}, {1478}, {1489}, {1789}, {1378}, {1389}, {3489}, {3478}, {4789}时，经检验，即使余下的单项选手在每个项目上都取表 6.14 中余下值中最大的两个，它们的乘积也均小于 $2.726\,4\times10^{-19}$. 例如，全能选手为{1789}，余下在第 1 个项目最大的两个值均为 0.2；第 2 个项目最大的两个值为 0.2 与 0.1；第 3 个项目最大的两个值均为 0.3；第 4 个项目最大的两个值均为 0.2，它们的乘积为

$$
\begin{aligned}
&0.2^2\times0.2\times0.1\times0.3^2\times0.2^2\times2\times8\times4\times6\times c^4\\
&=1.105\,92\times10^{-19}<2.726\,4\times10^{-19}
\end{aligned}
$$

如此检验 19 次即可. 以上讨论表明，以总分最高可以取值 236.3 或 236.2 的可行阵容参赛，且总分不小于 236.2 的概率均小于 $2.726\,4\times10^{-19}$. 因此，模型（6.13）的解为

$$
\begin{cases}
\max P\left\{\sum_{i=1}^{4}\sum_{j=1}^{10}A_{ij}x_{ij}\geqslant 236.2\right\}=2.726\,4\times10^{-19}\\
x_{i4}=x_{i7}=x_{i8}=x_{i9}=1\ (i=1,2,3,4)\\
x_{13}=x_{16}=1,\ x_{21}=x_{26}=1,\ x_{31}=x_{32}=1,\ x_{43}=x_{45}=1,\ 其余x_{ij}=0
\end{cases}
\tag{6.14}
$$

即该队为了夺冠，应派出的阵容为 4、7、8、9 号参加全能，3、6 号参加第 1 个项目，1、6 号参加第 2 个项目，1、2 号参加第 3 个项目，3、5 号参加第 4 个项目.

由于其夺冠的最大概率为 $2.726\,4\times10^{-19}$，该队夺冠的可能性几乎为 0. 如果该队以阵容（6.14）出战，其团体总分的期望值为 222.5 分.

（2）该队以阵容（6.14）出战，它有 90%的把握战胜怎样水平的对手.

设该队以阵容（6.14）出战，它有 90%的把握战胜团体总分为 x 的队（表 6.16）. 记

$$B_1 = A_{21}，\ B_2 = A_{31}，\ B_3 = A_{32}, \cdots, B_{24} = A_{49}，\ z = \sum_{i=1}^{24} B_i$$

表 6.16　夺冠概率最大的阵容得分概率分布表

项目	选手									
	1	2	3	4	5	6	7	8	9	10
1			B_4	B_6		B_{11}	B_{13}	B_{17}	B_{21}	
2	B_1			B_7		B_{12}	B_{14}	B_{18}	B_{22}	
3	B_2	B_3		B_8			B_{15}	B_{19}	B_{23}	
4			B_5	B_9	B_{10}		B_{16}	B_{20}	B_{24}	

问题化为求 $P\{z > x\} = 0.9$．为此需先求 z 的分布律．易知，z 的取值在 208.7 至 236.5 之间，相差 27.8，由于 z 的任意两个不同的值相差不小于 0.1，z 最多取 278 个值，用计算机编程可求得 z 的分布律，最终求得 $x = 220.5$．

即该队以阵容（6.14）出战，它有 90%的把握战胜团体总分为 220.5 的对手．

另解：z 的分布律计算量较大，用 Lyapunov（李雅普诺夫）中心极限定理：

$$P\left\{\frac{z - \sum_{i=1}^{24} EB_i}{\sqrt{\sum_{i=1}^{24} DB_i}} < x\right\} \approx \frac{1}{\sqrt{2\pi}} \int_{-\infty}^{x} \mathrm{e}^{-t^2/2} \mathrm{d}t$$

即 z 近似服从 $N\left(\sum_{i=1}^{24} EB_i, \sum_{i=1}^{24} DB_i\right)$，由此可求得 $x \approx 220.5$．

由于 $n = 24$ 不充分大，且 Lyapunov 中心极限定理中的条件：$\exists \delta > 0$，使

$$\frac{\sum_{k=1}^{n} E\{|B_k - EB_k|^{2+\delta}\}}{\left(\sum_{k=1}^{n} DB_k\right)^{1+\frac{\delta}{2}}} \to 0 \quad (n \to \infty)$$

对上述解法的合理性须进行检验，可采用计算机模拟检验．

（1）由于每个人在每个项目上的得分仅取 4 个值，可将[0, 1]区间按得分的概率值划分为 4 个小区间．例如，1 号选手在平衡木上的得分可处理为

$$y(x) = \begin{cases} 8.4, & x \in [0, 0.1) \\ 8.8, & x \in [0.1, 0.3) \\ 9.0, & x \in [0.3, 0.9) \\ 10, & x \in [0.9, 1] \end{cases}$$

其中：x 为[0,1] 上服从均匀分布的随机变量；y 为 x 的函数．

（2）统计随机产生的 24 个分数，对其求和得总分．

（3）重复上面过程得 50 000 个随机总分．

（4）用函数 HISTFIT 画出直方图，它近似服从正态分布．

（5）用极大似然法估计均值与方差，可得 $\mu = 222.503\,4$，$\sigma = 1.999\,9$．

习 题 6

6.1 某工厂生产 A_1、A_2 两种产品，生产每单位产品 A_1、A_2 可获利润分别为 15 元和 20 元. 每个产品都需经过三道工序，每道工序在一个月内所能利用的工时数，以及单位产品 A_1、A_2 在三道工序中所需要的加工时间如下表. 工厂应如何安排一个月的生产计划，使获得的总利润最多？试写出此问题的数学模型.

产品	工序		
	Ⅰ	Ⅱ	Ⅲ
A_1	3	2	1
A_2	2	3	1
可用工时	800	800	350

6.2 用图解法求解下面的线性规划问题.

（1）$\max f = x_1 + 3x_2$
$$\begin{cases} x_1 + 4x_2 \geqslant 4 \\ x_1 + x_2 \leqslant 6 \\ x_2 \leqslant 2 \\ x_1 \geqslant 0, x_2 \geqslant 0 \end{cases}$$

（2）$\max f = x_1 + x_2$
$$\begin{cases} x_1 + 2x_2 \leqslant 14 \\ x_1 + x_2 \leqslant 8 \\ 3x_1 + x_2 \leqslant 18 \\ x_1 \geqslant 0, x_2 \geqslant 0 \end{cases}$$

（3）$\min f = -3x_1 + x_2$
$$\begin{cases} 2x_1 - x_2 \geqslant -2 \\ x_1 - x_2 \leqslant -1 \\ x_1 \geqslant 0, x_2 \geqslant 0 \end{cases}$$

6.3 求解下面的线性规划问题.

（1）$\max f = 3x_1 + 4x_2$
$$\begin{cases} x_1 + x_2 \leqslant 5 \\ x_1 + 2x_2 \leqslant 6 \\ x_1 \geqslant 0, x_2 \geqslant 0 \end{cases}$$

（2）$\min f = x_1 - 3x_2 - 2x_3$
$$\begin{cases} x_1 + 2x_2 - 2x_3 \leqslant 2 \\ 2x_1 + x_2 + x_3 \leqslant 3 \\ -x_1 + x_3 \leqslant 4 \\ x_j \geqslant 0 \ (j = 1,2,3) \end{cases}$$

（3）$\min f = 5x_1 + 10x_2 + 7x_3 - 3x_4$
$$\begin{cases} x_1 + x_2 + 7x_3 + 2x_4 = 7/2 \\ -2x_1 - x_2 + 3x_3 + 3x_4 = 3/2 \\ 2x_1 + 2x_2 + 8x_3 + x_4 = 4 \\ x_j \geqslant 0 \ (j = 1,2,3,4) \end{cases}$$

6.4 （背包问题）一个旅行者，为了准备旅行的必备物品，要在背包里装一些最有用的东西，但背包大小有限，其总容积为 a（单位：cm^3）. 该旅行者打算携带重 b kg 的物品. 现在共有 m 种物品，第 i 件物品的体积为 $a_i \ \text{cm}^3$，重量为 b_i kg $(i = 1,2,\cdots,m)$. 假设第 i 件物品的“价值”为 $c_i \ (i = 1,2,\cdots,m)$，并且每件物品只能整件携带，试问旅行者应携带哪几件物品，使得其总价值最大？请写出此问题的数学模型.

6.5 利用分支定界法求解下面的整数规划问题.

（1）$\max f = x_1 + 3x_2$
$$\begin{cases} 2x_1 - 3x_2 \leqslant 4 \\ -x_1 + 2x_2 \leqslant 7 \\ 3x_1 + x_2 \leqslant 9 \\ x_1 \geqslant 0, x_2 \geqslant 0\text{，且}x_1\text{、}x_2\text{都为整数} \end{cases}$$

（2）$\max f = 2x_1 + 3x_2$
$$\begin{cases} -x_1 + x_2 \leqslant 2 \\ 47x_1 + 8x_2 \leqslant 188 \\ 3x_1 + 2x_2 \leqslant 19 \\ x_1 \geqslant 0, x_2 \geqslant 0\text{，且}x_1\text{、}x_2\text{都为整数} \end{cases}$$

6.6 某厂在今后 4 个月内需租用仓库堆存物资. 已知各个月所需的仓库面积如下表 1 所示. 当租借合同期限越长时，仓库租借费用享受的折扣优惠越大. 具体费用如下表 2 所示. 租借仓库的合同每月初都可办理，每份合同具体规定租用面积数和期限. 因此，该厂可根据需要在任何一个月初办理租借合同，且每次办理时可签一份，也可同时签若干份租用面积和租借期限不同的合同，总的目标是使所付的租借费用最小. 试根据上述要求建立一个线性规划的数学模型.

表 1

项目	1 月	2 月	3 月	4 月
所需仓库面积/$10^2 \ \text{m}^2$	15	10	20	12

表 2

项目	合同租借期限			
	1 个月	2 个月	3 个月	4 个月
合同期内每百平方米仓库面积的租借费用/元	2 800	4 500	6 000	7 300

6.7 一个大的造纸公司下设 10 个造纸厂，供应 1 000 个用户. 这些造纸厂内应用三种可以相互替换的机器，四种不同的原材料，生产五种类型的纸张. 公司要制订计划，确定每个工厂每台机器上生产各种类型纸张的数量，并确定每个工厂生产的哪一种类型纸张，供应哪些用户及供应的数量，使总的运输费用最少. 已知 D_{jk} 为 j 用户每月需要 k 种类型纸张数量；r_{klm} 为在 l 型设备上生产单位 k 种类型纸所需 m 类原材料数量；R_{im} 为第 i 纸厂每月可用的 m 类原材料数；C_{kl} 为在 l 型设备上生产单位 k 型纸占用的设备台时数；C_{il} 为第 i 纸厂第 l 型设备每月可用的台时数；P_{ikl} 为第 i 纸厂在第 l 型设备上生产单位 k 型纸的费用；T_{ijk} 为从第 i 纸厂第 j 用户运输单位 k 型纸的费用. 试建立这个问题的线性规划模型.

6.8 求解下列无约束优化问题：

（1）$\min f(x_1,x_2)=100(x_2-x_1^2)^2+(1-x_2)^2$；

（2）$\min f(x_1,x_2)=2x_1^2+x_2^2+(x_1+x_2)^2-20x_1-16x_2$；

（3）$\min f(x_1,x_2,x_3,x_4)=(x_1+10x_2)^2+5(x_3-x_4)^2+(x_2-2x_3)^4+10(x_1-x_4)^4$.

6.9 求解二次规划问题：

$$\min f(x_1,x_2)=2x_1^2-3x_1x_2+3x_2^2-3x_1+x_2$$

$$\text{s.t.}\begin{cases}x_1+2x_2=3\\ 2x_1-x_2\geqslant -3\\ x_1-3x_2\leqslant 3\\ x_1\geqslant 2, x_2\leqslant 0\end{cases}$$

6.10 求解下列非线性规划问题.

（1）$\min z=(x_1-3)^2+(x_2-2)^2$

$$\text{s.t.}\begin{cases}x_1^2+x_2^2\leqslant 5\\ x_1+2x_2=4\\ x_1\geqslant 0, x_2\geqslant 0\end{cases}$$

（2）$\min z=x_1x_2x_3x_4x_5$

$$\text{s.t.}\begin{cases}x_1^2+x_2^2+x_3^2+x_4^2+x_5^2=10\\ x_2x_3-5x_4x_5=0\\ x_1^3+x_2^3+1=0\\ -2.3\leqslant x_i\leqslant 2.3\ \ (i=1,2)\\ -2.3\leqslant x_i\leqslant 3.2\ \ (i=3,4,5)\end{cases}$$

6.11 某工厂向用户提供发动机，按合同规定，其交货数量和日期是：第一季度末交 40 台，第二季度末交 60 台，第三季度末交 80 台. 工厂的最大生产能力为每季 100 台，每季的生产费用是 $f(x)=50x+0.2x^2$（元），其中 x 为该季生产发动机的台数. 若工厂生产多了，多余的发动机可移到下季向用户交货，这样，工厂就需支付存贮费，每台发动机每季的存贮费为 4 元. 问该厂每季应生产多少台发动机，才能既满足交货合同，又使工厂所花费的费用最少（假定第一季度开始时发动机无存货）？

6.12 The workload of a small company is such that the number of employees needed varies according to the day of the week. Work rules require that each employee work five consecutive days. Table gives the number of employees needed each day.

Item	Day						
	Sun.	Mon.	Tue.	Wed.	Thu.	Fri.	Sat.
Workers	6	11	10	12	14	15	13

（1）Formulate a linear program to determine a schedule that will meet the daily requirements for the number of workers while minimizing the total number of workers.

（2）Determine the dual for the linear program found in part（1）.

6.13 某种资源，总重量为 $\overline{x}(t)$，可以用于两种形式的生产，其收益函数分别为 $g(x)$ 和 $h(x)$，其中 x 为资源的投入量，且满足 $g(0)=h(0)=0$．假设这种资源用于生产后可以回收一部分用于再生产，回收率分别为 a 和 b $(0\leqslant a<1, 0\leqslant b<1)$．若该资源要进行 n 个阶段的生产，每个阶段应如何分配投入这两种形式生产的资源数量可使总收益最大. 假设 $\bar{x}=1\,000$， $n=3$， $a=0.3$， $b=0.6$， $g(x)=0.8x$， $h(x)=0.5x$，对上述问题进行求解.

6.14 （Fixed-cost transportation problem）Two warehouses have 8 and 10 units，respectively of an item in stock. Four retail outlets demand 5, 6, 4, and 3 units，respectively. The means of shipping this commodity requires a fixed cost if any item is shipped. Thus，the cost of shipping a positive number x_{ij} of units from warehouse i to retail outlet j is given by

$$c_{ij}x_{ij}+f_{ij} \quad (i=1,2; j=1,2,3,4)$$

Let the variable costs c_{ij} be given by the matrix

$$\boldsymbol{C}=\begin{pmatrix} 10 & 8 & 5 & 3 \\ 7 & 9 & 4 & 6 \end{pmatrix}$$

And the fixed costs f_{ij} be given by the matrix

$$\boldsymbol{F}=\begin{pmatrix} 2 & 2 & 2 & 3 \\ 4 & 1 & 3 & 4 \end{pmatrix}$$

Determine a shipping schedule to meet the demands at a minimum total cost.

本章常用词汇中英文对照

线性规划　linear programming
线性规划问题　linear programming problem
非线性规划　non-linear programming
整数规划　integer programming
决策变量　decision variable
约束　constraint
目标函数　objective function
整数线性规划　integer linear programming
约束条件　constraint condition
可行解　feasible solution
不可行解　infeasible solution
可行域（可行解区域）　feasible region
最优解　optimal solution
图解法　graphical method
单纯形法　simplex method
迭代　iteration
基变量　basic variable
基本解　fundamental solution
基本可行解　basic feasible solution
松弛变量　slack variable
枚举算法　enumeration algorithm
最优基本可行解　optimal basic feasible solution
分支定界法　branch and bound method
动态最优化　dynamic optimization
动态规划　dynamic programming
多阶段决策　multi-stage decision making
最短路问题　shortest path problem
阶段　stage
阶段变量　stage variable
状态　state
状态变量　state variable
决策变量　decision variable
子对策　subgame
最优策略　optimal strategy
状态转移方程　state transfer equation
最优值函数　optimal value function
最优性定理　optimality theorem
最优性原理　principle of optimality
递推关系　recurrence relation
基本方程　basic equation
逆序算法　reverse order algorithm
顺序算法　sequential algorithm
采购问题　purchase problem
背包问题　knapsack problem
策略　policy
马尔可夫决策规划　Markov decision programming

第7章 图论模型

图论起源于18世纪瑞士著名科学家Euler（欧拉）对于哥尼斯堡七桥问题的研究，随着科学技术的不断发展，图论的理论和方法已被广泛地应用于系统工程、通信工程、计算机科学、物理学、化学、经济学、社会学等各个领域. 与此同时，图论作为一门提供离散数学模型的应用数学学科也得到蓬勃发展. 因为现实中的许多问题都需要研究多个事物之间的相互关系，如果用点表示这些事物，用线及权数表示它们之间的相互关系及关联程度，那么所研究的问题就被抽象为一个网络图模型，运用图论的方法就可使问题得到解决. 这种数学模型方法直观形象，富有启发性和趣味性，容易让人理解.

本章首先介绍网络图论的一些基本概念、基本理论和方法，再结合两个实际问题介绍其应用.

7.1 图与网络的基本概念

图是由一些点及它们之间的连线组成的. 点通常表示某种确定的事物，称为顶点、节点或端点；连线表示事物之间的关系，称为边. 若点集为$V=\{v_i\}$，边集为$E=\{e_k\}$，则图是由V和E所构成的二元组，记为$G=(V,E)$.

当V、E为有限集合时，G称为有限图，否则称为无限图. 本章只讨论有限图，并记$p(G)=|V|$表示图G的顶点个数，用$q(G)=|E|$表示图G中的边数，在不会引起混淆时，分别简记为p、q.

若图中的边具有方向（用带箭头的连线表示），此时的边称为有向边（或弧），称该图为有向图；若图中的边不具有方向（用不带箭头的连线表示），此时的边称为无向边，该图称为无向图.

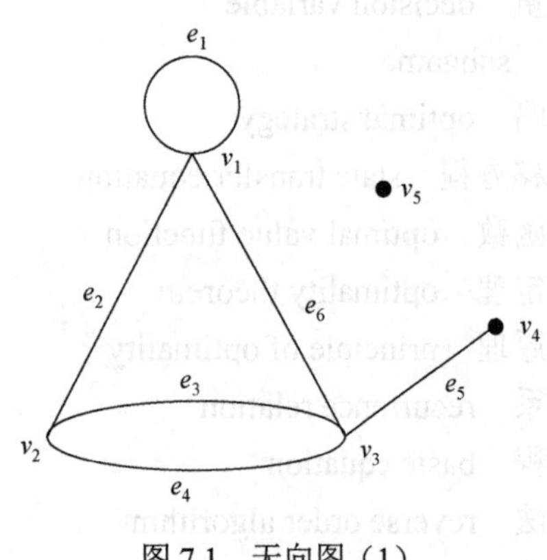

图7.1 无向图（1）

图7.1就是一个无向图，它有5个顶点，即$V=\{v_1,v_2,v_3,v_4,v_5\}$，有6条边，即$E=\{e_1,e_2,e_3,e_4,e_5,e_6\}$. 图中的边有许多的表示方法，如$e_2=v_1v_2$，$e_2=(v_1,v_2)$等. 对于有向图中的弧$(u,v)$，称$u$为弧的始点，$v$为弧的终点，称弧是从$u$指向$v$的.

下面给出与图有关的一些概念和约定.

（1）若两个点u、v属于V，且边(u,v)属于E，则称u、v两点相邻，u、v称为边(u,v)的端点；若两条边e_i、e_j属于E，且它们有一个公共点u，则称e_i、e_j相邻，边e_i、e_j称为点u的关联边.

（2）若图G中某条边e的两个端点相同，则称e是环，如图7.1中的边$e_1=(v_1,v_1)$；若两个点之间有多于一条的边，则称这些边为多重边，如图7.1中的边e_3和e_4. 一个无环、无多重边的图称为简单图；一个有多重边的图称为多重图.

（3）以点v为端点的边的个数称为v的次（或度数），记为$d_G(v)$或$d(v)$. 如图7.1中，$d(v_1)=4$（环e_1在计算时算2次），$d(v_2)=3$，$d(v_4)=1$，$d(v_5)=0$；次为1的点称为悬挂点；悬挂点的关联边称为悬挂边；次为0的点称为孤立点.

（4）无向图 $G=(V,E)$ 中某些点与边的交错序列 $(v_{i_0},e_{i_1},v_{i_1},e_{i_2},\cdots,v_{i_{k-1}},e_{i_k},v_{i_k})$，若满足 $e_{i_t}=(v_{i_{t-1}},v_{i_t})$ $(t=1,2,\cdots,k)$，则称其为连接 v_{i_0} 与 v_{i_k} 的一条链，链长为 k；若 v_{i_0} 与 v_{i_k} 为同一个点，则称此链为圈. 链（圈）中没有重复的点者为初等链（圈），没有重复边者为简单链（圈）. 对于有向图，称 $(v_{i_0},e_{i_1},v_{i_1},e_{i_2},\cdots,v_{i_{k-1}},e_{i_k},v_{i_k})$ 为一条从 v_{i_0} 到 v_{i_k} 的路，若 $v_{i_0}=v_{i_k}$，则称为回路. 如在图 7.2 中，$(v_1,e_1,v_2,e_2,v_3,e_3,v_4,e_5,v_5,e_6,v_3,e_7,v_6,e_8,v_7)$ 是一条简单链，但不是初等链；$(v_1,e_1,v_2,e_2,v_3,e_7,v_6,e_8,v_7)$ 是一条初等链；$(v_1,e_1,v_2,e_2,v_3,e_3,v_4,e_4,v_1)$ 是一个初等圈；$(v_4,e_4,v_1,e_1,v_2,e_2,v_3,e_6,v_5,e_9,v_7,e_8,v_6,e_7,v_3,e_3,v_4)$ 是简单圈，但不是初等圈.

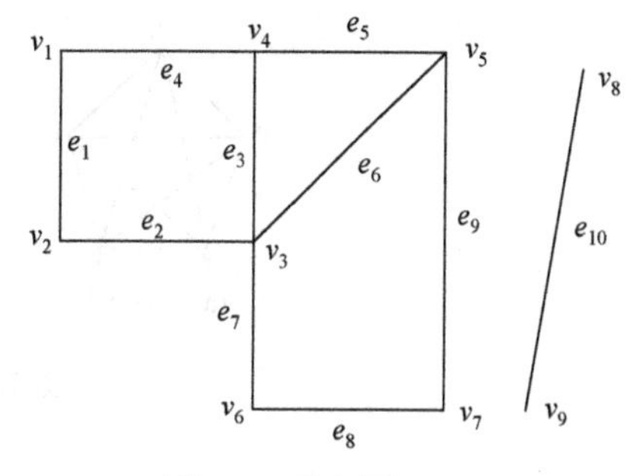

图 7.2　无向图（2）

（5）图 G 中若任何两点之间至少有一条链，则称 G 是连通图，否则称为不连通图. 若 G 是不连通图，它的每个连通的部分称为 G 的一个连通分图（简称分图），图 G 分图的个数记为 $w(G)$.

（6）给定一个图 $G=(V,E)$，若图 $G'=(V',E')$，使 $V'\subseteq V$，$E'\subseteq E$，则称 G' 是 G 的子图；若 $V'=V$，$E'\subseteq E$，则称 G' 是 G 的支撑子图（或生成子图）.

（7）没有圈的连通图称为树. 若图 $T=(V,E')$ 是图 $G=(V,E)$ 的支撑子图，且图 T 是一棵树，则称 T 是 G 的一个支撑树（或生成树）.

（8）若图 $G=(V,E)$ 中的每一条边 (v_i,v_j) 相应地有一个数 w_{ij}，则称图 G 为赋权图（或网络图），记为 $G=(V,E,W)$，w_{ij} 称为边 (v_i,v_j) 上的权. 权往往是与边有关的数量指标，在实际问题中可以表示长度、费用、传输容量、物质流等.

（9）赋权连通图 $G=(V,E,W)$ 的一个支撑树上所有边的权之和称为该支撑树的权，具有最小权的支撑树称为最小支撑树（或最小生成树），简称最小树.

许多网络问题都可以归结为最小树问题，如设计长度最小的公路网把若干城市联系起来，设计用料最省的电话线网把有关单位联系起来等. 求最小树的算法有避圈法和破圈法两种：避圈法开始从图中选一条权最小的边，以后每次总从未被选取的边中选一条权最小的边，并使之与已选取的边不构成圈（若有两条或两条以上的边都是权最小的边，则从中任选一条），直到所有边都考虑完为止；破圈法先从图中任取一个圈，从圈中去掉一条权最大的边（若有两条或两条以上权最大的边，则任意去掉其中一条），在余下的图中，重复这个步骤，一直到得到一个不含圈的图为止，这时的图便是最小树.

（10）每一对不同的顶点均有一条边相连的简单图称为完备图，一个有 n 个顶点的完备图记为 K_n. 若 X 和 Y 是图 $G=(V,E)$ 的顶点集 V 的两个非空子集，$X\cup Y=V$，$X\cap Y=\varnothing$，且 G 的每一条边的一个端点在 X 中，另一个端点在 Y 中，则称 G 为二分图，记为 $G=(X,Y;E)$. 若 X 中的任一点与 Y 中的任一点都有边相连，则称 G 为完备二分图，记为 $K_{m,n}$，其中，m 和 n 分别为 X 和 Y 中顶点的个数.

图 7.3 中的（a）、（b）、（c）分别是完备图 K_5、二分图、完备二分图 $K_{4,3}$.

（11）设 M 是图 $G=(V,E)$ 的边集合 E 的子集，若 M 中无环，且没有两边在 G 中相邻，则称 M 是 G 的一个匹配；M 中的每条边的两个端点称为在 M 下是配对的；若匹配 M 的某条边与顶点 v 关联，则称 M 饱和顶点 v，或称 v 是 M 饱和的，否则称 v 是 M 不饱和的. 若 G 的每个顶点是 M 饱和的，则称 M 是完备匹配；若 G 中没有另外的匹配 M'，使 $|M'|>|M|$，则称 M 是最大匹配，其中，$|M|$ 表示 M 中的边数.

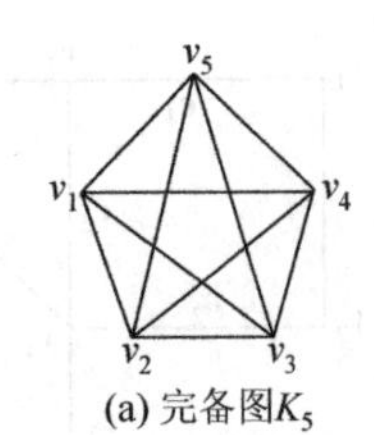

(a) 完备图K_5

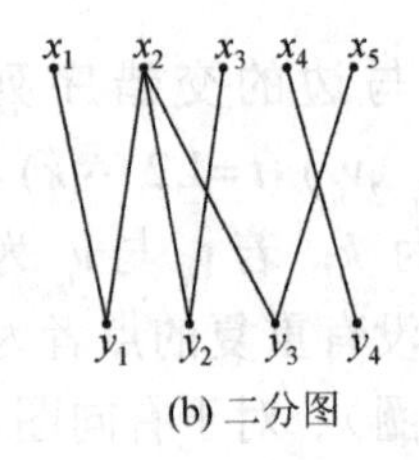

(b) 二分图

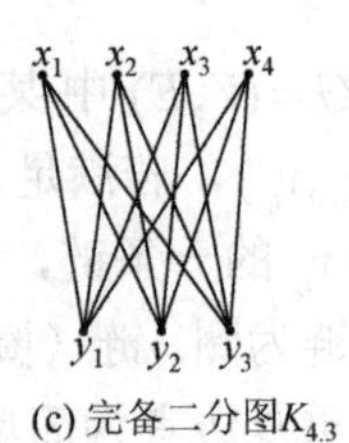

(c) 完备二分图$K_{4,3}$

图 7.3　完备图、二分图、完备二分图

➢ 7.2　网络流问题

7.2.1　最大流问题

定义 7.1　设$G=(V,E)$是一个有向图，在V中指定一点，称为发点（记为v_s），和另一点，称为收点（记为v_t），其余的点称为中间点. 对于每一条弧$(v_i,v_j)\in E$，对应有一个非负实数c_{ij}，称为弧的容量. 这样的G称为一个网络，记为$G=(V,E,C)$.

定义在弧集合E上的一个函数$f=\{f(v_i,v_j)\}$称为网络G上的一个流，称$f_{ij}=f(v_i,v_j)$为弧(v_i,v_j)上的流量.

定义 7.2　满足下列条件的流f称为可行流：

（1）（容量限制条件）对每一弧$(v_i,v_j)\in E$，有$0\leqslant f_{ij}\leqslant c_{ij}$；

（2）（平衡条件）对于中间点$v_k(k\neq s,t)$，有$\sum\limits_{(v_i,v_k)\in E} f_{ik}=\sum\limits_{(v_k,v_j)\in E} f_{kj}$，即流入量=流出量.

若f是可行流，则对于发点v_s和收点v_t有

$$\sum_{(v_s,v_i)\in E} f_{sj}-\sum_{(v_j,v_s)\in E} f_{js}=\sum_{(v_j,v_t)\in E} f_{jt}-\sum_{(v_t,v_j)\in E} f_{tj}=v(f)$$

即发点的净输出量等于收点的净输入量. $v(f)$称为这个可行流的流量.

上述概念可以这样来理解，若G是一个运输网格，则发点v_s表示发送站，收点v_t表示接收站，中间点v_k表示中间转运站，可行流f_{ij}表示某条运输线上通过的运输量，容量c_{ij}表示该条运输线能承担的最大运输量，$v(f)$表示运输总量.

可行流总是存在的，如所有弧的流量$f_{ij}=0$就是一个可行流（称为零流），其流量$v(f)=0$.

最大流问题就是在容量网络中，寻找流量最大的可行流. 它是一个特殊的线性规划问题，本节将利用图的特点，介绍一种较线性规划方法方便、直观的求解方法.

一个可行流$f=\{f_{ij}\}$，满足$f_{ij}=c_{ij}$的弧称为饱和弧，$f_{ij}<c_{ij}$的弧称为非饱和弧，$f_{ij}=0$的弧称为零流弧，$f_{ij}>0$的弧称为非零流弧.

若μ是网络中从发点v_s到收点v_t的一条链，定义链的方向是从v_s到v_t，则链上的弧被分为两类：一类是弧的方向与链的方向一致，称为前向弧，前向弧的全体记为μ^+；另一类弧与链的方向相反，称为后向弧，后向弧的全体记为μ^-.

定义 7.3　设f是一个可行流，μ是从v_s到v_t的一条链，若μ满足：

（1）当$(v_i,v_j)\in\mu^+$时，$0\leqslant f_{ij}<c_{ij}$，即μ^+中的每一条弧都是非饱和弧；

（2）当$(v_i,v_j)\in\mu^-$时，$0<f_{ij}\leqslant c_{ij}$，即μ^-中的每一条弧都是非零弧.

则称μ为从v_s到v_t关于f的一条增广链.

定义 7.4　网络$G=(V,E,C)$，若点集V被剖分为两个非空集合V_s和$\overline{V}_s=V/V_s$，且$v_s\in V_s$，

$v_t \in \bar{V}_s$，则把弧集$(V_s,\bar{V}_s)=\{(v_i,v_j)\mid(v_i,v_j)\in E,v_i\in V_s,v_j\in\bar{V}_s\}$称为分离$v_s$与$v_t$的截集.

显然，若把某一截集的弧从网络中去掉，则从v_s到v_t便不相通，所以截集是从v_s到v_t的必经之路.

截集$(V_s,\bar{V}_s)$中所有弧的容量之和，称为这个截集的容量，记为$c(V_s,\bar{V}_s)$，即

$$c(V_s,\bar{V}_s)=\sum_{(v_i,v_j)\in(V_s,\bar{V}_s)}c_{ij}$$

定理 7.1 设f是网络$G=(V,E,C)$的任一可行流，$(V_s,\bar{V}_s)$是分离v_s与v_t的任一截集，则有$v(f)\leqslant c(V_s,\bar{V}_s)$. 若有可行流$f$和截集$(V_s,\bar{V}_s)$，使得$v(f)=c(V_s,\bar{V}_s)$，则$f$一定是$G$的最大流，而$(V_s,\bar{V}_s)$必定是$G$的所有截集中容量最小的一个，即最小截集.

定理 7.2 （最大流量最小截量定理）任一个网络G中，从v_s到v_t的最大流量等于分离v_s与v_t的最小截集的容量.

定理 7.3 可行流f是最大流的充分必要条件是不存在关于f的增广链.

增广链μ的实际意义是：沿着这条链从v_s到v_t输送的流还有潜力可挖，只需按照下述的调整方法.

令$\theta=\min\left\{\min\limits_{\mu^+}(c_{ij}-f_{ij}),\min\limits_{\mu^-}f_{ij}\right\}$，定义流$g=\{g_{ij}\}$为

$$g_{ij}=\begin{cases}f_{ij}+\theta,(v_i,v_j)\in\mu^+\\ f_{ij}-\theta,(v_i,v_j)\in\mu^-\\ f_{ij},(v_i,v_j)\notin\mu\end{cases}$$

调整后的流g仍满足平衡条件和容量限制条件，即仍为可行流，且有$v(g)=v(f)+\theta$. 这样就得到一个求最大流的方法：从一个可行流开始，寻求关于这个可行流的增广链，若存在，则可以经过调整，得到一个新的可行流，其流量比原来的可行流要大. 重复这个过程，直到不存在关于该流的增广链时就得到了最大流.

下面给出寻求最大流的 Ford-Fulkerson（福特-富尔克森）标号算法. 其具体方法步骤如下.

（1）给出一个初始可行流（如零流）.

（2）给顶点标号，寻找增广链μ. 凡是标号的点用$(v_i,l(v_j))$表示，其中第一个分量表示该标号是从哪个点得到的，以便找出增广链μ，第二个分量是为确定μ的调整量θ用的.

在标号过程中，每个点属于且仅属于下列集合之一：已标号，但未检验的点集V_0；已标号，已检验的点集V_s；未标号的点集$\bar{V}_s$.

给v_s标号$(0,+\infty)$. 此时$V_0=\{v_s\}$，$V_s=\varnothing$，$\bar{V}_s=\{v_1,v_2,\cdots,v_t\}$.

（3）若V_0非空，则反复按以下①、②进行，否则转（5）.

① 在V_0中任选一元素v_i，检查v_i到$\bar{V}_s$中的点v_j的弧(v_i,v_j)，或$\bar{V}_s$中的点v_j到v_i的弧(v_j,v_i). 满足以下条件的给v_j标号.

a. 对于正向弧(v_i,v_j)，若$f_{ij}<c_{ij}$，则给v_j标号$(v_i,l(v_j))$，其中$l(v_j)=\min\{l(v_i),c_{ij}-f_{ij}\}$，同时把$v_j$从$\bar{V}_s$中除去，归入$V_0$. 若$v_t$归入$V_0$，说明已找到$f$的增广链$\mu$，则转（4）.

b. 对于反向弧(v_j,v_i)，若$f_{ji}>0$，则给v_j标号$(-v_i,l(v_j))$，其中$l(v_j)=\min\{l(v_i),f_{ji}\}$，同时把$v_j$从$\bar{V}_s$中除去，归入$V_0$.

② 把已标号已检验的点v_i归入V_s.

（4）在增广链μ上进行调整，得到新的可行流g.

设$v_t\in V_0$，利用v_t的标号和V_s中各点的标号中的第一分量，从v_t反向追踪到v_s，得到一条从v_s到v_t的增广链. 按照上述定义流g的方法，得到新的流量增加了的可行流g. 返回（2）.

（5）写出最大流 $g^* = \{g_{ij}^*\}$ 的流量 $v(g^*)$ 和最小截集 $(V_s^*, \bar{V}_s^*)$，终止计算.

标号算法的主要流程图如图 7.4 所示.

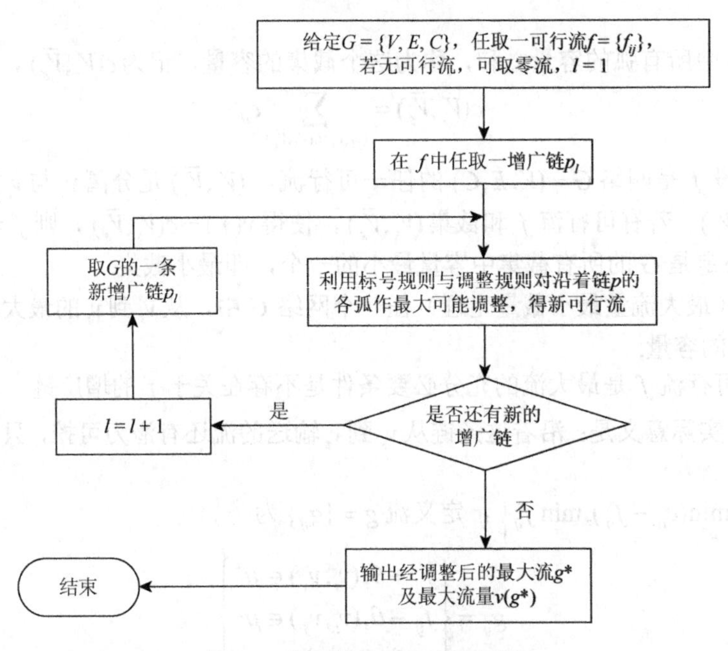

图 7.4　标号算法的主要流程图

例 7.1　试用标号算法求图 7.5 所示的网络最大流.

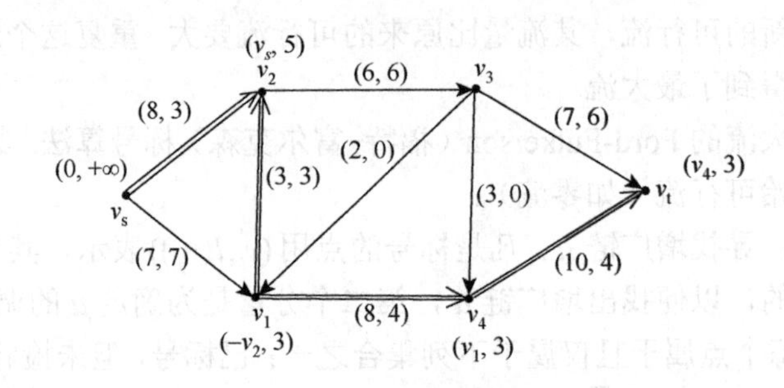

图 7.5　例 7.1 的网络最大流

解　（1）可行流 f 已由图 7.5 给出.

（2）首先给 v_s 标以 $(0,+\infty)$，此时 $V_0 = \{v_s\}$，$V_s = \varnothing$，$\bar{V}_s = \{v_1, v_2, v_3, v_4, v_t\}$.

（3）检查点 v_s，因为在弧 (v_s, v_1) 上，$f_{s1} = c_{s1} = 7$，该弧为饱和弧，所以对 v_1 不标号. 在弧 (v_s, v_2) 上 $c_{s2} > f_{s2}$，该弧为非饱和弧，给点 v_2 标号 $(v_s, l(v_2))$，其中 $l(v_2) = \min\{+\infty, 8-3\} = 5$，此时，$V_0 = \{v_2\}$，$V_s = \{v_s\}$，$\bar{V}_s = \{v_1, v_3, v_4, v_t\}$.

检查点 v_2，因 (v_2, v_3) 已饱和，故对 v_3 不标号；在弧 (v_1, v_2) 上，$f_{12} = 3 > 0$，该弧为非零流弧，故对 v_1 标号 $(-v_2, l(v_1))$，其中 $l(v_1) = \min\{l(v_2), f_{12}\} = 3$，此时 $V_0 = \{v_1\}$，$V_s = \{v_s, v_2\}$，$\bar{V}_s = \{v_3, v_4, v_t\}$.

检查点 v_1，因反向弧 (v_3, v_1) 是零流弧，故不给 v_3 标号；又正向弧 (v_1, v_4) 是非饱和弧，故给 v_4 标号 $(v_1, l(v_4))$，其中 $l(v_4) = \min\{l(v_1), c_{14} - f_{14}\} = 3$，此时 $V_0 = \{v_4\}$，$V_s = \{v_s, v_2, v_1\}$，$\bar{V}_s = \{v_3, v_t\}$.

检查点 v_4，因正向弧 (v_4, v_t) 非饱和，故给 v_t 标号 $(v_4, l(v_t))$，其中 $l(v_t) = \min\{l(v_4), c_{4t} - f_{4t}\} = 3$.

由于 v_t 已标号，不需再对 v_3 标号. 此时，$V_0=\{v_t\}$，$V_s=\{v_s,v_2,v_1,v_4\}$，$\bar{V}_s=\{v_3\}$.

（4）利用各点已标号的第一个分量，从 v_t 反向追踪得增广链 $\mu=\{v_s,v_2,v_1,v_4,v_t\}$，如图 7.5 中双箭头线所示. 其中：

$$\mu^+=\{(v_s,v_2),(v_1,v_4),(v_4,v_t)\}, \qquad \mu^-=\{(v_1,v_2)\}$$

由 v_t 标号的第二个分量知 $\theta=3$，在 μ 上进行调整得 $g=\{g_{ij}\}$，其中 $g_{s2}=f_{s2}+\theta=6$，$g_{14}=f_{14}+\theta=7$，$g_{4t}=f_{4t}+\theta=7$，$g_{12}=f_{12}-\theta=0$，其他 $g_{ij}=f_{ij}$. 调整后的可行流如图 7.6 所示，对这个新的可行流重新在图 7.6 上进行标号，寻找新的增广链.

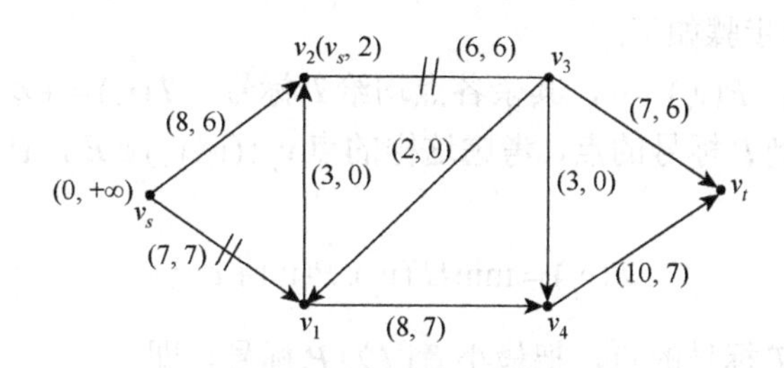

图 7.6 调整后的可行流

易见，当给 v_2 标号 $(v_s,2)$ 后，无法再进行下去，此时 $V_s=\{v_s,v_2\}$，$\bar{V}_s=\{v_1,v_3,v_4,v_t\}$，$V_0=\varnothing$. 因此，目前所得的可行流就是最大流，最小截集为 $(V_s^*,\bar{V}_s^*)=\{(v_2,v_3),(v_s,v_1)\}$，最大流量为 $v(g^*)=g_{23}^*+g_{s1}^*=f_{23}+f_{s1}=6+7=13$.

从上例可以看出，最小截集中各弧的容量总和构成最大流问题的瓶颈. 在实际问题中，为提高网络中的总流量，必须首先着力改善最小截集中各弧的弧容量.

7.2.2 最短路与最小费用流问题

前面讨论的最大流问题仅反映了网络通过物量能力的大小，而未考虑运送费用的多少. 但实际上，在网络 G 中运送物量 $v(f)$ 的方案可能有很多，如果考虑费用的话，那么必存在费用最小方案. 因此，寻求一个总运费最小的方案是一个重要而又有实际意义的问题——最小费用流问题. 如果仅讨论单位物量[即 $v(f)=1$]在网络中的运送总费用，就是求从 v_s 到 v_t 的最短路问题. 显然，最短路问题是研究最小费用流问题的基础，同时，也是网络理论中应用最广的问题之一. 例如，管道铺设、厂区布局、线路安排、设备更新等问题都可以归结为最短路问题.

1. 最短路问题

给定一个赋权有向图 $G=(V,E,W)$，其中 ω_{ij} 表示弧 (v_i,v_j) 的权. 设 v_s 和 v_t 为 G 中的两个顶点，p 为从 v_s 到 v_t 的一条路，定义路 p 的权是 p 中所有的弧的权之和，记为 $w(p)$. 最短路问题就是在所有从 v_s 到 v_t 的路中，求一条权最小的路，即 p^*，使

$$w(p^*)=\min_p w(p)$$

最短路 p^* 的权 $w(p^*)$ 称为从 v_s 到 v_t 的距离，记为 d_{st}，显然，d_{st} 不一定等于 d_{ts}.

最短路问题可以用动态规划的方法来解决，现在介绍最短路问题的网络解法.

容易理解，若 p 是 G 中从 v_s 到 v_t 的最短路，v_i 是 p 中的一个中间点，则从 v_s 沿 p 到 v_i 的路必是从 v_s 到 v_i 的最短路，这就是求最短路方法的理论依据.

下面介绍G中所有$w_{ij} \geqslant 0$情形下，求v_s到v_t最短路的 Dijkstra（迪杰斯特拉）算法.

1）Dijkstra 算法

Dijkstra 算法的基本思想是从v_s出发，逐步向外探寻最短路. 执行过程中对每个点进行标号，标号分为两类，即T标号和P标号，T为临时性标号（temporary label），P为永久性标号（permanent label）. 给点v_i一个P标号时，$P(v_i)$表示从v_0到v_i点的最短路权，点v_i的标号不再改变；给点v_i一个T标号时，$T(v_i)$表示从v_0到v_i点的估计最短路权的上界，是一种临时标号，凡没有得到P标号的点都有T标号. 算法的每一步都把某一点的T标号改为P标号，当所有的点都得到P标号时，全部计算结束.

Dijkstra 算法的具体步骤如下.

（1）给v_s以P标号，$P(v_s)=0$，其余各点均给T标号，$T(v_i)=+\infty$.

（2）若v_i点为刚得到P标号的点，考虑这样的点$v_j:(v_i,v_j)\in E$，且v_j为T标号. 对v_j的T标号进行如下更改：

$$T(v_j)=\min\{T(v_j),P(v_i)+\omega_{ij}\}$$

（3）比较所有具有T标号的点，把最小者改为P标号，即

$$P(\overline{v}_i)=\min T(v_k)$$

当存在两个以上最小者时，可同时改为P标号. 若全部点均为P标号则停止；否则用$\overline{v}_i$代替v_i，转（2）.

Dijkstra 算法的程序框图如图 7.7 所示.

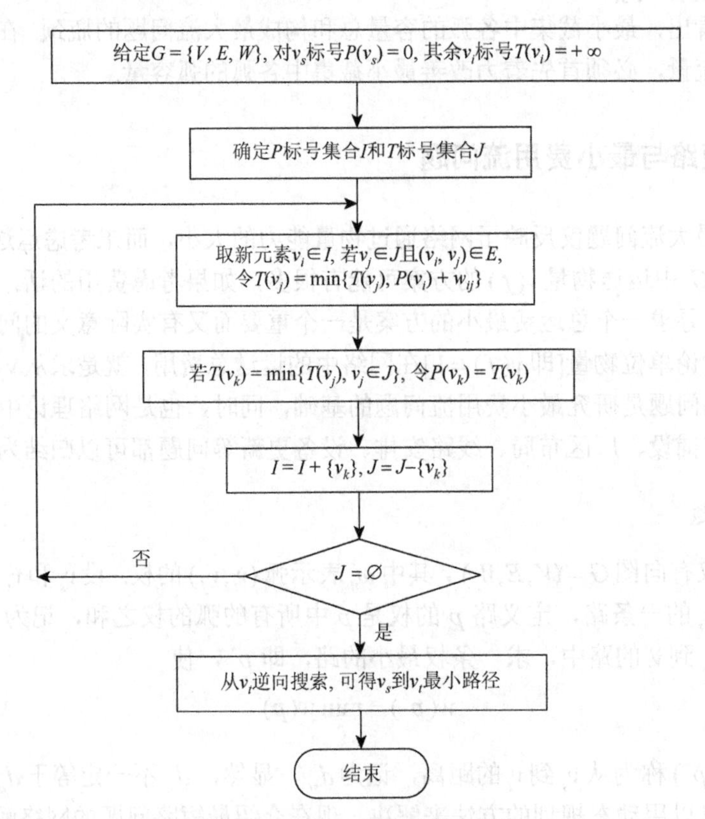

图 7.7　Dijkstra 算法的程序框图

例 7.2　用 Dijkstra 算法求图 7.8 中点v_1到点v_8的最短路.

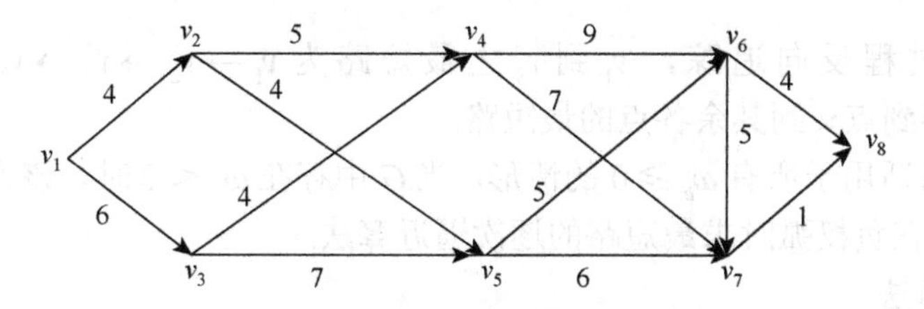

图 7.8 例 7.2 的赋权有向图

解 （1）给 v_1 以 P 标号，$P(v_1)=0$，给其余所有点 T 标号，$T(v_i)=+\infty\ (i=1,2,\cdots,8)$.

（2）由于 $(v_1,v_2)\in E$，$(v_1,v_3)\in E$，且 v_2、v_3 为 T 标号，令

$$T(v_2)=\min\{T(v_2),P(v_1)+\omega_{12}\}=\min\{+\infty,0+4\}=4$$

$$T(v_3)=\min\{T(v_3),P(v_1)+\omega_{13}\}=\min\{+\infty,0+6\}=6$$

（3）比较所有 T 标号，$T(v_2)$ 最小，故令 $P(v_2)=4$.

（4）v_2 为刚得到 P 标号的点，由于 $(v_2,v_4)\in E$，$(v_2,v_5)\in E$，且 v_4、v_5 为 T 标号，令

$$T(v_4)=\min\{T(v_4),P(v_2)+\omega_{24}\}=\min\{+\infty,4+5\}=9$$

$$T(v_5)=\min\{T(v_5),P(v_2)+\omega_{25}\}=\min\{+\infty,4+4\}=8$$

（5）比较所有 T 标号，$T(v_3)$ 最小，故令 $P(v_3)=6$.

（6）考察点 v_3，有

$$T(v_4)=\min\{T(v_4),P(v_3)+\omega_{34}\}=\min\{9,6+4\}=9$$

$$T(v_5)=\min\{T(v_5),P(v_3)+\omega_{35}\}=\min\{8,6+7\}=8$$

（7）$T(v_5)$ 在全部 T 标号中最小，令 $P(v_5)=8$.

（8）考察点 v_5，有

$$T(v_6)=\min\{T(v_6),P(v_5)+\omega_{56}\}=\min\{+\infty,8+5\}=13$$

$$T(v_7)=\min\{T(v_7),P(v_5)+\omega_{57}\}=\min\{+\infty,8+6\}=14$$

（9）$T(v_4)$ 在全部 T 标号中最小，令 $P(v_4)=9$.

（10）考察点 v_4，有

$$T(v_6)=\min\{T(v_6),P(v_4)+\omega_{46}\}=\min\{13,9+9\}=13$$
$$T(v_7)=\min\{T(v_7),P(v_4)+\omega_{47}\}=\min\{14,9+7\}=14$$

（11）$T(v_6)$ 在全部 T 标号中最小，令 $P(v_6)=13$.

（12）考察点 v_6，有

$$T(v_7)=\min\{T(v_7),P(v_6)+\omega_{67}\}=\min\{14,13+5\}=14$$

$$T(v_8)=\min\{T(v_8),P(v_6)+\omega_{68}\}=\min\{+\infty,13+4\}=17$$

（13）$T(v_7)$ 在全部 T 标号中最小，令 $P(v_7)=14$.

（14）考察点 v_7，有

$$T(v_8)=\min\{T(v_8),P(v_7)+\omega_{78}\}=\min\{17,14+1\}=15$$

（15）因为只有一个 T 标号 $T(v_8)$，令 $P(v_8)=15$，计算结束.

由上述求解过程反向追踪，v_1 到 v_8 之最短路为 $v_1 \to v_2 \to v_5 \to v_7 \to v_8$，最短路权 $P(v_8)=15$，同时得到点 v_1 到其余各点的最短路.

Dijkstra 算法只适用于所有 $\omega_{ij} \geqslant 0$ 的情形，当 G 中存在 $\omega_{ij} < 0$ 时，该方法不再适用. 下面介绍有向图 G 中存在负权弧时求最短路的逐次逼近算法.

2）逐次逼近算法

先不妨设从任一点 v_i 到任一点 v_j 都有一条弧（若在 G 中，$(v_i,v_j) \notin E$，则添加弧 (v_i,v_j)，令 $\omega_{ij}=+\infty$）. 显然，从 v_s 到 v_j 的最短路总是从 v_s 出发，沿着一条路到某个点 v_i，再沿 (v_i,v_j) 到 v_j 的（这里 v_i 可以是 v_s 本身），此时，从 v_s 到 v_i 的这条路必定是从 v_s 到 v_i 的最短路. 于是 d_{sj} 必满足方程

$$d_{sj}=\min_i\{d_{si}+\omega_{ij}\}$$

用迭代方法解这个方程，开始时令

$$d_{sj}^{(1)}=\omega_{sj} \quad (j=1,2,\cdots,p)$$

即用 v_s 到 v_j 的直接距离作为初始解. 从第 2 步起，使用迭代公式

$$d_{sj}^{(k)}=\min_i\{d_{si}^{(k-1)}+\omega_{ij}\} \quad (k=2,3,\cdots)$$

当进行到第 t 步时，若出现

$$d_{sj}^{(t)}=d_{sj}^{(t-1)} \quad (j=1,2,\cdots,p)$$

则停止，$d_{sj}^{(t)}\ (j=1,2,\cdots,p)$ 即为点 v_s 到各点的最短路的权.

例 7.3 求图 7.9 中点 v_1 到各点的最短路.

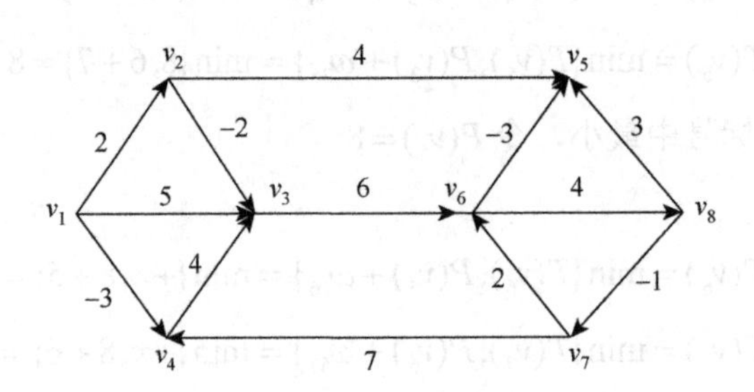

图 7.9 例 7.3 的赋权有向图

解 初始条件为

$$d_{11}^{(1)}=0,\quad d_{12}^{(1)}=2,\quad d_{13}^{(1)}=5,\quad d_{14}^{(1)}=-3,\quad d_{15}^{(1)}=d_{16}^{(1)}=d_{17}^{(1)}=d_{18}^{(1)}=\infty$$

第一轮迭代：

$$\begin{aligned}d_{11}^{(2)}&=\min\{d_{11}^{(1)}+\omega_{11},d_{12}^{(1)}+\omega_{21},d_{13}^{(1)}+\omega_{31},d_{14}^{(1)}+\omega_{41},d_{15}^{(1)}+\omega_{51},\cdots,d_{18}^{(1)}+\omega_{81}\}\\&=\min\{0+0,2+\infty,5+\infty,-3+\infty,\infty,\infty,\infty,\infty\}=0\end{aligned}$$

$$\begin{aligned}d_{12}^{(2)}&=\min\{d_{11}^{(1)}+\omega_{12},d_{12}^{(1)}+\omega_{22},d_{13}^{(1)}+\omega_{32},d_{14}^{(1)}+\omega_{42},d_{15}^{(1)}+\omega_{52},\cdots,d_{18}^{(1)}+\omega_{82}\}\\&=\min\{0+2,2+0,5+\infty,-3+\infty,\infty,\infty,\infty,\infty\}=2\end{aligned}$$

类似可得

$$d_{13}^{(2)}=0,\quad d_{14}^{(2)}=-3,\quad d_{15}^{(2)}=6,\quad d_{16}^{(2)}=11,\quad d_{17}^{(2)}=d_{18}^{(2)}=\infty$$

可以看出，$d_{1j}^{(2)}$ 表示从点 v_1 两步到 v_j 的最短路权. 全部计算过程可用表 7.1 表示.

表 7.1　全部计算过程

i	j													
	w_{ij}								$d_{1j}^{(1)}$	$d_{1j}^{(2)}$	$d_{1j}^{(3)}$	$d_{1j}^{(4)}$	$d_{1j}^{(5)}$	$d_{1j}^{(6)}$
	v_1	v_2	v_3	v_4	v_5	v_6	v_7	v_8						
v_1	0	2	5	–3					0	0	0	0	0	0
v_2		0	–2		4				2	2	2	2	2	2
v_3			0			6			5	0	0	0	0	0
v_4			4	0					–3	–3	–3	–3	–3	–3
v_5					0					6	6	3	3	3
v_6					–3	0		4		11	6	6	6	6
v_7				7		2	0					14	9	9
v_8					3		–1	0			15	10	10	10

注：表中空格为+∞.

迭代进行到第 6 步时，发现 $d_{1j}^{(6)} = d_{1j}^{(5)}\ (j=1,2,\cdots,8)$，停止迭代. 表 7.1 中最后一列数分别表示点 v_1 到各点的最短路权.

若需要知道点 v_1 到各点的最短路径，同样采用反向追踪的办法. 例如，需要求出点 v_1 到点 v_8 的最短路径，已知 $d_{18}=10$，而 $d_{18}=\min\{d_{1i}+\omega_{i8}\}$，在表 7.1 中寻求满足等式的点 v_i，易知 $d_{16}+\omega_{68}=10$，记下 (v_6,v_8).

再考察 v_6，由 $d_{16}=6$，而 $6=0+6=d_{13}+\omega_{36}$，记下 (v_3,v_6).

考察 $v_3, d_{13}=0$，而 $0=2+(-2)=d_{12}+\omega_{23}$，记下 (v_2,v_3).

考察 $v_2, d_{12}=2$，而 $2=0+2=d_{11}+\omega_{12}$，记下 (v_1,v_2).

所以由点 v_1 到点 v_8 的最短路径为 $v_1 \to v_2 \to v_3 \to v_6 \to v_8$.

由于递推公式中的 $d_{sj}^{(k)}$ 实际意义为从点 v_s 到点 v_j、至多含有 $k-1$ 个中间点的最短路径，在含有 p 个点的图中，如果不含有总权小于零的回路，求从 v_s 到任一点的最短路权，用上述算法最多经过 $p-1$ 次迭代必定收敛. 显然，如果图中含有总权小于零的回路，最短路权没有下界.

2. 最小费用流问题

对于网络 $G=(V,E,C)$，每条弧 (v_i,v_j) 除已给容量 c_{ij} 外，还给出了单位流量的费用 $d_{ij}\ (d_{ij}\geqslant 0)$，记 $G=(V,E,C,D)$. 最小费用流问题就是要求一个可行流 $f=\{f_{ij}\}$，使得流量 $v(f)=v$，且总费用

$$D(f)=\sum_{(v_i,v_j)\in E} d_{ij} f_{ij}$$

最小.

特别地，当要求 f 为最大流时，此问题即为最小费用最大流问题.

下面介绍求解最小费用流问题的一种有效算法——对偶算法.

定义 7.5　已知网络 $G=(V,E,C,D)$，f 是 G 上的一个可行流，μ 是从 v_s 到 v_t 的（关于 f 的）一条增广链，$d(\mu)=\sum_{\mu^+} d_{ij}-\sum_{\mu^-} d_{ij}$ 称为链 μ 的费用. 若 μ^* 是从 v_s 到 v_t 的所有增广链中费用最小的链，则称 μ^* 为最小费用增广链.

对偶算法的基本思路是：先找一个流量 $v(f^{(0)}) < v$ 的最小费用流 $f^{(0)}$，然后寻找从 v_s 到 v_t 的

增广链 μ，用最大流方法将 $f^{(0)}$ 调整到 $f^{(1)}$，使 $f^{(1)}$ 流量为 $v(f^{(0)})+\theta$，且保证 $f^{(1)}$ 是在 $v(f^{(0)})+\theta$ 流量下的最小费用流，不断进行到 $v(f^{(k)})=v$ 为止.

定理 7.4 若 f 是流量为 $v(f)$ 的最小费用流，μ 是关于 f 的从 v_s 到 v_t 的一条最小费用增广链，则 f 经过 μ 调整流量 θ 得到新可行流 f'，一定是流量为 $v(f)+\theta$ 的可行流中的最小费用流.

由于 $d_{ij}\geqslant 0$，$f=\{0\}$ 就是流量为 0 的最小费用流，初始最小费用流可以取 $f^{(0)}=\{0\}$，剩下的问题是如何寻找关于 f 的最小费用增广链. 为方便起见，构造长度网络.

定义 7.6 对网络 $G=(V,E,C,D)$，有可行流 f，保持原网络各点，每条弧 (v_i,v_j) 用两条相反方向的弧 (v_i,v_j) 和 (v_j,v_i) 代替，各弧的权 w_{ij} 按如下规则确定：

$$w_{ij}=\begin{cases}d_{ij}, & f_{ij}<c_{ij}\\ +\infty, & f_{ij}=c_{ij}\end{cases},\qquad w_{ji}=\begin{cases}-d_{ij}, & f_{ij}>0\\ +\infty, & f_{ij}=0\end{cases}$$

这样得到的网络 $W(f)$ 称为长度网络（将费用看成长度，权为 $+\infty$ 的弧可以从 $W(f)$ 中略去）.

显然，在 G 中求关于 f 的最小费用增广链等价于在长度网络 $W(f)$ 中求 v_s 到 v_t 的最短路.

对偶算法的基本步骤如下.

（1）取 $f^{(0)}=\{0\}$.

（2）若在第 $k-1$ 步得到最小费用流 $f^{(k-1)}$，且 $v(f^{(k-1)})<v$，构造长度网络 $W(f^{(k-1)})$.

（3）在 $W(f^{(k-1)})$ 中求从 v_s 到 v_t 的最短路. 若不存在最短路（即最短路权是 $+\infty$），则 $f^{(k-1)}$ 已为最大流，不存在流量为 v 的流，停止；否则转（4）.

（4）在原网络 G 中与这条最短路相应的增广链 μ 上，对 $f^{(k-1)}$ 进行调整. 调整量

$$\theta=\min\left\{\min_{\mu^+}\{c_{ij}-f_{ij}^{(k-1)}\},\min_{\mu^-}f_{ij}^{(k-1)}\right\}$$

令

$$f_{ij}^{(k)}=\begin{cases}f_{ij}^{(k-1)}+\theta, & (v_i,v_j)\in\mu^+\\ f_{ij}^{(k-1)}-\theta, & (v_i,v_j)\in\mu^-\\ f_{ij}^{(k-1)}, & (v_i,v_j)\notin\mu\end{cases}$$

得到新的可行流 $f^{(k)}$，其流量为 $v(f^{(k-1)})+\theta$，若 $v(f^{(k-1)})+\theta=v$，则停止；否则令 $f^{(k)}$ 代替 $f^{(k-1)}$，返回（2）.

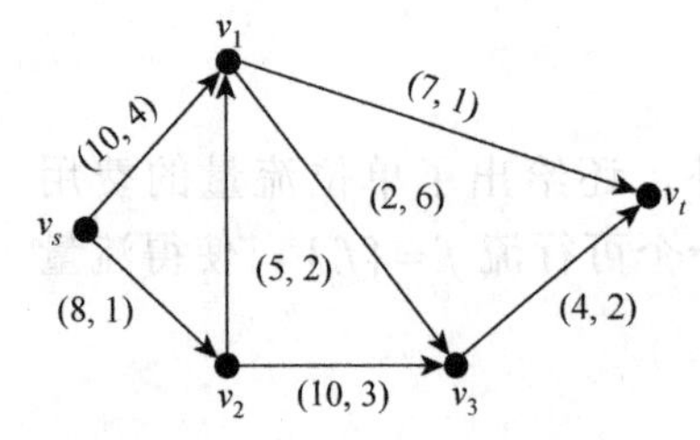

图 7.10　例 7.4 的运输网络

例 7.4 在图 7.10 所示的运输网络上，求流量 v 为 10 的最小费用流，边上括号内为 (c_{ij},d_{ij}).

解 从 $f^{(0)}=\{0\}$ 开始，作长度网络 $W(f^{(0)})$ 如图 7.11（a）所示，用 Dijkstra 算法求得 $W(f^{(0)})$ 中最短路为 $v_s\to v_2\to v_1\to v_t$，在网络 G 中相应的增广链 μ_1 上用最大流算法对 $f^{(0)}$ 进行调整.

因为 $\mu_1^+=\{(v_s,v_2),(v_2,v_1),(v_1,v_t)\}$，$\mu_1^-=\varnothing$，$\theta_1=\min\{8,5,7\}=5$，所以

$$f^{(1)}=\begin{cases}f_{ij}^{(0)}+5=5, & (v_i,v_j)\in\mu^+\\ f_{ij}^{(0)}=0, & \text{其他}\end{cases}$$

$$v(f^{(1)})=5,\qquad D(f^{(1)})=5\times1+5\times2+5\times1=20$$

结果如图 7.11（b）所示.

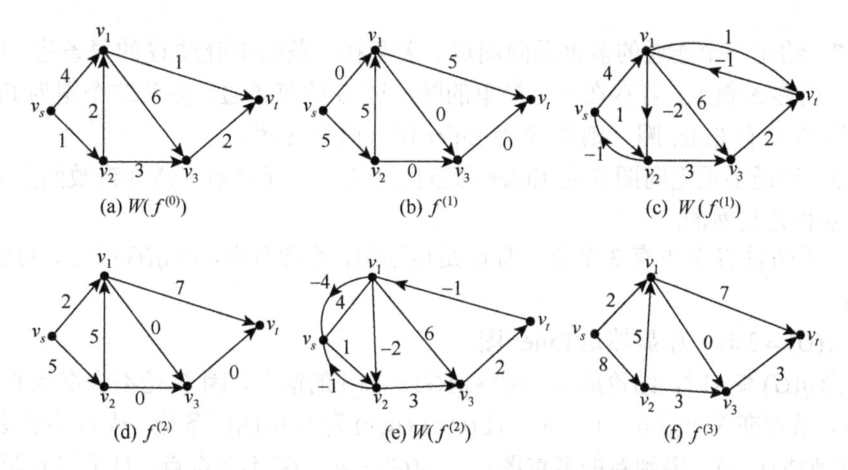

图 7.11　例 7.4 求最小费用流的长度网络和费用流

作长度网络$W(f^{(1)})$如图 7.11（c）所示，由于弧上有负权，用逐次逼近法求得最短路为$v_s \to v_1 \to v_t$，在网络G内相应的增广链上对$f^{(1)}$进行调整，得流$f^{(2)}$，如图 7.11（d）所示，此时，

$$v(f^{(2)}) = 7, \qquad D(f^{(2)}) = 4\times 2 + 5\times 1 + 5\times 2 + 7\times 1 = 30$$

作长度网络$W(f^{(2)})$如图 7.11（e）所示，得到最短路为$v_s \to v_2 \to v_3 \to v_t$，在网络$G$内相应的增广链上对$f^{(2)}$进行调整，得流$f^{(3)}$，如图 7.11（f）所示，此时，

$$v(f^{(3)}) = 10 = v, \qquad D(f^{(3)}) = 2\times 4 + 8\times 1 + 5\times 2 + 3\times 3 + 3\times 2 + 7\times 1 = 48$$

显然，$f^{(3)}$即为所求的最小费用流.

➢ 7.3　Euler 问题和 Hamilton 问题

7.3.1　Euler 问题

Euler 问题起源于著名的七桥游戏. 普雷格尔河从古城哥尼斯堡市中心流过，在河两岸与河心两个小岛之间架设有七座桥，如图 7.12（a）所示，问题是一个旅游者能否通过每座桥一次且仅一次？

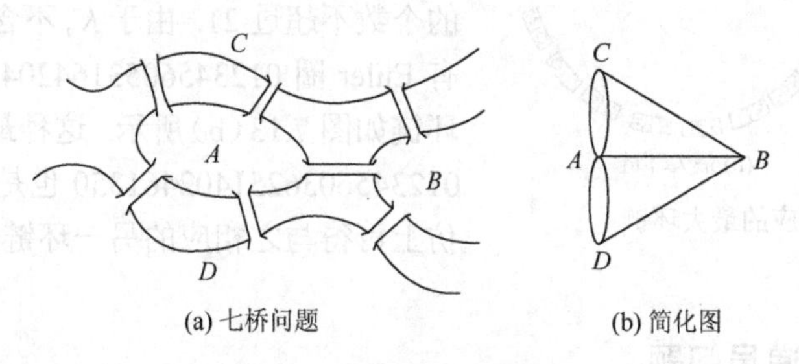

(a) 七桥问题　　(b) 简化图

图 7.12　七桥问题示意图

Euler 把两岸分别用C和D两点来表示，两岛分别用A和B两点来表示，当两块陆地之间有桥时，则在相应的两点之间连一条边（曲直长短无关紧要），于是得到图 7.12（b）. 这样七桥问题就转化为判断在该图中是否存在一条过每条边的简单链.

定义 7.7 给定一个连通的多重无向图G，若存在一条简单链过G的每条边，则称这条链为 Euler 链（简称E链）. 若存在一个简单的圈，过G的每条边，则称这个圈为 Euler 圈（简称E圈）. 图G若有 Euler 圈，则称G为 Euler 图（简称E图）.

定理 7.5 连通多重无向图G是 Euler 图当且仅当G中无奇点（次为奇数的点）.

证 必然性是显然的.

充分性. 不妨设G至少有 3 个点，因G是连通图，不含奇点，故$q(G)\geqslant 3$，对边数$q(G)$进行数学归纳.

（1）当$q(G)=3$时，G显然是 Euler 图.

（2）设当$q(G)\leqslant n$时，结论成立. 考察$q(G)=n+1$的情况，因G是不含奇点的连通图，并且$p(G)\geqslant 3$，故存在 3 个点u、v、w，且$(u,v),(w,v)$为G中的两条边. 从G中舍去边(u,v)和(w,v)，增加新边(u,w)，得到新的多重图G'. $q(G')=n$，G'不含奇点，且至多有两个分图. 若G'是连通的，由归纳假设，G'有 Euler 圈C'，把C'中的边(w,u)换成(w,v)和(u,v)，即得G中的 Euler 圈. 若G'有两个分图G_1、G_2. 设v在G_1中，由归纳假设，G_1、G_2分别有 Euler 圈C_1、C_2，把C_2中的边(u,w)换成(u,v)，C_1及(v,w)，即得G的 Euler 圈.

定理 7.6 连通多重无向图G有 Euler 链当且仅当G恰有两个奇点.

证 必要性是显然的.

充分性. 设G恰有两个奇点u、v，在G中增加一个新点w及新边(w,u)和(w,v)，得连通多重图G'. 由定理 7.5，G'有 Euler 圈C'，从C'中丢去w及点w的关联边(w,u)和(w,v)，即得G中的一条连接u、v的 Euler 链.

定理 7.5 和定理 7.6 提供了识别一个图是否能一笔画出的较为简单的方法. Euler 图均能一笔画出，并且能回到出发的顶点；恰含有两个奇点的连通多重图也能一笔画出，但不能回到出发的顶点. 而七桥问题中，有 4 个奇点，故旅游者不可能通过每座桥一次且仅一次.

例 7.5 （多米诺骨牌对环链游戏）多米诺骨牌对是两块正方形骨牌拼贴在一起形成的一个矩形块，每个正方形上刻有 0 和 1～6 个点，共 7 种. 每个骨牌对上的点数相异，试构造最大的骨牌对环链，使得其上每两个靠近的骨牌对靠近的点数一样，且骨牌对两两相异.

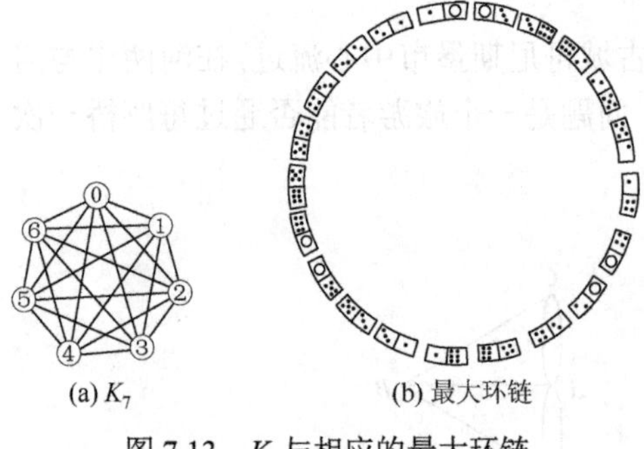

图 7.13 K_t与相应的最大环链

解 以$\{0,1,2,3,4,5,6\}$为顶点集合构成K_7，如图 7.13（a）所示. 把此K_7的每条边视为一个骨牌对，边的端点即为骨牌对两端的点数，则可知不同的骨牌对共计$C_7^2=21$种，最大骨牌对环链上骨牌对的个数不超过 21. 由于K_7不含奇点，是 Euler 图，有 Euler 圈 0123456053164204152630，相应的最大环链如图 7.13（b）所示. 这种最大环链不是唯一的，0123456036251402461350 也是K_7的一个 Euler 圈，仿上可得与之相应的另一环链.

7.3.2 中国邮递员问题

中国邮递员问题（Chinese postman problem）也称中国邮路问题，是我国数学家管梅谷于 1962 年首次提出，引起了世界不少数学家的关注.

中国邮递员问题可叙述为：邮递员从邮局出发，遍历他所管辖的每一条街道，将信件送到后返回邮局，要求所走的路程最短. 若把该问题抽象为图的语言，就是在网络图$G=(V,E,W)$中求一个圈，过每边至少一次，使圈中各条边的权数总和最小，即

$$\min \sum_{(v_i,v_j)\in\phi_E} w(i,j)$$

其中：ϕ_E为经过网络各条边至少一次的圈.

由于只要经过网络的每边至少一次，圈中所含的边可以重复. 显然，网络若是 Euler 图，则满足要求的圈是唯一的，最优解即是 Euler 图中的 Euler 圈. 若网络不是 Euler 图，则在某些与奇点关联的边上需要重复通过. 由于有向网络和混合网络中的邮递员问题比较复杂，这里只讨论无向网络的情形.

中国邮递员问题最初提出的解法是图解方法，对于非 Euler 图的无向网络邮递员问题，由于邮递员要返回邮局，必须将图转变成 Euler 图，为此需要添加重复边消除奇次顶点. 通常做法是将图中的奇点配成对，因为图是连通的，每对奇点之间必有一条链，把这条链的所有边作为重复边加到图中去，使图不含奇点. 这样，问题归结为在赋权网络中求解重复边总权数最小的方案，以得到最佳 Euler 巡回路线.

在此思想下，得出奇偶点图上作业法求解的算法步骤如下.

（1）给定一个初始方案，使网络各顶点的次皆为偶数，网络变为赋权 Euler 图.

（2）调整可行方案，使得图的每一条边上最多有一条重复边，且图中每个圈上重复边的总权数小于或等于非重复边的总权数，最后所得方案即为最优方案.

当边上有两条或两条以上重复边时，从中去掉偶数条；当图中一个圈上重复边的总权大于非重复边的总权数时，可将圈中的重复边去掉，而原来没有重复边的边上加上重复边，此时图中仍没有奇点，但圈上重复边的总权下降了.

例 7.6 求解图 7.14 所示网络中的最优邮递员回路.

解 网络中有 4 个奇点v_3、v_4、v_5、v_6，分成两对，不妨设v_3与v_5一对，v_4与v_6一对，将(v_3,v_5)和(v_4,v_6)作为重复边加到图上去，得到Euler图如图7.15所示. 考察圈$(v_1,v_2,v_4,v_6,v_8,v_7,v_5,v_3,v_1)$，其中重复边上的总权为10，而非重复边上的总权为9，进行调整，去掉(v_3,v_5)和(v_4,v_6)两条重复边，添加(v_1,v_2)、(v_2,v_4)、(v_6,v_8)、(v_8,v_7)、(v_7,v_5)、(v_3,v_1) 6 条重复边，得到新的 Euler 图（图 7.16）. 可以验证图 7.16 中所有圈上的重复边的总权小于非重复边的总权数，因此图 7.16 中的任一个 Euler 圈就是邮递员的最优邮递路线.

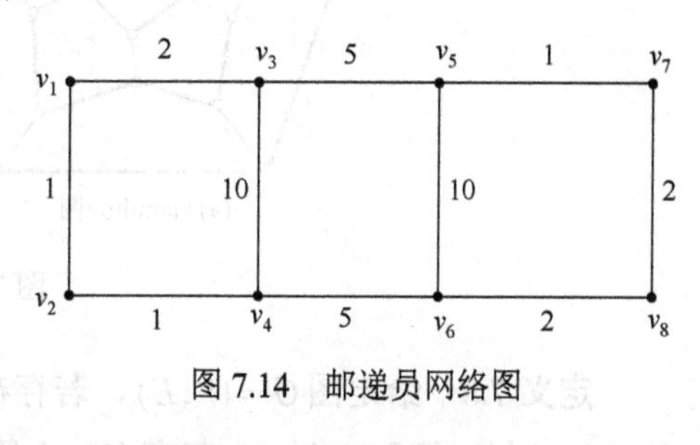

图 7.14 邮递员网络图

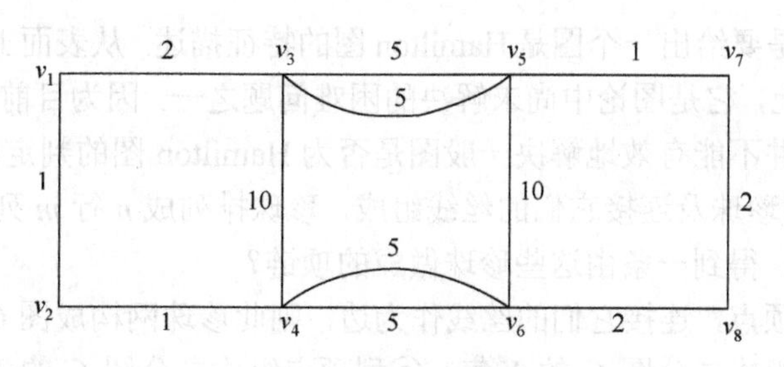

图 7.15 加入重复边后的 Euler 图

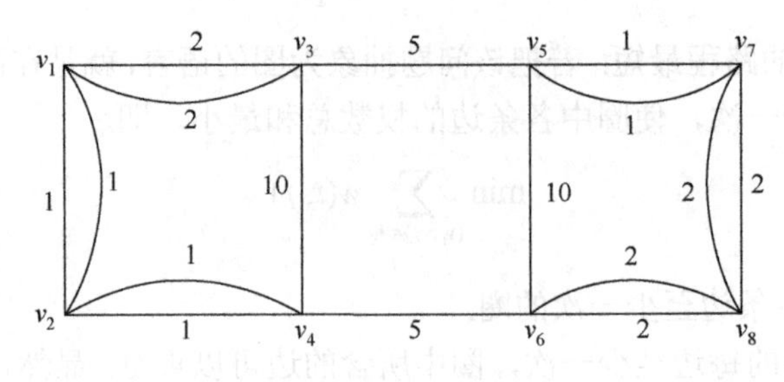

图 7.16　新的 Euler 图

值得注意的是，奇偶点图上作业法在求解网络规模较大的邮递员问题时，圈的检查容易遗漏. 关于中国邮递员问题，已有其他比较好的算法，读者可以参阅有关图论书籍.

7.3.3　Hamilton 问题

Hamilton 问题是从“周游世界问题”中提出来的. 1856 年，Hamilton 设计了一个游戏：用一个代表地球的十二面体的 20 个顶点分别代表世界上的 20 个城市，要求沿十二面体的边，走过每个城市一次仅且一次，最后回到出发点. 这个问题归结为寻求图 7.17（a）中的一个圈，它过每点一次仅且一次.

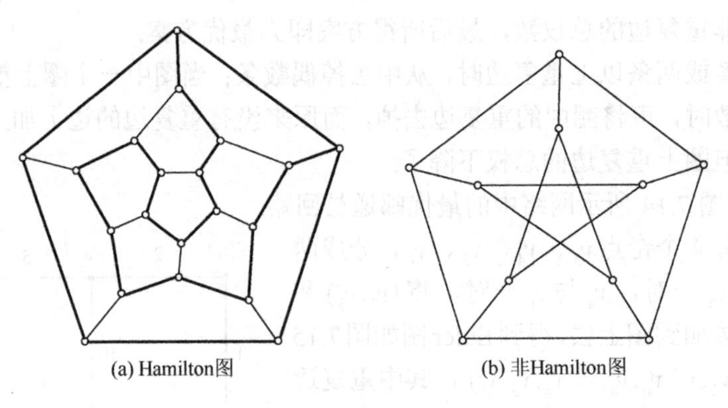
(a) Hamilton图　　(b) 非Hamilton图

图 7.17　周游世界问题

定义 7.8　给定图 $G=(V,E)$，若存在一条链，过 G 的每个点一次仅且一次，则称该链为 Hamilton 链（简称 H 链）. 若存在一个圈，过 G 的每个点一次仅且一次，则称该圈为 Hamilton 圈（简称 H 圈）. 图 G 若有 Hamilton 圈，则称 G 为 Hamilton 图（简称 H 图）.

图 7.17(a)是 Hamilton 图，由粗边构成的圈是一个 Hamilton 圈；而图 7.17(b)是非 Hamilton 图的一个例子.

Hamilton 问题就是要给出一个图是 Hamilton 图的特征描述. 从表面上看，这个问题与 Euler 问题很相似，但实际上，它是图论中尚未解决的困难问题之一. 因为目前虽有 Hamilton 图的一些充分必要条件，但并不能有效地解决一般图是否为 Hamilton 图的判定问题.

例 7.7　一个网由珍珠及连接它们的丝线组成，珍珠排列成 n 行 m 列，如图 7.18 所示，问能否剪断一些丝线段，得到一条由这些珍珠做成的项链？

解　以珍珠作为顶点，连接它们的丝线作为边，则此珍珠网构成图 G（图 7.18）为一个二分图，图中●型顶点组成二分图 G 的 X 集，⦿型顶点组成二分图 G 的 Y 集. 于是问题转化为上述二分图是否是 Hamilton 图. 当 m 和 n 都为奇数时，$m\times n$ 是奇数，若 G 是 Hamilton 图，

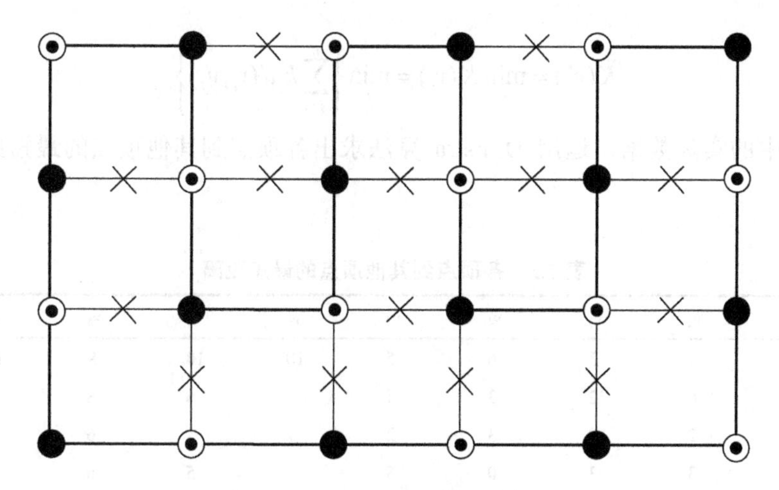

图 7.18 由珍珠及丝线组成的网

它有一个顶点数为 mn 的 Hamilton 圈，但 G 是二分图，这是不可能的，可见这时 G 不是 Hamilton 图，不能做成项链. 若 m 和 n 中有偶数，则可以做成项链，图 7.18 所示是当 $m=6$，$n=4$ 时的珍珠网，其中粗实线是 Hamilton 圈，将有×的边剪断即可得到一条项链.

➢ 7.4 选矿厂厂址的最佳选择

矿区选矿厂的地理位置对于矿区来说是十分重要的. 图 7.19 是一个有 10 个矿井的矿区示意图. $v_1,v_2,\cdots,v_{10}$ 表示这 10 个矿井，边表示两矿井点间的道路，边上的数表示两矿井点间的距离. 若这 10 个矿井每天的矿石产量分别为 3，4，2，6，3，4，5，2，1，7（单位：kt）. 现在要在这 10 个矿井点中选一处建选矿厂，问选矿厂建在何处最为理想？

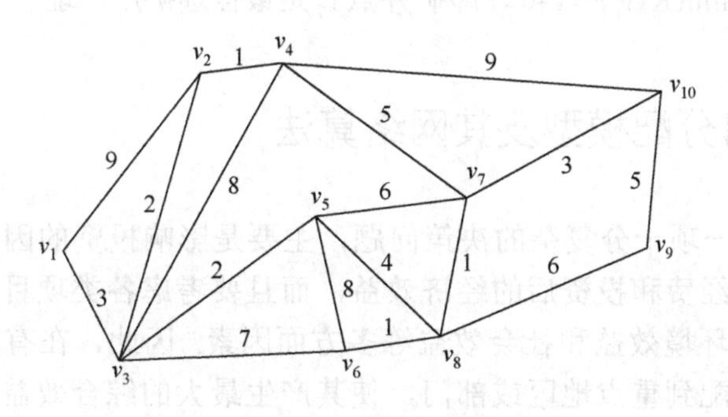

图 7.19 矿区示意图

选矿厂应该建在使各矿井生产的矿石运往选矿厂的运输总量最小的位置. 图 7.19 是一个连通无向图，设为 $G=(V,E)$，任一 $e_i\in E$ 有一个非负的长度 $d(e_i)$.

设选矿厂建在点 v_i，v_i 与 V 中其他顶点之间的最短距离分别为 $d(v_i,v_1),d(v_i,v_2),\cdots,d(v_i,v_n)$，矿井点 v_j 每天的矿石产量为 k_j，则选矿厂建在点 v_i 的总运输量为

$$K(v_i)=\sum_{j=1}^{n}k_j d(v_i,v_j)$$

于是，最佳选矿厂厂址的选择模型为

$$K(v^*)=\min_i K(v_i)=\min_i\left\{\sum_{j=1}^{n}k_j d(v_i,v_j)\right\}$$

针对问题中的实际数据，运用 Dijkstra 算法求出各顶点到其他顶点的最短距离，结果如表 7.2 所示.

表 7.2 各顶点到其他顶点的最短距离

矿井	v_1	v_2	v_3	v_4	v_5	v_6	v_7	v_8	v_9	v_{10}
v_1	0	5	3	6	5	10	10	9	12	13
v_2	5	0	2	3	4	9	6	8	8	9
v_3	3	2	0	3	2	7	7	6	9	10
v_4	6	3	3	0	5	7	5	6	7	8
v_5	5	4	2	5	0	5	5	4	7	8
v_6	10	9	7	7	5	0	2	1	4	5
v_7	10	6	7	5	5	2	0	1	2	3
v_8	9	8	6	6	4	1	1	0	3	4
v_9	12	8	9	7	7	4	2	3	0	5
v_{10}	13	9	10	8	8	5	3	4	5	0

若选矿厂设在 v_1，则运输总量为

$$K(v_1)=3\times0+4\times5+2\times3+6\times6+3\times5+4\times10+5\times10+2\times9+1\times12+7\times13=297$$

同理可求出选矿厂设在其他采矿点的运输总量，计算结果分别为

$$K(v_2)=202,\quad K(v_3)=195,\quad K(v_4)=175,\quad K(v_5)=181,\quad K(v_6)=188$$

$$K(v_7)=146,\quad K(v_8)=159,\quad K(v_9)=212,\quad K(v_{10})=215$$

很显然，$K(v_7)=\min\limits_i K(v_i)=146$，即矿井点 v_7 是最佳选矿厂厂址.

7.5 投资项目分配模型及其网络算法

项目投资问题是一项十分复杂的决策问题，主要是影响投资的因素比较多，不仅要考虑项目投资时所需的经费和投资后的经济效益，而且要考虑各类项目、投资地区之间的某些平衡，以及投资的环境效益和社会效益等多方面因素. 因此，在有限的经费条件下，如何将拟投资的项目分配到重点地区或部门，使其产生最大的综合效益，是投资决策者面临的重大问题.

设某市政府要在其所辖的几个地区（记为 $Y=\{y_1,y_2,\cdots,y_n\}$）投资 m 个不同类型的项目（记为 $X=\{x_1,x_2,\cdots,x_m\}$）. 为了避免工程的重复建设，要求一个项目只能建在一个地区，同时，为了考虑地区之间的平衡及各地区自身条件的限制，规定在项目数不多于地区数（即 $m\leqslant n$）时，每个地区最多只能投资一个项目；而当项目数多于地区数（即 $m>n$）时，每个地区最多投资 $m-(n-1)$ 个项目. 设影响投资分配问题的主要因素有 p 个（记为 $E=\{e_1,e_2,\cdots,e_p\}$），在单因素目标 e_k $(k=1,2,\cdots,p)$ 下，投资决策者评估项目 x_i 分配到地区 y_j 时的评价值（或称效益值）为 c_{ij}^k，且投资者通过 Delphi 法确定这 p 个因素在项目分配中的权系数分别为 $w_1,w_2,\cdots,w_p$. 试确定在 $m=n$，$m<n$，$m>n$ 三种情况下的最佳项目分配方案.

7.5.1　多因素评价值合成矩阵

由于影响投资分配的因素有 p 个，在项目分配时，必须综合考虑一个项目分配到某个地区时的多因素评价值.

由在单因素目标 e_k 下，不同项目分配到不同地区的评价值，构成在单因素目标 e_k 下的评价值矩阵，记为

$$\boldsymbol{C}_k = (c_{ij}^k)_{m\times n} \quad (k=1,2,\cdots,p)$$

由于不同单因素目标下的评价值量纲不一致，必须对其进行无量纲化处理. 对于值越大越优的目标和值越小越优的目标分别按以下两公式对矩阵 $\boldsymbol{C}_k$ 中的数据进行处理：

$$r_{ij}^k = \frac{c_{ij}^k - c_{k\min}}{c_{k\max} - c_{k\min}}, \quad e_k \in E^+; \qquad r_{ij}^k = \frac{c_{k\max} - c_{ij}^k}{c_{k\max} - c_{k\min}}, \quad e_k \in E^-$$

$$(i=1,2,\cdots,m;\ j=1,2,\cdots,n)$$

其中：$c_{k\max} = \max\limits_{i,j}\{c_{ij}^k\}, c_{k\min} = \min\limits_{i,j}\{c_{ij}^k\}$；$E^+$ 和 E^- 分别为值越大越优的目标和值越小越优的目标的集合.

这样评价矩阵 $\boldsymbol{C}_k$ 转化为 $\boldsymbol{R}_k = (r_{ij}^k)_{m\times n}$，为了综合各单因素的影响，对矩阵 $\boldsymbol{R}_k$ 进行加权求和，即令

$$\boldsymbol{R} = \sum_{k=1}^{p} w_k \boldsymbol{R}_k$$

矩阵 $\boldsymbol{R}$ 称为多因素评价值合成矩阵，记为 $\boldsymbol{R} = (r_{ij})_{m\times n}$. 其中：元素

$$r_{ij} = \sum_{k=1}^{p} w_k r_{ij}^k \quad (i=1,2,\cdots,m;\ j=1,2,\cdots,n)$$

7.5.2　分配问题中的效益矩阵

若将投资地区看成是传统分配（指派）问题中的任务，而把项目视为分配问题中完成任务的人，则可把项目分配转化为传统的分配问题求解. 然而，传统的分配问题中，要求一个人只能完成一项任务，而一项任务也只能有一个人来完成. 因此，必须讨论当投资项目数与地区数相同和不相同时，分配问题中效益方阵 $\boldsymbol{A}$ 的求法.

1. 项目数 m 等于地区数 n（$m=n$）

此时一个地区正好可投资一个项目，满足传统分配问题的条件，而矩阵 $\boldsymbol{R}$ 为一方阵，它的每一个元素 r_{ij} 是综合考虑 p 个单因素目标后的合成评价值，可将其理解为把项目 x_i 分配到地区 y_j 时的综合效益. 因此，可将矩阵 $\boldsymbol{R}$ 直接作为传统分配问题中的效益矩阵，即

$$\boldsymbol{A} = (a_{ij})_{n\times n} = \boldsymbol{R}$$

2. 项目数 m 小于地区数 n（$m<n$）

显然，这时必有 $n-m$ 个地区不能投资任何项目，在这种情况下，引进 $n-m$ 个“虚设项目”，使项目数与地区数相等. “虚设项目”投资到任何地区的综合效益为 0，于是，将矩阵 $\boldsymbol{R}$ 增加

$n-m$ 行，其行上的元素值均取 0，其他行元素值不变，从而得到一个新的方阵，将此方阵作为效益矩阵 $\boldsymbol{A}$，即

$$\boldsymbol{A}=(a_{ij})_{n\times n}=\begin{pmatrix}\boldsymbol{R}\\ \boldsymbol{0}\end{pmatrix}$$

其中：$\boldsymbol{0}$ 表示 $(n-m)\times n$ 零矩阵块.

很显然，在这种情况下，若一个地区被分配到"虚设项目"，则表示该地区不投资.

3. 项目数 m 大于地区数 n（$m>n$）

在这种情况下，先假定每个地区都投资了一个项目，剩下的 $m-n$ 个项目则可能投资到任何一个或一些地区. 因此，假设每个地区都存在另外 $m-n$ 个与之完全"等价"的"虚拟地区"，而每个项目投资到这些"等价"地区时的综合效益值完全一致. 这样，地区数就有 $n(m-n+1)$ 个，多于项目数，再增加 $n(m-n+1)-m=(m-n)(n-1)$ 个"虚设项目"，它们投资到任何地区的综合效益为 0. 这样，地区数便等于项目数，能满足一个地区只投资一个项目的要求，于是可令这种情况下的效益方阵为

$$\boldsymbol{A}=(a_{ij})_{n(m-n+1)\times n(m-n+1)}=\begin{pmatrix}\boldsymbol{R} & \boldsymbol{R} & \cdots & \boldsymbol{R}\\ \boldsymbol{0} & \boldsymbol{0} & \cdots & \boldsymbol{0}\end{pmatrix}$$

其中：第 1 行有 $m-n+1$ 个 $\boldsymbol{R}$；第 2 行中的 $\boldsymbol{0}$ 表示 $(m-n)(n-1)\times n$ 零矩阵块.

很显然，在这种情况下，一个地区及其与之等价的"虚拟地区"分配到的实际项目，即为该地区真正意义上得到的项目投资.

7.5.3 基于权最大完美匹配的分配算法

传统的分配问题模型是一个 0-1 整数规划模型，可用匈牙利算法（Hungarian algorithm）求解. 在此介绍一种基于权最大完美匹配的网络算法.

为了将上述三种情况统一考虑，令

$$h=\begin{cases}n & (m\leqslant n)\\ n(m-n+1) & (m>n)\end{cases}$$

将原问题中的项目集 X 与地区集 Y 修改为

$$X=\{x_1,x_2,\cdots,x_h\},\qquad Y=\{y_1,y_2,\cdots,y_h\}$$

构造一个划分为 X、Y 的完美二元加权图 G，边 (x_i,y_j) 的权 $w_{ij}=a_{ij}$，即为项目 x_i 分配到地区 y_j 时的综合效益$(1\leqslant i,\ j\leqslant h)$. 问题转化为求 G 的权最大完美匹配，设 G 的所有完美匹配之集为 $\phi(G)$，则问题的数学模型为

$$W(M^*)=\max_{M\in\phi(G)}W(M)$$

其中：$W(M)$ 为完美匹配 M 中所有边的权的总和，称为匹配 M 的权.

为了给出权最大的完美匹配的求法，先介绍以下概念和结论.

定义 7.9 设 M 是 $G=(V,E)$ 的一个匹配，一条在 $E\backslash M$ 和 M 中边相互交错的路径，称为 G 的一条 M 交错路径.

定义 7.10 设 p 是 G 的一条 M 交错路径，若 p 的起点和终点均为 M 的非饱和点，则称 p 是 G 的一条 M 增广路径.

定义 7.11 设$l(u)$是$X \cup Y$到实数域上的一个函数，对于X集合中的任一顶点x和Y中的任一顶点y，若满足条件$l(x)+l(y) \geqslant w(x,y)$，则称$l(u)$是$G$的可行顶点标号.

可行顶点标号是存在的，如

$$l(u)=\begin{cases}\max\limits_{y\in Y} w(u,y), & u\in X\\ 0, & u\in Y\end{cases}$$

定义 7.12 由边集$E_l=\{(x,y)\mid (x,y)\in E, l(x)+l(y)=w(x,y)\}$组成的$G$的生成子图，称为$G$的相等子图，记为$G_l$.

定理 7.7 设$l(u)$是G的可行顶点标号，若G_l含有一个完美匹配M^*，则M^*是G的权最大完美匹配.

基于上述结论，给出求G的权最大完美匹配算法如下.

（1）从任一可行顶点标号$l(u)$开始，确定G_l，并在G_l中选取任一匹配M.

（2）当X是M饱和的，则M是最大完美匹配，算法终止；否则，找出X中的一个M非饱和顶点u，置$S=\{u\}$，$T=\varnothing$.

（3）求出G_l中与S中的点相连接的顶点集合$N_{G_l}(S)$. 若$N_{G_l}(S)\supset T$，则转（4）；若$N_{G_l}(S)=T$，则计算$a_l=\min\limits_{x\in S, y\notin T}\{l(x)+l(y)-w(x,y)\}$，且由

$$\hat{l}(v)=\begin{cases}l(v)-a_l, & v\in S\\ l(v)+a_l, & v\in T\\ l(v), & 其他\end{cases}$$

给出可行顶点标号$\hat{l}$，以$\hat{l}$代替l，以$G_{\hat{l}}$代替G_l.

（4）在$N_{G_l}(S)\setminus T$中选择一个顶点y，考察y是否M饱和. 若y是M饱和的，并且$(y,z)\in M$，则用$S\cup\{z\}$代替S，用$T\cup\{y\}$代替T，转(3)；否则，设p是G_l中的M增广路径，用$\hat{M}=M\oplus E(p)$代替M，并转（2）（这里，$E(p)$表示路径p中的所有边，$G_1\oplus G_2$是G_1与G_2的环和，是由G_1与G_2中的所有边去掉它们的公共边组成的图）.

7.5.4 应用实例

某市政府要在其所辖的 3 个地区$\{y_1,y_2,y_3\}$投资 4 个项目$\{x_1,x_2,x_3,x_4\}$，项目投资分配要考虑 3 方面因素，即经济效益、环境污染和社会效益. 经过专家评估，3 个单因素目标下的评价值矩阵分别为

$$\boldsymbol{C}_1=\begin{pmatrix}10.40 & 11.01 & 12.64\\ 7.74 & 8.33 & 9.35\\ 6.76 & 7.55 & 7.89\\ 10.10 & 17.44 & 11.99\end{pmatrix},\quad \boldsymbol{C}_2=\begin{pmatrix}2.1 & 2.7 & 1.1\\ 1.7 & 2.5 & 1.5\\ 1.6 & 2.3 & 0.8\\ 0.7 & 0.9 & 0.8\end{pmatrix},\quad \boldsymbol{C}_3=\begin{pmatrix}6 & 2 & 9\\ 7 & 1 & 8\\ 7 & 4 & 8\\ 7 & 9 & 5\end{pmatrix}$$

由于经济效益和社会效益的评价值属于值越大越优型，而环境污染的评价值属于越小越优型，将矩阵$\boldsymbol{C}_1$、$\boldsymbol{C}_3$和矩阵$\boldsymbol{C}_2$分别运用 7.5.1 小节中进行无量纲处理的两公式，得到$\boldsymbol{R}_1$、$\boldsymbol{R}_2$、$\boldsymbol{R}_3$. 若假设专家组认为影响投资的 3 方面因素同等重要，即$w_1=w_2=w_3=1/3$，对矩阵$\boldsymbol{R}_1$、$\boldsymbol{R}_2$、$\boldsymbol{R}_3$进行加权求和，得到多因素评价值合成矩阵

$$
\boldsymbol{R}=\begin{pmatrix}0.42 & 0.17 & 0.78\\ 0.45 & 0.08 & 0.57\\ 0.43 & 0.22 & 0.65\\ 0.69 & 0.97 & 0.65\end{pmatrix}
$$

由于项目数 $m=4$，地区数 $n=3$，按照 7.5.2 节中情况 3 的方法，引进一组等价的“虚拟位置”和两个“虚设工程”，得到分配问题的效益方阵

$$
\boldsymbol{A}=\begin{pmatrix}0.42 & 0.17 & 0.78 & 0.42 & 0.17 & 0.78\\ 0.45 & 0.08 & 0.57 & 0.45 & 0.08 & 0.57\\ 0.43 & 0.22 & 0.65 & 0.43 & 0.22 & 0.65\\ 0.69 & 0.97 & 0.65 & 0.69 & 0.97 & 0.65\\ 0 & 0 & 0 & 0 & 0 & 0\\ 0 & 0 & 0 & 0 & 0 & 0\end{pmatrix}
$$

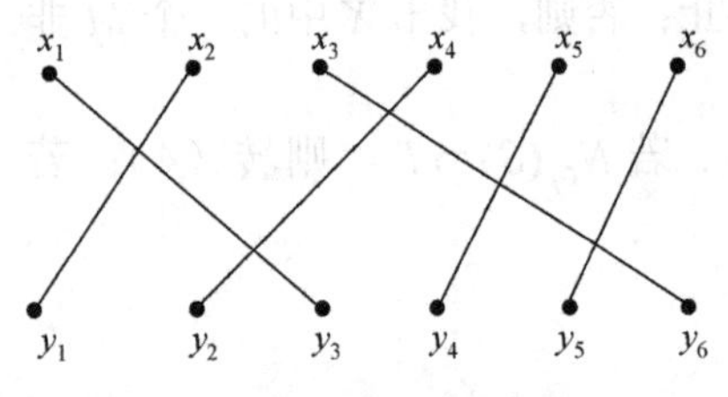

图 7.20 $K_{6,6}$ 的权最大完美匹配

应用 7.5.3 小节中给出的基于权最大完美匹配的分配算法，可得完备的加权二元图 $G=K_{6,6}$ 的权最大完美匹配 M^*，如图 7.20 所示.

由于 y_4、y_5、y_6 分别是 y_1、y_2、y_3 的等价“虚拟地区”，x_5、x_6 为“虚设项目”，由图 7.20 可得项目的最佳分配方案为项目 x_1、x_3 投资到地区 y_3，项目 x_2 投资到地区 y_1，项目 x_4 投资到地区 y_2.

从实例事先给定的各因素目标评价值分析，地区 y_3 的各项条件（除对于项目 x_4 外）均要比其他两个地区优，因此，在地区 y_3 投资两个项目（不包括 x_4）的结果是比较合理的.

习　题　7

7.1　有 7 个人围桌而坐，如果要求每次相邻的人都与以前完全不同，试问不同的就座方案共有多少种？

7.2　一个班级的学生选修 A、B、C、D、E、F 共 6 门课程，其中一部分人同时选修 D、C、A，一部分人同时选修 B、C、F，一部分人同时选修 B、E，还有一部分人同时选修 A、B，期终考试要求每天考一门课，6 天内考完，为了减轻学生负担，要求每人都不会连续两天参加考试，试设计一个考试日程表.

7.3　某大学准备对其所属的 7 个学院办公室计算机联网. 这个网络的可能连通的途径如下图所示，图中 $v_1,v_2,\cdots,v_7$ 表示 7 个学院办公室，边 e_{ij} 为可能联网的途径. 边上所赋的权数为这条路线的长度（单位：$10^2\mathrm{m}$）. 试设计一个局域网既能连接 7 个学院办公室，又能使网络线路总长度为最短.

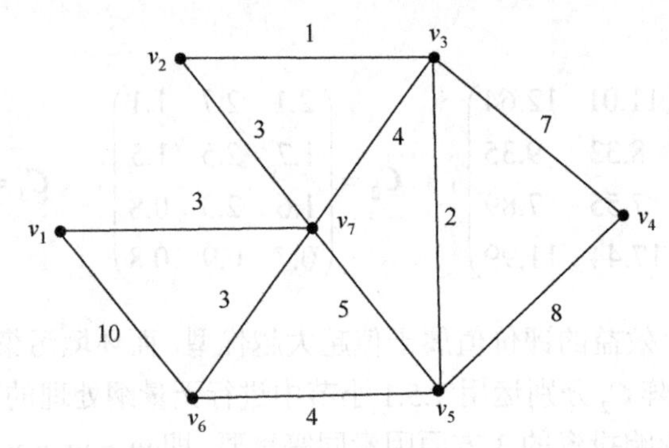

7.4　某石油公司拥有一管道网络，使用此管道网络可将石油从采地 v_s 运往销地 v_t. 由于各地的地质条件

等不同，其管道直径有所不同，从而使各弧的容量 c_{ij}（单位：10^4 L /h）不同，对于下图所示的管道网络 $N=(V,A,C)$，问每小时从 v_s 往 v_t 能运送多少石油？

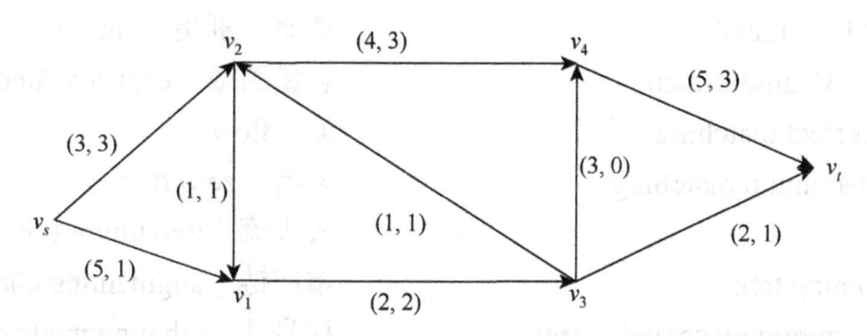

7.5 某市要在其 6 个辖区 $(A_1,A_2,A_3,A_4,A_5,A_6)$ 内修建 4 项工程 (B_1,B_2,B_3,B_4)，规定每个工程只能建在一个辖区里，经评估各工程建在各辖区的综合效益矩阵为 $\boldsymbol{X}$，问如何选址可使 4 项工程总的效益最大？

$$\boldsymbol{X}=\begin{pmatrix} 7 & 4 & 8 & 4 \\ 3 & 9 & 6 & 6 \\ 7 & 2 & 5 & 2 \\ 4 & 6 & 7 & 3 \\ 5 & 8 & 6 & 7 \\ 5 & 3 & 4 & 8 \end{pmatrix}$$

7.6 A company has 6 positions，$a,b,\cdots,f$，to fill，and has candidates，$1,2,\cdots,6$. There is an experience requirement for each job，and table indicates which job，or jobs，each candidate could fill.

项目	candidate					
	1	2	3	4	5	6
job(s)	a, b	a, f	c, f	d, e	e	a, d

Is it possible to fill all the jobs with a properly experienced candidate？If so，provide a matching of candidates to jobs.

Hint：This problem can be solved as a maximum flow problem in which each edge has capacity 1.

本章常用词汇中英文对照

图 graph
子图 subgraph
生成子图 spanning subgraph
诱导子图 induced subgraph
顶点 vertex
节点 node
边 edge
度，次 degree
链 chain
路径 path
起点 origin
终点 end point
孤立点 isolated vertex
悬挂点 pendant vertex
环 ring
回路 circuit
圈 cycle
连通的 connected
连通图 connected graph
不连通图，分离图 disconnected graph
权 weight
加权图 weighted graph
单图 simple graph
完全图 complete graph

二部图　bipartite graph
匹配　matching
M 饱和的　M-saturated
M 不饱和的　M-unsaturated
完美匹配　perfect matching
最大匹配　maximum matching
树　tree
生成树　spanning tree
最小生成树　minimum spanning tree
最优树　optimal tree
网络　network
迪杰斯特拉算法　Dijkstra’s algorithm
欧拉图　Euler graph
哈密顿图　Hamilton graph
中国邮路问题　Chinese postman problem
截集，割集　cut set
容量函数　capacity function
流　flow
零流　zero flow
最大流　maximum flow
增广链　augmenting chain
标号法　labeling method

第8章 概 率 模 型

在生活和生产当中会有大量的随机现象，它是相对于决定性现象而言的. 在一定条件下必然发生某一结果的现象称为决定性现象，如在标准大气压下纯水加热到 100 ℃时必然会沸腾等；随机现象则是指在基本条件不变的情况下，每一次试验或观察前，不能肯定会出现哪种结果，呈现出偶然性，如掷一枚硬币可能出现正面或反面.

随机现象并不是没有规律的，人们可以研究随机现象发生的概率、分布、数字特征等，通过这些偶然背后的必然来建立数学模型指导人们生产和生活，这类数学模型被称为概率模型. 本章将介绍几种常见的概率模型，即随机存贮模型、排队模型和时间序列模型，并在最后介绍一个具体实例——矿石装卸模型的分析与模拟.

➢ 8.1 随机存贮模型

8.1.1 随机存贮问题

存贮问题是人们熟悉而又需要研究的问题之一. 例如：工厂定期订购原料，存入仓库供生产之用；车间一次加工出一批零件，供装配生产线每天生产之需；商店成批购进各种商品，放在货柜以备零售；水库在雨季蓄水，用于旱季的灌溉和发电. 这些问题有一个共性问题，就是存贮量多大才合适. 如果工厂原料存储太少，不足以满足生产的需要，将使生产过程中断；商店存储商品太少，造成商品脱销，将影响销售利润和竞争能力. 另一方面，如果工厂存储太多，超过了生产的需要，将造成资金及资源的积压浪费；而商店存储太多，将影响资金周转，并带来商品积压的有形或无形损失.

存贮论研究的基本问题是对于特定的需求（输出）类型，以怎样的方式进行补充（输入），协调好供需关系，实现存储管理的目标. 根据需求和补充中是否包含随机性因素，存贮问题可分为确定型和随机型两种，前者属于简单优化模型，而后者则是本节介绍的内容.

8.1.2 随机存贮模型的建立与求解

商店在一周中的销售量是随机的. 每逢周末经理要根据存货的多少决定是否订购货物，以供下周销售. 适合经理采用的一种简单的策略是制定一个下界 s 和一个上界 S，当周末存货不少于 s 时就不订货，当存货少于 s 时就订货，且订货量使得下周初的存量达到 S. 这种策略称为 (s,S) 随机存贮策略.

为使问题简化，只考虑费用，即订货费、贮存费、缺货费和商品购进价格，存贮策略的优劣以总费用为标准. 显然，总费用（在平均意义下）与 (s,S) 策略、销售量的随机规律，以及单项费用的大小有关.

1. 模型假设

时间以周为单位，商品数量以件为单位.

（i）每次订货费为c_0（与数量无关），每件商品购进价为c_1，每件商品一周的贮存费为c_2，每件商品的缺货损失为c_3，c_3相当于售出价，所以应有$c_1<c_3$.

（ii）一周的销售量r是随机的. r的取值很大，可视为连续变量，其概率密度函数为$p(r)$.

（iii）记周末的存货量为x，订货量为u，并且立即到货，于是周初的存货量为$x+u$.

（iv）一周的销售是集中在周初进行的，即一周的贮存量为$x+w-r$，为了计算贮存费用的方便，假设它不随时间改变.

2. 建模与求解

按照制定(s,S)策略的要求，当周末存货量$x\geqslant s$时，订货量$u=0$；当$x<s$时，$u>0$，且令$x+u=S$. 确定s和S应以“总费用”最小为标准，因为销售量r的随机性，贮存量和缺货量也是随机的，致使一周的贮存费和缺货费也是随机的，所以目标函数应取一周总费用的期望值，以下称平均费用.

根据假设条件容易写出平均费用为

$$J(u)=\begin{cases}c_0+c_1u+L(x+u), & u>0\\ L(x), & u=0\end{cases}\tag{8.1}$$

其中：

$$L(x)=c_2\int_0^x(x-r)p(r)\mathrm{d}r+c_3\int_x^\infty(r-x)p(r)\mathrm{d}r\tag{8.2}$$

在$u>0$的情况下，求u使$J(u)$达到最小值，从而确定S. 为此计算

$$\frac{\mathrm{d}J}{\mathrm{d}u}=c_1+c_2\int_0^{x+u}p(r)\mathrm{d}r-c_3\int_{x+u}^\infty p(r)\mathrm{d}r$$

令$\dfrac{\mathrm{d}J}{\mathrm{d}u}=0$，记$x+u=S$，并注意到$\int_0^\infty p(r)\mathrm{d}r=1$，可得

$$\frac{\int_0^S p(r)\mathrm{d}r}{\int_S^\infty p(r)\mathrm{d}r}=\frac{c_3-c_1}{c_2+c_1}\tag{8.3}$$

这就是说，令订货量u加上原来的存量x达到式（8.3）所示的S，可使平均费用最小.

从式（8.3）可以看出，当商品购进价c_1一定时，贮存费c_2越小，缺货费c_3越大，S应越大，这是符合常识的.

下面讨论确定s的方法. 当存货量为x时，若订货则由式（8.1）在S策略下平均费用为

$$J_1=c_0+c_1(S-x)+L(S)$$

若不订货则平均费用为$J_2=L(x)$，显然，当$J_2\leqslant J_1$，即

$$L(x)\leqslant c_0+c_1(S-x)+L(S)\tag{8.4}$$

时应不订货. 记

$$I(x)=c_1x+L(x)\tag{8.5}$$

则不订货的条件式（8.4）为

$$I(x)\leqslant c_0+I(S)\tag{8.6}$$

式（8.6）右端为已知数，于是s应为方程

$$I(x)=c_0+I(S)\tag{8.7}$$

的最小正根.

方程（8.7）可以用图形求解. 注意到$I(x)$与$J(u)$表达式的相似性[见式（8.1）与式（8.5）]，可知$L(x)$是下凸的，且在$x=S$时达到极小值，如图 8.1 所示，在极小值$I(S)$上叠加c_0，按图中箭头方向即可得到s.

综上所述，根据模型（8.1）和模型（8.2）所确定的(s,S)策略由式（8.3）、式（8.5）、式（8.7）给出，当c_0、c_1、c_2、c_3和$p(r)$给定后，s、S可以唯一地解出.

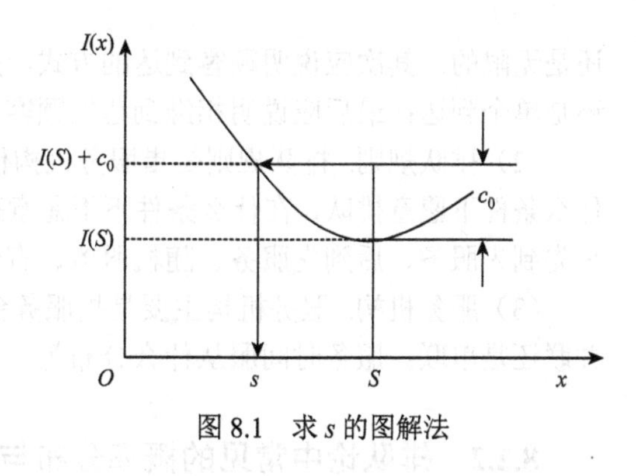

图 8.1　求s的图解法

➢ 8.2　排队模型

8.2.1　排队论基本知识

在日常生活和工作中，人们都会遇到各种各样的排队问题——为了获得某种服务而排队等待，如去医院看病、去售票处购票、去车站乘车等. 队列既可能是有形的，也可能是无形的，例如，几个旅客同时打电话到售票处订购车票，当一个旅客通话时，其他旅客只能在各自的电话机前等候，虽然旅客分散在各个地方，但却形成了一个无形的队列等待通话. 排队的不一定是人，也可以是物，如因出故障而停止运转的机器等待工人修理、码头的船只等待装卸等. 提供服务的也不一定是人，可以是物，如机场的跑道、公共汽车等. 顾客可以是有限的，也可以是无限的；可以是可数的，也可以是不可数的. 服务员也不一定固定在一个地方对顾客进行服务，如出租汽车随机到来为乘客服务.

在排队论中要求服务者称为“顾客”，提供服务者称为“服务台”. 顾客与服务台构成一个排队系统.

一个排队系统可抽象地描述如下：要求服务的顾客到达服务台前，服务台有空闲便立刻得到服务；若服务台不空闲，则需要等待服务台出现空闲时再接受服务，服务完后离开服务台. 因此，排队系统模型可用图 8.2 表示.

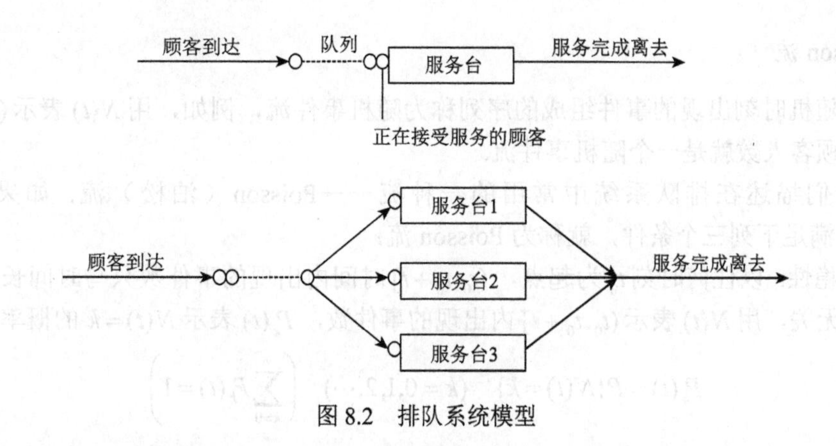

图 8.2　排队系统模型

一个排队系统是由三个基本部分组成的，即输入过程、排队规则、服务机构.

（1）输入过程. 输入过程就是顾客按怎样规律到达. 它首先应包括顾客总体数，是有限的还是无限的；其次应说明顾客到达的方式，是成批到达（每批数量是随机性的还是确定性的）还是单个到达；最后应说明相继到达的顾客（成批或单个）之间的时间间隔的概率分布.

（2）排队规则. 排队规则是指服务机构什么时候允许排队，什么时候不允许排队；顾客在什么条件下愿意排队，在什么条件下不愿意排队；在顾客排队时，服务的顺序是什么，它可以是先到先服务、后到先服务、随机服务、有优先权的服务等.

（3）服务机构. 服务机构主要是指服务台的数目，多个服务台进行服务时，服务的方式是并联还是串联；服务时间服从什么分布等.

8.2.2 排队论中常见的概率分布与 Poisson 流

1. 定长分布

若顾客到达间隔时间（或服务时间）为一常数，则称输入（或服务）的分布为定长分布，记为 D.

2. 负指数分布

服从负指数分布（记为 M）的随机变量 ξ，其概率密度函数为

$$f(t)=\begin{cases}\lambda e^{-\lambda t}, & t\geqslant 0\\ 0, & t<0\end{cases}$$

其中：$\lambda>0$ 为常数.

负指数分布常用来近似地描述各种“寿命”的分布，如无线电元器的寿命、动物的寿命、电话问题中的通话时间等. 排队论中的服务时间和顾客到达间隔时间都常常假定服从负指数分布.

负指数分布有一个重要性质，即无记忆性，也称无后效性. 若把 ξ 解释为电子元件的寿命，无记忆性就是不论现在的年龄多大，剩余寿命的条件分布与原分布相同，不受已有年龄的影响，用概率公式表示为

$$P\{\xi>t+x\mid\xi>t\}=P\{\xi>x\}$$

反过来，连续型随机变量的分布函数中，只有负指数分布具有无记忆性.

3. Poisson 流

通常把随机时刻出现的事件组成的序列称为随机事件流，例如，用 $N(t)$ 表示 $(0,t]$ 时刻内要求服务的顾客人数就是一个随机事件流.

现在我们描述在排队系统中常用的一种流——Poisson（泊松）流. 如果一事件流 $\{N(t),t>0\}$ 满足下列三个条件，就称为 Poisson 流：

（1）平稳性. 以任何时刻 t_0 为起点，$(t_0,t_0+t]$ 时间内出现的事件数只与时间长度 t 有关，而与起点 t_0 无关，用 $N(t)$ 表示 $(t_0,t_0+t]$ 内出现的事件数，$P_k(t)$ 表示 $N(t)=k$ 的概率，则

$$P_k(t)=P\{N(t)=k\}\quad(k=0,1,2,\cdots)\quad\left(\sum_{k=0}^{\infty}P_k(t)=1\right)$$

（2）无后效性. 在 $(t_0,t_0+t]$ 时间内出现 k 个事件与 t_0 以前出现的事件数无关.

（3）普通性. 在充分小的时间区间 Δt 内，发生两个或两个以上事件的概率是比 Δt 高阶的无穷小量，即

$$P(\Delta t)=\sum_{k=2}^{\infty}P_k(\Delta t)=o(\Delta t)$$

在上述三个条件下，可以推出

$$P_k(t)=\frac{(\lambda t)^k}{k!}\mathrm{e}^{-\lambda t}\quad(k=0,1,2,\cdots)$$

Poisson 流与负指数分布有着密切的关系. 若随机事件到达的间隔时间相互独立并且服从同一负指数分布，则这样的随机事件流就是 Poisson 流.

Poisson 流在现实世界中常遇到，如市内交通事故，稳定情形下电话呼唤次数，到车站等车的乘客数，上下班高峰过后通过路口的自行车流、人流、汽车流等都是或近似 Poisson 流. 一般地，大量的稀有事件流，若每一事件流在总事件流中起的作用很小，而且相互独立，则总的合成流可以认为是 Poisson 流.

4. 生灭过程

下面介绍排队论中常用到的一类随机过程——生灭过程.

设有某个系统，具有状态集 $S=\{0,1,2,\cdots\}$. 若系统的状态随时间 t 变化的过程 $\{N(t);t\geqslant 0\}$ 满足以下条件，则称为一个生灭过程：设在 t 时刻系统处于状态 n 的条件下，再经过长为 Δt（微小增量）的时间

（1）转移到 $n+1(0\leqslant n<+\infty)$ 概率为 $\lambda_n\Delta t+o(\Delta t)$；

（2）转移到 $n-1(1\leqslant n<+\infty)$ 概率为 $\mu_n\Delta t+o(\Delta t)$；

（3）转移到 $S-\{n-1,n,n+1\}$ 概率为 $o(\Delta t)$.

其中：$\lambda_n>0,\ \ \mu_n>0$ 为与 t 无关的固定常数.

若 S 仅包含有限个元素，$S=\{0,1,2,\cdots,k\}$，则称为有限状态生灭过程.

生灭过程的例子很多，如某地区人口数量的自然增减、细菌繁殖与死亡、服务台前顾客数量的变化都可看成或近似看成生灭过程模型.

现在来讨论系统在 t 时刻处于状态 n 的概率，即求

$$P_n(t)=P\{N(t)=n\}\quad(n=0,1,2,\cdots;\ t\geqslant 0)$$

设系统在 $t+\Delta t$ 时刻处于状态 n，这一事件可分解为如下四个互不相容的事件之和：

（1）在时刻 t 处于状态 n，而在时刻 $t+\Delta t$ 仍处于状态 n，其概率为 $P_n(t)(1-\lambda_n\Delta t-\mu_n\Delta t)+o(\Delta t)$；

（2）在时刻 t 处于状态 $n-1$，而在时刻 $t+\Delta t$ 仍处于状态 n，其概率为 $P_{n-1}(t)\lambda_{n-1}\Delta t+o(\Delta t)$；

（3）在时刻 t 处于状态 $n+1$，而在时刻 $t+\Delta t$ 仍处于状态 n，其概率为 $P_{n+1}(t)\mu_{n+1}\Delta t+o(\Delta t)$；

（4）在时刻 t 处于别的状态（即不是 $n-1,n,n+1$），而在时刻 $t+\Delta t$ 处于状态 n，其概率为 $o(t)$.

由全概率公式，有

$$P_n(t+\Delta t)=P_n(t)(1-\lambda_n\Delta t-\mu_n\Delta t)+P_{n+1}(t)\mu_{n+1}\Delta t+P_{n-1}(t)\lambda_{n-1}\Delta t+o(\Delta t)$$

类似地，对 $n=0$，有

$$P_0(t+\Delta t)=P_0(t)(1-\lambda_n\Delta t)+P_1(t)\mu_1\Delta t+o(\Delta t)$$

将上面各式中右边不含 Δt 的项移到左边，用 Δt 除两边，然后令 $\Delta t\to 0$，假设极限存在，就得到差分微分方程组

$$\begin{cases}P_n'(t)=\lambda_{n-1}P_{n-1}(t)-(\lambda_n+\mu_n)P_n(t)+\mu_{n+1}P_{n+1}(t)\\P_0'(t)=-\lambda_0P_0(t)+\mu_1P_1(t)\end{cases}\tag{8.8}$$

解出这组方程，即得t时刻系统的状态概率分布$\{P_n(t), n\in S\}$，即生灭过程的瞬时解. 一般说来，解方程组（8.8）比较困难.

若当$t\to\infty$时，$P_n(t)$的极限存在，即

$$\lim_{t\to\infty} P_n(t)=p_n \quad (n=0,1,2,\cdots)$$

且有

$$\lim_{t\to\infty} P_n'(t)=0 \quad (n=0,1,2,\cdots)$$

则由方程组（8.8）两边对t取极限得线性方程组

$$\begin{cases}0=\lambda_{n-1}p_{n-1}-(\lambda_n+\mu_n)p_n+\mu_{n+1}p_{n+1} \ (n=1,2,\cdots)\\ 0=-\lambda_0 p_0+\mu_1 p_1\end{cases} \tag{8.9}$$

整理得

$$\begin{cases}\lambda_n p_n-\mu_{n+1}p_{n+1}=\lambda_{n-1}p_{n-1}-\mu_n p_n \ (n=1,2,\cdots)\\ \lambda_0 p_0-\mu_1 p_1=0\end{cases}$$

故

$$\lambda_n p_n-\mu_{n+1}p_{n+1}=\lambda_{n-1}p_{n-1}-\mu_n p_n=\lambda_{n-2}p_{n-2}-\mu_{n-1}p_{n-1}=\cdots=\lambda_0 p_0-\mu_0 p_0=0$$

$$p_{n+1}=\frac{\lambda_n}{\mu_{n+1}}p_n=\frac{\lambda_n}{\mu_{n+1}}\frac{\lambda_{n-1}}{\mu_n}p_{n-1}=\cdots=\frac{\lambda_n\cdot\lambda_{n-1}\cdot\cdots\cdot\lambda_0}{\mu_{n+1}\cdot\mu_n\cdot\cdots\cdot\mu_1}p_0$$

设

$$\sum_{n=0}^{\infty}\frac{\lambda_n\cdot\lambda_{n-1}\cdot\cdots\cdot\lambda_0}{\mu_{n+1}\cdot\mu_n\cdot\cdots\cdot\mu_1}<+\infty$$

因$\sum_{n=0}^{\infty}p_n=1$，故解出

$$\begin{cases}p_0=\dfrac{1}{1+\sum\limits_{n=0}^{\infty}\dfrac{\lambda_n\cdot\lambda_{n-1}\cdot\cdots\cdot\lambda_0}{\mu_{n+1}\cdot\mu_n\cdot\cdots\cdot\mu_1}}\\ p_n=\dfrac{\lambda_n\cdot\lambda_{n-1}\cdot\cdots\cdot\lambda_0}{\mu_{n+1}\cdot\mu_n\cdot\cdots\cdot\mu_1}p_0 \ (n=1,2,\cdots)\end{cases} \tag{8.10}$$

此即生灭过程在$t\to\infty$时的状态概率.

8.2.3 排队服务系统的分类

Kendall（肯德尔）于 1953 年提出了一个分类方法，按照排队服务系统的特征中最主要、影响最大的三个，即顾客到达间隔时间的分布、服务时间的分布、服务台数目，进行分类，针对多个服务台并列的情形.

Kendall 记号形式为

$$X/Y/Z$$

其中：X为顾客相继到达间隔时间的分布；Y为服务时间的分布；Z为并列的服务台数目.

表示相继到达间隔时间和服务时间的各种分布的符号如下.

M 为负指数分布（M 是 Markov 的字头，因为负指数分布具有无记忆性，即 Markov 性）；

D 为确定性（deterministic）；

GI 为一般相互独立（general independent）的时间间隔的分布；

G 为一般（general）服务时间的分布.

例如，M/M/1 表示相继到达间隔时间为负指数分布、服务时间为负指数分布、单服务台的模型；D/M/c 表示确定的到达间隔、服务时间为负指数分布、c 个平行服务台但顾客是一队的模型.

Kendall 符号的扩充形式为 $X/Y/Z/A/B/C$ 形式，其中，前三项意义不变，而 A 为系统容量限制 N，B 为顾客源数目 m，C 处填写服务规则，如先到先服务 FCFS、后到后服务 LCFS 等. 约定，如略去后三项，即指 $X/Y/Z/\infty/\infty$/FCFS 的情形. 这里只讨论 FCFS 情形，略去第六项.

8.2.4 排队问题的求解

一个实际问题作为排队问题求解时，首先要研究它属于哪个模型，其中只有顾客到达的间隔时间分布和服务时间分布需要实测的数据来确定，其他因素都是在问题提出时给定的.

解排队问题的目的是研究排队系统运行的效率、估计服务质量、确定系统参数的最优值，以决定系统结构是否合理，研究设计改进措施等. 所以必须确定用以判断系统运行优劣的基本数量指标，解排队问题就是求出这些数量指标的概率分布或特征数. 这些指标通常如下.

队长，指在系统中的顾客数，它的期望值记为 L_s；排队长（队列长），指在系统中排队等待服务的顾客数，它的期望值记为 L_q.

系统中顾客数 = 在队列中等待服务的顾客数 + 正被服务的顾客数

一般情形，L_s（或 L_q）越大，说明服务率越低，排队成龙，是顾客最厌烦的.

逗留时间，指一个顾客在系统中的停留时间，它的期望值记为 W_s；等待时间，指一个顾客在系统中排队等待的时间，它的期望值记为 W_q.

逗留时间 = 等待时间 + 服务时间

在机器故障问题中，无论是等待修理或正在修理都使工厂受到停工的损失. 所以逗留时间（停工时间）是主要的；但一般购物、诊病等问题中，仅仅等待时间是顾客们所关心的.

此外，还有忙期（busy period），指从顾客到达空闲服务机构起到服务机构再次为空闲止这段时间长度，即服务机构连续繁忙的时间长度，它关系到服务员的工作强度. 忙期和一个忙期中平均完成服务顾客数都是衡量服务机构效率的指标.

在即时制或排队有限制的情形，还有由于顾客被拒绝而使企业受到损失的损失率以及以后经常遇到的服务强度等，这些都是很重要的指标.

计算这些指标的基础是表达系统状态的概率. 系统的状态即指系统中顾客数，如果系统中有 n 个顾客，就说系统的状态是 n，它的可能值如下.

（1）队长没有限制时，$n = 0, 1, 2, \cdots$；

（2）队长有限制，最大数为 N 时，$n = 0, 1, 2, \cdots, N$；

（3）即时制，服务台个数是 c 时，$n = 0, 1, 2, \cdots, c$，此时状态 n 又表示正在工作（繁忙）的服务台数.

这些状态的概率一般是随时刻 t 而变化的，所以在 t 时刻、系统状态为 n 的概率用 $P_n(t)$ 表示.

求状态概率 $P_n(t)$ 的方法，首先要建立含 $P_n(t)$ 的关系式. 因为 t 是连续变量，而 n 只取非负整数，所以建立的 $P_n(t)$ 的关系式一般是微分差分方程（关于 t 的微分方程，关于 n 的差分方程）. 方程的解称为瞬态（或称过渡状态）（transient state）解. 求瞬态解是不容易的，一般地，即使求出也很难利用，常将它的极限（如果存在的话）

$$\lim_{t\to\infty} P_n(t) = P_n$$

称为稳态（steady state）或统计平衡状态（statistical equilibrium state）的解.

8.2.5 无限源的排队系统及其性质

假定顾客来源是无限的，顾客到达间隔时间服从负指数分布，且不同的到达间隔时间相互独立，每个服务台服务一个顾客的时间服从负指数分布，且服务台的服务时间相互独立，服务时间与间隔时间相互独立.

1. M/M/1/∞系统

设顾客流是参数为λ的 Poisson 流，λ是单位时间内平均到达的顾客人数. 只有一个服务台，服务一个顾客的服务时间v服从参数为μ的负指数分布. 平均服务时间为$E(v)=1/\mu$，在服务台忙时，单位时间平均服务完的顾客数为μ，称$\rho=\lambda/\mu$为服务强度.

用$N(t)$表示在t时刻顾客在系统中的数量（包括等待服务和正在接受服务的顾客）. 可以证明，系统$\{N(t);t\geqslant 0\}$组成生灭过程，且

$$\lambda_n=\lambda \quad (n\geqslant 0)$$
$$\mu_n=\mu \quad (n\geqslant 1)$$

由生灭过程求平稳解公式，得

$$p_n=\frac{\lambda_{n-1}\cdot\lambda_{n-2}\cdot\ \cdots\ \cdot\lambda_0}{\mu_n\cdot\mu_{n-1}\cdot\ \cdots\ \cdot\mu_1}p_0=\left(\frac{\lambda}{\mu}\right)^n p_0=\rho^n p_0 \tag{8.11}$$

假设$\rho=\lambda/\mu<1$，则

$$p_0=\frac{1}{\sum_{n=0}^{\infty}\rho^n}=1-\rho$$

从而平稳分布为

$$p_n=(1-\rho)\rho^n \quad (n\geqslant 0) \tag{8.12}$$

$p_0=1-\rho$是系统中没有顾客的概率，也就是服务台空闲的概率，而ρ恰是服务台忙的概率.

利用平稳分布可以求统计平衡条件下的平均队长L、平均等待队长L_q、顾客的平均等待时间W_q、平均逗留时间W等.

用N表示在统计平衡下系统的顾客数，平均队长L是N的期望，即

$$L=E(N)=\sum_{n=1}^{\infty}np_n=\frac{\rho}{1-\rho} \tag{8.13}$$

用N_q表示在统计平衡下排队等待的顾客数，它的期望为

$$L_q=E(N_q)=\sum_{n=1}^{\infty}(n-1)p_n=\frac{\rho^2}{1-\rho} \tag{8.14}$$

现在来求平均等待时间W_q，当一个顾客进入系统时，系统中已有n个顾客的概率为p_n，每个顾客的平均服务时间为$1/\mu$，则其平均等待时间为n/μ. 因此

$$W_q=\sum_{n=0}^{\infty}n\cdot\frac{1}{\mu}\cdot p_n=\frac{\rho}{\mu(1-\rho)}=\frac{\lambda}{\mu(\mu-\lambda)} \tag{8.15}$$

于是，顾客的平均逗留时间为

$$W = W_q + \frac{1}{\mu} = \frac{1}{\mu - \lambda} \tag{8.16}$$

例 8.1 设船到码头，在港口停留单位时间损失 c_1 元，进港船只是 Poisson 流，参数为 λ，装卸时间服从参数为 μ 的负指数分布，服务费用为 $c_2\mu$，其中 c_2 是一个正常数. 求使整个系统总费用损失最小的服务率 μ.

解 因为平均队长 $L = \frac{\lambda}{\mu - \lambda}$，所以船在港口停留的损失费为 $\frac{\lambda c_1}{\mu - \lambda}$，服务费用为 $c_2\mu$. 因此总费用为

$$F = \frac{\lambda c_1}{\mu - \lambda} + c_2\mu$$

求 μ 使 F 达到最小，先求 F 的导数

$$\frac{\mathrm{d}F}{\mathrm{d}\mu} = \frac{\lambda c_1}{(\mu - \lambda)^2} + c_2$$

令 $\frac{\mathrm{d}F}{\mathrm{d}\mu} = 0$，解出 $\mu^* = \lambda + \sqrt{\frac{c_1\lambda}{c_2}}$. 又

$$\left.\frac{\mathrm{d}^2 F}{\mathrm{d}\mu^2}\right|_{\mu=\mu^*} = \frac{2\lambda c_1}{(\mu^* - \lambda)^2} > 0 \quad (\mu > \lambda)$$

故最优服务率为 μ^*，当 $\mu = \mu^*$ 时，有

$$F(\mu^*) = \sqrt{\lambda c_1 c_2} + c_2 \cdot \left(\lambda + \sqrt{\frac{c_1\lambda}{c_2}}\right)$$

平均队长 L、平均等待队长 L_q、平均逗留时间 W、平均等待时间 W_q 是排队系统的重要特征，这些指标反映了排队系统的服务质量，是顾客及排队系统设计者关心的几个指标. 由公式（8.13）～（8.16），得到这四个指标之间的关系：

$$L_q = L - (1 - p_0) \tag{8.17}$$

$$\lambda W = L, \qquad \lambda W_q = L_q \tag{8.18}$$

这两组关系式的直观解释是：当系统内有顾客时，平均等待队长 L_q 应该是平均队长 L 减 1；当系统内没有顾客时，平均等待队长 L_q 与平均队长 L 相等，所以

$$L_q = L - [(1 - p_0)\cdot 1 + p_0 \cdot 0] = L - (1 - p_0)$$

单位时间内平均进入系统的顾客为 λ 个，每个顾客在系统内平均逗留 W 单位时间，则系统内平均有 λW 个顾客. 同样理由，系统内平均有 λW_q 个顾客在等待服务.

式（8.18）在更一般的系统也成立，通常称为 Little（李特尔）公式.

2. M/M/1/k 系统

有些系统容纳顾客的数量是有限制的，例如，候诊室只能容纳 k 个顾客，第 $k+1$ 个顾客到来后，看到候诊室已经坐满了，就自动离开，不参加排队.

假定一个排队系统有一个服务台，服务时间服从负指数分布，参数是 μ. 顾客以 Poisson 流到达，参数为 λ. 系统中共有 k 个位置可供进入系统的顾客占用，一旦 k 个位置已被顾客占用（包括等待服务和接受服务的顾客），新到的顾客就自动离开服务系统不再回来. 如果系统中有空位置，新到的顾客就进入系统排队等待服务，服务完后离开系统.

用 $N(t)$ 表示 t 时刻系统中的顾客数，系统的状态集合为 $S=\{0,1,2,\cdots,k\}$ ，与 M/M/1/∞一样，可以证明 $\{N(t);t\geqslant 0\}$ 是有限生灭过程，且

$$\begin{cases}\lambda_n=\lambda\ (n=0,1,2,\cdots,k-1)\\ \mu_n=\mu\ (n=1,2,\cdots,k)\end{cases} \tag{8.19}$$

$$\rho=\frac{\lambda}{\mu},\qquad p_n=\left(\frac{\lambda}{\mu}\right)^n p_0\quad (n=0,1,2,\cdots,k)$$

$$p_0=\frac{1}{\sum_{n=0}^{k}\rho^n}=\begin{cases}\dfrac{1}{k+1}, & \rho=1\\ \dfrac{1-\rho}{1-\rho^{k+1}}, & \rho\neq 1\end{cases}$$

$$p_n=\begin{cases}\dfrac{1}{k+1}, & \rho=1\\ \dfrac{(1-\rho)\rho^n}{1-\rho^{k+1}}, & \rho\neq 1\end{cases}\quad (n=0,1,2,\cdots,k)$$

平均队长 $L=\sum_{n=0}^{k}np_n$ ，分两种情况.

当 $\rho=1$ 时，有

$$L=\sum_{n=0}^{k}n\frac{1}{k+1}=\frac{k}{2}$$

当 $\rho\neq 1$ 时，有

$$L=\sum_{n=0}^{k}np_n=\sum_{n=0}^{k}n\cdot\frac{(1-\rho)\rho^n}{1-\rho^{k+1}}=\frac{\rho}{1-\rho}-\frac{(k+1)\rho^{k+1}}{1-\rho^{k+1}} \tag{8.20}$$

平均等待队长为

$$L_{\mathrm{q}}=L-(1-p_0)=\begin{cases}\dfrac{k(k-1)}{2(k+1)}, & \rho=1\\ \dfrac{\rho}{1-\rho}-\dfrac{\rho(1+k\rho^k)}{1-\rho^{k+1}}, & \rho\neq 1\end{cases} \tag{8.21}$$

p_k 是个重要的量，称为损失概率，即当系统中有 k 个顾客时，新到的顾客就不能进入系统. 单位时间平均损失的顾客数为

$$\lambda_L=\lambda p_k=\begin{cases}\dfrac{\lambda}{k+1}, & \rho=1\\ \dfrac{\lambda(1-\rho)\rho^k}{1-\rho^{k+1}}, & \rho\neq 1\end{cases}$$

单位时间内平均真正进入系统的顾客数为

$$\lambda_{\mathrm{e}}=\lambda-\lambda p_k=\lambda(1-p_k)=\begin{cases}\dfrac{k\lambda}{k+1}, & \rho=1\\ \dfrac{\lambda(1-\rho^k)}{1-\rho^{k+1}}, & \rho\neq 1\end{cases}$$

由 Little 公式，可以求得平均逗留时间、平均等待时间分别为

$$W=\frac{L}{\lambda_e}=\begin{cases}\dfrac{k+1}{2\lambda}, & \rho=1\\ \dfrac{1}{\mu-\lambda}-\dfrac{k\rho^{k+1}}{\lambda(1-\rho^k)}, & \rho\neq 1\end{cases} \tag{8.22}$$

$$W_q=\frac{L_q}{\lambda_e}=\begin{cases}\dfrac{k-1}{2\lambda}, & \rho=1\\ \dfrac{\rho}{\mu-\lambda}-\dfrac{k\rho^{k+1}}{\lambda(1-\rho^k)}, & \rho\neq 1\end{cases} \tag{8.23}$$

当 $\rho\neq 1$ 时，有 $W=W_q+\dfrac{1}{\mu}$.

平均服务强度 $\rho_e=\dfrac{\lambda_e}{\mu}=\dfrac{\lambda(1-p_k)}{\mu}=1-p_0$，这是实际服务强度，就是服务台正在为顾客服务的概率，而 $\rho=\dfrac{\lambda}{\mu}=\dfrac{1-p_0}{1-p_k}$ 不是服务强度，因为有一部分顾客失掉了.

3. M/M/c/∞系统

现在来讨论多个服务台情况. 假设系统有 c 个服务台，顾客到达时，若有空闲的服务台便立刻接受服务；若没有空闲的服务台，则排队等待，等到有空闲服务台时再接受服务. 假设顾客以 Poisson 流到达，参数为 λ，服务台相互独立，服务时间均服从参数为 μ 的负指数分布.

当系统中顾客人数 $n<c$ 时，这些顾客都正在接受服务，服务时间服从参数为 μ 的负指数分布，可以证明顾客的输出是参数为 $n\mu$ 的 Poisson 流. 若 $n>c$，则只有 c 个顾客正在接受服务，其余在排队，顾客的输出服从参数为 $c\mu$ 的 Poisson 流.

用 $N(t)$ 表示 t 时刻排队系统内顾客人数，可以证明，$\{N(t);t\geqslant 0\}$ 也是一个生灭过程，其参数为

$$\lambda_n=\lambda\quad (n=0,1,2,\cdots)$$

$$\mu_n=\begin{cases}n\mu, & n=1,2,\cdots,c\\ c\mu, & n=c+1,c+2,\cdots\end{cases}$$

由此不难求得系统的平均逗留顾客人数、平均等待队长、平均等待时间、平均逗留时间等.

8.2.6 有限源的排队系统及其性质

考虑顾客来源有限的排队系统. 如果一个顾客加入排队系统，这个有限集合的元素就少一个. 当一个顾客接受服务结束，就立刻回到这个有限集合中去. 这类排队系统主要应用在机器维修问题上，有限集合是某单位的机器总数，顾客是出故障的机器，服务台是维修工.

1. M/M/c/m/m 系统

用机器和维修工来代替顾客及服务台的名称. 假定有 c 个维修工共同看管 m ($\geqslant c$) 台机器. 机器出故障后工人就去维修，修好以后，继续运转. 如果维修工都在维修机器，那么出故障的机器就停在那里等待维修. 进入系统的顾客是等待维修和正在维修的机器，服务台是维修工.

设每台机器的连续运转时间服从同参数的负指数分布，每台机器平均运转时间为 $1/\lambda$，这说明一台机器单位运转时间内故障的平均次数为 λ. 维修工的维修时间都服从同一负指数分布，平均修复时间为 $1/\mu$.

用 $N(t)$ 表示 t 时刻在系统的机器数（正在接受维修和等待维修的机器），这时输入与系统的状态有关. 当系统有 n 台停止运转的机器时，正在运转的机器数为 $m-n$，单位时间内平均出故障的次数为 $(m-n)\lambda$. 输出情况与 M/M/c/∞相同，所以参数为

$$\lambda_n=(m-n)\lambda \quad (n=0,1,2,\cdots,m-1)$$

$$\mu_n=\begin{cases} n\mu, & n=1,2,\cdots,c-1 \\ c\mu, & n=c,c+1,\cdots,m \end{cases}$$

不难验证，$\{N(t);t\geqslant 0\}$ 仍为一生灭过程，其状态空间为 $S=\{0,1,2,\cdots,m\}$.

由生灭过程求平稳解的公式，得到

$$p_n=\begin{cases} \binom{m}{n}\left(\dfrac{\lambda}{\mu}\right)^n p_0, & n=0,1,2,\cdots,c-1 \\ \binom{m}{n}\dfrac{n!}{c!c^{n-c}}\left(\dfrac{\lambda}{\mu}\right)^n p_0, & n=c,c+1,\cdots,m \end{cases} \tag{8.24}$$

$$p_0=\left[\sum_{n=0}^{c-1}\binom{m}{n}\left(\frac{\lambda}{\mu}\right)^n+\sum_{n=c}^{m}\binom{m}{n}\frac{n!}{c!c^{n-c}}\left(\frac{\lambda}{\mu}\right)^n\right]^{-1} \tag{8.25}$$

现在来求排队系统的几个数量指标.

平均发生故障的机器数为

$$L=E(N)=\sum_{n=0}^{m}np_n=\sum_{n=0}^{c-1}n\binom{m}{n}\left(\frac{\lambda}{\mu}\right)^n p_0+\sum_{n=c}^{m}n\binom{m}{n}\frac{n!}{c!c^{n-c}}\left(\frac{\lambda}{\mu}\right)^n p_0 \tag{8.26}$$

平均等待维修的机器数为

$$L_{\mathrm{q}}=\sum_{n=c}^{m}(n-c)p_n \tag{8.27}$$

平均正在工作的维修工人数为

$$\overline{c}=\sum_{n=1}^{c-1}np_n+c\sum_{n=c}^{m}p_n$$

平均运行的机器数为

$$a=\sum_{n=c}^{m}(m-n)p_n=m\sum_{n=c}^{m}p_n-\sum_{n=c}^{m}np_n=m-L$$

$$\begin{aligned} a+\overline{c}+L_{\mathrm{q}}&=m-L+\sum_{n=1}^{c-1}np_n+c\sum_{n=c}^{m}p_n+\sum_{n=c}^{m}(n-c)p_n \\ &=m-L+\sum_{n=1}^{m}np_n=m-L+\sum_{n=0}^{m}np_n=m \end{aligned}$$

这些公式是很容易理解的. 所有的机器 m 分成三类，即正在运行的 a、正在维修的 $\overline{c}$、等待维修的 L_{q}.

在统计平衡条件下，单位时间发生故障的平均次数为

$$\lambda_{\mathrm{e}}=\lambda\sum_{n=0}^{m}(m-n)p_n=\lambda a$$

即单位时间平均发生故障的机器数等于正在运行的机器平均发生故障次数.

由 Little 公式可得机器的平均停工时间和平均等待维修时间分别为

$$W=\frac{L}{\lambda_{\mathrm{e}}}=\frac{L}{\lambda a} \tag{8.28}$$

$$W_q = \frac{L_q}{\lambda_e} = \frac{L_q}{\lambda a} \tag{8.29}$$

在实际应用中，看一个排队系统的好坏，往往看其机器停工造成的损失及工人空闲程度等. 所以下列指标是很有用的.

$$工人操作效率 p(c) = \frac{平均工作人数}{总工人数} = \frac{\bar{c}}{c}$$

$$工人损失系数 q(c) = \frac{平均空闲工人数}{总工人数} = 1 - \frac{\bar{c}}{c}$$

$$机器利用率 u(c) = \frac{平均工作机器数}{总机器数} = \frac{a}{m}$$

$$机器损失系数 r(c) = \frac{等待维修机器数}{总机器数} = \frac{L_q}{m}$$

2. M/M/c/$m+N$/m 系统

现在来考虑有备用机器的情况. 有 m 台机器进行生产，另有 N 台备用（如飞机引擎、电报局的电传打字机、计算机元件、露天矿的矿车等）. 当生产的机器出故障后，就立即用备用件替换下来（如果没有备用件，这台机器就停止生产）由工人进行修理. 修好后，若正在生产的机器数为 m，则它就加入备用；否则就投入生产. 其他假设与 M/M/c/m/m 系统相同.

研究系统 $\{N(t);t\geqslant 0\}$，$N(t)$ 表示在 t 时刻正在维修和等待维修的机器数.

设系统处于状态 n，若 $0\leqslant n\leqslant N$，系统的机器数不超过备用数，则 m 台机器都在运转；若 $N<n\leqslant m+N$，除备用机器都在系统外，还有 $n-N$ 台机器进入系统，这时运转的机器数为 $m-(n-N)=m+N-n$，则

$$\lambda_n = \begin{cases} m\lambda, & 0\leqslant n\leqslant N \\ (m+N-n)\lambda, & N\leqslant n\leqslant m+N \end{cases}$$

若 $1\leqslant n\leqslant c$，则这 n 台机器都正在维修；若 $c\leqslant n\leqslant m+N$，则只有 c 台机器正在维修，$n-c$ 台机器等待维修，所以

$$\mu_n = \begin{cases} n\mu, & n=1,2,\cdots,c-1 \\ c\mu, & n=c,c+1,\cdots,m+N \end{cases}$$

可以证明，系统 $\{N(t);t\geqslant 0\}$ 是生灭过程. 分两种情况来讨论它的平稳分布.

当 $c\leqslant N$ 时，平稳分布为

$$p_n = \begin{cases} \dfrac{m^n}{n!}\cdot\left(\dfrac{\lambda}{\mu}\right)^n p_0, & 1\leqslant n<c \\ \dfrac{m^n}{c^{n-c}\cdot c!}\cdot\left(\dfrac{\lambda}{\mu}\right)^n p_0, & c\leqslant n<N \\ \dfrac{m^N\cdot m!}{(m+N-n)c^{n-c}\cdot c!}\cdot\left(\dfrac{\lambda}{\mu}\right)^n p_0, & N\leqslant n\leqslant m+N \end{cases} \tag{8.30}$$

$$p_0 = \left[\sum_{n=0}^{c-1}\frac{m^n}{n!}\cdot\left(\frac{\lambda}{\mu}\right)^n + \frac{1}{c!}\sum_{n=c}^{N-1}\frac{m^n}{c^{n-c}}\cdot\left(\frac{\lambda}{\mu}\right)^n + \frac{m^N\cdot m!}{c!}\sum_{n=N}^{N+m}\frac{1}{c^{n-c}\cdot(m-n+N)!}\cdot\left(\frac{\lambda}{\mu}\right)^n\right]^{-1} \tag{8.31}$$

平均备用机器数为

$$L_{备} = \sum_{n=0}^{N-1}(N-n)p_n$$

平均运转机器数为

$$a = \sum_{n=0}^{N} mp_n + \sum_{n=N+1}^{N+m}(m-n+N)p_n$$

平均等待维修的机器数为

$$L_q = \sum_{n=c}^{N+m}(n-c)p_n$$

平均忙的工人数为

$$\overline{c} = \sum_{n=0}^{c-1} np_n + c\sum_{n=c}^{N+m} p_n$$

以上几个量的关系为

$$L_{备} + a + L_q + \overline{c} = m + N$$

这个公式是容易理解的. 所有的机器（包括备用的）分成正在运转的a、等待维修的L_q、正在维修的$\overline{c}$、备用的$L_{备}$.

单位时间平均发生故障的次数为

$$\lambda_e = \sum_{n=0}^{N} m\lambda p_n + \sum_{n=N+1}^{N+m}(m-n+N)\lambda p_n$$

$$= \lambda\left[\sum_{n=0}^{N} mp_n + \sum_{n=N+1}^{N+m}(m-n+N)p_n\right] = \lambda a$$

由 Little 公式，可求得一部机器平均等待维修时间W_q及停工时间W分别为

$$W_q = \frac{L_q}{\lambda_e} = \frac{\sum_{n=c}^{N+m}(n-c)p_n}{\lambda a}$$

$$W = \frac{\overline{c}+L_q}{\lambda_e} = \frac{\sum_{n=0}^{c-1} np_n + c\sum_{n=c}^{N+m} p_n + \sum_{n=c}^{N+m}(n-c)p_n}{\lambda a} = \frac{\sum_{n=0}^{N+m} p_n}{\lambda_e}$$

当$c > N$，即维修工人数大于备用机器数时，若N部备用机器都用于运转，还有空闲工人，则失效机器数当$n \leqslant N < c$时是全员生产，当$n > N$时是缺额生产.

平稳分布为

$$p_n = \begin{cases} \dfrac{m^n}{n!}\cdot\left(\dfrac{\lambda}{\mu}\right)^n p_0, & 1 \leqslant n < N \\ \dfrac{m^N \cdot m!}{n!(m+N-n)!}\cdot\left(\dfrac{\lambda}{\mu}\right)^n p_0, & N \leqslant n < c \\ \dfrac{m^N \cdot n!}{c!(m-n+N)!c^{n-c}}\cdot\left(\dfrac{\lambda}{\mu}\right)^n p_0, & c \leqslant n \leqslant N+m \end{cases} \tag{8.32}$$

$$p_0 = \left[\sum_{n=0}^{N}\frac{m^n}{n!}\cdot\left(\frac{\lambda}{\mu}\right)^n + \sum_{n=N}^{c-1}\frac{m^N \cdot m!}{n!(m+N-n)!}\cdot\left(\frac{\lambda}{\mu}\right)^n + \sum_{n=N}^{N+m}\frac{m^N \cdot n!}{c!c^{n-c}(m-n+N)!}\cdot\left(\frac{\lambda}{\mu}\right)^n\right]^{-1} \tag{8.33}$$

其他都一样.

不难看出，当λ、μ、m、c给定时，备用数N越大，越能保证同时有m台机器进行生产，

即越能以较高的概率 p 保证同时有 m 台机器进行生产，这样单位时间的总产量就越高. 但 N 越大，投资也越大. 因此，N 太大也是不合算的，问题是 N 到底取多大为好？

这个问题可以有几种提法. 一种是给定 m、λ、μ、c，并保证同时有 m 台机器进行生产的概率不低于给定的 p $(0<p<1)$ 的条件下，求最小的备用量 N^*，即

$$N^* = \min\left\{N \left| \sum_{n=0}^{N} p_n \geqslant p \right.\right\}$$

分 $N \geqslant c$ 和 $N < c$ 两种情况，$\sum_{n=0}^{N} p_n$ 可以由式（8.30）～式（8.33）给出. 但是这些公式很复杂，由此来解 N 是很不容易的. 通常可以让 N 等于某个常数来求 $\sum_{n=0}^{N} p_n$，看它是否达到 p，然后逐步增加 N，直到 $\sum_{n=0}^{N} p_n \geqslant p$ 为止.

另一种是给定 m、λ、μ、N 及保证概率 p，求最优工人数 c^*，即

$$c^* = \min\left\{c \left| \sum_{n=0}^{N} p_n \geqslant p \right.\right\}$$

若给出费用结构，还可把问题改为求单位时间期望总费用达到最小的最优备用量 N^*.

8.2.7 排队问题的随机模拟求解法

当排队系统的到达间隔时间和服务时间的概率分布很复杂，或不能用公式给出时，不能用解析法求解，这就需用随机模拟法求解，现举例说明.

例 8.2 设某仓库前有一卸货场，货车一般是夜间到达，白天卸货. 每天只能卸货 2 车，若一天内到达数超过 2 车，那么就推迟到次日卸货. 根据表 8.1 所示的货车到达数的经验概率分布（相对频率）平均为 1.5 车/天，求每天推迟卸货的平均车数.

表 8.1 货车到达数的经验概率分布

项目	到达车数						
	0	1	2	3	4	5	≥6
概率	0.23	0.30	0.30	0.1	0.05	0.02	0.00

解 这是单服务台的排队系统，可验证到达车数不服从 Poisson 分布，服务时间也不服从负指数分布（这是定长服务时间），采用解析方法求解是非常困难的，考虑随机模拟法.

随机模拟法要求事件能按经验概率分布的统计规律出现. 先取 100 张卡片，根据表 8.1 提供的经验概率分布，取 23 张卡片填入 0，取 30 张填 1，取 30 张填 2，取 10 张填 3，取 5 张填 4，取 2 张填 5. 然后将这些卡片放在盒内搅均匀，随机地一一取出，依次记录卡片上的数码，得到这一系列数据就是每天到达车数的模拟. 实际应用时也可通过计算机产生伪随机数.

本例在求解时先按到达车数的概率，分别给它们分配随机数（表 8.2）.

表 8.2 货车到达数对应的随机数

到达车数	概率	累积概率	对应的随机数
0	0.23	0.23	00～22
1	0.30	0.53	23～52

续表

到达车数	概率	累积概率	对应的随机数
2	0.30	0.83	53～82
3	0.10	0.93	83～92
4	0.05	0.98	93～97
5	0.02	1.00	98～99

下面开始模拟（表 8.3），前 3 天作为模拟的预备期，记为 x，然后依次从第 1 天、第 2 天……第 50 天，例如：第 1 天得到随机数 66，从表 8.2 中可见，第 1 天到达车数为 2，将它记入表 8.3；第 2 天，得到随机数 96，它在表 8.2 中，对应到达 4 车……如此一直到第 50 天. 表 8.3 的第 2、3 列数据都填入后，计算第 4、5、6 列数据，从第一个 x 日开始. 当天到达车数 + 前一天推迟车数 = 当天需要卸货车数，即

$$\text{卸货车数}=\begin{cases}\text{需要卸货车数}, & \text{需要卸货车数}\leqslant 2\\ 2, & \text{需要卸货车数}>2\end{cases}$$

表 8.3　排队过程的模拟

日期	随机数	到达数	需要卸货车数	卸货车数	推迟卸货车数
x	97	4	4	2	2
x	02	0	2	2	0
x	80	2	2	2	0
1	66	2	2	2	0
2	96	4	4	2	2
3	55	2	4	2	2
4	50	1	3	2	1
5	29	1	2	2	0
6	58	2	2	2	0
7	51	1	1	1	0
8	04	0	0	0	0
9	86	3	3	2	1
10	24	1	2	2	0
11	39	1	1	1	0
12	47	1	1	1	0
13	60	2	2	2	0
14	65	2	2	2	0
15	44	1	1	1	0
16	93	4	4	2	2
17	20	0	2	2	0
18	86	3	3	2	1
19	12	0	1	1	0
20	42	1	1	1	0

续表

日期	随机数	到达数	需要卸货车数	卸货车数	推迟卸货车数
21	29	1	1	1	0
22	36	1	1	1	0
23	01	0	0	0	0
24	41	1	1	1	0
25	54	2	2	2	0
26	68	2	2	2	0
27	21	0	0	0	0
28	53	2	2	2	0
29	91	3	3	2	1
30	48	1	2	2	0
31	36	1	1	1	0
32	55	2	2	2	0
33	70	2	2	2	0
34	38	1	1	1	0
35	36	1	1	1	0
36	98	5	5	2	3
37	50	1	4	2	2
38	95	4	6	2	4
39	92	3	7	2	5
40	67	2	7	2	5
41	24	1	6	2	4
42	76	2	6	2	4
43	64	2	6	2	4
44	02	0	4	2	2
45	53	2	4	2	2
46	16	0	2	2	0
47	16	0	0	0	0
48	55	2	2	2	0
49	54	2	2	2	0
50	23	1	1	1	0
总计		79			45
平均		1.58			0.90

分析结果时，不考虑头三天写 x 的预备阶段的数据. 这是为了使模拟在一个稳态过程中任意点开始，若认为开始时没有积压就失去随机性了. 表 8.3 模拟 50 天运行情况，这相当于一个随机样本. 由此可见，多数情况下很少发生推迟卸车而造成积压. 只是在第 36 天比较严重，平均达车数为 1.58，比期望值略高. 又知平均每天有 0.9 车推迟卸货，当然模拟时间越长结果越准确. 这方法适用于对不同方案可能产生的结果进行比较，用电子计算机进行模拟更为方便. 模拟方法只能得到数字结果，不能得出解析式.

➢ 8.3 矿石装卸模型的分析与模拟

8.3.1 问题的提出

在露天矿的开采中，用电铲采掘，然后用卡车将采得的矿石拉到卸场. 假定有 n 台电铲同时采掘，有 m 辆卡车进行运载（$m>n$），电铲的采掘能力与卡车的载重量已知；还假定卸场有 s 个卸位（$s\leqslant m$），可供 s 辆卡车同时卸车.

装运过程以班为单位，每班一开始，m 辆卡车中的某 n 辆分别由 n 台电铲装车，其他 $m-n$ 辆排成一队，处于待装状态. 当某辆卡车装完驶出后，待装卡车中队首者即驶到空闲电铲前，调转车头（这段时间称为入换时间），接受装载；而刚才已装完驶出的重车则运行到卸场卸载，抵达卸场后也需要调转车头，进行入换，然后卸载，卸完后又重新驶回采掘场，排在待装卡车的队尾，再次等待装载（图 8.3）.

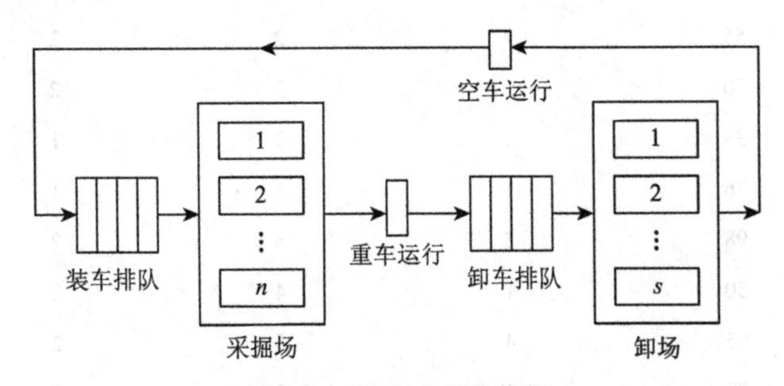

图 8.3 装运过程示意图

随着过程的进展，很显然，m 辆卡车就会分别处在待装、装车、重车运行、待卸、卸车、空车运行等不同状态. 而自始至终，都假定在采掘场待装的卡车按它们到达的先后次序装车，在卸场待卸的卡车也按它们到达卸场的先后次序卸车. 这个假定只是为了叙述时方便，实际上不论怎样的装卸次序都不影响计算结果. 还假定采掘场比较宽敞，空车到达后可以先进行入换，然后排成一队，等待装车；而卸场地方狭窄，重车到达后不能预先入换，而是先排入队伍，待有卸位腾空后，队首卡车再进行入换，进入卸位卸载.

可以看出，电铲台数、卡车辆数与卸位个数之间需要有一个适当的匹配关系，否则就会在采掘场或卸场造成忙闲不均的现象，影响电铲、卡车或卸位效率的充分发挥.

8.3.2 排队服务系统的模型

将此装运过程看成一个排队服务系统，此系统共分成四级（图 8.4）.

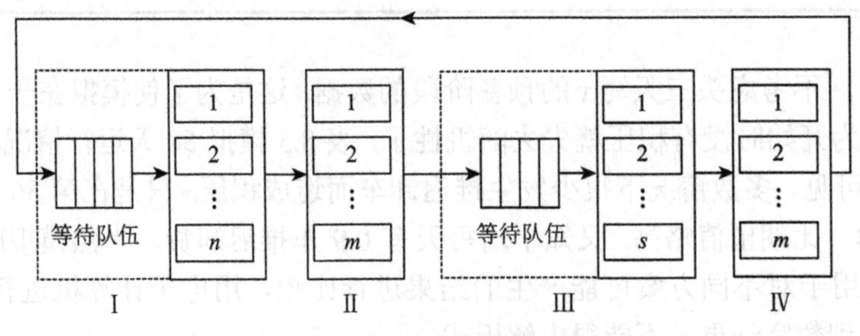

图 8.4 对应的排队服务系统

（1）第Ⅰ级为装车服务系统. 此系统包括n个服务台（电铲）. 假定各服务台的服务时间（装车时间）之间以及每个服务台的相继服务时间之间都是相互独立的，均为正态分布，第i个服务台的均值为a_i，方差为σ_i^2 $(i=1,2,\cdots,n)$. 此处及以下关于分布类型的假定都是由实测决定的；对其他类型的分布，可类似处理.

（2）第Ⅱ级为重车运行服务系统. 此系统包括m个服务台，也就是说，可以保证所有卡车同时进入重车运行服务系统进行服务（即驶往卸场），不需等待. 假定各个服务台的服务时间（重车运行时间）均为常数r_1.

（3）第Ⅲ级为卸车服务系统. 此系统包括s个服务台（卸位）. 假定各个服务台的服务时间之间以及每个服务台的相继服务时间之间都是相互独立的，它们具有相同分布，且每个服务台的服务时间都为两部分之和：第一部分为入换时间，是一常数c；第二部分为卸车时间，是一负指数分布，其均值为$1/\mu$.

（4）第Ⅳ级为空车运行服务系统. 此系统包括m个服务台，即可以保证所有卡车同时进入空车运行服务系统进行服务（即驶往采掘场），不需等待. 假定各个服务台的服务时间（空车运行时间与装车前的定长入换时间之和）均为常数r_2. 这里把装车前的入换时间归并到空车运行时间内，因为在问题描述中已经假定采掘场比较宽敞，空车到达后可先进行入换，然后排成一队.

m辆卡车就看成m个顾客，依次接受四级服务，接受了第Ⅳ级服务后，就返回到第Ⅰ级等待队伍的末尾，如此不断地循环运行.

还假定四级系统都是等待制的，先到先服务，各级服务时间之间都相互独立，对于Ⅱ、Ⅳ两级系统，由于服务台数目足够供全体顾客同时服务，不存在排队等待现象.

这样就对输入过程、排队规则、服务机构都进行了确切的描述，给出了一个确定的排队服务系统.

最后，还要对卡车的装载量做如下假定：假定每辆车的装载量都相互独立，并具有相同参数的正态分布，其均值为b，方差为δ^2. 对于电铲能力不需再加规定，因为给定了卡车的装载量之后，电铲能力的大小就完全体现在第Ⅰ级服务系统的服务时间（装车时间）中了.

必须注意，这里假定的各种分布，对不同的矿山都应通过实测数据来确定，换句话说，必要的时候有些分布只能通过经验概率分布描述. 现在引进刻画系统特征的几个数量指标.

（1）每台电铲的平均效率为

$$f=1-\frac{F}{nT}$$

其中：T为考察的总时间（如20个班，每班以6 h计）；F为在总时间T内，由于没有卡车来装载，而使各台电铲闲置着的时间的总和；n为电铲总数.

（2）每辆卡车的平均效率为

$$u=1-\frac{U+V}{mT}$$

其中：T定义如前；U为在总时间T内，采掘场上所有待装卡车的等待时间的总和；V为在总时间T内，卸场上所有待卸卡车的等待时间的总和；m为卡车总数.

（3）平均班产量为

$$q=\frac{Q}{H}$$

其中：Q为在总时间T内所有卡车卸载量的总和；$H=T/6$为总时间T折成的总班数.

利用随机模拟，算出这些数量指标的具体数值，以此为根据，就能决定电铲、卡车、卸位的合适的匹配数目.

1. 模拟框图

为简单计，以模拟一个电铲（$n=1$）、一个卸位（$s=1$）的情形为例，研究卡车辆数m应该等于多少，对于一般情形可类似求得. 此时，图 8.4 化简为图 8.5.

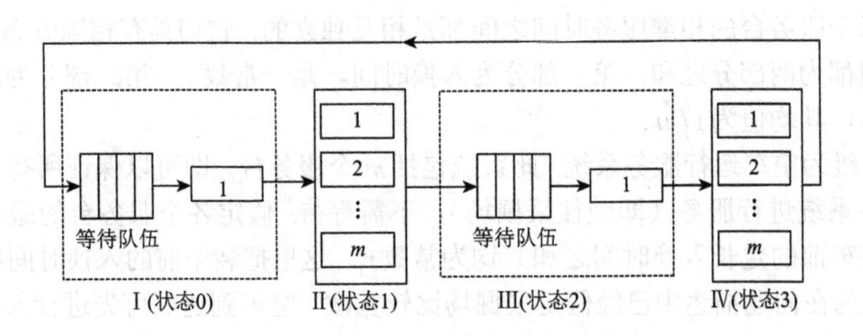

图 8.5　$n=1$，$s=1$ 时的排队服务系统

模拟以班为单位进行，对每个顾客（卡车），考察其在各级系统中服务完毕的时刻，并用两个存储单元来记录.

单元$A[i]$ $(i=1,2,\cdots,m)$中记录第i个顾客在模拟过程中正被考察的时刻，例如，若正考察第i个顾客在第Ⅰ系统中服务完毕（装完车），则$A[i]$中就送入第Ⅰ系统服务完毕的时刻.

单元$C[i]$ $(i=1,2,\cdots,m)$中记录第i个顾客在模拟过程中正被考察的时刻所处的状态，这里状态有以下四个可能值：

状态 0 表示顾客已进入第Ⅰ系统，即空车待装或正在装载；

状态 1 表示顾客已进入第Ⅱ系统，即已装完车，正在重车运行；

状态 2 表示顾客已进入第Ⅲ系统，即重车待卸或正在卸载；

状态 3 表示顾客已进入第Ⅳ系统，即已卸完车，正在空车运行.

再用五个单元J_1、J_2、D、G、H.

单元J_1中放最小时刻$\min\limits_{1\leqslant i\leqslant m} A[i]$.

单元J_2中放上述最小时刻对应的顾客的最小号码，例如，若

$$A[3]=A[5]=A[8]=\min_{1\leqslant i\leqslant m} A[i]$$

但

$$A[1]\neq\min_{1\leqslant i\leqslant m} A[i],\qquad A[2]\neq\min_{1\leqslant i\leqslant m} A[i]$$

则J_2中就送入 3.

单元D中放第Ⅰ系统的服务台得空（即电铲得空），可以开始下一服务（装车）的时刻.

单元G中放第Ⅲ系统的服务台得空（即卸位得空），可以开始下一服务（卸车）的时刻.

单元H中放已经模拟过的班数.

于是就可画出模拟框图（图 8.6）.

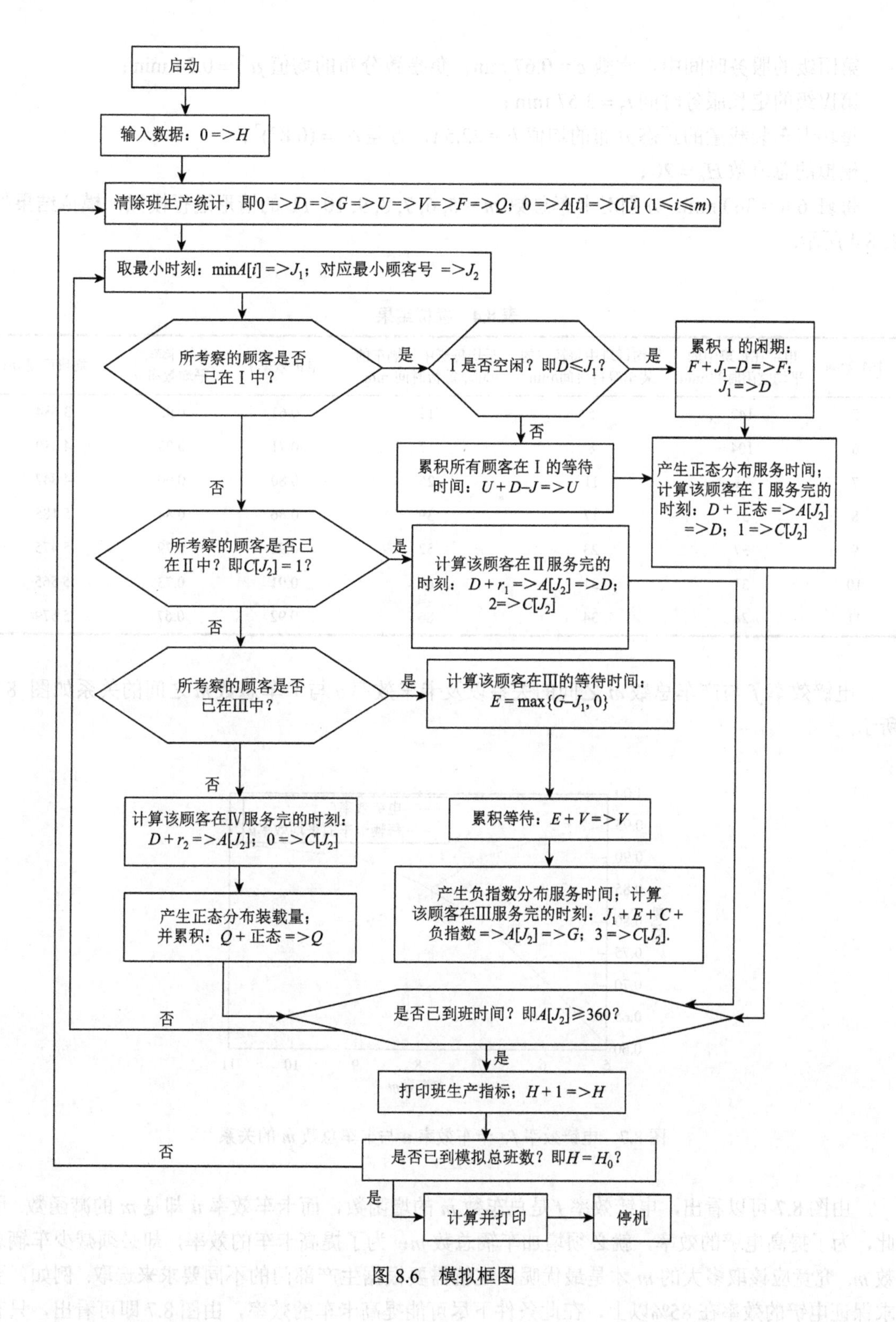

图 8.6 模拟框图

2. 模拟结果及分析

用计算机软件产生服从正态分布和负指数分布的伪随机数，并取如下的参数值.

第Ⅰ级服务时间的正态分布的均值 $a = 1.32$ 分，方差 $\sigma^2 = (0.27)^2$；

第Ⅱ级的定长服务时间 $r_1 = 4$ min；

第Ⅲ级的服务时间中，常数 $c=0.67\ \text{min}$，负指数分布的均值 $\mu^{-1}=0.74\ \text{min}$；

第Ⅳ级的定长服务时间 $r_2=3.67\ \text{min}$；

每辆卡车装载量的正态分布的均值 $b=22.5\ \text{t}$，方差 $\delta^2=(0.83)^2$；

模拟的总班数 $H_0=20$；

每班 6 h = 360 min. 分别对卡车总数 $m=5, 6, 7, 8, 9, 10, 11$ 的情形进行模拟，模拟结果如表 8.4 所示.

表 8.4　模拟结果

卡车数 m	电铲在每班中的平均空闲时间/min	平均每班中每辆车的装车等待时间/min	平均每班中每辆车的卸车等待时间/min	电铲效率 f	每辆卡车的平均效率 u	平均班产量 q/t
5	142	5	12	0.61	0.95	3 684
6	104	8	17	0.71	0.93	4 319
7	71	11	25	0.80	0.90	4 847
8	51	17	39	0.86	0.84	5 185
9	37	23	52	0.90	0.79	5 475
10	31	31	67	0.91	0.73	5 565
11	28	34	86	0.92	0.67	5 579

电铲效率 f 与产车总数 m 之间的关系以及卡车效率 u 与卡车总数 m 之间的关系如图 8.7 所示.

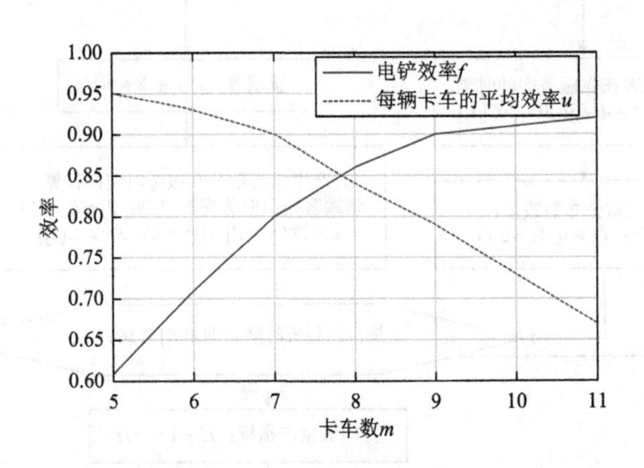

图 8.7　电铲效率 f、卡车效率 u 与卡车总数 m 的关系

由图 8.7 可以看出，电铲效率 f 是总车数 m 的增函数，而卡车效率 u 却是 m 的减函数. 因此，为了提高电铲的效率，就必须增加车辆总数 m；为了提高卡车的效率，却必须减少车辆总数 m. 究竟应该取多大的 m 才是最优呢？这就需要根据生产部门的不同要求来选取. 例如，要求保证电铲的效率在 85%以上，在此条件下尽可能提高卡车的效率，由图 8.7 即可看出，只有当 $m \geqslant 8$ 时，电铲效率才不低于 85%，但是随着 m 增大，卡车的效率却随之降低，因此易知 $m=8$ 时，既能保证电铲效率不低于 85%，又使得在此条件下卡车效率达到最大值 84%. 假如要求保证卡车效率在 85%以上，在此条件下尽可能提高电铲效率，由图 8.7 即可看出，m 应取 7，此时卡车效率为 90%，而电铲效率达到此条件下的最大值 80%.

当然，也可用平均班产量 q 作为选择 m 大小的标准，只要将 q 与 m 的关系画出，然后在要求条件下尽可能提高卡车的效率，即可找出最优值 m. 但是需要指出的是，班产量 q 实际上与电铲效率 f 成正比，因此，将班产量作为选择 m 大小的标准与将电铲效率作为选择 m 大小的标准是一致的.

由上面的分析知道，8 辆车或 9 辆车是最优方案.

（1）此时电铲与卡车的效率都比较高.

（2）8 辆车时的电铲效率比 7 辆车时高了 6%，说明班产量提高了，但再将车数由 9 辆增加到 10 辆，则电铲效率只提高 1%，而卡车效率却下降 6%. 由此可见，车数最多取 9 辆.

（3）9 辆车比 8 辆车时电铲效率增加了 4%，若单从产量观点来看，当然 9 辆车更好，但 9 辆车时卡车效率比 8 辆车时下降了 5%，因此只要认为电铲效率提高 4%比卡车效率下降 5%更为重要，就应取 9 辆车为最优方案，否则就取 8 辆车为最优方案.

最后，着重指出一点，从模拟结果，不仅可以确定最优方案，更重要的还在于能看出电铲与卡车的效率随卡车数增减而变化的趋势，为今后的技术改造或提高管理水平提供数量依据. 从表 8.4 看到，卡车数目的增加引起卡车效率下降的主要原因是卸场拥挤（卡车待卸的等待时间比待装的等待时间大一倍以上）. 因此，如果要在不增加太多设备的情况下挖掘生产潜力，重点应放在卸场上，只要提高卸载速度或增加卸位，即可使班产量和卡车效率同时提高.

习　题　8

8.1　在某单人理发店顾客到达为 Poisson 流，平均到达间隔为 20 min，理发时间服从负指数分布，平均时间为 15 min.

（1）求顾客来理发不必等待的概率.

（2）求理发店内顾客平均数.

（3）求顾客在理发店内平均逗留时间.

（4）若顾客在店内平均逗留时间超过 1.25 h，则店主将考虑增加设备及理发人员，问平均到达率提高多少时店主才会这样考虑？

8.2　某工厂为职工设立昼夜 24 h 都能看病的医疗室(按单服务台处理)，病人到达平均间隔时间为 15 min，平均看病时间为 12 min，且服从负指数分布. 工人看病每小时给工厂造成的损失为 30 元.

（1）试求工厂每天损失期望值.

（2）平均服务率提高多少，可使上述损失减少一半？

8.3　某单位有 10 部电梯，只有一个修理工，设电梯工作寿命服从负指数分布，平均工作 15 d，修一部电梯的时间服从负指数分布，平均需时 2 d. 求平均发生故障的电梯数及每部电梯平均停工时间.

8.4　一车间内有 10 台相同的机器，每台机器运行时每小时能创造 60 元的利润，且平均每小时损坏 1 次，而一个修理工修复一台机器需要 15 min，以上时间均服从负指数分布. 设 1 名修理工每小时工资为 90 元.

（1）该车间应设置多少名修理工，总费用最少？

（2）若要求损坏的机器等待修理的时间不超过 30 min，应设多少名修理工？

8.5　In an M/M/∞ queue，we have Poisson arrivals of individual customers，exponential service times，and an infinite number of servers. Let λ be the arrival rate and μ be the service rate. Define $P_n(t)$ as the probability that at time t there are n customers in the system. Find the probabilities $\{P_n(t)\}$ for all n for any $t \geqslant 0$.

本章常用词汇中英文对照

存贮问题　storage problem
时间序列　time series
时间序列预测　time series prediction
趋势　trend
季节　season
随机　random
排队　queue
排队论　queueing theory
排队系统　queueing system
排队规则　queue discipline
排队过程　queue process
排队时间　queueing time
列队长度　queue length
泊松流　Poisson flow
平衡分布　equilibrium mass-distribution
稳态分布　steady-state distribution
服务台　server
顾客　customer
服务时间　service time
逗留时间　sojourn time
等待时间　waiting time

第9章 统计模型

在研究现实问题时，如果能够较深刻地把握研究对象各影响因素之间的关系，那么自然可以采用机理分析的方式建立其数学模型. 例如，做匀速直线运动的质点，其路程与时间的关系为$s = s_0 + vt$. 然而，由于客观事物内在规律的复杂性以及人们认识程度的限制，有时难以深刻掌握研究对象内在的因果联系，也就难以采用机理分析的方式建立其数学模型. 此时，一种常用的方法是通过搜集大量的数据，基于对数据的统计分析去建立模型. 特别是随着互联网时代的到来，大数据围绕在我们身边的每个角落，采用统计分析的方法建立数学模型显得更为重要. 本章主要介绍常见的统计模型，主要包括聚类分析模型、判别分析模型、相关分析模型和回归分析模型.

➢ 9.1 聚类分析模型

聚类分析是研究样品或指标分类问题的一种多元统计方法. 类，通俗地说，就是指相似元素（样品或指标）的集合.

聚类分析起源于分类学，在考古的分类学中，人们主要依靠经验和专业知识来实现分类. 随着生产技术和科学的发展，人类的认识不断加深，分类越来越精细，要求也越来越高，有时光凭经验和专业知识是不能进行确切分类的，还需要将定性分析与定量分析结合起来，于是逐渐引进数学工具形成了数值分类学. 在社会生活中存在着大量分类问题，例如，对我国 34 个省级行政单位独立核算工业企业经济效益进行分析，一般不是逐个去分析，而是选取能反映企业经济效益的代表性指标，如百元固定资产实现利税、资金利税率、产值利税率、百元销售收入实现利润、全员劳动生产率等，根据这些指标对 34 个省级行政单位进行分类，然后根据分类结果对企业经济效益进行综合评价，这样更容易得出科学的分析结果. 聚类分析在许多领域中都得到了广泛的应用.

9.1.1 距离与相似系数

对样品进行分类或判别归类，需要研究样品之间的关系，建立相应的基础指标作为根据. 目前，用得最多的方法有两个：一是用距离的方法，即将一个样品看成p维空间的一个点，并在该空间中定义距离，距离较近的点归为同一类，距离较远的点归为不同的类；二是用相似系数，特征越接近的样品，它们的相似系数的绝对值越接近于 1，而彼此无关的样品，它们的相似系数的绝对值越接近于 0. 比较相似的样品归为同一类，不怎么相似的样品归为不同的类.

设有n个样品，每个样品测得p项指标，原始资料矩阵为

$$
\begin{array}{c} \\ \\ \boldsymbol{X} = \end{array}
\begin{array}{c} \\ X_1 \\ X_2 \\ \vdots \\ X_n \end{array}
\begin{array}{c} \begin{matrix} x_1 & x_2 & \cdots & x_p \end{matrix} \\ \begin{pmatrix} x_{11} & x_{12} & \cdots & x_{1p} \\ x_{21} & x_{22} & \cdots & x_{2p} \\ \vdots & \vdots & & \vdots \\ x_{n1} & x_{n2} & \cdots & x_{np} \end{pmatrix} \end{array}
$$

其中：x_{ij} $(i=1,2,\cdots,n;\ j=1,2,\cdots,p)$ 为第 i 个样品 X_i 的第 j 个指标的观测数据. 第 i 个样品 X_i 由矩阵 $\boldsymbol{X}$ 的第 i 行所描述，所以任何两个样品 X_k 与 X_l 之间的相似性，可以通过 $\boldsymbol{X}$ 中的第 k 行与第 l 行的相似程度来刻画；任何两个指标变量 x_k 与 x_l 之间的相似性，可以通过 $\boldsymbol{X}$ 中的第 k 列与第 l 列的相似程度来刻画.

对样品分类称为 Q-型聚类分析，对指标分类称为 R-型聚类分析，它们从方法上看基本一样，以下以 Q-型聚类为例进行说明.

1. 常用的距离定义

将 n 个样品看成 p 维空间中的 n 个点，则两个样品间相似程度可用空间中两点的距离来度量. 令 d_{ij} 表示样品 X_i 与 X_j 的距离.

1）Minkowski（闵可夫斯基）距离

$$d_{ij}(q)=\left(\sum_{k=1}^{p}|x_{ik}-x_{jk}|^{q}\right)^{1/q} \tag{9.1}$$

当 $q=1$ 时，$d_{ij}(1)=\sum_{k=1}^{p}|x_{ik}-x_{jk}|$ 即为绝对距离；

当 $q=2$ 时，$d_{ij}(2)=\left[\sum_{k=1}^{p}(x_{ik}-x_{jk})^2\right]^{1/2}$ 即为 Euclid（欧几里得）距离；

当 $q=\infty$ 时，$d_{ij}(\infty)=\max\limits_{1\leqslant k\leqslant p}|x_{ik}-x_{jk}|$ 即为 Chebyshev（切比雪夫）距离.

当各变量的测量值数量级相差悬殊时，采用 Minkowski 距离并不合理，因为量级大的指标值淹没了量级小的指标值所含信息. 为此，可以先对数据进行标准化处理，然后用标准化后的数据计算距离.

需要指出的是，Minkowski 距离存在两点不足：一是与各指标的量纲有关；二是没有考虑指标之间的相关性，Euclid 距离也不例外. 除此之外，从统计的角度上看，使用 Euclid 距离要求一个向量的 n 个分量是不相关的且具有相同的方差，或者说各坐标对 Euclid 距离的贡献是同等的且变化大小也是相同的，这时使用才合适且效果好；否则就有可能不能如实反映情况，甚至导致错误结论. 因此，一个合理的做法，就是对坐标加权，即产生了“统计距离”. 例如，$\boldsymbol{P}=(x_1,x_2,\cdots,x_p)^{\mathrm{T}}$，$\boldsymbol{Q}=(y_1,y_2,\cdots y_p)^{\mathrm{T}}$，且 $\boldsymbol{Q}$ 固定而 $\boldsymbol{P}$ 的坐标相互独立地变化. 用 $s_{11},s_{22},\cdots,s_{pp}$ 表示 p 个变量 $x_1,x_2,\cdots,x_p$ 的 n 次观测的样本方差，则可定义 $\boldsymbol{P}$ 到 $\boldsymbol{Q}$ 的统计距离为

$$d(\boldsymbol{P},\boldsymbol{Q})=\sqrt{\frac{(x_1-y_1)^2}{s_{11}}+\frac{(x_2-y_2)^2}{s_{22}}+\cdots+\frac{(x_p-y_p)^2}{s_{pp}}}$$

2）Mahalanobis（马哈拉诺比斯）距离

设 $\boldsymbol{\Sigma}$ 表示指标的协方差阵，即

$$\boldsymbol{\Sigma}=(\sigma_{ij})_{p\times p}$$

其中：

$$\sigma_{ij}=\frac{1}{n-1}\sum_{k=1}^{n}(x_{kj}-\overline{x}_i)(x_{kj}-\overline{x}_j)\quad (i,j=1,2,\cdots,p)$$

$$\overline{x}_i=\frac{1}{n}\sum_{k=1}^{n}x_{ki},\qquad \overline{x}_j=\frac{1}{n}\sum_{k=1}^{n}x_{kj}$$

若 $\boldsymbol{\Sigma}^{-1}$ 存在，则两个样品之间的 Mahalanobis 距离为

$$d_{ij}^2(\boldsymbol{M}) = (x_i - x_j)^{\mathrm{T}} \boldsymbol{\Sigma}^{-1}(x_i - x_j) \tag{9.2}$$

其中：x_i、x_j 分别为原始资料矩阵的第 i、j 个行向量.

顺便给出样品 $\boldsymbol{X}$ 到总体 $\boldsymbol{G}$ 的 Mahalanobis 距离定义为

$$d^2(\boldsymbol{X},\boldsymbol{G}) = (\boldsymbol{X} - \boldsymbol{\mu})^{\mathrm{T}} \boldsymbol{\Sigma}^{-1}(\boldsymbol{X} - \boldsymbol{\mu}) \tag{9.3}$$

其中：$\boldsymbol{\mu}$和$\boldsymbol{\Sigma}$ 分别为总体的均值向量和协方差阵.

Mahalanobis 距离既排除了各指标之间相关性的干扰，还不受各指标量纲的影响. 可以证明，将原数据作线性变换后，Mahalanobis 距离仍不变.

计算任何两个样品 X_i 与 X_j 之间的距离 d_{ij}，其值越小表示两个样品接近程度越大，其值越大表示两个样品接近程度越小，将 n 个样品中的任何两个样品的距离都计算出来后，可排成矩阵 $\boldsymbol{D}$，即

$$\boldsymbol{D} = \begin{pmatrix} d_{11} & d_{12} & \cdots & d_{1n} \\ d_{21} & d_{22} & \cdots & d_{2n} \\ \vdots & \vdots & & \vdots \\ d_{n1} & d_{n2} & \cdots & d_{nn} \end{pmatrix}$$

其中：$d_{11} = d_{22} = \cdots = d_{nn} = 0$，$\boldsymbol{D}$ 为实对称矩阵. 根据 $\boldsymbol{D}$ 可对 n 个点进行分类.

2. 相似系数

相似系数是刻画样品之间相似程度的一个量，有多种不同的定义方式.

1）夹角余弦

设样品 X_i、X_j 被看成 p 维空间的两个向量，X_i 与 X_j 的夹角余弦用 $\cos\theta_{ij}$ 表示，即

$$\cos\theta_{ij} = \frac{\sum_{k=1}^{p} x_{ik} x_{jk}}{\sqrt{\sum_{k=1}^{p} x_{ik}^2} \sqrt{\sum_{k=1}^{p} x_{jk}^2}} \tag{9.4}$$

可见，$-1 \leqslant \cos\theta_{ij} \leqslant 1$. 当 $\cos\theta_{ij} = 1$ 时，说明两个样品 X_i 与 X_j 完全相似；$\cos\theta_{ij}$ 接近 1，说明 X_i 与 X_j 相似密切；$\cos\theta_{ij} = 0$，说明 X_i 与 X_j 完全不一样；$\cos\theta_{ij}$ 接近 0，说明 X_i 与 X_j 差别大.

类似地，可根据相似系数矩阵

$$\boldsymbol{\Theta} = \begin{pmatrix} \cos\theta_{11} & \cos\theta_{12} & \cdots & \cos\theta_{1n} \\ \cos\theta_{21} & \cos\theta_{22} & \cdots & \cos\theta_{2n} \\ \vdots & \vdots & & \vdots \\ \cos\theta_{n1} & \cos\theta_{n2} & \cdots & \cos\theta_{nn} \end{pmatrix}$$

对 n 个样品进行分类.

2）相关系数

刻画第 i 个样品与第 j 个样品的相似程度的相关系数定义为

$$r_{ij} = \frac{\sum_{k=1}^{p} (x_{ik} - \overline{x}_i)(x_{jk} - \overline{x}_j)}{\sqrt{\sum_{k=1}^{p} (x_{ik} - \overline{x}_i)^2} \sqrt{\sum_{k=1}^{p} (x_{jk} - \overline{x}_j)^2}} \quad (-1 \leqslant r_{ij} \leqslant 1) \tag{9.5}$$

其中：

$$\bar{x}_i = \frac{1}{p}\sum_{k=1}^{p} x_{ik}, \qquad \bar{x}_j = \frac{1}{p}\sum_{k=1}^{p} x_{jk}$$

类似地，可根据相关系数矩阵

$$\boldsymbol{R} = (r_{ij}) = \begin{pmatrix} r_{11} & r_{12} & \cdots & r_{1n} \\ r_{21} & r_{22} & \cdots & r_{2n} \\ \vdots & \vdots & & \vdots \\ r_{n1} & r_{n2} & \cdots & r_{nn} \end{pmatrix}$$

对 n 个样品进行分类.

9.1.2 系统聚类法

聚类分析内容十分丰富，聚类的方法也多种多样，如系统聚类法、动态聚类法、模型聚类法、图论聚类法、聚类预报法等. 本小节介绍常用的系统聚类法.

正如样品之间的距离有不同的定义一样，类与类之间的距离也有各种定义. 类与类之间用不同的方法定义距离，就产生了不同的系统聚类方法. 以下用 d_{ij} 表示样品 X_i 与 X_j 之间的距离，用 D_{ij} 表示类 G_i 与 G_j 之间的距离.

1. 最短距离法

定义类 G_i 与 G_j 之间的距离为两类样品的最近距离，即

$$D_{ij} = \min_{X_i \in G_i, X_j \in G_j} d_{ij} \tag{9.6}$$

在聚类中，设类 G_p 与 G_q 合并成一个新类 G_r，则任一类 G_k 与 G_r 之间的距离为

$$D_{kr} = \min_{X_i \in G_k, X_j \in G_r} d_{ij} = \min\left\{ \min_{X_i \in G_k, X_j \in G_p} d_{ij}, \min_{X_i \in G_k, X_j \in G_q} d_{ij} \right\} = \min\{D_{kp}, D_{kq}\}$$

最短距离法聚类的步骤如下.

（1）定义样品之间的距离，计算样品两两之间的距离，得到一个距离阵，记为 $\boldsymbol{D}_{(0)}$，开始时每个样品自成一类，显然此时 $D_{ij} = d_{ij}$.

（2）找出 $\boldsymbol{D}_{(0)}$ 的非主对角线最小元素，记为 D_{pq}，将类 G_p 与 G_q 合并成一个新类，记为 $G_r = \{G_p, G_q\}$.

（3）给出计算新类 G_r 与其他类之间的距离公式为

$$D_{kr} = \min\{D_{kp}, D_{kq}\}$$

将 $\boldsymbol{D}_{(0)}$ 中第 p、q 行及第 p、q 列用以上公式合并成一个新行新列，新行新列对应类 G_r，所得到矩阵记为 $\boldsymbol{D}_{(1)}$，$\boldsymbol{D}_{(1)}$ 比 $\boldsymbol{D}_{(0)}$ 的阶数至少小 1.

（4）对 $\boldsymbol{D}_{(1)}$ 重复上述对 $\boldsymbol{D}_{(0)}$ 的（2）、（3）两步得到 $\boldsymbol{D}_{(2)}$；以此类推，直到所有的元素并成一类为止.

若某一步 $\boldsymbol{D}_{(k)}$ 中非主对角线最小元素不止一个，则对应这些最小元素的类可以同时合并成一类，$\boldsymbol{D}_{(k+1)}$ 比 $\boldsymbol{D}_{(k)}$ 的阶数至少小 2.

在最短距离法中，聚类时也可以采用相似系数，只是并类时是通过找非主对角线最大元素进行，即公式 $D_{(ik)} = \min\{D_{ip}, D_{iq}\}$ 换成 $D_{(ik)} = \max\{D_{ip}, D_{iq}\}$，步骤类似.

例 9.1 设抽取 5 个样品，每个样品只测一个指标，它们是 1、2、3.5、7、9，试用最短距离法对这 5 个样品进行分类.

解　（1）定义样品间的距离为绝对距离，计算样品两两距离，得

$$D_{(0)}=\begin{pmatrix}0 & & & & \\ 1 & 0 & & & \\ 2.5 & 1.5 & 0 & & \\ 6 & 5 & 3.5 & 0 & \\ 8 & 7 & 5.5 & 2 & 0\end{pmatrix}$$

（2）找出 $\boldsymbol{D}_{(0)}$ 中非主对角线最小元素为 $D_{12}=d_{12}=1$，将 G_1 与 G_2 合并成一个新类，记为 $G_6=\{X_1,X_2\}$.

（3）计算 G_6 与其他三类的距离，按公式

$$D_{i6}=\min\{D_{i1},D_{i2}\}\quad(i=3,4,5)$$

即将 $\boldsymbol{D}_{(0)}$ 的前两列取较小元素，得

$$\boldsymbol{D}_{(1)}=\begin{pmatrix}0 & & & \\ 1.5 & 0 & & \\ 5 & 3.5 & 0 & \\ 7 & 5.5 & 2 & 0\end{pmatrix}$$

（4）找出 $\boldsymbol{D}_{(1)}$ 中非主对角线最小元素为 1.5，则对应类合并为 $G_7=\{X_1,X_2,X_3\}$，然后计算 G_7 与其他两类的距离，得

$$\boldsymbol{D}_{(2)}=\begin{pmatrix}0 & & \\ 3.5 & 0 & \\ 5.5 & 2 & 0\end{pmatrix}$$

（5）找出 $\boldsymbol{D}_{(2)}$ 中非主对角线最小元素为 2，将 $\boldsymbol{D}_{(4)}$ 与 $\boldsymbol{D}_{(5)}$ 合并成一类 $G_8=\{X_4,X_5\}$，再计算类距矩阵，得

$$\boldsymbol{D}_{(3)}=\begin{pmatrix}0 & 3.5\\ 3.5 & 0\end{pmatrix}$$

最后将 G_8 与 G_7 合并成 G_9，上述并类过程可用图 9.1 表达，图中横坐标的刻度是并类的距离.

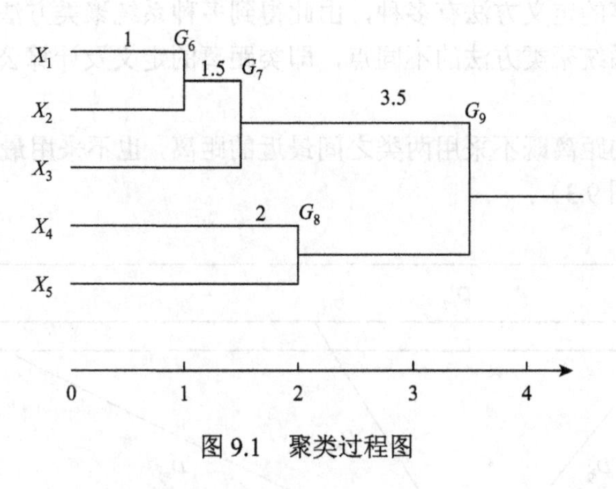

图 9.1　聚类过程图

2. 最长距离法

定义类 G_p 与 G_q 之间的距离为两类样品的最远距离，即

$$D_{pq}=\max_{X_i\in G_p,X_j\in G_q} d_{ij}\tag{9.7}$$

最长距离法与最短距离法的并类步骤完全一样，只是合并后的新类 G_r（由 G_p 与 G_q 合并）与任一类 G_k 的距离用最长距离公式

$$D_{kr}=\min_{X_i\in G_k,X_j\in G_r} d_{ij}=\max\left\{\max_{X_i\in G_k,X_j\in G_p} d_{ij},\ \max_{X_i\in G_k,X_j\in G_q} d_{ij}\right\}=\max\{D_{kp},D_{kq}\}$$

将例 9.1 应用最长距离法按聚类步骤可得下列矩阵：

$$\boldsymbol{D}_{(0)}=\begin{pmatrix}0 & & & & \\ 1 & 0 & & & \\ 2.5 & 1.5 & 0 & & \\ 6 & 5 & 3.5 & 0 & \\ 8 & 7 & 5.5 & 2 & 0\end{pmatrix},\quad \boldsymbol{D}_{(1)}=\begin{pmatrix}0 & & & \\ 2.5 & 0 & & \\ 6 & 3.5 & 0 & \\ 8 & 5.5 & 2 & 0\end{pmatrix}$$

$$\boldsymbol{D}_{(2)}=\begin{pmatrix}0 & & \\ 8 & 0 & \\ 2.5 & 5.5 & 0\end{pmatrix},\quad \boldsymbol{D}_{(3)}=\begin{pmatrix}0 & 8\\ 8 & 0\end{pmatrix}$$

由此得到聚类过程图如图 9.2 所示，可见聚类结果与最短距离法一致，只是并类的距离不同.

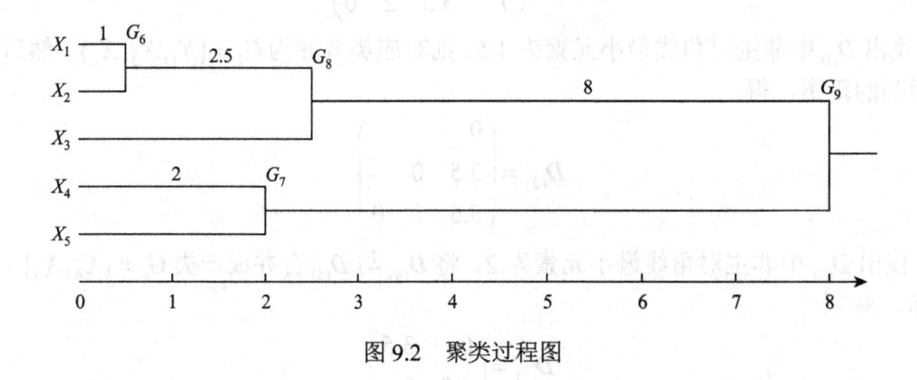

图 9.2　聚类过程图

3. 其他系统聚类方法

类与类之间的距离的定义方法有多种，由此得到多种系统聚类方法. 由于并类步骤完全一样，以下主要介绍各系统聚类方法的不同点，即类距离的定义及计算公式.

1）中间距离法

定义类与类之间的距离既不采用两类之间最近的距离，也不采用最远的距离，而是采用介于两者之间的距离（图 9.3）.

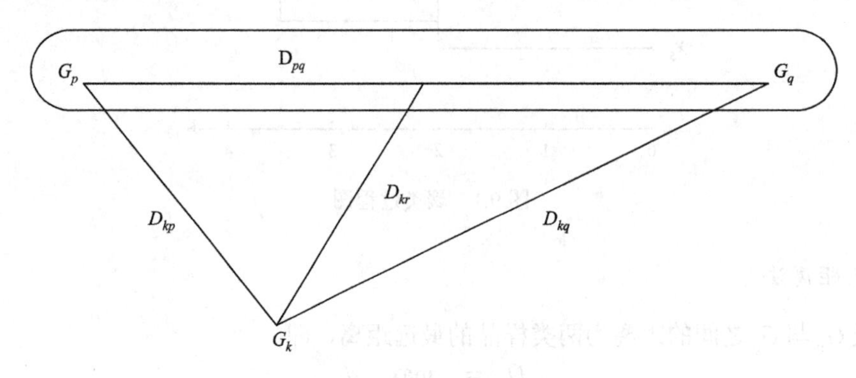

图 9.3　中间距离示意图

如果在某一步将类G_p与G_q合并成G_r，任一类G_k与G_r的距离公式为

$$D_{kr}^2=\frac{1}{2}D_{kp}^2+\frac{1}{2}D_{kq}^2+\beta D_{pq}^2 \tag{9.8}$$

其中：$-1/4\leqslant\beta\leqslant 0$.

2）重心法

定义类与类之间的距离就是两类重心之间的距离. 设G_p和G_q的重心（即该类样品的均值）分别为$\overline{x}_p$和$\overline{x}_q$，则G_p与G_q之间的距离为$D_{pq}=d_{\overline{x}_p\overline{x}_q}$.

设聚类到某一步，G_p和G_q分别有样品n和n_q个，将G_p与G_q合并为G_r，则G_r内样品个数为$n_r=n_p+n_q$，它的重心为$\overline{x}_r=(n_p\overline{x}_p+n_q\overline{x}_q)/n_r$. 某一类$G_k$的重心为$\overline{x}_k$，它与新类$G_r$的距离（设最初样品之间的距离采用 Euclild 距离）为

$$\begin{aligned}D_{kr}^2&=d_{\overline{x}_k\overline{x}_r}^2=(\overline{x}_k-\overline{x}_r)^{\mathrm{T}}(\overline{x}_k-\overline{x}_r)\\&=\left[\overline{x}_k-\frac{1}{n_r}(n_p\overline{x}_p+n_q\overline{x}_q)\right]^{\mathrm{T}}\left[\overline{x}_k-\frac{1}{n_r}(n_p\overline{x}_p+n_q\overline{x}_q)\right]\\&=\overline{x}_k^{\mathrm{T}}\overline{x}_k-\frac{2n_p}{n_r}\overline{x}_k^{\mathrm{T}}\overline{x}_p-\frac{2n_q}{n_r}\overline{x}_k^{\mathrm{T}}\overline{x}_q+\frac{1}{n_r^2}(n_p^2\overline{x}_p^{\mathrm{T}}\overline{x}_p+2n_pn_q\overline{x}_p^{\mathrm{T}}\overline{x}_q+n_q^2\overline{x}_q^{\mathrm{T}}\overline{x}_q)\end{aligned}$$

利用$\overline{x}_k^{\mathrm{T}}\overline{x}_k=\dfrac{1}{n_r}(n_p\overline{x}_k^{\mathrm{T}}\overline{x}_k+n_q\overline{x}_k^{\mathrm{T}}\overline{x}_k)$，代入得

$$D_{kr}^2=\frac{n_p}{n_r}D_{kp}^2+\frac{n_q}{n_r}D_{kq}^2-\frac{n_pn_q}{n_r^2}D_{pq}^2 \tag{9.9}$$

显然，当$n_p=n_q$时即为中间距离法的公式.

3）类平均法

定义两类之间的距离平方为这两类元素两两之间距离平方的平均，即

$$D_{pq}^2=\frac{1}{n_pn_q}\sum_{x_i\in G_p}\sum_{x_j\in G_q}d_{ij}^2 \tag{9.10}$$

设聚类到某一步将G_p与G_q合并为G_r，则任一类G_k与G_r的距离为

$$D_{kr}^2=\frac{1}{n_kn_r}\sum_{x_i\in G_k}\sum_{x_j\in G_r}d_{ij}^2=\frac{1}{n_kn_r}\left(\sum_{x_i\in G_k}\sum_{x_j\in G_p}d_{ij}^2+\sum_{x_i\in G_k}\sum_{x_j\in G_q}d_{ij}^2\right)=\frac{n_p}{n_r}D_{kp}^2+\frac{n_q}{n_r}D_{kq}^2$$

4）可变类平均法

由于类平均法公式中没有反映G_p与G_q之间距离D_{pq}的影响，将任一类G_k与新类G_r的距离改为

$$D_{kr}^2=\frac{n_p}{n_r}(1-\beta)D_{kp}^2+\frac{n_q}{n_r}(1-\beta)D_{kq}^2+\beta D_{pq}^2 \tag{9.11}$$

其中：β为可变的，且$\beta<1$.

可见，当$\beta=0$时可变类平均法即为类平均法.

5）离差平方和法

离差平方和法又称 Ward（华德）法.

设将n个样品分成R类$G_1,G_2,\cdots,G_R$，用$x_i^{(t)}$表示G_t中的第i个样品，n_i表示G_t中的样品个数，$\overline{x}^{(t)}$是G_t的重心，则G_t中样品的离差平方和为

$$S_t=\sum_{i=1}^{n_t}(x_i^{(t)}-\overline{x}^{(t)})^{\mathrm{T}}(x_i^{(t)}-\overline{x}^{(t)})$$

R 个类的类内离差平方和为

$$S=\sum_{t=1}^{R}S_t=\sum_{t=1}^{R}\sum_{i=1}^{n_t}(x_i^{(t)}-\overline{x}^{(t)})^{\mathrm{T}}(x_i^{(t)}-\overline{x}^{(t)})$$

Ward 法的基本思想来自方差分析，如果分类正确，同类样品的离差平方和应当较小，类与类的离差平方和应当较大. 具体做法是：先将 n 个样品各自成一类，然后每次缩小一类，每缩小一类离差平方和就要增大，选择使 S 增加最小的两类合并. 如此并类，直到所有的样品归为一类为止.

以下将例 9.1 用 Ward 法进行分类.

（1）将 5 个样品各自分成一类，显然此时类内离差平方和 $S=0$.

（2）将一切可能的任意两类合并，计算所增加的离差平方和，取其中较小的 S 所对应的类合并，如表 9.1 所示.

表 9.1　聚类过程中类距表

	G_1	G_2	G_3	G_4	G_5
$G_1=\{X_1\}$	0				
$G_2=\{X_2\}$	0.5	0			
$G_3=\{X_3\}$	3.125	1.125	0		
$G_4=\{X_4\}$	18	12.5	6.125	0	
$G_5=\{X_5\}$	32	24.5	15.125	2	0

表 9.1 中非主对角线最小元素是 0.5，说明将 G_1 与 G_2 合并为 G_6 增加的 S 最少，计算 G_6 与其他类的距离，如表 9.2 所示.

表 9.2　聚类过程中类距表

	G_6	G_3	G_4	G_5
$G_6=\{X_1,X_2\}$	0			
$G_3=\{X_3\}$	2.667	0		
$G_4=\{X_4\}$	20.167	6.125	0	
$G_5=\{X_5\}$	37.5	15.125	2	0

继续上述过程，可将全部分类过程列表（表 9.3）.

表 9.3　聚类过程分类结果表

分类数目	类	并类最小的离差平方和
5	{1}, {2}, {3.5}, {7}, {9}	0
4	{1, 2}, {3, 5}, {7}, {9}	0.5
5	{1, 2}, {3, 5}, {7, 9}	2
2	{1, 2, 3, 5}, {7, 9}	2.667
1	{1, 2, 3, 5, 7, 9}	40.83

最后要说明的是，对于同一聚类问题用不同的方法聚类的结果未必完全一致，因而需要提出一个标准作为选用方法时衡量的依据，但至今仍没有一个合适的标准. 实际应用中，常采用

两种处理方法：一是根据问题本身的专业知识结合实际需要来选择聚类方法，并确定分类个数；二是同时多用几种分类方法，将结果中的共性取出来，而将有争议的样品用判别分析归类.

➤ 9.2　判别分析模型

判别分析是判别样品所属类型的一种统计方法. 例如：在经济学中，根据人均国民收入、人均工农业产值、人均消费水平等多种指标来判定一个国家的经济发展程度所属类型；在医疗诊断中，根据某人多项体检指标（如体温、血压、白细胞等）来判别此人是否健康. 在实际生活中，需要判别的问题几乎到处可见.

判别分析与聚类分析不同之处在于，判别分析是在已知研究对象分成若干类型并已取得各种类型的一批已知样品的观测数据的基础上，根据某些准则建立判别式，然后对未知类型的样品进行判别分类；而对于聚类分析来说，一批给定样品要划分的类型事先并不知道，因而需要通过聚类分析来确定类型. 正因为如此，判别分析与聚类分析往往联合起来使用. 例如，判别分析是要求先知道各类总体情况才能判断新样品的归类，当总体分类不清楚时，可先用聚类分析对原来的一批样品进行分类，然后用判别分析建立判别式对新样品进行判别.

9.2.1　距离判别法

距离判别法的基本思路是：根据已知分类的数据，分别计算各类的重心，即分组（类）的均值. 判别准则是对任给的一次观测，若它与第 i 类的重心距离最近，就认为它来自第 i 类.

1. 两个总体的距离判别法

设有两个总体 G_1、G_2，从第一个总体中抽取 n_1 个样品，从第二个总体中抽取 n_2 个样品，每个样品测量 p 个指标，得到如表 9.4 所示的数据.

表 9.4　测量结果对应数值表

样品	变量							
	总体 G_1				总体 G_2			
	x_1	x_2	…	x_p	x_1	x_2	…	x_p
$X_1^{(1)}/X_1^{(2)}$	$x_{11}^{(1)}$	$x_{12}^{(1)}$	…	$x_{1p}^{(1)}$	$x_{11}^{(2)}$	$x_{12}^{(2)}$	…	$x_{1p}^{(2)}$
$X_2^{(1)}/X_2^{(2)}$	$x_{21}^{(1)}$	$x_{22}^{(1)}$	…	$x_{2p}^{(1)}$	$x_{21}^{(2)}$	$x_{22}^{(2)}$	…	$x_{2p}^{(2)}$
⋮	⋮	⋮		⋮	⋮	⋮		⋮
$X_{n_1}^{(1)}/X_{n_2}^{(2)}$	$x_{n_1 1}^{(1)}$	$x_{n_1 2}^{(1)}$	…	$x_{n_1 p}^{(1)}$	$x_{n_2 1}^{(2)}$	$x_{n_2 2}^{(2)}$	…	$x_{n_2 p}^{(2)}$
均值	$\overline{x}_1^{(1)}$	$\overline{x}_2^{(1)}$	…	$\overline{x}_p^{(1)}$	$\overline{x}_1^{(2)}$	$\overline{x}_2^{(2)}$	…	$\overline{x}_p^{(2)}$

现取一个样品，实测指标值为 $\boldsymbol{X}=(x_1,x_2,\cdots,x_p)^{\mathrm{T}}$，问 $\boldsymbol{X}$ 应判归为哪一类？

首先计算 $\boldsymbol{X}$ 到 G_1、G_2 总体的距离，分别记为 $D(\boldsymbol{X},G_1)$、$D(\boldsymbol{X},G_2)$，则有

$$\begin{cases} X\in G_1, & D(\boldsymbol{X},G_1)<D(\boldsymbol{X},G_2) \\ X\in G_2, & D(\boldsymbol{X},G_1)>D(\boldsymbol{X},G_2) \\ \text{待判}, & D(\boldsymbol{X},G_1)=D(\boldsymbol{X},G_2) \end{cases} \tag{9.12}$$

以下采用 Mahalanobis 距离对上述准则进行详细的讨论.

设 $\boldsymbol{\mu}^{(1)}$、$\boldsymbol{\mu}^{(2)}$、$\boldsymbol{\Sigma}^{(1)}$、$\boldsymbol{\Sigma}^{(2)}$ 分别是 G_1、G_2 的均值向量和协方差阵，采用 Mahalanobis 距离，即

$$D^2(\boldsymbol{X},G_i)=(\boldsymbol{X}-\boldsymbol{\mu}^{(i)})^{\mathrm{T}}(\boldsymbol{\Sigma}^{(i)})^{-1}(\boldsymbol{X}-\boldsymbol{\mu}^{(i)})\quad(i=1,2)$$

这时判别准则可用以下两种情况给出.

（1）当 $\boldsymbol{\Sigma}^{(1)}=\boldsymbol{\Sigma}^{(2)}=\boldsymbol{\Sigma}$ 时，考察 $D^2(\boldsymbol{X},G_2)$ 与 $D^2(\boldsymbol{X},G_1)$ 的差，即

$$\begin{aligned}&D^2(\boldsymbol{X},G_2)-D^2(\boldsymbol{X},G_1)\\&=\boldsymbol{X}^{\mathrm{T}}\boldsymbol{\Sigma}^{-1}\boldsymbol{X}-2\boldsymbol{X}^{\mathrm{T}}\boldsymbol{\Sigma}^{-1}\boldsymbol{\mu}^{(2)}+\boldsymbol{\mu}^{(2)\mathrm{T}}\boldsymbol{\Sigma}^{-1}\boldsymbol{\mu}^{(2)}-(\boldsymbol{X}^{\mathrm{T}}\boldsymbol{\Sigma}^{-1}\boldsymbol{X}-2\boldsymbol{X}^{\mathrm{T}}\boldsymbol{\Sigma}^{-1}\boldsymbol{\mu}^{(1)}+\boldsymbol{\mu}^{(1)\mathrm{T}}\boldsymbol{\Sigma}^{-1}\boldsymbol{\mu}^{(1)})\\&=2\left[\boldsymbol{X}-\frac{1}{2}(\boldsymbol{\mu}^{(1)}+\boldsymbol{\mu}^{(2)})\right]^{\mathrm{T}}\boldsymbol{\Sigma}^{-1}(\boldsymbol{\mu}^{(1)}-\boldsymbol{\mu}^{(2)})\end{aligned}$$

令

$$\bar{\boldsymbol{\mu}}=\frac{1}{2}(\boldsymbol{\mu}^{(1)}+\boldsymbol{\mu}^{(2)}),\qquad \boldsymbol{\omega}(\boldsymbol{X})=(\boldsymbol{X}-\bar{\boldsymbol{\mu}})^{\mathrm{T}}\boldsymbol{\Sigma}^{-1}(\boldsymbol{\mu}^{(1)}-\boldsymbol{\mu}^{(2)})$$

则判别准则写成

$$\begin{cases}\boldsymbol{X}\in G_1, & \boldsymbol{\omega}(\boldsymbol{X})>\boldsymbol{0}\text{即}D^2(\boldsymbol{X},G_2)>D^2(\boldsymbol{X},G_1)\\ \boldsymbol{X}\in G_2, & \boldsymbol{\omega}(\boldsymbol{X})<\boldsymbol{0}\text{即}D^2(\boldsymbol{X},G_2)<D^2(\boldsymbol{X},G_1)\\ \text{待判}, & \boldsymbol{\omega}(\boldsymbol{X})=\boldsymbol{0}\text{即}D^2(\boldsymbol{X},G_2)=D^2(\boldsymbol{X},G_1)\end{cases}\tag{9.13}$$

当 $\boldsymbol{\Sigma}$、$\boldsymbol{\mu}^{(1)}$、$\boldsymbol{\mu}^{(2)}$ 已知时，记

$$\boldsymbol{a}=\boldsymbol{\Sigma}^{-1}(\boldsymbol{\mu}^{(1)}-\boldsymbol{\mu}^{(2)})\overset{\triangle}{=}(a_1,a_2,\cdots,a_p)^{\mathrm{T}}$$

则

$$\boldsymbol{\omega}(\boldsymbol{X})=a_1(x_1-\bar{\boldsymbol{\mu}}_1)+\cdots+a_p(x_p-\bar{\boldsymbol{\mu}}_p)\tag{9.14}$$

是 $x_1,x_2,\cdots,x_p$ 的线性函数，称为线性判别函数，$\boldsymbol{a}$ 为判别系数向量.

当 $\boldsymbol{\Sigma}$、$\boldsymbol{\mu}^{(1)}$、$\boldsymbol{\mu}^{(2)}$ 未知时，可通过样本来估计：

$$\hat{\boldsymbol{\mu}}^{(1)}=\frac{1}{n_1}\sum_{i=1}^{n_1}\boldsymbol{x}_i^{(1)}=\bar{\boldsymbol{X}}^{(1)},\qquad \hat{\boldsymbol{\mu}}^{(2)}=\frac{1}{n_2}\sum_{i=1}^{n_2}\boldsymbol{x}_i^{(2)}=\bar{\boldsymbol{X}}^{(2)}$$

其中：

$$\boldsymbol{S}_i=\sum_{t=1}^{n_i}(\boldsymbol{x}_t^{(i)}-\bar{\boldsymbol{X}}^{(i)})(\boldsymbol{x}_t^{(i)}-\bar{\boldsymbol{X}}^{(i)})^{\mathrm{T}},\qquad \bar{\boldsymbol{X}}=\frac{1}{2}(\bar{\boldsymbol{X}}^{(1)}+\bar{\boldsymbol{X}}^{(2)})$$

线性判别函数为

$$\boldsymbol{\omega}(\boldsymbol{X})=(\boldsymbol{X}-\bar{\boldsymbol{X}})^{\mathrm{T}}\hat{\boldsymbol{\Sigma}}^{-1}(\bar{\boldsymbol{X}}^{(1)}-\bar{\boldsymbol{X}}^{(2)})\tag{9.15}$$

当两个总体 G_1 与 G_2 靠得很近时，$|\boldsymbol{\mu}^{(1)}-\boldsymbol{\mu}^{(2)}|$ 很小，则无论用何种方法，错判概率都很大，这时 $\boldsymbol{\omega}(\boldsymbol{X})$ 必然很小，据此进行判别分析没有意义. 因此，只有当两个总体的均值有显著差异时，进行判别分析才有意义.

（2）当 $\boldsymbol{\Sigma}^{(1)}\neq\boldsymbol{\Sigma}^{(2)}$ 时，按距离最近准则，类似地，有

$$\begin{cases}\boldsymbol{X}\in G_1, & D(\boldsymbol{X},G_1)<D(\boldsymbol{X},G_2)\\ \boldsymbol{X}\in G_2, & D(\boldsymbol{X},G_1)>D(\boldsymbol{X},G_2)\\ \text{待判}, & D(\boldsymbol{X},G_1)=D(\boldsymbol{X},G_2)\end{cases}\tag{9.16}$$

仍然用

$$\begin{aligned}\boldsymbol{\omega}(\boldsymbol{X})&=D^2(\boldsymbol{X},G_2)-D^2(\boldsymbol{X},G_1)\\&=(\boldsymbol{X}-\boldsymbol{\mu}^{(2)})^{\mathrm{T}}(\boldsymbol{\Sigma}^{(2)})^{-1}(\boldsymbol{X}-\boldsymbol{\mu}^{(2)})-(\boldsymbol{X}-\boldsymbol{\mu}^{(1)})^{\mathrm{T}}(\boldsymbol{\Sigma}^{(1)})^{-1}(\boldsymbol{X}-\boldsymbol{\mu}^{(1)})\end{aligned}\tag{9.17}$$

作为判别函数，它是 $\boldsymbol{X}$ 的二次函数.

2. 多个总体的距离判别法

类似两个总体的讨论可推广到多个总体.

判别函数为

$$\boldsymbol{\omega}_{ij}(\boldsymbol{X})=\frac{1}{2}[D^2(\boldsymbol{X},G_j)-D^2(\boldsymbol{X},G_i)]$$

$$=\left[\boldsymbol{X}-\frac{1}{2}(\boldsymbol{\mu}^{(i)}+\boldsymbol{\mu}^{(j)})\right]^{\mathrm{T}}\boldsymbol{\Sigma}^{-1}(\boldsymbol{\mu}^{(i)}-\boldsymbol{\mu}^{(j)})\quad(i,j=1,2,\cdots,k)$$

相应的判别准则为

$$\begin{cases}\boldsymbol{X}\in G_i, & \boldsymbol{\omega}_{ij}(\boldsymbol{X})>\boldsymbol{0},\ \forall j\neq i\\ \text{待判}, & \text{有某一个}\,\boldsymbol{\omega}_{ij}(\boldsymbol{X})=\boldsymbol{0}\end{cases}\tag{9.18}$$

当 $\boldsymbol{\mu}^{(1)},\boldsymbol{\mu}^{(2)},\cdots,\boldsymbol{\mu}^{(k)}$ 及 $\boldsymbol{\Sigma}$ 未知时，可用其估计量代替，在 $\boldsymbol{\Sigma}^{(1)},\boldsymbol{\Sigma}^{(2)},\cdots,\boldsymbol{\Sigma}^{(k)}$ 不相等时，参照两个总体的情形处理.

例 9.2 对全国 30 个省（自治区、直辖市）1994 年影响各地区经济增长差异的制度变量进行判别分析. 其中：x_1 为经济增长率（%）、x_2 为非国有化水平（%）、x_3 为开放度（%）、x_4 为市场化程度（%），如表 9.5 所示.

表 9.5 统计结果对应数值表

类别	序号	地区	x_1	x_2	x_3	x_4
	1	辽宁	11.2	57.25	13.47	73.41
	2	河北	14.9	67.19	7.89	73.09
	3	天津	14.3	64.74	19.41	72.33
	4	北京	13.5	55.63	20.59	77.33
	5	山东	16.2	75.51	11.06	72.08
第一组	6	上海	14.3	57.63	22.51	77.35
	7	浙江	20.0	83.94	15.99	89.50
	8	福建	21.8	68.03	39.42	71.90
	9	广东	19.0	78.31	83.03	80.75
	10	广西	16.0	57.11	12.57	60.91
	11	海南	11.9	49.97	30.70	69.20
	12	黑龙江	8.7	30.72	15.41	60.25
	13	吉林	14.3	37.65	12.59	66.42
	14	内蒙古	10.1	34.63	7.68	62.96
	15	山西	9.1	56.33	10.30	66.01
第二组	16	河南	13.8	65.23	4.69	64.24
	17	湖北	15.3	55.62	6.06	54.74
	18	湖南	11.0	55.55	8.02	67.47
	19	江西	18.0	62.85	6.40	58.83
	20	甘肃	10.4	30.01	4.61	60.26

续表

类别	序号	地区	x_1	x_2	x_3	x_4
第二组	21	宁夏	8.2	29.28	6.11	50.71
	22	四川	11.4	62.88	5.31	61.49
	23	云南	11.6	28.57	9.08	68.47
	24	贵州	8.4	30.23	6.03	55.55
	25	青海	8.2	15.96	8.04	40.26
	26	新疆	10.9	24.75	8.34	46.01
	27	西藏	15.6	21.44	28.62	46.01
待判样品	28	江苏	16.5	80.05	8.81	73.04
	29	安徽	20.6	81.24	5.37	60.43
	30	陕西	8.6	42.06	8.88	56.37

解 （1）计算两类地区各变量的均值：

$$\bar{\boldsymbol{X}}^{(1)} = (15.74,\ 65.03,\ 25.15,\ 73.80)^{\mathrm{T}}$$

$$\bar{\boldsymbol{X}}^{(2)} = (11.56,\ 40.11,\ 9.23,\ 58.11)^{\mathrm{T}}$$

（2）计算样本协方差阵，从而求出 $\hat{\boldsymbol{\Sigma}}$ 和 $\hat{\boldsymbol{\Sigma}}^{-1}$：

$$\hat{\boldsymbol{\Sigma}} = \begin{pmatrix} 9.85 & 23.98 & 14.28 & 5.46 \\ 23.98 & 212.06 & 1.67 & 69.73 \\ 14.28 & 1.67 & 202.03 & 9.51 \\ 5.46 & 69.73 & 9.51 & 64.12 \end{pmatrix}$$

$$\hat{\boldsymbol{\Sigma}}^{-1} = \begin{pmatrix} 0.168\,6 & -0.023\,1 & -0.012\,3 & 0.012\,6 \\ -0.023\,1 & 0.010\,5 & 0.002\,0 & -0.009\,8 \\ -0.012\,3 & 0.002\,0 & 0.005\,9 & -0.002\,0 \\ 0.012\,6 & -0.009\,8 & -0.002\,0 & 0.025\,5 \end{pmatrix}$$

（3）求线性判别函数，解线性方程组 $\hat{\boldsymbol{\Sigma}}\boldsymbol{a} = \bar{\boldsymbol{X}}^{(1)} - \bar{\boldsymbol{X}}^{(2)}$，得

$$\boldsymbol{a} = \hat{\boldsymbol{\Sigma}}(\bar{\boldsymbol{X}}^{(1)} - \bar{\boldsymbol{X}}^{(2)}) = (0.129\,4, 0.044\,4, 0.061\,0, 0.176\,5)^{\mathrm{T}}$$

$$\frac{1}{2}(\bar{\boldsymbol{X}}^{(1)} + \bar{\boldsymbol{X}}^{(2)}) = (13.649\,4, 52.567\,2, 17.188\,6, 65.954\,8)^{\mathrm{T}}$$

故

$$\boldsymbol{\omega}(\boldsymbol{X}) = \boldsymbol{a}^{\mathrm{T}}(\boldsymbol{X} - \bar{\boldsymbol{X}}) = 0.129\,4x_1 + 0.044\,4x_2 + 0.061\,0x_3 + 0.176\,5x_4 - 16.790\,2$$

（4）对已知类别的样品回判，由于 $\bar{\boldsymbol{X}}^{(1)} > \bar{\boldsymbol{X}}^{(2)}$，$\boldsymbol{\omega}(\boldsymbol{X}) > \boldsymbol{0}$ 为第一组，$\boldsymbol{\omega}(\boldsymbol{X}) < \boldsymbol{0}$ 为第二组，如表 9.6 所示.

表 9.6 回判结果表

序号	$\omega(X)$	原类号	回判类号	序号	$\omega(X)$	原类号	回判类号
1	0.980 157	1	1	4	1.272 898	1	1
2	1.503 103	1	1	5	2.055 351	1	1
3	1.885 084	1	1	6	2.645 024	1	1

续表

序号	$\omega(X)$	原类号	回判类号	序号	$\omega(X)$	原类号	回判类号
7	6.297 084	1	1	18	−0.502 15	2	2
8	4.145 854	1	1	19	−0.896 63	2	2
9	8.461 164	1	1	20	−3.193 43	2	2
10	−0.666 590	1	2	21	−5.105 07	2	2
11	1.055 243	1	1	22	−1.346 27	2	2
12	−2.725 140	2	2	23	−1.379 98	2	2
13	−0.753 780	2	2	24	−4.187 44	2	2
14	−2.363 460	2	2	25	−7.423 09	2	2
15	−0.832 160	2	2	26	−5.650 37	2	2
16	−0.483 750	2	2	27	−3.952 30	2	2
17	−2.309 530	2	2				

回判结果表明，第一组中只有第 10 个样品回判组号与原组号不同，第二组中各样品回判组号与原组号完全相同. 回代判对率达 96.3%，判别函数有效.

（5）对待判样品判别归类，结果如表 9.7 所示.

表 9.7　对待判样品归类结果表

样品序号	地区	$\omega(X)$	判归类别
28	江苏	2.327 825	1
29	安徽	0.475 173	1
30	陕西	−3.318 290	2

9.2.2　Fisher 判别法

Fisher（费希尔）判别法是 1936 年提出来的，该方法对总体的分布并未提什么特定的要求，因而有适应性广的特点.

1. 不等协方差阵的两总体 Fisher 判别法

1）基本思想

从两个总体中抽取具有 p 个指标的样品观测数据，借助于方差分析的思想构造一个判别函数

$$y = c_1x_1 + c_2x_2 + \cdots + c_px_p$$

其中：系数 $c_1, c_2, \cdots, c_p$ 确定的原则是使两组间的区别最大，而使每个组内部的离差最小. 有了判别函数后，对于一个新的样品，将它的 p 个指标值代入判别函数求出 y 值，然后与判别临界值进行比较，就可以判别它应属于哪一个总体了.

2）判别函数的导出

假设从两个总体 G_1、G_2 中分别抽取 n_1、n_2 个样品，每个样品观测 p 个指标，得观测值如表 9.8 所示.

表 9.8　观测结果对应数值表

样品	变量							
	总体 G_1				总体 G_2			
	x_1	x_2	…	x_p	x_1	x_2	…	x_p
$X_1^{(1)}/X_1^{(2)}$	$x_{11}^{(1)}$	$x_{12}^{(1)}$	…	$x_{1p}^{(1)}$	$x_{11}^{(2)}$	$x_{12}^{(2)}$	…	$x_{1p}^{(2)}$
$X_2^{(1)}/X_2^{(2)}$	$x_{21}^{(1)}$	$x_{22}^{(1)}$	…	$x_{2p}^{(1)}$	$x_{21}^{(2)}$	$x_{22}^{(2)}$	…	$x_{2p}^{(2)}$
⋮	⋮	⋮		⋮	⋮	⋮		⋮
$X_{n_1}^{(1)}/X_{n_2}^{(2)}$	$x_{n_1 1}^{(1)}$	$x_{n_1 2}^{(1)}$	…	$x_{n_1 p}^{(1)}$	$x_{n_2 1}^{(2)}$	$x_{n_2 2}^{(2)}$	…	$x_{n_2 p}^{(2)}$
均值	$\overline{x}_1^{(1)}$	$\overline{x}_2^{(1)}$	…	$\overline{x}_p^{(1)}$	$\overline{x}_1^{(2)}$	$\overline{x}_2^{(2)}$	…	$\overline{x}_p^{(2)}$

将属于不同总体的样品观测值代入判别函数，得

$$y_i^{(1)} = c_1 x_{i1}^{(1)} + c_2 x_{i2}^{(1)} + \cdots + c_p x_{ip}^{(1)} \quad (i = 1, \cdots, n_1)$$

$$y_i^{(2)} = c_1 x_{i1}^{(2)} + c_2 x_{i2}^{(2)} + \cdots + c_p x_{ip}^{(2)} \quad (i = 1, \cdots, n_2)$$

对以上两组等式分别左右相加，再除以相应的样品个数，则有

$$\overline{y}^{(1)} = \sum_{k=1}^{p} c_k \overline{x}_k^{(1)} \quad \text{（第一样品的“重心”）}$$

$$\overline{y}^{(2)} = \sum_{k=1}^{p} c_k \overline{x}_k^{(2)} \quad \text{（第二样品的“重心”）}$$

为了使判别函数能很好地区别来自不同总体的样品，自然希望：

（1）来自不同总体的两个平均值 $\overline{y}^{(1)}$ 与 $\overline{y}^{(2)}$ 相差越大越好；

（2）对于来自第一个总体的 $y_i^{(1)}$ $(i = 1, \cdots, n_1)$ 的离差平方和 $\sum_{i=1}^{n_1}(y_i^{(1)} - \overline{y}^{(1)})^2$ 越小越好，同样 $\sum_{i=1}^{n_2}(y_i^{(2)} - \overline{y}^{(2)})^2$ 越小越好.

综合以上两点，就是要求

$$I = \frac{(\overline{y}^{(1)} - \overline{y}^{(2)})^2}{\sum_{i=1}^{n_1}(y_i^{(1)} - \overline{y}^{(1)})^2 + \sum_{i=1}^{n_2}(y_i^{(2)} - \overline{y}^{(2)})^2} \tag{9.19}$$

越大越好.

利用微积分求极值的必要条件，求可使 I 达到最大值的 $c_1, c_2, \cdots, c_p$，结果如下：

$$\begin{pmatrix} c_1 \\ c_2 \\ \vdots \\ c_p \end{pmatrix} = \begin{pmatrix} s_{11} & s_{12} & \cdots & s_{1p} \\ s_{21} & s_{22} & \cdots & s_{2p} \\ \vdots & \vdots & & \vdots \\ s_{p1} & s_{p2} & \cdots & s_{pp} \end{pmatrix}^{-1} \begin{pmatrix} d_1 \\ d_2 \\ \vdots \\ d_p \end{pmatrix}$$

其中：

$$d_k = \overline{x}_k^{(1)} - \overline{x}_k^{(2)}$$

$$s_{kl} = \sum_{i=1}^{n_1}(x_{ik}^{(1)} - \overline{x}_k^{(1)})(x_{il}^{(1)} - \overline{x}_l^{(1)}) + \sum_{i=1}^{n_2}(x_{ik}^{(2)} - \overline{x}_k^{(2)})(x_{il}^{(2)} - \overline{x}_l^{(2)})$$

$$(k, l = 1, 2, \cdots, p)$$

有了判别函数之后，要建立判别准则还要确定判别临界值 y_0，在两总体先验概率相等的假设下，一般常取 y_0 为 $\bar{y}^{(1)}$ 与 $\bar{y}^{(2)}$ 的加权平均值，即

$$y_0 = \frac{n_1\bar{y}^{(1)} + n_2\bar{y}^{(2)}}{n_1 + n_2} \tag{9.20}$$

如果由原始数据求得 $\bar{y}^{(1)}$、$\bar{y}^{(2)}$ 满足 $\bar{y}^{(1)} > \bar{y}^{(2)}$，那么 $\bar{y}^{(1)} > y_0 > \bar{y}^{(2)}$. 建立判别准则：对一个新样品 $\boldsymbol{X} = (x_1, x_2, \cdots, x_p)^{\mathrm{T}}$ 代入判别函数中所得值记为 y，若 $y > y_0$，则判定 $\boldsymbol{X} \in G_1$；若 $y < y_0$，则判定 $\boldsymbol{X} \in G_2$. 如果 $\bar{y}^{(1)} < \bar{y}^{(2)}$，那么建立判别准则：若 $y > y_0$，则判定 $\boldsymbol{X} \in G_2$；若 $y < y_0$，则判定 $\boldsymbol{X} \in G_1$.

3）计算步骤

（1）建立判别函数. 求 $I = \dfrac{Q(c_1, c_2, \cdots, c_p)}{F(c_1, c_2, \cdots, c_p)}$ 的最大值点 $c_1, c_2, \cdots, c_p$，根据极值原理，解方程组

$$\begin{cases} \dfrac{\partial \ln I}{\partial c_1} = 0 \\ \dfrac{\partial \ln I}{\partial c_2} = 0 \\ \cdots\cdots \\ \dfrac{\partial \ln I}{\partial c_p} = 0 \end{cases}$$

可得到 $c_1, c_2, \cdots, c_p$，写出判别函数 $y = c_1x_1 + c_2x_2 + \cdots + c_px_p$.

（2）计算判别临界值 y_0，然后根据判别准则对新样品判别分类.

（3）检验判别效果（当两个总体协差阵相同且总体服从正态分布）

$$H_0: Ex_\alpha^{(1)} = u_1 = Ex_\alpha^{(2)} = u_2, \qquad H_1: u_1 \neq u_2 \tag{9.21}$$

检验统计量：

$$F = \frac{(n_1 + n_2 - 2) - p + 1}{(n_1 + n_2 - 2)p} I^2 \overset{(\text{在}H_0\text{成立})}{\frown} F(p, n_1 + n_2 - p - 1)$$

其中：

$$T_2 = (n_1 + n_2 - 2)\left[\sqrt{\frac{n_1n_2}{n_1 + n_2}}(\bar{\boldsymbol{X}}^{(1)} - \bar{\boldsymbol{X}}^{(2)})^{\mathrm{T}} \boldsymbol{S}^{-1} \sqrt{\frac{n_1n_2}{n_1 + n_2}}(\bar{\boldsymbol{X}}^{(1)} - \bar{\boldsymbol{X}}^{(2)})\right]$$

$$\boldsymbol{S} = (s_{ij})_{p \times p}$$

给定检验水平 α，查 F 分布表，确定临界值 F_α. 若 $F > F_\alpha$，则 H_0 被否定，认为判别有效；否则认为判别无效.

值得指出的是：参与构造判别函数的样品个数不宜太少，否则用于判别的分类特性的信息太少，影响判别函数的优良性；判别函数选用的指标不宜太多，指标过多不仅使用不方便，而且影响预报的稳定性. 所以，建立判别函数之前应仔细挑选出几个对分类特别有关系的指标，要使两类平均值之间的差异尽量大一些.

例 9.3 利用距离判别法中例 9.2 的制度变量 x_1, x_2, x_3, x_4 对 30 个省、自治区、直辖市进行 Fisher 判别分析.

解 （1）建立判别式，经计算得

$$
\boldsymbol{S}=\begin{pmatrix} 246.363 & 599.624 & 356.959 & 136.519 \\ 599.624 & 5\,301.402 & 41.639 & 1\,743.296 \\ 356.959 & 41.639 & 5\,050.860 & 237.839 \\ 136.519 & 1\,743.296 & 237.839 & 1\,602.955 \end{pmatrix}
$$

$$
\boldsymbol{S}^{-1}=\begin{pmatrix} 0.006\,745 & -0.000\,920 & -0.000\,490 & 0.000\,505 \\ -0.000\,920 & 0.000\,421 & 0.000\,080\,3 & -0.000\,390 \\ -0.000\,490 & 0.000\,080\,3 & 0.000\,236 & -0.000\,008 \\ 0.000\,505 & -0.000\,390 & -0.000\,008 & 0.001\,018 \end{pmatrix}
$$

$$
\begin{pmatrix} c_1 \\ c_2 \\ c_3 \\ c_4 \end{pmatrix}=\begin{pmatrix} 0.005\,176 \\ 0.001\,774 \\ 0.002\,439 \\ 0.007\,062 \end{pmatrix}
$$

故得判别函数为

$$
y=0.005\,176x_1+0.001\,774x_2+0.002\,439x_3+0.007\,062x_4
$$

（2）求判别临界值 y_0，对所给样品判别分类：

$$
\overline{y}^{(1)}=0.779\,369,\qquad \overline{y}^{(2)}=0.563\,846,\qquad y_0=\frac{n_1\overline{y}^{(1)}+n_2\overline{y}^{(2)}}{n_1+n_2}=0.651\,651
$$

由于 $\overline{y}^{(1)}>\overline{y}^{(2)}$，当样品代入判别函数后，若 $y>y_0$，则判定为第一组；若 $y<y_0$，则判定为第二组.

对已知分类样品的回判结果如表 9.9 所示.

表 9.9 回判结果表

序号	y 值	原类号	回判类号	序号	y 值	原类号	回判类号
1	0.710 814	1	1	15	0.638 321	2	2
2	0.731 731	1	1	16	0.652 257	2	1
3	0.747 011	1	1	17	0.579 226	2	2
4	0.722 523	1	1	18	0.651 521	2	2
5	0.753 821	1	1	19	0.635 742	2	2
6	0.777 408	1	1	20	0.543 87	2	2
7	0.923 491	1	1	21	0.467 405	2	2
8	0.837 441	1	1	22	0.617 757	2	2
9	1.010 054	1	1	23	0.616 408	2	2
10	0.644 944	1	2	24	0.504 110	2	2
11	0.713 817	1	1	25	0.374 684	2	2
12	0.562 602	2	2	26	0.445 593	2	2
13	0.641 456	2	2	27	0.513 515	2	2
14	0.577 049	2	2				

回代判对率 92.59%，其中第一组的第 10 号仍被回判为第二组，两次判别的结果说明，第 10 号样品确为误分；第二组的第 16 号被回判为第一组，其指标数据介于两组之间，差距显著.

待判样品的判别结果如表 9.10 所示，对待判的 3 个样品的判别结果与用距离判别法的结果相同，判别结果好.

表 9.10 对待判样品分类结果表

样品序号	y 值	判属组号
28	0.764 720	1
29	0.690 614	1
30	0.538 875	2

2. 多总体 Fisher 判别法

类似两总体 Fisher 判别法可得出多总体 Fisher 判别法.

在多总体情况下，Fisher 准则就是要选取系数向量 $\boldsymbol{C}$，使

$$\lambda=\frac{\sum_{i=1}^{k} n_i(\overline{y}^{(i)}-\overline{y})^2}{\sum_{i=1}^{k} q_i\sigma_i^2} \tag{9.22}$$

达到最大. 其中：q_i 为正的加权系数，可以取为先验概率；$\sigma_i^2=\boldsymbol{C}^{\mathrm{T}}\boldsymbol{S}^{(i)}\boldsymbol{C}$，$\boldsymbol{S}^{(i)}$ 为总体 G_i 内 $\boldsymbol{X}$ 的样本协方差阵.

确定了判别函数以后，判别准则如下.

（1）不加权法. 若

$$|y(\boldsymbol{X})-\overline{y}^{(i)}|=\min_{1\leqslant j\leqslant k}|y(\boldsymbol{X})-\overline{y}^{(j)}|$$

则判定 $\boldsymbol{X}\in G_i$.

（2）加权法. 将 $\overline{y}^{(1)},\overline{y}^{(2)},\cdots,\overline{y}^{(k)}$ 按大小次序排列，记为 $\overline{y}_{(1)}\leqslant\overline{y}_{(2)}\leqslant\cdots\leqslant\overline{y}_{(k)}$，相应的判别函数的标准差重排为 $\sigma_{(i)}$，令

$$d_{i,i+1}=\frac{\sigma_{(i+1)}\overline{y}_{(i)}+\sigma_{(i)}\overline{y}_{(i+1)}}{\sigma_{(i)}+\sigma_{(i+1)}}\quad(i=1,2,\cdots,k-1)$$

则 $d_{i,i+1}$ 可作为 G_{j_i} 与 $G_{j_{i+1}}$ 之间的分界点. 若 $\boldsymbol{X}$ 使得 $d_{i-1,i}\leqslant y(\boldsymbol{X})\leqslant d_{i,i+1}$，则判定 $\boldsymbol{X}\in G_{j_i}$.

➢ 9.3 相关分析模型

事物之间的联系大体上可以分为两类：一类是函数关系，即一个变量（通常称为因变量）受到另一个变量（通常称为自变量）的影响，如两个质点之间的引力与两者距离的平方成反比；另一类则是相关关系，即两个变量之间存在一种数量上的联系，如一个人的收入与受教育程度. 相关分析主要研究变量间的相关关系，它用统计方法揭示变量之间是否存在相互关系以及相互关系的密切程度.

在相关分析中，最常用的是二元变量的相关分析，它研究两个变量之间的相关性，这种关系称为简单相关，对应的相关分析方法称为简单相关分析. 三个及三个以上变量之间的关系称为复相关，它研究的是一个因变量与两个以上自变量之间的关系. 例如，同时研究某产量与降雨量、施肥量之间的关系就是复相关. 在实际问题中，如果存在一个因变量和多个自变量，可以抓住其中最主要的因素，研究其相关关系，或者将复相关转化为简单相关的问题. 控制一个变量研究其他两个变量之间的关系称为偏相关（partial correlation）. 例如，假定施肥量不变，研究产量与降雨量之间的关系即为偏相关分析. 简单相关分析、复相关分析、偏相关分析都是

通过对应的相关系数来描述变量之间的相关程度的. 除相关系数之外，还可以通过相似性或距离来描述变量之间的关系，对应的相关分析方法称为距离相关（distance correlation）分析. 本节主要介绍简单相关分析、偏相关分析和距离相关分析.

9.3.1 简单相关分析

很多情况下，相关分析是在两两变量之间进行的，这就是二元变量的相关分析，即简单相关分析. 不同类型的变量数据，应采用不同的相关分析方法，不同的分析方法可能会得出不同的结论.

1. Pearson 相关系数

Pearson（皮尔逊）相关系数适用于度量两个数值变量的相关性. 数值变量包括定距和定比变量两类，其特点是变量的取值用数值表示，可以进行加减运算，从而计算出差异的大小. 例如，产值、利润、收入、年龄等都是数值变量. 在研究两个数值变量的相关性，如收入与支出的关系、身高与体重的关系、年龄与收入的关系时，可以采用 Pearson 相关系数.

设两随机变量为 X 和 Y，则两总体的相关系数为

$$\rho=\frac{\operatorname{cov}(X,Y)}{\sqrt{\operatorname{var}(X)}\sqrt{\operatorname{var}(Y)}} \tag{9.23}$$

其中：$\operatorname{cov}(X,Y)$ 为随机变量 X 与 Y 的协方差；$\sqrt{\operatorname{var}(X)}$ 和 $\sqrt{\operatorname{var}(Y)}$ 为随机变量 X 和 Y 的方差. 总体相关系数是反映两变量线性关系的一种度量.

事实上，总体相关系数一般都是未知的，需要用样本相关系数来估计. 设 $\boldsymbol{X}=(x_1, x_2, \cdots, x_n)$ 和 $\boldsymbol{Y}=(y_1, y_2, \cdots, y_n)$分别是来自 $\boldsymbol{X}$ 和 $\boldsymbol{Y}$ 的两个样本，则样本相关系数为

$$r=\frac{\sum_{i=1}^{n}(x_i-\overline{x})(y_i-\overline{y})}{\sqrt{\sum_{i=1}^{n}(x_i-\overline{x})^2\sum_{i=1}^{n}(y_i-\overline{y})^2}} \tag{9.24}$$

可以证明，样本相关系数 r 是总体相关系数 ρ 的一致估计量.

显然，r 的取值在-1 到 1 之间，它描述了两变量线性相关的方向和程度：$r>0$，说明两变量之间为正相关（一个变量增加，另一个变量也有增加的趋势）；$r<0$，说明两变量之间为负相关（一个变量增加，另一个变量呈减少的趋势）；$r=\pm 1$，说明两变量之间完全相关（以概率 1 存在确定的线性关系）；$r=0$，说明两变量之间不存在线性相关关系，但不能排除存在其他形式的相关关系（如指数关系、抛物线关系等）. 显然，$|r|$ 与 1 越接近，两变量之间的线性相关程度就越高；与 0 越接近，线性相关程度就越低.

在刻画变量之间线性相关程度时，可以根据经验，按照相关系数的大小分为几种情况：当 $|r|\geqslant 0.8$ 时，可视为两个变量之间高度线性相关；当 $0.5\leqslant|r|<0.8$ 时，可视为中度线性相关；当 $0.3\leqslant|r|<0.5$ 时，可视为低度线性相关；当 $|r|<0.3$ 时，两个变量之间的线性相关程度极低.

在实际问题中，相关系数一般都是用样本数据计算得到的，因而带有一定的随机性，尤其是样本容量比较小时，这种随机性更大. 此时，用样本相关系数估计总体相关系数的可信度会受到影响，也就是说，样本相关系数并不能说明样本来自的两个总体是否具有显著线性关系. 因此，需要对其进行统计推断，通过检验的方法确定变量之间是否存在相关性，即要对总体相关系数 $\rho=0$ 进行显著性检验.

当 $\boldsymbol{X}$、$\boldsymbol{Y}$ 都服从正态分布，且原假设 $\rho=0$ 为真时，统计量

$$t=\frac{r\sqrt{n-2}}{\sqrt{1-r^2}} \tag{9.25}$$

服从自由度为 n–2 的 T 分布. 当 $|t|>t_{\alpha/2}$ 时，拒绝原假设，表明样本相关系数 r 是显著的；若 $|t|\leqslant t_{\alpha/2}$，则不能拒绝原假设，表明 r 在统计上是不显著的，即两总体不存在显著的线性相关关系.

2. Spearman 等级相关系数

Spearman（斯皮尔曼）等级相关系数适用于度量两顺序变量的相关性. 顺序变量的取值能够描述某种顺序关系，如顾客对某项服务的满意程度分为 1 非常不满意，2 不满意，3 一般满意，4 满意，5 非常满意. Spearman 等级相关也可用于数值变量，但其效果不如 Pearson 相关系数好.

Spearman 等级相关系数的计算公式为

$$r_{\mathrm{s}}=1-\frac{6\sum_{i=1}^{n}D_i^2}{n(n^2-1)} \tag{9.26}$$

其中：$\sum_{i=1}^{n}D_i^2=\sum_{i=1}^{n}(U_i-V_i)^2$ （U_i、V_i 分别为两变量按大小或优劣排序后的秩）. 可见，Spearman 相关系数不是直接通过对变量值计算得到的，而是利用秩来进行计算的，是一种非参数方法.

与简单相关系数类似，Spearman 等级相关系数的取值区间也为[−1,1]. $r_{\mathrm{s}}>0$，说明两变量存在正的等级相关；$r_{\mathrm{s}}<0$，说明两变量存在负的等级相关；$r_{\mathrm{s}}=1$，说明两个变量的等级完全相同，存在完全正相关；$r_{\mathrm{s}}=-1$，说明两个变量的等级完全相反，存在完全负相关；$r_{\mathrm{s}}=0$，说明两个变量不相关. $|r_{\mathrm{s}}|$ 与 1 越接近，两变量的相关程度越高；与 0 越接近，相关程度越低.

Spearman 等级相关系数也是通过样本计算得到的，两个总体是否存在显著的等级相关也需要进行检验. 当 $n>20$ 时，可采用 t 检验统计量

$$t=\frac{r_{\mathrm{s}}\sqrt{n-2}}{\sqrt{1-r_{\mathrm{s}}^2}} \tag{9.27}$$

在原假设即总体等级相关系数 $\rho_{\mathrm{s}}=0$ 为真时，t 服从自由度为 n–2 的 T 分布. 当 $|t|>t_{\alpha/2}$ 时，拒绝原假设，表明两总体存在显著的等级相关.

当 $n>30$ 时，检验统计量也可用近似服从正态分布的统计量

$$Z=r_{\mathrm{s}}\sqrt{n-1} \tag{9.28}$$

9.3.2 偏相关分析

1. 基本思想

简单相关分析主要研究两个变量之间线性相关的程度，但有时会因为第三个变量的作用，而使得简单相关系数不能真实地反映两变量之间的相关性. 例如，在考虑身高与体重的相关性时，有时会遇到相关系数偏低的情况. 其原因之一就是，身高与体重的相关性还与年龄有关系，老年人年龄越大，身高越萎缩，体重也越轻；另一个原因则是南方人与北方人饮食习惯和气候的不同，一定程度上影响着人们的身高与体重，进而影响到身高与体重的相关性.

在有些情况下，仅计算简单相关系数还可能产生更严重的后果. 例如，研究商品的需求量与价格、收入之间的关系时会发现，需求量与价格的关系还包含了消费者收入对需求量的影响. 按照经济学的理论，商品的价格越高，需求量越小，也就是说，需求量与价格之间是负相关的关系；但现实经济中，收入与价格都有不断提高的趋势，如果不考虑收入对需求量的影响，仅计算需求量与价格的简单相关系数，可能会得出价格越高需求量越高的错误结论. 所以在很多情况下，当影响某个变量的因素较多时，常假定其中某些因素固定不变，考察其他因素对该问题的影响，从而达到简化研究的目的，偏相关分析正是源于这一思想产生的.

2. 偏相关系数

偏相关分析是在控制对两变量之间相关性可能产生影响的其他变量的前提下，即在剔除其他变量的干扰后，研究两个变量之间的相关性. 偏相关分析可以更好地揭示变量之间的真实关系，认识干扰变量并寻找隐含相关性.

偏相关分析假定变量之间的关系均为线性关系，没有线性关系的变量不能进行偏相关分析. 因此，在进行偏相关分析前，可以先通过计算 Pearson 相关系数来考察两两变量之间的线性关系.

偏相关分析根据固定变量个数的多少，可分为零阶偏相关、一阶偏相关……p–1 阶偏相关. 零阶偏相关就是简单相关.

与简单相关分析相同，偏相关分析也是通过统计指标来研究变量之间的相关性的，采用的是偏相关系数.

假设有 3 个变量 x_1、x_2、x_3，则剔除变量 x_3 的影响后，x_1 与 x_2 之间的偏相关系数为

$$r_{12,3}=\frac{r_{12}-r_{13}r_{23}}{\sqrt{(1-r_{13}^2)(1-r_{23}^2)}} \tag{9.29}$$

其中：r_{ij} 表示变量 r_i 与 r_j 之间的简单相关系数. 从公式中可以看出，偏相关系数是由简单相关系数决定的，二者往往是不同的. 在计算简单相关系数时，不需要考虑其他变量，而偏相关系数是把其他变量作为常数处理.

设增加一个变量 r_4，则 x_1 与 x_2 之间的二阶偏相关系数为

$$r_{12,34}=\frac{r_{12,3}-r_{14,3}r_{24,3}}{\sqrt{(1-r_{14,3}^2)(1-r_{24,3}^2)}} \tag{9.30}$$

一般地，假设共有 p 个变量，则 x_1 与 x_2 之间的 p–2 阶偏相关系数为

$$r_{12,34\cdots p}=\frac{r_{12,3\cdots(p-1)}-r_{1p,34\cdots(p-1)}r_{2p,34\cdots(p-1)}}{\sqrt{(1-r_{1p,34\cdots(p-1)}^2)(1-r_{2p,34\cdots(p-1)}^2)}} \tag{9.31}$$

偏相关系数的含义及显著性检验也类似于简单相关系数.

9.3.3 距离相关分析

简单相关分析和偏相关分析研究的都是变量之间的线性关系，但在实际问题中，变量之间的关系可能不是线性的. 并且，无论在简单相关分析还是偏相关分析中，我们关心的都是某两个变量的相关性. 在有些问题中，涉及的变量很多，且不同变量所代表的信息有可能重叠. 此时，可以通过距离相关分析，考察它们之间是否具有相似性，进而研究其相互关系.

距离相关分析是对样品或变量之间相似或不相似程度的一种度量，计算的是一种广义距离.

距离相关分析既可用于度量样品之间相互接近的程度，也可用于度量变量之间相互接近的程度. 但距离相关分析一般不单独使用，而是作为聚类分析、判别分析等统计方法的预分析过程，探索复杂数据的内在结构，以得到初步的分析线索，为进一步分析做准备. 具体度量方法见 9.1.1 小节.

➢ 9.4　回归分析模型

在现实问题中，处于同一过程中的一些变量往往是相互依赖和相互制约的. 有时，这些变量之间有一定的依赖关系但又不完全确定，它们之间的关系不能精确地用函数表示. 例如：

（1）人的血压 η 与年龄 x 的关系. 一般地，人的年龄越大血压就越高，但年龄相同的人血压未必相同.

（2）同一地区的同品牌二手车的价格 η 与使用年数 x 的关系. 一般地，车辆使用年数越大其转让价格就越低，但使用年数相同的车辆的转让价格未必相同.

（3）纺织厂细纱的强力 η 与原棉的纤维长度 x_1 、纤维的细度 x_2 、纤维的强力 x_3 之间的关系. η 与 x_1、x_2、x_3 有关系，但 x_1、x_2、x_3 取相同的一组数值时，强力 η 却可取不同数值.

上述各例中变量之间的关系都是相关关系，例中的年龄 x ，车辆使用年数 x ，原棉的纤维长度 x_1 、纤维的细度 x_2 、纤维的强力 x_3 都是可以在某范围内随意地取指定数值，这种变量称为可控变量. 人的血压 η 、二手车价格 η 、细纱的强力 η 都是随机变量，各自都有概率分布，这种变量的取值虽然可观测但不可控制，通常称为不可控变量. 在这类问题中，可控变量也称自变量，而不可控变量也称因变量.

研究一个随机变量与一个（或几个）可控变量之间的相关关系的统计方法称为回归分析. 只有一个自变量的回归分析称为一元回归分析，多于一个自变量的回归分析称为多元回归分析. 回归分析的内容包括如何确定因变量与自变量之间回归的模型，如何根据样本观测数据估计并检验回归模型及其未知参数，判别影响因变量的重要自变量，根据自变量的已知值来估计与预测因变量的条件平均值并给出预测精度等.

9.4.1　一元线性回归

1. 一元线性回归模型

设 η 是依赖于自变量 x 的随机变量，当 $x=x_0$ 时，η 并不取固定值与其对应，而是以一个依赖 x_0 的随机变量 η_0 与 x_0 对应，η_0 按其概率分布取值. 若要用函数关系近似 η 与 x 的相关关系，很自然地想到以 $E\eta_0$ 作为 η 与 x_0 相对应的数值.

因此，对于任意的 x ，以 $E\eta$ 作为与 x 相对应的值，由此确定的 $E\eta$ 作为 x 的函数 $f(x)$ 称为 η 对 x 的回归函数，简称回归. 记 $\eta-E\eta=\varepsilon$ ，则有 $E\varepsilon=0$ ，$\eta=E\eta+\varepsilon=f(x)+\varepsilon$. 特别地，若随机变量 η 与可控变量 x 满足

$$\begin{cases}\eta=a+bx+\varepsilon\\ \varepsilon\sim N(0,\sigma^2)\end{cases}\tag{9.32}$$

其中：a、b、σ^2 为常数. 则称 η 与 x 之间存在线性相关关系，称模型（9.32）为一元正态线性回归模型，简称一元线性回归模型，a 、b 称为回归系数.

为了对 a、b、σ^2 作估计，进行若干次独立试验. 对变量 x 取定一组不完全相同的值 $x_1,x_2,\cdots,x_n$ 进行独立试验，得到 n 对观测值：

$$(x_1,y_1),(x_2,y_2),\cdots,(x_n,y_n) \tag{9.33}$$

其中：y_i 为 $x=x_i$ 时对随机变量 η_i 的观测结果. 这 n 对观测结果构成来自 η 的独立样本 $\eta_1,\eta_2,\cdots,\eta_n$ 的一个样本容量为 n 的样本观测值. 由式（9.33），有

$$\begin{cases}\eta_i = a+bx_i+\varepsilon_i \\ \varepsilon_i \sim N(0,\sigma^2)\ (\varepsilon_1,\varepsilon_2,\cdots,\varepsilon_n\text{相互独立})\end{cases}$$

由 $\varepsilon_1,\varepsilon_2,\cdots,\varepsilon_n$ 相互独立知，$\eta_1,\eta_2,\cdots,\eta_n$ 也相互独立，且

$$\eta_i \sim N(a+bx_i,\sigma^2) \quad (i=1,2,\cdots,n)$$

利用独立样本及其样本观测值可得 a、b、σ^2 的估计量及其相应估计值 $\hat{a}$、$\hat{b}$、$\hat{\sigma}^2$，从而得到回归函数 $y=a+bx$ 的估计

$$\hat{y}=\hat{a}+\hat{b}x$$

称为 η 对 x 的经验回归方程（简称回归方程），其图形称为经验回归直线（简称回归直线）.

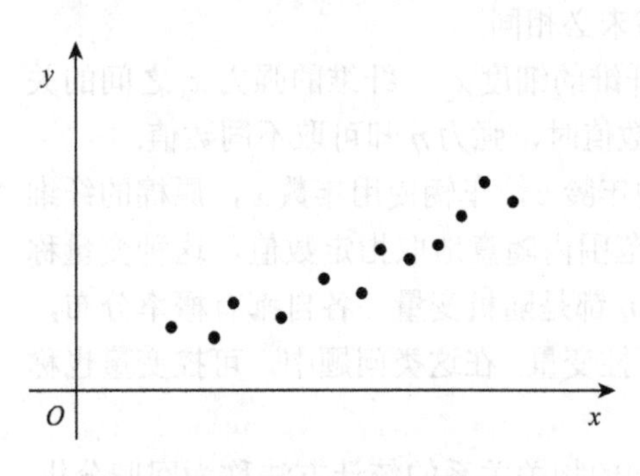

图 9.4　试验数据散点图

对具体问题，一般可根据相关专业知识来判断能否用一元线性回归模型来描述 η 与 x 的关系，也可以根据实际观测资料采取假设检验的方法进行检验. 在此之前，通常用作散点图的方法进行粗略判断，即把样本观测值

$$(x_1,y_1),(x_2,y_2),\cdots,(x_n,y_n)$$

作为平面直角坐标系中的 n 个点描出来，构成试验数据散点图（图 9.4）. 当 n 较大时，若散点图中 n 个点近似分布于一条直线的附近，则可粗略地认为 η 依赖于 x 的关系适合用一元线性回归模型来表示.

2. a、b 的最小二乘估计

由于随机因素的影响，η_i 的观测值 y_i 一般是在 $E\eta_i=E\eta$ 的附近波动，要确定 η 对 x 的回归直线，即确定 a、b 的估计值 $\hat{a}$、$\hat{b}$，使回归直线与所有数据点都比较“接近”，引进刻画这种“接近”程度的残差概念. 残差是指观测值 y_i 与回归值 $\hat{y}_i=\hat{a}+\hat{b}x_i$ 的偏差 $y_i-\hat{y}_i$. 很自然，可以用绝对残差和，即

$$\sum_{i=1}^{n}|y_i-\hat{y}_i| \tag{9.34}$$

来度量观测值与回归直线的接近程度. 绝对残差和越小，回归直线就与所有数据点越接近. 但考虑到绝对残差和在数学处理上的不便，一般用残差平方和

$$\sum_{i=1}^{n}(y_i-\hat{y}_i)^2 \tag{9.35}$$

来刻画所有观测值对回归直线的偏离程度. 显然，残差平方和依赖于 $\hat{a}$、$\hat{b}$，因此采用确定 $\hat{a}$、$\hat{b}$ 的最小二乘法.

最小二乘法，就是求使残差平方和

$$Q=Q(a,b)=\sum_{i=1}^{n}[y_i-(a+bx_i)]^2 \tag{9.36}$$

取得最小值的 a、b 作为回归系数的估计 $\hat{a}$、$\hat{b}$. 因此，用最小二乘法确定的直线 $\hat{y}=\hat{a}+\hat{b}x$ 就是

在所有直线中残差平方和Q最小的那一条. 根据微分学中的二元函数极值的充分条件，不难证明$Q(a,b)$的最小值存在. 为了求$\hat{a}$、$\hat{b}$，将Q分别对a、b求一阶偏导数并令其等于0，即

$$\begin{cases}\dfrac{\partial Q}{\partial a}=-2\sum\limits_{i=1}^{n}(y_i-a-bx_i)=0\\ \dfrac{\partial Q}{\partial b}=-2\sum\limits_{i=1}^{n}(y_i-a-bx_i)x_i=0\end{cases}$$

经整理后得到关于a、b的一个线性方程组

$$\begin{cases}na+n\overline{x}b=n\overline{y}\\ n\overline{x}a+\left(\sum\limits_{i=1}^{n}x_i^2\right)b=\sum\limits_{i=1}^{n}x_iy_i\end{cases}\tag{9.37}$$

其中：$\overline{x}=\dfrac{1}{n}\sum\limits_{i=1}^{n}x_i$，$\overline{y}=\dfrac{1}{n}\sum\limits_{i=1}^{n}y_i$，并称式（9.37）为正规方程组. 解之使$Q(a,b)$取得最小值的$\hat{a}$、$\hat{b}$，即

$$\begin{cases}\hat{a}=\overline{y}-\hat{b}\overline{x}\\ \hat{b}=\dfrac{\sum\limits_{i=1}^{n}x_iy_i-n\overline{x}\overline{y}}{\sum\limits_{i=1}^{n}(x_i-\overline{x})^2}=\dfrac{\sum\limits_{i=1}^{n}(x_i-\overline{x})y_i}{\sum\limits_{i=1}^{n}(x_i-\overline{x})^2}\end{cases}\tag{9.38}$$

$\hat{a}$、$\hat{b}$分别称为a、b的最小二乘估计.

于是，所求的回归方程为

$$\hat{y}=\hat{a}+\hat{b}x=\overline{y}+\hat{b}(x-\overline{x})\tag{9.39}$$

易知，用最小二乘法得到的回归直线通过所有数据点(x_i,y_i) $(i=1,2,\cdots,n)$的几何重心$(\overline{x},\overline{y})$.

为了计算上的方便，引进几个常用的记号：

$$\begin{cases}L_{xx}=\sum\limits_{i=1}^{n}(x_i-\overline{x})^2=\sum\limits_{i=1}^{n}x_i^2-n\overline{x}^2=\sum\limits_{i=1}^{n}(x_i-\overline{x})x_i\\ L_{xy}=\sum\limits_{i=1}^{n}(x_i-\overline{x})(y_i-\overline{y})=\sum\limits_{i=1}^{n}x_iy_i-n\overline{x}\overline{y}=\sum\limits_{i=1}^{n}(x_i-\overline{x})y_i\\ L_{yy}=\sum\limits_{i=1}^{n}(y_i-\overline{y})^2=\sum\limits_{i=1}^{n}y_i^2-n\overline{y}^2=\sum\limits_{i=1}^{n}(y_i-\overline{y})y_i\end{cases}\tag{9.40}$$

这样，a、b的估计可写成

$$\begin{cases}\hat{a}=\overline{y}-\hat{b}\overline{x}\\ \hat{b}=\dfrac{L_{xy}}{L_{xx}}\end{cases}\tag{9.41}$$

3. σ^2的点估计

对残差平方和$Q=Q(\hat{a},\hat{b})$，可以证明：

$$\frac{Q}{\sigma^2}\sim\chi^2(n-2)\tag{9.42}$$

于是，$E(Q/\sigma^2)=n-2$. 由此可知

$$\hat{\sigma}^2=\frac{Q}{n-2}\tag{9.43}$$

是σ^2的无偏估计.

为了便于计算$\hat{\sigma}^2$，将Q做如下分解：

$$\begin{aligned}Q&=\sum_{i=1}^{n}(y_i-\hat{y}_i)^2=\sum_{i=1}^{n}[y_i-\overline{y}-\hat{b}(x_i-\overline{x})]^2\\&=\sum_{i=1}^{n}(y_i-\overline{y})^2-2\hat{b}\sum_{i=1}^{n}(x_i-\overline{x})(y_i-\overline{y})+\hat{b}^2\sum_{i=1}^{n}(x_i-\overline{x})^2\\&=L_{yy}-2\hat{b}L_{xy}+\hat{b}^2L_{xx}\end{aligned}$$

将$\hat{b}=L_{xy}/L_{xx}$代入，得

$$Q=L_{yy}-\hat{b}L_{xy}=L_{yy}-\frac{L_{xy}^2}{L_{xx}} \tag{9.44}$$

例 9.4 测得某种物质在不同温度下吸附另一种物质的质量. 它们的对应数值如表 9.11 所示.

表 9.11 质量与温度对应数值表

x_i / ℃	1.5	1.8	2.4	3.0	3.5	3.9	4.4	4.8	5.0
y_i / mg	4.8	5.7	7.0	8.3	10.9	12.4	13.1	13.6	15.3

由所给的样本观测值画出散点图，可以看出 9 个点近乎在一条直线上，因此，可假设吸附量η与温度x具有线性关系

$$\eta=a+bx+\varepsilon,\quad \varepsilon\sim N(0,\sigma^2)$$

求η对x的线性回归方程，并求σ^2的无偏估计.

解 以样本观测值为点的坐标(x_i,y_i) $(i=1,2,\cdots,9)$，作散点图（图 9.5）. 可得 9 个点近乎在一条直线上.

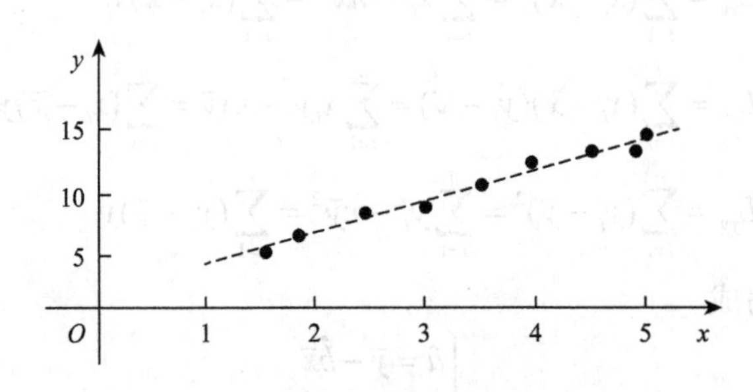

图 9.5 质量与温度对应数值散点图

由$n=9$，计算可得

$$\overline{x}=\frac{1}{9}\sum_{i=1}^{9}x_i=3.366\,7,\qquad \overline{y}=\frac{1}{9}\sum_{i=1}^{9}y_i=10.122\,2$$

$$L_{xx}=\sum_{i=1}^{9}x_i^2-9\overline{x}^2=13.098\,0,\qquad L_{xy}=\sum_{i=1}^{9}x_iy_i-9\overline{xy}=38.381\,1$$

于是，$\hat{b}=L_{xy}/L_{xx}=2.930\,3$，$\hat{a}=\overline{y}-\hat{b}\overline{x}=0.256\,8$. 经验回归方程为

$$\hat{y}=0.256\,8+2.930\,3x,\qquad Q=L_{yy}-\hat{b}L_{xy}=2.051\,7$$

σ^2 的无偏估计 $\hat{\sigma}^2=\dfrac{Q}{n-2}=\dfrac{2.051\,7}{9-2}=0.293\,1$.

4. 线性回归效果的显著性检验

1）估计量 $\hat{a}$、$\hat{b}$ 和 $\hat{\sigma}^2$ 的分布

前面已经得到回归系数 a、b 和方差 σ^2 的估计量分别为 $\hat{a}$、$\hat{b}$ 和 $\hat{\sigma}^2$，为了进一步的研究，需要知道 $\hat{a}$、$\hat{b}$ 和 $\hat{\sigma}^2$ 的分布.

定理 9.1 设在一元线性回归模型（9.32）中，a、b 的估计量由式（9.38）给出，$\boldsymbol{\sigma}^2$ 的估计量由式（9.43）给出.

（1）$\hat{b}\sim N(b,\sigma^2/L_{xx})$；

（2）$\hat{a}\sim N\left(a,\left(\dfrac{1}{n}+\dfrac{\overline{x}^2}{L_{xx}}\right)\sigma^2\right)$；

（3）$\hat{y}=\hat{a}+\hat{b}x\sim N\left(a+bx,\left[\dfrac{1}{n}+\dfrac{(x-\overline{x})^2}{L_{xx}}\right]\sigma^2\right)$；

（4）$\dfrac{(n-2)\hat{\sigma}^2}{\sigma^2}=\dfrac{Q}{\sigma^2}\sim\chi^2(n-2)$；

（5）$\overline{y}$、$\hat{b}$、$\hat{\sigma}^2$ 相互独立；

（6）若 $y_0=a+bx_0+\boldsymbol{\varepsilon}_0$ 与 $y_1,y_2,\cdots,y_n$ 独立，则 y_0、$\hat{y}_0$、$\hat{\sigma}^2$ 相互独立.

证 （1）由 $\hat{b}=\dfrac{L_{xy}}{L_{xx}}=\dfrac{1}{L_{xx}}\sum\limits_{i=1}^{n}(x_i-\overline{x})y_i$ 可知，$\hat{b}$ 为相互独立的正态变量 $y_1,y_2,\cdots,y_n$ 的线性组合，因此 $\hat{b}$ 也服从正态分布，且

$$E\hat{b}=\frac{1}{L_{xx}}\sum_{i=1}^{n}(x_i-\overline{x})Ey_i=\frac{1}{L_{xx}}\sum_{i=1}^{n}(x_i-\overline{x})(a+bx)=\frac{b}{L_{xx}}\sum_{i=1}^{n}(x_i-\overline{x})x_i=b$$

$$D\hat{b}=\frac{1}{L_{xx}^2}\sum_{i=1}^{n}(x_i-\overline{x})^2Dy_i=\frac{1}{L_{xx}^2}\sum_{i=1}^{n}(x_i-\overline{x})^2\sigma^2=\frac{\sigma^2}{L_{xx}}$$

于是，$\hat{b}\sim N(b,\sigma^2/L_{xx})$.

（2）和（3）的证明类似于（1），请读者自己完成.（4）、（5）和（6）的证明可参见文献（庄楚强，何春雄，2013）.

5. 回归效果的显著性检验

由前面求回归方程的过程可见，对任意样本观测值 $(x_1,y_1),(x_2,y_2),\cdots,(x_n,y_n)$ 作出的散点图，即使一看便知这些点不可能近似在一条直线的附近，即 η 与 x 不存在线性相关关系，但用最小二乘法仍然可求得 η 对 x 的回归方程 $\hat{y}=\hat{a}+\hat{b}x$，这样求得的方程当然是没有意义的. 所以，在求 η 对 x 的线性回归之前，必须判断 η 与 x 的关系是否满足一元线性回归模型. 下面介绍根据样本观测值 $(x_1,y_1),(x_2,y_2),\cdots,(x_n,y_n)$ 进行统计检验的两种方法.

由 $\eta=a+bx+\varepsilon$，$\varepsilon\sim N(0,\hat{\sigma}^2)$ 可知，$|b|$ 越大，η 随 x 的变化而变化的趋势就越明显；$|b|$ 越小，η 随 x 的变化而变化的趋势就越不明显，特别当 $b=0$ 时就认为 η 与 x 之间不存在线性相关关系. 这样，判断 η 与 x 是否满足一元线性回归模型变转化为在显著性水平 α 下检验假设

$$H_0:b=0,\qquad H_1:b\neq 0 \tag{9.45}$$

（1）F 检验法. 由定理 9.1（1）知，当 H_0 为真 $(b=0)$ 时，$\hat{b}\sim N(0,\sigma^2/L_{xx})$，故 $\frac{\hat{b}^2 L_{xx}}{\sigma^2}=\frac{S_R}{\sigma^2}\sim\chi^2(1)$.

又由定理 9.1（4）知，$\frac{(n-2)\hat{\sigma}^2}{\sigma^2}=\frac{Q}{\sigma^2}\sim\chi^2(n-2)$. 由 F 分布的定义，得

$$F=\frac{S_R/\sigma^2}{Q/\sigma^2}=\frac{(n-2)S_R}{Q}\sim F(1,n-2)$$

当 $H_0:b=0$ 为真时，线性回归效果不显著，$(n-2)S_R/Q$ 应该比较小. 若 $(n-2)S_R/Q$ 比较大，就应该拒绝 H_0，再由上 α 分位数的定义得

$$P=\left\{\frac{(n-2)S_R}{Q}\geqslant F_\alpha(1,n-2)\right\}=\alpha$$

对于样本观测值 $(x_1,y_1),(x_2,y_2),\cdots,(x_n,y_n)$，算得 F 的观测值，得 F 检验法则：①若 $F\geqslant F_\alpha(1,n-2)$，则拒绝 H_0；②若 $F<F_\alpha(1,n-2)$，则接受 H_0.

（2）t 检验法. 由定理 9.1（1）、（4）知，当 H_0 为真时，有

$$\frac{\hat{b}\sqrt{L_{xx}}}{\sigma^2}\sim N(0,1),\qquad \frac{(n-2)\hat{\sigma}^2}{\sigma^2}=\frac{Q}{\sigma^2}\sim\chi^2(n-2)$$

由 t 分布的定义得

$$t=\frac{\hat{b}\sqrt{L_{xx}}}{\hat{\sigma}}\sim t(n-2)$$

由上 α 分位数的定义得

$$P\{|t|\geqslant t_{\alpha/2}(n-2)\}=\alpha$$

计算 t 的观测值，得 t 检验法则：①若 $|t|\geqslant t_{\alpha/2}(n-2)$，则拒绝 H_0；②若 $|t|<t_{\alpha/2}(n-2)$，则接受 H_0.

若拒绝 H_0，则认为 η 与 x 之间存在显著的线性相关关系，所求得的线性回归方程有意义；若接受 H_0，则认为 η 与 x 之间没有显著的线性相关关系，所求得的线性回归方程无意义.

还有一种 r 检验法，它与 F 检验法实质上是一致的.

6. 未知参数 a、b 和 σ^2 的区间估计

定理 9.2 设在一元线性回归模型（9.32）中，a、b 的估计量由式（9.38）给出，σ^2 的估计量由式（9.43）给出.

（1）$(\hat{a}-a)\Big/\hat{\sigma}\sqrt{\frac{1}{n}+\frac{\overline{x}^2}{L_{xx}}}\sim t(n-2)$；

（2）$(\hat{b}-b)\sqrt{L_{xx}}\big/\hat{\sigma}\sim t(n-2)$.

上述结论易由定理 9.1 及 t 分布的定义可得.

由定理 9.2 及 t 分布的分位数，得

$$P\left\{\frac{|\hat{a}-a|}{\hat{\sigma}\sqrt{\frac{1}{n}+\frac{\overline{x}^2}{L_{xx}}}}<t_{\alpha/2}(n-2)\right\}=1-\alpha$$

由此可得回归系数 a 的 $1-\alpha$ 置信区间为

$$\left[\hat{a} \pm t_{\alpha/2}(n-2)\hat{\sigma}\sqrt{\frac{1}{n}+\frac{\bar{x}^2}{L_{xx}}}\right] \tag{9.46}$$

类似可得回归系数b的$1-\alpha$置信区间为

$$[\hat{b} \pm t_{\alpha/2}(n-2)\hat{\sigma}\sqrt{L_{xx}}] \tag{9.47}$$

方差σ^2的$1-\alpha$置信区间为

$$\left[\frac{(n-2)\hat{\sigma}^2}{\chi^2_{\alpha/2}(n-2)}, \frac{(n-2)\hat{\sigma}^2}{\chi^2_{1-\alpha/2}(n-2)}\right] \tag{9.48}$$

例 9.5 检验例 9.4 的线性回归效果是否显著，并求回归系数a、b的区间估计（取$\alpha = 0.05$）.

解 用t检验法进行检验，可求得

$$L_{xx} = 13.098\,0, \quad L_{yy} = 114.519\,8, \quad \hat{b} = 2.930\,3, \quad \hat{\sigma}^2 = 0.293\,1$$

$$t = \frac{\hat{b}\sqrt{L_{xx}}}{\hat{\sigma}} = \frac{2.930\,3 \times \sqrt{13.098\,0}}{\sqrt{0.293\,1}} = 19.588\,3$$

查表得$t_{\alpha/2}(n-2) = t_{0.025}(7) = 2.364\,6$，有$|t| = 19.588\,3 > 2.364\,6$，故由$t$检验法则应拒绝$H_0$，即认为例 9.4 的线性回归效果显著.

a的$1-\alpha = 0.95$的置信区间为

$$\left(\hat{a} \pm t_{\alpha/2}(n-2)\hat{\sigma}\sqrt{\frac{1}{n}+\frac{\bar{x}^2}{L_{xx}}}\right)$$
$$= \left(0.256\,8 \pm t_{0.025}(7) \times 0.5414\sqrt{\frac{1}{9}+\frac{3.366\,7^2}{13.098\,0}}\right)$$
$$= (-1.008\,3, 1.521\,9)$$

b的$1-\alpha = 0.95$的置信区间为

$$(\hat{b} \pm t_{\alpha/2}(n-2)\hat{\sigma}\sqrt{L_{xx}}) = (2.930\,3 \pm t_{0.025}(7) \times 0.541\,4 / \sqrt{13.098\,0}) = (2.576\,6, 3.284\,0)$$

7. 利用回归方程进行预测与控制

若检验的结论是拒绝$H_0: b = 0$，则表明回归模型与实际观测结果相符，可以利用回归方程$\hat{y} = \hat{a} + \hat{b}x$对实际情况进行预测与控制. 预测就是对固定的$x$值预测它所对应的$\eta$的取值；控制就是通过控制$x$的值，以便把$\eta$的取值控制在指定的范围之内.

1）预测

对η的点预测就是根据观测值$(x_1, y_1), (x_2, y_2), \cdots, (x_n, y_n)$来预测$\eta$的取值，其方法很简单，用

$$\hat{y}_0 = \hat{a} + \hat{b}x_0$$

作为$\eta_0 = a + bx_0 + \varepsilon_0$的预测值，即$\hat{\eta}_0 = \hat{y}_0$. 实际上，就是以$\eta_0$的数学期望$E\eta_0 = a + bx_0$的点估计$\hat{y}_0 = \hat{a} + \hat{b}x_0$作为$\eta_0$的点估计. 由于

$$E\hat{y}_0 = E(\hat{a} + \hat{b}x_0) = a + bx_0 = E\eta_0$$

这种预测是无偏的，其中x_0是x所需预测的某个固定值.

对η的区间预测就是根据观测值$(x_1, y_1), (x_2, y_2), \cdots, (x_n, y_n)$，求$\eta$的区间估计.

定理 9.3 在一元线性回归模型中，设当$x = x_0$时的因变量为η_0，而$\eta_0, \eta_1, \cdots, \eta_n$相互独立，则

$$\frac{\eta_0-\hat{y}_0}{\hat{\sigma}\sqrt{1+\frac{1}{n}+\frac{(x_0-\overline{x})^2}{L_{xx}}}}\sim t(n-2) \tag{9.49}$$

结论由定理 9.1 及 t 分布的定义可得.

根据定理 9.3 及 t 分布的分位数，得

$$P\left\{\frac{|\eta_0-\hat{y}_0|}{\hat{\sigma}\sqrt{1+\frac{1}{n}+\frac{(x_0-\overline{x})^2}{L_{xx}}}}<t_{\alpha/2}(n-2)\right\}=1-\alpha$$

即

$$P\{\hat{y}_0-\delta(x_0)<\eta_0<\hat{y}_0+\delta(x_0)\}=1-\alpha$$

其中：

$$\delta(x_0)=\sigma^*t_{\alpha/2}(n-2)\sqrt{1+\frac{1}{n}+\frac{(x_0-\overline{x})^2}{L_{xx}}}$$

因为 x_0 是任意给定的，所以对任意 x，它所对应的 $\eta=a+bx+\varepsilon$ 的 $1-\alpha$ 预测区间为 $(\hat{y}-\delta(x),\hat{y}+\delta(x))$. 其中：

$$\hat{y}=\hat{a}+\hat{b}x$$

$$\delta(x)=\hat{\sigma}t_{\alpha/2}(n-2)\sqrt{1+\frac{1}{n}+\frac{(x-\overline{x})^2}{L_{xx}}}$$

对于给定的样本观测值，作出曲线

$$y_1=\hat{a}+\hat{b}x-\delta(x),\qquad y_2=\hat{a}+\hat{b}x+\delta(x)$$

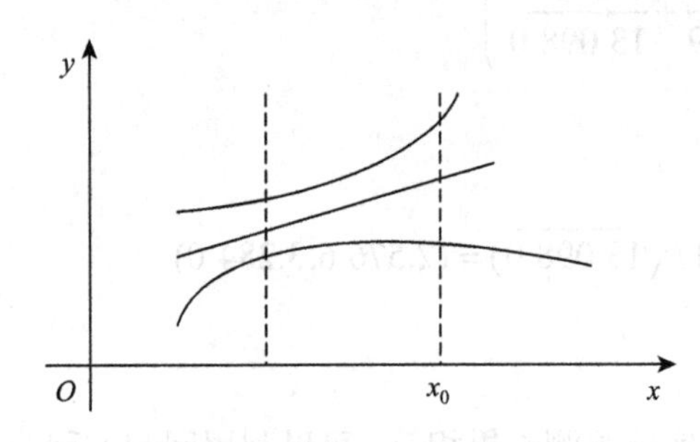

图 9.6　预测带域示意图

这两条曲线形成包含回归直线 $\hat{y}=\hat{a}+\hat{b}x$ 的预测带域. 这一带域在 $x=\overline{x}$ 处最窄，在 $x=x_0$ 的对应 y 的区间即为 η_0 的预测区间（图 9.6）.

特别地，当 n 很大且 x 在 $\overline{x}$ 附近取值时，有

$$t_{\alpha/2}(n-2)\approx u_{\alpha/2},\qquad \sqrt{1+\frac{1}{n}+\frac{(x-\overline{x})^2}{L_{xx}}}\approx 1$$

从而有 $\delta(x)\approx\hat{\sigma}u_{\alpha/2}$. 于是，$\eta$ 的置信度为 $1-\alpha$ 的预测区间近似为

$$(\hat{y}-\hat{\sigma}u_{\alpha/2},\hat{y}+\hat{\sigma}u_{\alpha/2}) \tag{9.50}$$

此时的预测带是平行于回归直线的两平行线之间的部分.

例 9.6　在例 9.4 中，取 $x_0=2$，求 η_0 的预测值与预测区间（取 $1-\alpha=0.95$）.

解　已经得到

$$\hat{y}=\hat{a}+\hat{b}x=0.256\,8+2.930\,3x$$

故当 $x_0=2$ 时，η 的预测值 $\hat{y}_0$ 为

$$\hat{y}_0=0.256\,8+2.930\,3\times 2=6.117\,4$$

当 $x_0=2$ 时，η_0 的 $1-\alpha=95\%$ 的预测区间为 $(\hat{y}_0-\delta(x_0),\hat{y}_0+\delta(x_0))$. 其中：

$$\delta(x_0)=0.541\,4\times 2.364\,6\sqrt{1+\frac{1}{9}+\frac{(2-3.366\,7)^2}{13.098\,0}}=1.433\,4$$

故η_0的预测区间为

$$(6.1174-1.4334,6.1174+1.4334)=(4.6840,7.5508)$$

2）控制

控制问题可以看成是预测的反问题，假设需要把$\eta=a+bx+\varepsilon$的值以不小于$1-\alpha$的置信度控制在区间(y',y'')内，其中$-\infty<y'<y''<+\infty$.

已经知道，η的置信度为$1-\alpha$的预测区间为$(\hat{y}-\delta(x),\hat{y}+\delta(x))$，即

$$P\{\hat{y}-\delta(x)<\eta<\hat{y}+\delta(x)\}=1-\alpha$$

其中：$\delta(x)=\hat{\sigma}t_{\alpha/2}(n-2)\sqrt{1+\frac{1}{n}+\frac{(x-\overline{x})^2}{L_{xx}}}$.

为使$P\{y'<\eta<y''\}\geqslant 1-\alpha$，只要满足条件

$$y'\leqslant\hat{y}-\delta(x)\quad 和\quad \hat{y}+\delta(x)\leqslant y''$$

两个条件可合并写为

$$y'+\delta(x)\leqslant\hat{y}\leqslant y''-\delta(x)$$

令

$$G(y',y'')=\{x\mid y'+\delta(x)\leqslant\hat{y}\leqslant y''-\delta(x)\}$$

称x的集合$G(y',y'')$为回归变量x的控制域. 为使$\eta=a+bx+\varepsilon$的取值控制在(y',y'')内，只要把x控制在$x\in G(y',y'')$即可，当然这是在保证概率大于$1-\alpha$意义下的结果（图9.7）.

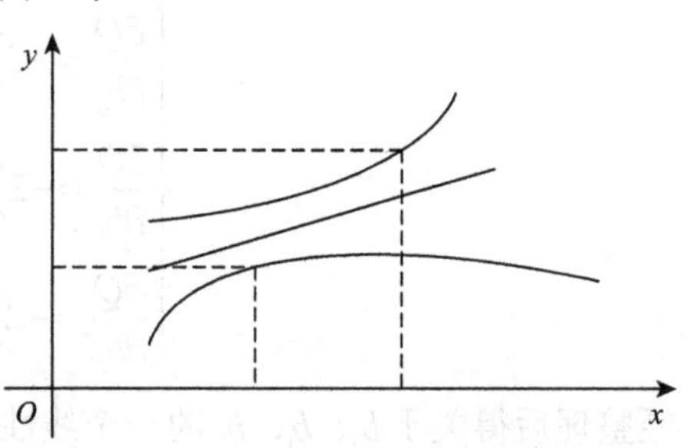

图9.7　控制域对应区间示意图

9.4.2　多元线性回归

在多元回归分析中，以多元线性回归最简单，应用也最广泛. 而且，许多一元非线性回归问题与多元非线性回归问题都可以化为多元线性回归问题. 多元线性回归的原理与一元线性回归完全相同，但在计算上要复杂得多，对此一般使用相关软件.

1. 多元线性回归模型

设随机变量η与m个可控变量$x_1,x_2,\cdots,x_m$满足关系式

$$\begin{cases}\eta=b_0+b_1x_1+\cdots+b_mx_m+\varepsilon\\ \varepsilon\sim N(0,\sigma^2)\end{cases}\tag{9.51}$$

其中：$b_0,b_1,\cdots,b_m$和σ^2均为未知参数，则称η与$x_1,x_2,\cdots,x_m$之间有线性相关关系，称模型（9.51）为m元线性回归模型. 对于这个模型，有

$$E\eta=b_0+b_1x_1+\cdots+b_mx_m$$

记$y=E\eta$，即

$$y=b_0+b_1x_1+\cdots+b_mx_m$$

称为η对$x_1,x_2,\cdots,x_m$的回归方程，$x_1,x_2,\cdots,x_m$称为回归变量，$b_0,b_1,\cdots,b_m$称为回归系数.

由$\eta\sim N(b_0+b_1x_1+\cdots+b_mx_m,\sigma^2)$，当点$(x_1,x_2,\cdots,x_m)$取不同的点时，便得到不同的正态变量$\eta_1,\eta_2,\cdots,\eta_n$，称为取自$\eta$的容量为$n$的独立样本. 设$y_i$ $(i=1,2,\cdots,n)$为点$(x_1,x_2,\cdots,x_m)$取固定点$(x_{i1},x_{i2},\cdots,x_{im})$时，对$\eta_i$进行一次试验得到的观测值，则称$(x_{i1},x_{i2},\cdots,x_{im};y_i)$ $(i=1,2,\cdots,n)$为$\eta_1,\eta_2,\cdots,\eta_n$的容量$n$的样本观测值.

2. 二元线性回归方程

在模型（9.51）中，当$m=2$时，便得到二元线性回归模型. 以下根据样本值

$$(x_{11},x_{12},y_1),(x_{21},x_{22},y_2),\cdots,(x_{n1},x_{n2},y_n)$$

来估计未知参数b_0、b_1、b_2，从而建立二元线性回归方程$\hat{y}=\hat{b}_0+\hat{b}_1x_1+\hat{b}_2x_2$.

与求回归直线的方法类似，求b_0、b_1、b_2的最小二乘估计值. 记

$$Q(b_0,b_1,b_2)=\sum_{i=1}^{n}(y_i-b_0-b_1x_{i1}-b_2x_{i2})^2$$

由于Q是b_0、b_1、b_2的一个非负二次型，根据多元函数的极值的充分条件知其最小值存在.

设当$b_0=\hat{b}_0$，$b_1=\hat{b}_1$，$b_2=\hat{b}_2$时，Q取得最小值，为了求得$\hat{b}_0$、$\hat{b}_1$、$\hat{b}_2$，分别求Q对b_0、b_1、b_2的一阶偏导数，并令其为0，即

$$\begin{cases}\dfrac{\partial Q}{\partial b_0}=-2\sum\limits_{i=1}^{n}(y_i-b_0-b_1x_{i1}-b_2x_{i2})=0\\ \dfrac{\partial Q}{\partial b_1}=-2\sum\limits_{i=1}^{n}(y_i-b_0-b_1x_{i1}-b_2x_{i2})x_{i1}=0\\ \dfrac{\partial Q}{\partial b_2}=-2\sum\limits_{i=1}^{n}(y_i-b_0-b_1x_{i1}-b_2x_{i2})x_{i2}=0\end{cases}$$

经整理后得关于b_0、b_1、b_2的一个线性方程组

$$\begin{cases}nb_0+b_1\sum\limits_{i=1}^{n}x_{i1}+b_2\sum\limits_{i=1}^{n}x_{i2}=\sum\limits_{i=1}^{n}y_i\\ b_0\sum\limits_{i=1}^{n}x_{i1}+b_1\sum\limits_{i=1}^{n}x_{i1}^2+b_2\sum\limits_{i=1}^{n}x_{i1}x_{i2}=\sum\limits_{i=1}^{n}y_ix_{i1}\\ b_0\sum\limits_{i=1}^{n}x_{i2}+b_1\sum\limits_{i=1}^{n}x_{i1}x_{i2}+b_2\sum\limits_{i=1}^{n}x_{i2}^2=\sum\limits_{i=1}^{n}y_ix_{i2}\end{cases} \tag{9.52}$$

称为正规方程组.

正规方程组可以下列形式进行记忆并求解. 记

$$L_{11}=\sum_{i=1}^{n}(x_{i1}-\bar{x}_1)^2,\qquad L_{12}=\sum_{i=1}^{n}(x_{i1}-\bar{x}_1)(x_{i2}-\bar{x}_2)=L_{21}$$

$$L_{22}=\sum_{i=1}^{n}(x_{i2}-\bar{x}_2)^2,\qquad L_{1y}=\sum_{i=1}^{n}(x_{i1}-\bar{x}_1)(y_i-\bar{y})$$

$$L_{2y}=\sum_{i=1}^{n}(x_{i2}-\bar{x}_2)(y_i-\bar{y}),\qquad L_{yy}=\sum_{i=1}^{n}(y_i-\bar{y})^2$$

其中：

$$\bar{x}_1=\frac{1}{n}\sum_{i=1}^{n}x_{i1},\quad \bar{x}_2=\frac{1}{n}\sum_{i=1}^{n}x_{i2},\quad \bar{y}=\frac{1}{n}\sum_{i=1}^{n}y_i$$

于是，正规方程组的后两个方程可写成便于记忆的形式，即

$$\begin{cases}L_{11}\hat{b}_1+L_{12}\hat{b}_2=L_{1y}\\ L_{21}\hat{b}_1+L_{22}\hat{b}_2=L_{2y}\end{cases} \tag{9.53}$$

由此解出$\hat{b}_1$、$\hat{b}_2$后，利用正规方程组的第一个方程$\hat{b}_0=\bar{y}-(\hat{b}_1\bar{x}_1+\hat{b}_2\bar{x}_2)$求$\hat{b}_0$，从而得到二元线性回归方程

$$\hat{y}=\hat{b}_0+\hat{b}_1x_1+\hat{b}_2x_2$$

或

$$\hat{y}=\overline{y}+\hat{b}_1(x_1-\overline{x}_1)+\hat{b}_2(x_2-\overline{x}_2)$$

3. *多元线性回归方程*

m 元线性回归方程

$$\hat{y}=\hat{b}_0+\hat{b}_1x_1+\hat{b}_2x_2+\cdots+\hat{b}_mx_m$$

的计算步骤及公式都与二元线性回归完全类似，这里不再赘述.

下面使用矩阵工具将 m 元线性回归模型用矩阵表示，并给出 $b_0,b_1,b_2,\cdots,b_m$ 的最小二乘估计的另一求法.

令

$$\boldsymbol{X}=\begin{pmatrix}1 & x_{11} & \cdots & x_{1m}\\ 1 & x_{21} & \cdots & x_{2m}\\ \vdots & \vdots & & \vdots\\ 1 & x_{n1} & \cdots & x_{nm}\end{pmatrix},\quad \boldsymbol{Y}=\begin{pmatrix}y_1\\ y_2\\ \vdots\\ y_n\end{pmatrix},\quad \boldsymbol{B}=\begin{pmatrix}b_0\\ b_1\\ \vdots\\ b_m\end{pmatrix},\quad \boldsymbol{\varepsilon}=\begin{pmatrix}\varepsilon_0\\ \varepsilon_1\\ \vdots\\ \varepsilon_m\end{pmatrix}$$

由 m 元线性回归模型成为

$$\boldsymbol{Y}=\boldsymbol{XB}+\boldsymbol{\varepsilon}$$

严格地说，此处 $\boldsymbol{Y}=(y_1,y_2,\cdots,y_n)^{\mathrm{T}}$，其正规方程组用矩阵形式表示为

$$\boldsymbol{X}^{\mathrm{T}}\boldsymbol{XB}=\boldsymbol{X}^{\mathrm{T}}\boldsymbol{Y}$$

称 $\boldsymbol{X}$ 为设计矩阵，通常系数矩阵 $\boldsymbol{A}=\boldsymbol{X}^{\mathrm{T}}\boldsymbol{X}$ 的逆矩阵 $\boldsymbol{A}^{-1}$ 存在，此时最小二乘估计 $\hat{\boldsymbol{B}}$ 可表示为

$$\hat{\boldsymbol{B}}=(\boldsymbol{X}^{\mathrm{T}}\boldsymbol{X})^{-1}\boldsymbol{X}^{\mathrm{T}}\boldsymbol{Y} \tag{9.54}$$

例 9.7 设有 4 个物品按下面的方法称重，所得数据如表 9.12 所示.

表 9.12 4 个物品称重

物品				质量 y
x_1	x_2	x_3	x_4	
1	1	1	1	20.2
1	–1	1	–1	8.0
1	1	–1	–1	9.7
1	–1	–1	1	1.9

表中：1 表示物品放在天平左边；–1 表示物品放在天平右边；y 为使天平达到平衡时右边所加砝码的质量. 试估计 4 个物品的质量 b_i $(i=1,2,3,4)$.

分析 称重所得数据可以视为对若干件物品称重的一次抽样，使天平达到平衡时右边所加砝码的质量是一个随机变量，它与物品的质量具有线性相关关系，因而估计 4 个物品的质量可以利用多元线性回归模型.

解 称重方法可用线性回归模型

$$y_i=b_1x_1+b_2x_2+b_3x_3+b_4x_4+\varepsilon$$

来描述. 其中：

$$x_i=\begin{cases}1, & \text{第}i\text{件物品放在天平左边}\\ -1, & \text{第}i\text{件物品放在天平右边}\end{cases}$$

y 为所加砝码质量，若砝码放在天平右边，则 y 为正值，否则取负值；ε 为误差. 对若干件物品称重时，x_i 可取 $\pm k$（k 为正实数）.

在本例中共称重 4 次，每次所加砝码的质量分别为 y_1、y_2、y_3、y_4，于是得模型

$$\boldsymbol{Y}=\boldsymbol{X\beta}+\boldsymbol{\varepsilon}$$

其中：$\boldsymbol{Y}=\begin{pmatrix}y_1\\y_2\\y_3\\y_4\end{pmatrix}=\begin{pmatrix}20.2\\8.0\\9.7\\1.9\end{pmatrix}$，$\boldsymbol{X}=\begin{pmatrix}1&1&1&1\\1&-1&1&-1\\1&1&-1&-1\\1&-1&-1&1\end{pmatrix}$，$\boldsymbol{\beta}=\begin{pmatrix}b_1\\b_2\\b_3\\b_4\end{pmatrix}$，$\boldsymbol{\varepsilon}=\begin{pmatrix}\varepsilon_1\\\varepsilon_2\\\varepsilon_3\\\varepsilon_4\end{pmatrix}$

经计算，得

$$(\boldsymbol{X}^{\mathrm{T}}\boldsymbol{X})^{-1}=\begin{pmatrix}1/4&0&0&0\\0&1/4&0&0\\0&0&1/4&0\\0&0&0&1/4\end{pmatrix}$$

从而可得 $\boldsymbol{\beta}$ 的最小二乘估计为

$$\hat{\boldsymbol{\beta}}=\begin{pmatrix}(y_1+y_2+y_3+y_4)/4\\(y_1-y_2+y_3-y_4)/4\\(y_1+y_2-y_3-y_4)/4\\(y_1-y_2-y_3+y_4)/4\end{pmatrix}=\begin{pmatrix}9.95\\5\\4.15\\1.1\end{pmatrix}$$

与一元线性回归类似，需要对线性回归效果进行显著性检验，讨论如何进行预测与控制等. 限于篇幅，这里不再讨论.

最后指出，在实际问题中，与 η 有关的因素往往很多，如果将它们都取作自变量必然会导致所得到的回归方程很庞大. 实际上，有些自变量对 η 的影响很小，如果将它们予以剔除，不但能使回归方程较为简洁，便于应用，而且能明确哪些因素（即自变量）的改变对 η 有显著的影响，从而使人们对事物有进一步的认识. 通常可用逐步回归法达到这一目的，有关逐步回归的内容可参见文献（何晓群，2019）.

9.4.3　一元非线性回归

在许多实际应用中，变量之间并不一定是线性相关关系，而是某种非线性相关关系. 非线性回归通常分为两类：一类是形式上的非线性回归，而实质上还是线性的；另一类则不论是形式上还是实质上都是非线性的.

1. 第一类非线性回归

设 $g(\eta)$ 为随机变量 η 的函数，$f_j(x_1,x_2,\cdots,x_k)$ $(j=1,2,\cdots,m)$ 是 k 元函数，称回归模型

$$\begin{cases}g(\eta)=b_0+\sum\limits_{j=1}^{m}b_jf_j(x_1,x_2,\cdots,x_k)+\varepsilon\\\varepsilon\sim N(0,\sigma^2)\end{cases}\tag{9.55}$$

为第一类非线性回归模型. 其中：$b_0,b_1,b_2,\cdots,b_m$ 和 σ^2 为未知参数.

第一类非线性回归模型实质上是线性回归模型，因为未知参数 $b_0,b_1,b_2,\cdots,b_m$ 都是一次的，通过换元不难将之转化为 m 元线性回归模型.

常见的第一类非线性回归模型如下.

（1）双曲线回归模型.

$$\frac{1}{\eta}=a+\frac{b}{x}+\varepsilon,\quad \varepsilon\sim N(0,\sigma^2) \tag{9.56}$$

令 $\xi=1/\eta$，$t=1/x$，它就转化为一元线性回归模型

$$\xi=a+bt+\varepsilon,\quad \varepsilon\sim N(0,\sigma^2)$$

（2）对数回归模型.

$$\eta=a+b\ln x+\varepsilon,\quad \varepsilon\sim N(0,\sigma^2) \tag{9.57}$$

令 $z=\ln x$，它就转化为一元线性回归模型

$$\eta=a+bz+\varepsilon,\quad \varepsilon\sim N(0,\sigma^2)$$

（3）多项式回归模型.

$$\eta=b_0+b_1x+b_2x^2+\cdots+b_mx^m+\varepsilon,\quad \varepsilon\sim N(0,\sigma^2) \tag{9.58}$$

令 $x_j=x^j\ (j=1,2,\cdots,m)$，它就转化为 m 元线性回归模型

$$\eta=b_0+b_1x+b_2x^2+\cdots+b_mx^m+\varepsilon,\quad \varepsilon\sim N(0,\sigma^2)$$

在一元非线性回归分析中，多项式回归特别重要，因为微积分学证明：在某点的邻域内 n 阶导数连续的函数，可以用多项式任意逼近. 因此，只要 η 与 x 存在相关关系，原则上 η 就可以对 x 作多项式回归. 但是，当 η 与 x 的关系复杂时，必须用次数高的多项式回归，但次数高的多项式振动较大且不稳定，用它进行预测效果很差. 解决的办法是分段分别作低次的多项式回归，而且要求在每段的分点处曲线应该光滑连接，这种方法称为分段回归或样条回归.

例 9.8 表 9.13 是 2012 年湖北省武汉市某品牌二手车价格的调查资料，以 x 表示二手车的使用年数，η 表示相应的平均价格，求 η 关于 x 的回归方程.

表 9.13 平均价格与使用年数对应数值表

价格	x/年									
	1	2	3	4	5	6	7	8	9	10
η/万元	13.25	11.75	9.47	7.435	5.825	4.69	4.42	3.45	2.83	2.52

解 作散点图如图 9.8 所示，看起来 η 与 x 呈指数相关关系，于是令

$$z=\ln\eta$$

记 $z_i=\ln\eta_i\ (i=1,2,\cdots,10)$，并作 (x_i,z_i) 的散点图如图 9.9 所示，可见各点基本上处于一直线附近，故可认为

$$z=a+bx+\varepsilon,\quad \varepsilon\sim N(0,\sigma^2)$$

经计算，得

$$\hat{a}=2.787\,5,\quad \hat{b}=-0.194\,0,\quad \hat{z}=2.787\,5-0.194\,0x$$

又可求得

$$|t|=|\hat{b}|\sqrt{L_{xx}}/\hat{\sigma}=33.158\,5>t_{0.05/2}(8)=2.306$$

即知线性回归的效果是显著的，代回原变量得曲线回归方程为

$$\hat{y}=16.240\,4\mathrm{e}^{-0.194\,0x}$$

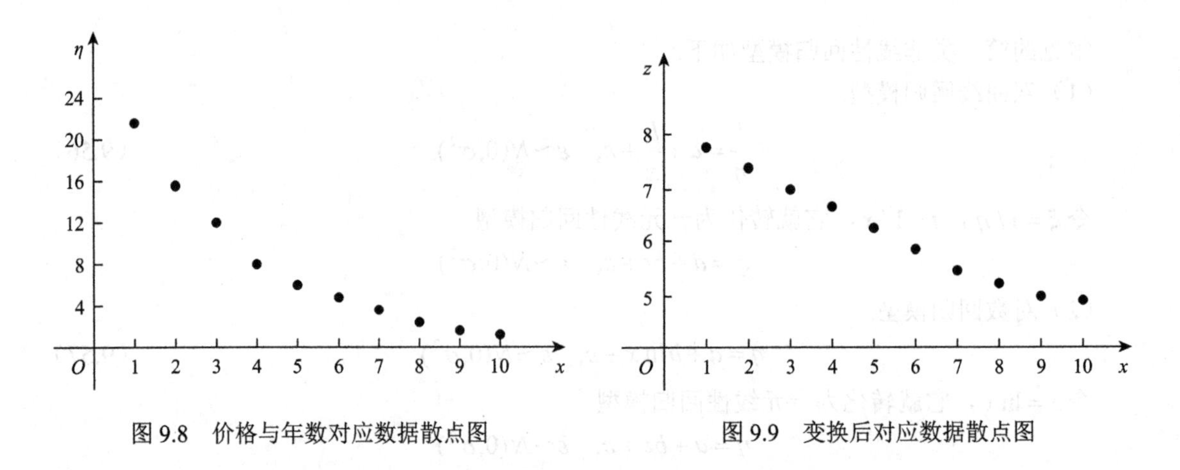

图 9.8　价格与年数对应数据散点图　　　　图 9.9　变换后对应数据散点图

例 9.9　某种半成品在生产过程中的废品率η与其所含的某种物质的质量分数x有关，现将试验所得 16 组数据记录于表 9.14 中. 表中，η为废品率（%），x为含某物质的质量分数（0.01%），求回归方程.

表 9.14　试验结果对应数值表

项目	编号															
	1	2	3	4	5	6	7	8	9	10	11	12	13	14	15	16
η/%	1.30	1.00	0.73	0.90	0.81	0.70	0.60	0.50	0.44	0.56	0.30	0.42	0.35	0.40	0.41	0.60
x/0.01%	34	36	37	38	39	39	39	40	40	41	42	43	43	45	47	48

解　根据试验结果作出散点图（图 9.10），可见开始时废品率随着某物质质量分数的增加而降低，但当质量分数超过某值以后，废品率又有所回升.

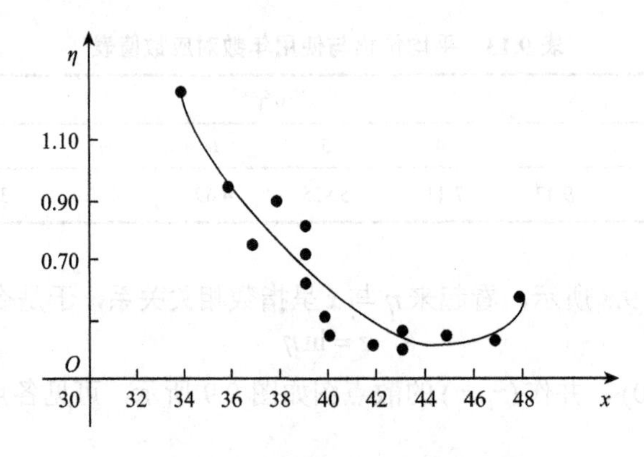

图 9.10　试验结果数据散点图

根据散点图的形状，考虑用抛物线回归，即要求确定的回归方程为

$$\hat{y}=\hat{b}_0+\hat{b}_1x+\hat{b}_2x^2$$

令$x_1=x$，$x_2=x^2$，则回归方程转化为

$$\hat{y}=\hat{b}_0+\hat{b}_1x_1+\hat{b}_2x_2$$

这是二元线性回归.

易算得

$$\bar{y}=\frac{1}{16}\sum_{i=1}^{16}y_i=0.626\,3,\qquad \bar{x}_1=\frac{1}{16}\sum_{i=1}^{16}x_{i1}=40.687\,5$$

$$\bar{x}_2=\frac{1}{16}\sum_{i=1}^{16}x_{i2}=1\,669.312\,5$$

$$L_{11}=\sum_{i=1}^{16}(x_{i1}-\bar{x}_1)^2=221.44,\qquad L_{22}=\sum_{i=1}^{16}(x_{i2}-\bar{x}_2)^2=1\,513\,685$$

$$L_{12}=L_{21}=\sum_{i=1}^{16}(x_{i1}-\bar{x}_1)(x_{i2}-\bar{x}_2)=18\,283$$

$$L_{1y}=\sum_{i=1}^{16}(x_{i1}-\bar{x}_1)(y_i-\bar{y})=-11.649$$

$$L_{2y}=\sum_{i=1}^{16}(x_{i2}-\bar{x}_2)(y_i-\bar{y})=-923.05$$

因此得正规方程组

$$\begin{cases}221.44\hat{b}_1+18\,283\hat{b}_2=-11.649\\18\,283\hat{b}_1+1\,513\,685\hat{b}_2=-923.05\end{cases}$$

解得

$$\hat{b}_1=-0.820\,5,\quad \hat{b}_2=0.009\,301,\quad \hat{b}_0=\bar{y}-\hat{b}_1\bar{x}_1-\hat{b}_2\bar{x}_2=-18.484$$

从而得到η对于x的回归方程为

$$\hat{y}=18.484-0.820\,5x+0.009\,301x^2$$

这条抛物线在图 9.10 上用实线表示，它基本上反映了随机变量η与x之间的变化规律.

2. 第二类非线性回归

常见的第二类非线性回归模型的回归函数如下.

（1）幂函数模型.

$$y=ax^b \tag{9.59}$$

（2）指数函数模型.

$$y=a\mathrm{e}^{bx}\quad 或\quad y=a\mathrm{e}^{b/x} \tag{9.60}$$

（3）S 曲线模型.

$$y=\frac{1}{a+b\mathrm{e}^{-x}} \tag{9.61}$$

其中：a、b均为未知参数.

第二类非线性回归模型通常采用变形、变量代换等方法转化为线性回归模型进行处理，以下通过例题说明其方法.

例 9.10 盛钢水的钢包，由于钢水对耐火材料的侵蚀容积不断扩大，需要找到使用次数x与增大容积η之间的关系，试验数据如表 9.15 所示，求η对x的回归方程.

表 9.15 试验结果对应数值表

项目	次数 x														
	2	3	4	5	6	7	8	9	10	11	12	13	14	15	16
容积 η	6.42	8.20	9.58	9.50	9.70	10.00	9.93	9.99	10.49	10.59	10.60	10.80	10.60	10.90	11.76

解 由试验数据作出散点图后选择形状与之相近的倒指数曲线 $\ln y = a + \frac{b}{x}$ [即类型（2）的后一种函数]作为拟合曲线.

令 $z = \ln y$，$x' = 1/x$，记 $z_i = \ln y_i$，作出 (x_i', z_i) 的散点图后，可见各点基本上处于一直线附近，故可认为 $z = a + bx' + \varepsilon$，经计算，得

$$\hat{a} = 2.47, \qquad \hat{b} = -1.152$$

从而有

$$\ln y = 2.47 - \frac{1.152}{x} \quad 或 \quad y = 11.824\,8\mathrm{e}^{-\frac{1.152}{x}}$$

为了比较，选择另一种曲线——双曲线 $\frac{1}{y} = a + \frac{b}{x}$ 作为拟合曲线，最后用残差平方和比较两种曲线的拟合程度.

类似求得

$$\frac{1}{y} = 0.081\,3 + \frac{0.134\,1}{x} \quad 或 \quad y = \frac{x}{0.081\,3x + 0.134\,1}$$

计算残差平方和，得

$$S_{双}^2 = \sum_{i=1}^{15} (y_i - \hat{y}_i)^2 = 1.876\,9, \qquad S_{倒}^2 = \sum_{i=1}^{15} (y_i - \hat{y}_i)^2 = 1.552\,4 < S_{双}^2$$

由此可见，倒指数曲线更好地拟合了试验数据，以 $y = 11.824\,8\mathrm{e}^{-1.152/x}$ 作为经验公式较好.

最后指出，选择合适的回归曲线类型并不是一件容易的事，有时要靠专业知识. 如果专业上不清楚，对一元回归分析问题，可根据散点图去选择几种形状相近的曲线类型进行回归，然后通过比较从中择其优者. 择优的标准通常有 S_e、$\hat{\sigma}$、R^2 三个量，S_e、$\hat{\sigma}$ 小者为优，R^2 大者为优. 其中：

$$S_e = \sum_{i=1}^{n} (y_i - \hat{y}_i)^2, \qquad \hat{\sigma} = \sqrt{\frac{S_e}{n-2}} = \sqrt{\frac{1}{n-2}\sum_{i=1}^{n} (y_i - \hat{y}_i)^2}$$

$$R^2 = 1 - \frac{S_e}{L_{yy}} = 1 - \frac{\sum_{i=1}^{n} (y_i - \hat{y}_i)^2}{\sum_{i=1}^{n} (y_i - \bar{y})^2}$$

9.4.4 应用举例

当人们对研究对象的内在特性及各因素间的关系有比较充分的认识时，一般用机理分析方法建立数学模型. 当无法分析实际对象内在的因果关系时，通常的办法是搜集大量的数据，基于对数据的统计分析建立模型. 回归模型就是一种用途非常广泛的随机模型.

例 9.11 （牙膏的销售量问题）某大型牙膏制造企业为了更好地拓展市场，有效地管理库存，董事会要求销售部门根据市场调查，找出公司生产的牙膏销售量与销售价格、广告投入等之间的关系，从而预测在不同价格和广告费用下的销售量. 为此，销售部的研究人员收集了过去 30 个销售周期（每个销售周期为 4 周）公司生产的牙膏的销售量、销售价格、投入的广告费用，以及同期其他厂家生产的同类牙膏的市场平均销售价格，如表 9.16 所示. 试根据这些数据建立一个数学模型，分析牙膏的销售量与其他因素的关系，为制定价格策略和广告投入策略提供数量依据.

表 9.16　各销售周期相关数值表

销售周期	公司销售价格/元	其他厂家均价/元	广告费用/百万元	价格差/元	销售量/百万元
1	3.85	3.80	5.50	−0.05	7.38
2	3.75	4.00	6.75	0.25	8.51
3	3.70	4.30	7.25	0.60	9.52
4	3.70	3.70	5.50	0.00	7.50
5	3.60	3.85	7.00	0.25	9.33
6	3.60	3.80	6.50	0.20	8.28
7	3.60	3.75	6.75	0.15	8.75
8	3.80	3.85	5.25	0.05	7.87
9	3.80	3.65	5.25	−0.15	7.10
10	3.85	4.00	6.00	0.15	8.00
11	3.90	4.10	6.50	0.20	7.89
12	3.90	4.00	6.25	0.10	8.15
13	3.70	4.10	7.00	0.40	9.10
14	3.75	4.20	6.90	0.45	8.86
15	3.75	4.10	6.80	0.35	8.90
16	3.80	4.10	6.80	0.30	8.87
17	3.70	4.20	7.10	0.50	9.26
18	3.80	4.30	7.00	0.50	9.00
19	3.70	4.10	6.80	0.40	8.75
20	3.80	3.75	6.50	−0.05	7.95
21	3.80	3.75	6.25	−0.05	7.65
22	3.75	3.65	6.00	−0.10	7.27
23	3.70	3.90	6.50	0.20	8.00
24	3.55	3.65	7.00	0.10	8.50
25	3.60	4.10	6.80	0.50	8.75
26	3.65	4.25	6.80	0.60	9.21
27	3.70	3.65	6.50	−0.05	8.27
28	3.75	3.75	5.75	0.00	7.67
29	3.80	3.85	5.80	0.05	7.93
30	3.70	4.25	6.80	0.55	9.26

1. 分析与假设

由于牙膏是生活必需品，对大多数购买者来说，在购买同类产品的牙膏时更多地会在意不同品牌之间的价格差异，而不是它们的价格本身. 因此，在研究各个因素对销售量的影响时，用价格差代替公司销售价格和其他厂家的平均价格更为合适.

记牙膏销售量为 y，价格差为 x_1，公司投入的广告费用为 x_2，其他厂家平均价格和公司销售价格分别为 x_3 和 x_4，且 $x_1 = x_3 - x_4$.

基于上面的分析，仅利用 x_1 和 x_2 来建立 y 的预测模型.

2. 建模与求解

为了大致地分析 y 与 x_1 和 x_2 的关系，利用表 9.16 的数据分别作出 y 对 x_1 和 x_2 的散点图（图 9.11）.

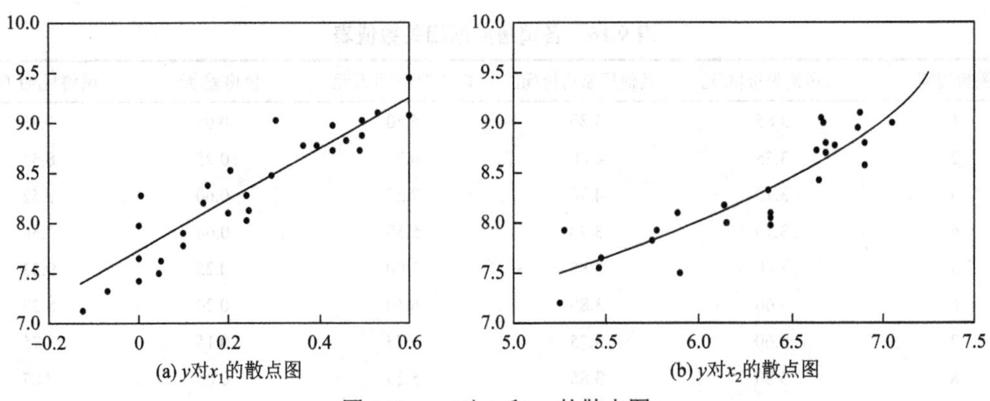

图 9.11　y 对 x_1 和 x_2 的散点图

从图 9.11（a）可以发现，随着 x_1 的增加，y 的值有比较明显的线性增长趋势，图中的直线是用线性模型

$$y = b_0 + b_1x_1 + \varepsilon \tag{9.62}$$

拟合的（其中 ε 是随机变量）. 在图 9.11（b）中，当 x_2 增大时，y 有向上弯曲增加的趋势，图中的曲线是用二次多项式模型

$$y = b_0 + b_1x_2 + b_2x_2^2 + \varepsilon \tag{9.63}$$

拟合的.

综合上面的分析，结合模型（9.62）和（9.63）建立如下的回归模型：

$$y = b_0 + b_1x_1 + b_2x_2 + b_3x_2^2 + \varepsilon \tag{9.64}$$

模型求解直接利用Matlab统计工具箱中的命令regress求解，使用格式为

```
[b,bint,r,rint,stats]=regress(y,x,alpha)
```

其中：输入 y 为模型（9.64）中 y 的数据（30 维向量）；x 为对应于回归系数 $\boldsymbol{\beta}=(b_0,b_1,b_2,b_3)$ 的数据矩阵 $(1,x_1,x_2,x_2^2)$（30×4 矩阵，其中第 1 列为全 1 向量）；alpha 对应置信水平（缺省时 alpha = 0.05）；输出 b 为 $\boldsymbol{\beta}$ 的估计值 $\hat{\boldsymbol{\beta}}$；bint 为 b 的置信区间；r 为残差向量 $\boldsymbol{y}-\boldsymbol{x}\hat{\boldsymbol{\beta}}$；rint 为 r 的置信区间；stats 为回归模型的检验统计量，有 3 个值，第 1 个是回归方程的决定系数 R^2（R 为相关系数），第 2 个是 F 统计量值，第 3 个是与 F 统计量对应的概率值 p.

得到模型(9.64)的回归系数估计值及其置信区间（置信水平 $1-\alpha=0.95$），检验统计量 R^2、F、p 的结果如表 9.17 所示.

表 9.17　求解结果数值表

参数	参数估计值	参数置信区间
b_0	17.324 4	[5.728 2, 28.920 6]
b_1	1.307 0	[0.682 9, 1.931 1]
b_2	−3.695 6	[−7.498 9, 0.107 7]
b_3	0.348 6	[0.037 9, 0.659 4]
$R^2=0.905\,4$，$F=82.940\,9$，$p=0.000\,0$		

模型求解结果表明，$R^2=0.905\,4$ 反映销售量 y 的 90.54%可由模型确定，F 的值远远超过 F 检验的临界值，p 远小于 α，因而模型（9.64）从整体来看是可用的.

回归系数 b_2 的估计值置信区间为[−7.498 9, 0.107 7]包含零点且区间右端点距零点很近，表明回归变量 x_2 对 y 的影响不太显著，但注意到 x_2^2 是显著的，故仍将变量 x_2 保留在模型中.

1）销售量预测

将回归系数的估计值代入模型，即可预测公司未来某个销售周期牙膏的销售量，预测值记为 $\hat{y}$，则得模型的预测方程

$$\hat{y}=17.324\,4+1.307\,0x_1-3.695\,6x_2+0.348\,6x_2^2$$

只需知道该销售周期的价格差 x_1 和投入的广告费用 x_2，就可以计算预测值 $\hat{y}$.

然而，值得注意的是，公司无法直接确定价格差 x_1，而只能制定公司该周期的牙膏售价 x_4，实际中对同期其他厂家的平均价格 x_3 一般可通过分析与预测当时的市场情况及原材料价格变化等估计出来. 在模型中引入价格差 $x_1=x_3-x_4$ 作为回归变量而非 x_3、x_4，其好处在于公司可以灵活地预测产品的销售量，通过调整 x_4 达到设定 x_1 的值. 例如，公司计划在未来的某个销售周期中，维持产品的价格差为 $x_1=0.2$（元），并将投入 $x_2=6.5$（百万元）的广告费用，则该周期牙膏销售量的预测值为

$$\hat{y}=17.324\,4+1.307\,0\times0.2+(-3.695\,6)\times6.5+0.348\,6\times6.5^2=8.293\,3(\text{百万支})$$

回归模型的另一个重要的应用是，对于给定的回归变量的取值，可以一定的置信度预测因变量的取值范围. 例如，当 $x_1=0.2$，$x_2=6.5$ 时，可以计算出牙膏销售量的置信度为 95%的预测区间为[7.823 0, 8.763 6]. 这表明在将来的某个销售周期中，如果公司维持产品的价格差为 0.2 元并投入 650 万元的广告费用，就可以有 95%的把握保证牙膏的销售量为7.823～8.7636 百万支. 实际操作时，预测上限可以用来作为库存管理的目标值，即公司可以生产或库存 8.763 6 百万支牙膏来满足该销售需求；预测下限则可以用来较好地把握公司的现金流，理由是公司对售出 7.823 百万支牙膏十分自信. 如果在该销售周期中公司将牙膏售价定为 3.70 元/支，且估计同期其他厂家的平均价格为 3.90 元/支，那么可以有充分的依据得出公司的牙膏销售额应在 $7.823\times3.7\approx29$ 百万元以上.

2）模型改进

模型（9.64）中回归变量 x_1 与 x_2 对因变量 y 的影响是相互独立的，即 y 与 x_2 的二次关系由回归系数 b_2、b_3 确定而不依赖于 x_1，y 与 x_1 的线性关系由回归系数 b_1 确定而不依赖于 x_2. 根据直觉和经验可以猜想，x_1 与 x_2 之间的交互作用会对 y 有影响，不妨简单地用 x_1 与 x_2 的乘积代表它们的交互作用，于是得到模型（9.64）的修改模型

$$y=b_0+b_1x_1+b_2x_2+b_3x_2^2+b_4x_1x_2+\varepsilon \tag{9.65}$$

在该模型中，y 的均值与 x_2 的二次关系为 $(b_2+b_4x_1)x_2+b_3x_2^2$，该关系由系数 b_2、b_3、b_4 确定并依赖于价格差 x_1.

用表 9.16 的数据估计模型（9.65）的系数，利用 MATLAB 统计工具箱得结果如表 9.18 所示.

表 9.18　求解结果数值表

参数	参数估计值	参数置信区间
b_0	29.113 3	[13.701 3, 44.525 2]
b_1	11.134 2	[1.977 8, 20.290 6]
b_2	−7.608 0	[−12.693 2, −2.522 8]
b_3	0.671 2	[0.253 8, 1.088 7]
b_4	−1.477 7	[−2.851 5, −0.103 7]
$R^2=0.920\,9$，$F=72.777\,1$，$p=0.000\,0$		

将表 9.17 与表 9.18 的结果对比，R^2 有所提高，说明模型（9.65）比模型（9.64）有所改进. 并且，所有参数的置信区间，特别是 x_1 与 x_2 的交互作用项 x_1x_2 的系数 b_4 的置信区间不包含零点，所以有理由相信模型（9.65）比模型（9.64）更符合实际.

用模型（9.65）对公司的牙膏销售量作预测. 仍设在某个销售周期中，$x_1 = 0.2$元，$x_2 = 6.5$元，则 y 的估计值为

$$\begin{aligned}\hat{y} &= 29.1133 + 11.1342 \times 0.2 + 7.6082 \times 6.5 + 0.6712 \times 6.5^2 - 1.4777 \times 0.2 \times 6.5 \\ &= 8.3272(\text{百万支})\end{aligned}$$

置信度为95%的预测区间为[7.895 3, 8.759 2]，与模型（9.64）的结果相比，$\hat{y}$ 略有增加而预测区间长度短一些.

为进一步比较，固定 x_1、x_2 中的一个而讨论 y 与另一个的关系. 在保持广告费用 $x_2 = 6.5$（百万元）不变的条件下，分别对模型（9.64）和模型（9.65）中牙膏销量均值 $\hat{y}$ 与价格差 x_1 的关系作图（图 9.12 和图 9.13）.

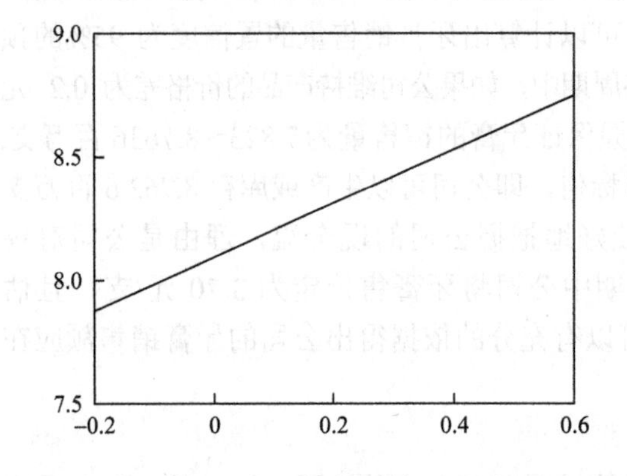

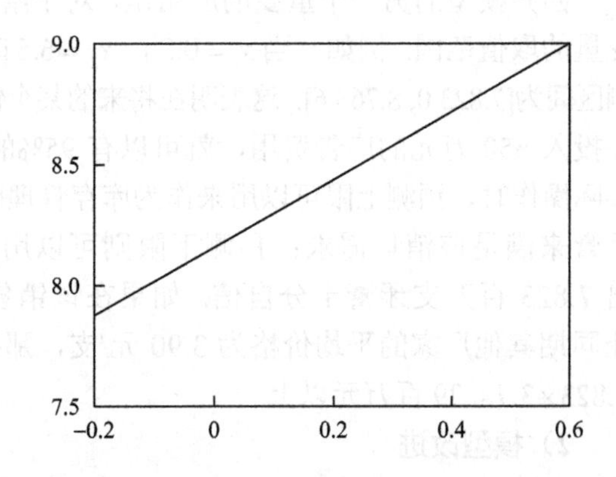

图 9.12　基于模型（9.63）的 y 对 x_1 回归直线示意图　　图 9.13　基于模型（9.64）的 y 对 x_1 回归直线示意图

在保持价格差 $x_1 = 0.2$（元）不变的条件下，分别对模型（9.64）和模型（9.65）中牙膏销量均值与广告费用 x_2 的关系作图（图 9.14 和图 9.15）.

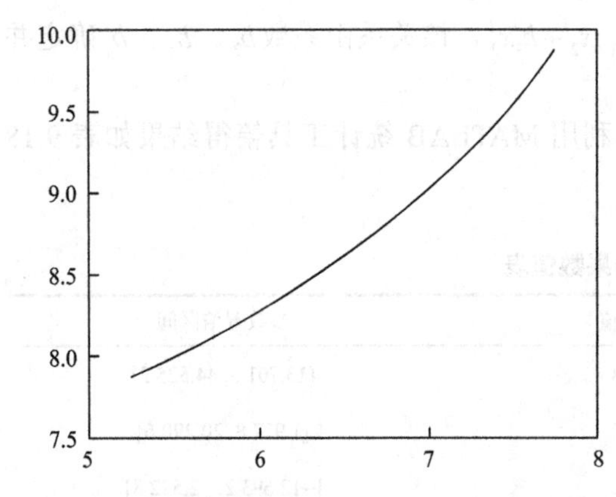

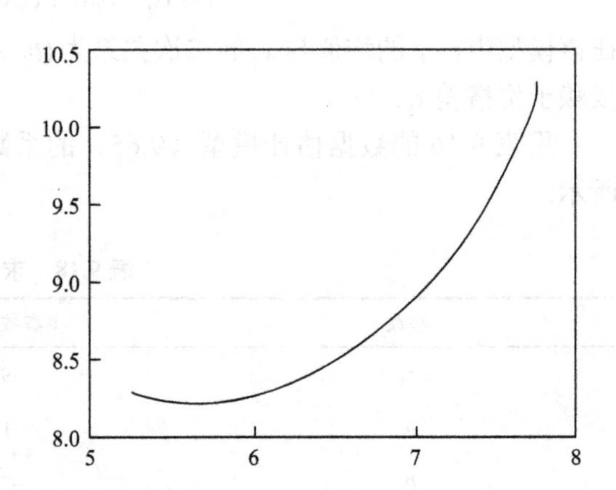

图 9.14　基于模型（9.63）的 y 对 x_2 回归直线示意图　　图 9.15　基于模型（9.64）的 y 对 x_2 回归直线示意图

可见，交互作用项 x_1x_2 加入模型，对 $\hat{y}$ 与 x_1 的关系稍有影响，而与 x_2 的关系有较大变化，当 $x_2 < 6$ 时，$\hat{y}$ 出现下降，$x_2 > 6$ 以后 $\hat{y}$ 上升则快得多.

3）进一步的讨论

为了进一步了解x_1与x_2之间的交互作用，考察模型（9.65）的预测方程

$$\hat{y}=29.1133+11.1342x_1-7.6080x_2+0.6712x_2^2-1.4777x_1x_2 \quad (9.66)$$

取价格差$x_1=0.1$（元），代入式（9.66）可得

$$\hat{y}|_{x_1=0.1}=30.2267-7.7558x_2+0.6712x_2^2 \quad (9.67)$$

再取$x_1=0.3$（元），代入式（9.66）可得

$$\hat{y}|_{x_1=0.3}=32.4535-8.0513x_2+0.6712x_2^2 \quad (9.68)$$

它们均为x_2的二次函数，如图9.16所示，且

$$\hat{y}|_{x_1=0.3}-\hat{y}|_{x_1=0.1}=2.2268-0.2955x_2 \quad (9.69)$$

由式（9.69）可得，当$x_2<7.5357$时，总有$\hat{y}|_{x_1=0.3}>\hat{y}|_{x_1=0.1}$，即若广告费用不超过大约7.5百万元时，价格差定在0.3元时的销售量比价格差定在0.1元的大，说明此时的价格优势会使销售量增加.

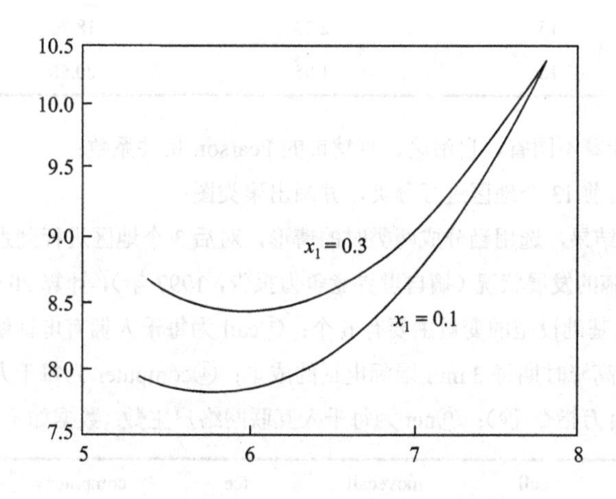

图9.16　不同x_1值下y对x_2的关系图

由图9.16还可以发现，虽然广告投入增加了（只要广告费用超过大约6百万元），但价格差较小时增加的速率要更大些. 这些现象都是由于引入了交互作用项x_1x_2所产生的. 价格差较大时，许多消费者受价格的驱动来购买公司的产品，所以可以较少地依赖广告投入的增加来提高销售量；价格差较小时，则更需要靠广告来吸引更多的顾客.

习　题　9

9.1　设在平面内有6个点$A_1(1.5,3.5)$、$A_2(1,3)$、$A_3(3,4)$、$A_4(5,1)$、$A_5(4.5,2)$、$A_6(5.5,1.5)$，试用最短距离法对这6个点进行分类.

9.2　为了解我国人口的文化程度状况，选用3个指标对部分省、自治区、直辖市进行调查分析：①大学以上文化程度的人口占全部人口的比例（DXBZ）；②初中以上文化程度占全部人口的比例（CZBZ）；③文盲半文盲人口占全部人口的比例（WMBZ）. 这3个指标分别用来反映较高、中等、较低文化程度人口的状况. 原始数据如下表所示.

地区	序号	DXBZ	CZBZ	WMBZ
北京	1	9.30	30.55	8.70
天津	2	4.67	29.38	8.92
山西	3	1.38	29.24	11.30
安徽	4	0.88	19.97	24.23
贵州	5	0.78	14.65	24.27
云南	6	0.81	13.85	25.44
辽宁	7	2.60	32.32	8.81
黑龙江	8	2.14	28.46	10.87
上海	9	6.53	31.59	11.04
宁夏	10	1.61	20.27	22.06
青海	11	1.49	17.76	27.70
吉林	12	2.15	26.31	10.49
甘肃	13	1.10	16.85	27.93
湖北	14	2.57	24.56	13.79
福建	15	2.23	18.70	15.63
新疆	16	1.85	20.66	26.87

（1）根据以上信息，计算不同省、自治区、直辖市的 Pearson 相关系数；

（2）根据以上信息，对前 13 个地区进行分类，并画出聚类图；

（3）根据（2）的聚类结果，选用当分成两类时的情形，对后 3 个地区进行判别分析.

9.3 根据信息基础设施的发展状况（摘自世界竞争力报告，1997 年），计算 20 个国家和地区的相关系数，并对其进行分类. 描述信息基础设施的变量主要有 6 个：①call 为每千人拥有电话线图；②movecall 为每千户居民移动电话数；③fee 为高峰时期每 3 min 国际电话的成本；④computer 为每千人拥有的计算机数；⑤mips 为每千人中计算机功率（百万指令/秒）；⑥net 为每千人互联网络户主数. 数据如下表所示.

序号	国家	call	movecall	fee	computer	mips	net
1	美国	631.60	161.90	0.36	403.00	26073	35.34
2	日本	498.40	143.20	3.57	176.00	10223	6.26
3	德国	557.60	70.60	2.18	199.00	11571	9.48
4	瑞典	648.10	281.80	1.40	286.00	16660	29.39
5	瑞士	644.00	93.50	1.98	234.00	13621	22.68
6	丹麦	620.30	248.60	2.56	296.00	17210	21.84
7	新加坡	498.40	147.50	2.50	284.00	13578	13.49
8	中国台湾	469.40	56.10	6.68	119.00	6911	1.72
9	韩国	434.50	73.00	3.36	99.00	5795	1.66
10	巴西	81.90	16.30	3.02	19.00	867	0.52
11	智利	138.60	8.20	1.40	31.00	1411	1.28
12	墨西哥	92.20	9.80	2.61	31.00	1751	0.35
13	俄罗斯	174.90	5.00	5.12	24.00	1101	0.48
14	波兰	169.00	6.50	3.68	40.00	1796	1.45
15	匈牙利	262.20	49.40	2.66	68.00	3067	3.09

续表

序号	国家	call	movecall	fee	computer	mips	net
16	马来西亚	195.50	88.40	4.19	53.00	2734	1.25
17	泰国	78.60	27.80	4.95	22.00	1662	0.11
18	印国	13.60	0.30	6.28	2.00	101	0.01
19	法国	559.10	42.90	1.27	201.00	12702	4.76
20	英国	521.10	122.50	0.98	248.00	14461	11.91

9.4　合成纤维的强度η（kg/mm）与其拉伸倍数x有关，测得试验数据如下表所示.

x	2.0	2.5	2.7	3.5	4.0	4.5	5.2	6.3	7.1	8.0	9.0	10.0
y	1.3	2.5	2.5	2.7	3.5	4.2	5.0	6.4	6.3	7.0	8.0	8.1

（1）求η对x的回归直线；

（2）检验回归直线的显著性（$\alpha=0.05$）；

（3）求$x_0=6$时，η预测值及预测区间（置信度为0.95）.

9.5　某建材试验室在作陶粒混凝土强度试验中，考察每立方米混凝土的水泥用量x（kg）对28天后的混凝土抗压强度η（$\mathrm{kg/cm^2}$）的影响，测得数据如下表所示.

x	150	160	170	180	190	200	210	220	230	240	250	260
y	56.9	58.3	61.6	64.6	68.1	71.3	74.1	77.4	80.2	82.6	86.4	89.7

（1）求η对x的线性回归方程，并问：每立方米混凝土中增加1 kg水泥时，可提高的抗压强度是多少？

（2）检验回归效果的显著性（$\alpha=0.05$）.

（3）求回归系数b的区间估计（$1-\alpha=0.95$）.

（4）当$x_0=225$ kg时，求η的预测值及预测区间.

9.6　假设x是一可控变量，η是一随机变量，服从正态分布. 现在不同的x值下分别对η进行观测，数据如下表所示.

x	0.25	0.37	0.44	0.55	0.60	0.62	0.68	0.70	0.73
η	2.57	2.31	2.12	1.92	1.75	1.71	1.60	1.51	1.50
x	0.75	0.82	0.84	0.87	0.88	0.90	0.95	1.00	
η	1.41	1.33	1.31	1.25	1.20	1.19	1.15	1.00	

（1）假设η与x之间有线性关系，求η对x的经验回归方程，并求$\sigma^2=D\eta$的无偏估计；

（2）求回归系数a、b和σ^2的0.95置信区间；

（3）求η的0.95预测区间.

（4）为了把观测值η限制在区间(1.01, 1.68)内，需要把x的值限制在何范围之内？（$\alpha=0.05$）

9.7　在彩色显影中，根据以往的经验，形成染料光学密度η与析出银的光学密度x之间的关系为$\eta=a\mathrm{e}^{b/x}$（$b<0$）. 通过11次试验得到如下表所示数据.

x	0.05	0.06	0.07	0.10	0.14	0.20	0.25	0.31	0.38	0.43	0.47
η	0.10	0.14	0.23	0.37	0.59	0.79	1.00	1.12	1.19	1.25	1.29

（1）画出散点图；

（2）令 $z=\ln\eta$ ，$x_1=1/x$ ，画出 (x_1,z) 的散点图；

（3）求曲线回归方程 $\hat{y}=\hat{a}e^{\hat{b}/x}$.

9.8　将 16～30 岁的男、女运动员按年龄分成 7 组，年龄的组中值记为 x，考察年龄大小对“旋转定向”能力 η 的影响，已知 7 组数据如下表所示. 从散点图可以看出，用抛物线回归比较好，试求其回归方程.

x	17	19	21	23	25	27	29
η	22.48	26.63	24.2	30.7	26.51	23.00	20.80

9.9　某矿脉中 13 个相邻样本点处，某种金属的含量 η 与样本点对原点的距离有下表所示实测值. 分别按①$\eta=a+b\sqrt{x}$ ；②$\eta=a+b\ln x$ ；③$\eta=a+\dfrac{b}{x}$ 建立 η 对 x 的回归方程，并用复相关系数 $R=\sqrt{1-\dfrac{S_e}{L_{yy}}}$ 指出其中哪一种相关最大.

x	2	3	4	5	7	8	10	11
η	106.42	108.20	109.58	109.50	110.00	109.93	110.49	110.59
x	14	15	16	18	19			
η	110.60	110.90	110.76	111.00	111.20			

9.10　某化工厂研究硝化率 η 与硝化温度 x_1 、硝化液中硝酸浓度 x_2 之间的统计相关关系，进行 10 次试验，得数据如下表所示. 试求 η 对 x_1、x_2 的回归平面方程.

x_1 /℃	16.5	19.7	15.5	21.4	20.8	16.6	23.1	14.5	21.3	16.4
x_2 /%	93.4	90.8	86.7	83.5	92.1	94.9	89.6	88.1	87.3	83.4
η /%	90.9	91.1	86.0	88.6	90.4	89.9	91.0	88.0	90.0	85.6

9.11　某公司在 15 个地区的某种商品的销售量 η（单位：罗，1 罗 = 12 打）、各地区人口数 x_1（万人）、平均每户总收入数 x_2（元）的统计资料如下表所示. 求 η 对 x_1、x_2 的回归平面方程，并预测人口数 44.2 万人、平均每户总收入 8 420 元的某地区的销售量.

地区	x_1	x_2	η	地区	x_1	x_2	η
1	27.4	4 900	162	9	19.5	4 274	116
2	18.0	6 508	120	10	5.3	5 120	55
3	37.5	7 604	223	11	43.0	8 040	252
4	20.5	5 676	131	12	37.2	8 854	232
5	8.6	4 694	67	13	23.6	5 320	144
6	26.5	7 564	169	14	15.7	4 176	103
7	9.8	6 016	81	15	37.0	5 210	212
8	33.0	4 900	192				

9.12　Determine the least-squares straight-line fit to the following data involving the first five prime numbers and determine the corresponding residual sum of squares.

x	1	2	3	4	5
y	2	3	5	7	11

本章常用词汇中英文对照

定量分析　quantitative analysis
定性分析　qualitative analysis
聚类分析　cluster analysis
判别分析　discriminant analysis
判别函数　discriminant function
离差，偏差　dispersion
相关系数　correlation coefficient
闵可夫斯基距离　Minkowski distance
欧几里得距离　Euclidean distance
马哈拉诺比斯距离　Mahalanobis distance
相似系数　similitude coefficient
余弦　cosine
相关分析　correlation analysis
偏相关　partial correlation
距离相关　distance correlation
回归分析　regression analysis
线性回归　linear regression
一元线性回归　simple linear regression
多元线性回归　multivariate linear regression
多元回归分析　multivariate regression analysis
非线性回归　non-linear regression
多项式回归　polynomial regression
残差　residual
回归系数　regression coefficient
可控变量　controllable variable
随机变量　random variable
确定性模型　deterministic model
无偏估计　unbiased estimate
概率　probability
统计量　statistic
正态分布　normal distribution
最小二乘法　method of least squares
最小二乘估计　least squares estimate
散点图　scattergram
总体　population
方差　variance
协方差　covariance
假设检验　hypothesis testing
置信水平　confidence level
置信区间　confidence interval

参 考 文 献

陈理荣，1999. 数学建模导论. 北京：北京邮电大学出版社.
杜栋，庞庆华，2021. 现代综合评价方法与案例精选. 4 版. 北京：清华大学出版社.
范玉妹，徐尔，赵金玲，等，2018. 数学规划及其应用. 北京：机械工业出版社.
关静，肖盛宁，赵慧，2020. 实用多元统计分析. 天津：天津大学出版社.
韩中庚，2017. 数学建模方法及其应用. 3 版. 北京：高等教育出版社.
何书元，2004. 应用时间序列分析. 北京：北京大学出版社.
何晓群，2019. 多元统计分析. 5 版. 北京：中国人民大学出版社.
何晓群，闵素芹，2014. 实用回归分析. 2 版. 北京：高等教育出版社.
胡运权，郭耀煌，2018. 运筹学教程. 5 版. 北京：清华大学出版社.
贾俊平，何晓群，金勇进，2018. 统计学. 7 版. 北京：中国人民大学出版社.
姜启源，谢金星，邢文训，等，2010. 大学数学实验. 2 版. 北京：清华大学出版社.
姜启源，谢金星，叶俊，2018. 数学模型. 5 版. 北京：高等教育出版社.
李川，姚行艳，蔡乐才，2016. 智能聚类分析方法及其应用. 北京：科学出版社.
李尚志，1996. 数学建模竞赛教程. 南京：江苏教育出版社.
彭祖赠，1997. 数学模型与建模方法. 大连：大连海事大学出版社.
齐欢，1996. 数学模型方法. 武汉：华中理工大学出版社.
任善强，雷鸣，肖剑，等，2018. 数学模型. 3 版. 重庆：重庆大学出版社.
任雪松，于秀林，2011. 多元统计分析. 2 版. 北京：中国统计出版社.
司守奎，孙玺菁，2021. 数学建模算法与应用. 3 版. 北京：国防工业出版社.
田丰，张运清，2015. 图与网络流理论. 2 版. 北京：科学出版社.
汪天飞，邹进，张军，2013. 数学建模与数学实验. 北京：科学出版社.
王树禾，2009. 图论. 2 版. 北京：科学出版社.
谢金星，薛毅，2005. 优化建模与 LINDO/LINGO 软件. 北京：清华大学出版社.
徐光辉，1988. 随机服务系统. 2 版. 北京：科学出版社.
叶其孝，1998. 大学生数学建模竞赛辅导教材（四）. 长沙：湖南教育出版社.
易平涛，李伟伟，郭亚军，2019. 综合评价理论与方法. 2 版. 北京：经济管理出版社.
俞玉森，1993. 数学规划的原理和方法. 武汉：华中理工大学出版社.
《运筹学》教材编写组，2021. 运筹学. 5 版. 北京：清华大学出版社.
庄楚强，何春雄，2013. 应用数理统计基础. 4 版. 广州：华南理工大学出版社.

附录　高教社杯全国大学生数学建模竞赛真题

➢ 2012 高教社杯全国大学生数学建模竞赛题目

A 题　葡萄酒的评价

确定葡萄酒质量时一般是通过聘请一批有资质的评酒员进行品评. 每个评酒员在对葡萄酒进行品尝后对其分类指标打分，然后求和得到其总分，从而确定葡萄酒的质量. 酿酒葡萄的好坏与所酿葡萄酒的质量有直接的关系，葡萄酒和酿酒葡萄检测的理化指标会在一定程度上反映葡萄酒和葡萄的质量. 附件 1 给出了某一年份一些葡萄酒的评价结果，附件 2 和附件 3 分别给出了该年份这些葡萄酒的和酿酒葡萄的成分数据. 请尝试建立数学模型讨论下列问题：

1. 分析附件 1 中两组评酒员的评价结果有无显著性差异，哪一组结果更可信?

2. 根据酿酒葡萄的理化指标和葡萄酒的质量对这些酿酒葡萄进行分级.

3. 分析酿酒葡萄与葡萄酒的理化指标之间的联系.

4. 分析酿酒葡萄和葡萄酒的理化指标对葡萄酒质量的影响，并论证能否用葡萄和葡萄酒的理化指标来评价葡萄酒的质量?

附件 1：葡萄酒品尝评分表（含 4 个表格）①

附件 2：葡萄和葡萄酒的理化指标（含 2 个表格）

附件 3：葡萄和葡萄酒的芳香物质（含 4 个表格）

B 题　太阳能小屋的设计

在设计太阳能小屋时，需在建筑物外表面（屋顶及外墙）铺设光伏电池，光伏电池组件所产生的直流电需要经过逆变器转换成 220 V 交流电才能供家庭使用，并将剩余电量输入电网. 不同种类的光伏电池每峰瓦的价格差别很大，且每峰瓦的实际发电效率或发电量还受诸多因素的影响，如太阳辐射强度、光线入射角、环境、建筑物所处的地理纬度、地区的气候与气象条件、安装部位及方式（贴附或架空）等. 因此，在太阳能小屋的设计中，研究光伏电池在小屋外表面的优化铺设是很重要的问题.

附件 1～7 提供了相关信息. 请参考附件提供的数据，对下列三个问题，分别给出小屋外表面光伏电池的铺设方案，使小屋的全年太阳能光伏发电总量尽可能大，而单位发电量的费用尽可能小，并计算出小屋光伏电池 35 年寿命期内的发电总量、经济效益[当前民用电价按 0.5 元/(kW·h)计算]及投资的回收年限.

在求解每个问题时，都要求配有图示，给出小屋各外表面电池组件铺设分组阵列图形及组件连接方式（串、并联）示意图，也要给出电池组件分组阵列容量及选配逆变器规格列表.

在同一表面采用两种或两种以上类型的光伏电池组件时，同一型号的电池板可串联，而不同型号的电池板不可串联. 在不同表面上，即使是相同型号的电池也不能进行串、并联连接. 应

① 附录中各题中的附件表格请读者扫描附录“高教社杯全国大学生数学建模竞赛真题”旁的二维码后在电脑端下载查阅.

注意分组连接方式及逆变器的选配.

问题1：请根据山西省大同市的气象数据，仅考虑贴附安装方式，选定光伏电池组件，对小屋（见附件2）的部分外表面进行铺设，并根据电池组件分组数量和容量，选配相应的逆变器的容量和数量.

问题2：电池板的朝向与倾角均会影响到光伏电池的工作效率，请选择架空方式安装光伏电池，重新考虑问题1.

问题3：根据附件7给出的小屋建筑要求，请为大同市重新设计一个小屋，要求画出小屋的外形图，并对所设计小屋的外表面优化铺设光伏电池，给出铺设及分组连接方式，选配逆变器，计算相应结果.

附件1：光伏电池组件的分组及逆变器选择的要求

附件2：给定小屋的外观尺寸图

附件3：三种类型的光伏电池（A单晶硅、B多晶硅、C非晶硅薄膜）组件设计参数和市场价格

附件4：大同典型气象年气象数据（特别注意：数据库中标注的时间为实际时间减1小时，即数据库中的11:00即为实际时间的12:00）

附件5：逆变器的参数及价格

附件6：可参考的相关概念

附件7：小屋的建筑要求

限定小屋使用空间高度为：建筑屋顶最高点距地面高度≤5.4 m，室内使用空间最低净空高度距地面高度≥2.8 m；建筑总投影面积（包括挑檐、挑雨棚的投影面积）≤74 m^2；建筑平面体型长边≤15 m，最短边≥3 m；建筑采光要求至少应满足窗地比（开窗面积与房间地板面积的比值，可不分朝向）≥0.2的要求；建筑节能要求应满足窗墙比（开窗面积与所在朝向墙面积的比值）南墙≤0.50，东西墙≤0.35，北墙≤0.30. 建筑设计朝向可以根据需要设计，允许偏离正南朝向.

扫码见附件2

➢ 2013高教社杯全国大学生数学建模竞赛题目

A题　车道被占用对城市道路通行能力的影响

车道被占用是指因交通事故、路边停车、占道施工等因素，导致车道或道路横断面通行能力在单位时间内降低的现象. 由于城市道路具有交通流密度大、连续性强等特点，一条车道被占用，也可能降低路段所有车道的通行能力，即使时间短，也可能引起车辆排队，出现交通阻塞. 如处理不当，甚至出现区域性拥堵.

车道被占用的情况种类繁多、复杂，正确估算车道被占用对城市道路通行能力的影响程度，将为交通管理部门正确引导车辆行驶、审批占道施工、设计道路渠化方案、设置路边停车位和设置非港湾式公交车站等提供理论依据.

视频1（附件1）和视频2（附件2）中的两个交通事故处于同一路段的同一横断面，且完全占用两条车道. 请研究以下问题：

1. 根据视频1（附件1），描述视频中交通事故发生至撤离期间，事故所处横断面实际通行能力的变化过程.

2. 根据问题1所得结论，结合视频2（附件2），分析说明同一横断面交通事故所占车道

不同对该横断面实际通行能力影响的差异.

3. 构建数学模型，分析视频 1（附件 1）中交通事故所影响的路段车辆排队长度与事故横断面实际通行能力、事故持续时间、路段上游车流量间的关系.

4. 假如视频 1（附件 1）中的交通事故所处横断面距离上游路口变为 140 m，路段下游方向需求不变，路段上游车流量为 1 500 pcu/h，事故发生时车辆初始排队长度为 0，且事故持续不撤离. 请估算，从事故发生开始，经过多长时间，车辆排队长度将到达上游路口.

附件 1：视频 1

附件 2：视频 2

附件 3：视频 1 中交通事故位置示意图（图 1）

附件 4：上游路口交通组织方案图（图 2）

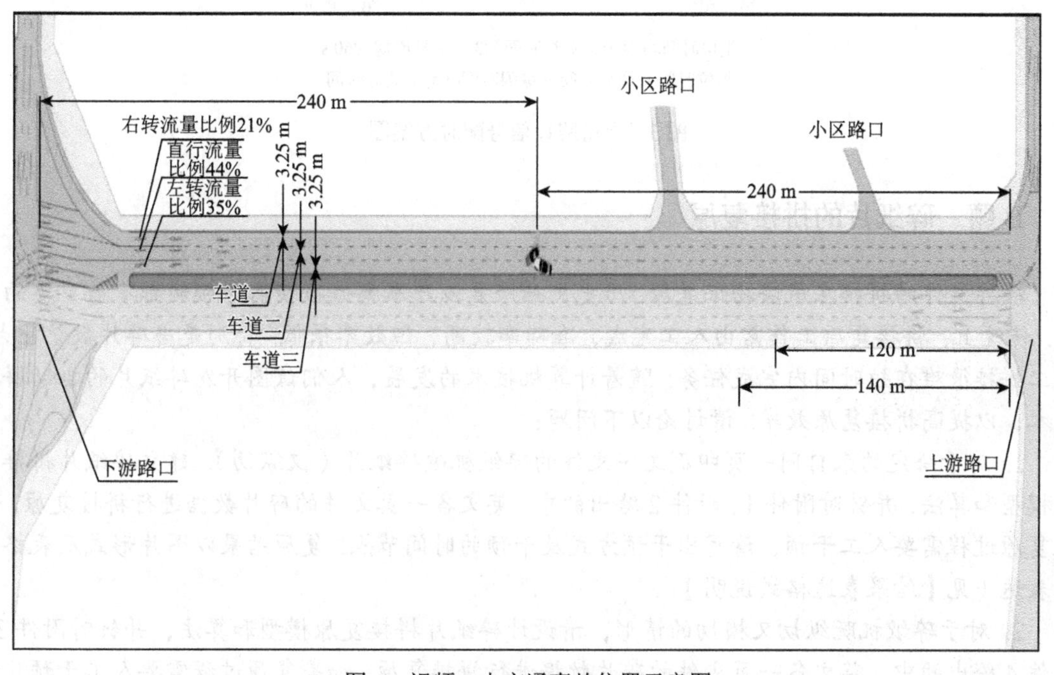

图 1　视频 1 中交通事故位置示意图

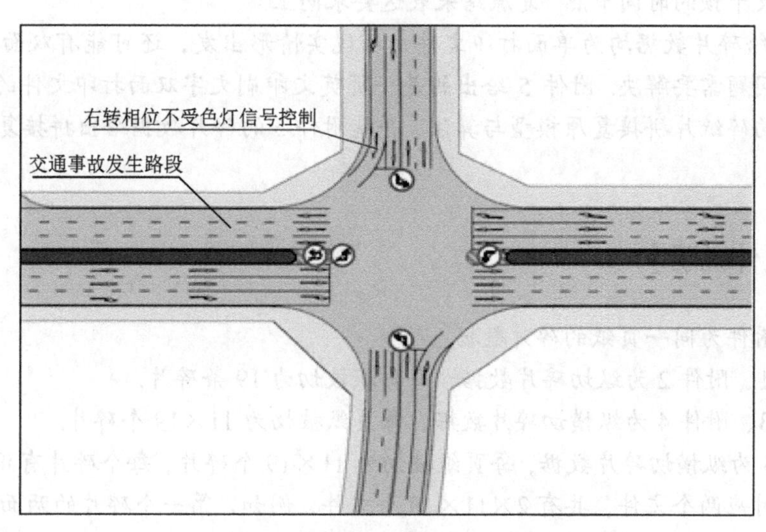

图 2　上游路口交通组织方案图

附件 5：上游路口信号配时方案图（图 3）

注：只考虑四轮及以上机动车、电瓶车的交通流量，且换算成标准车当量数.

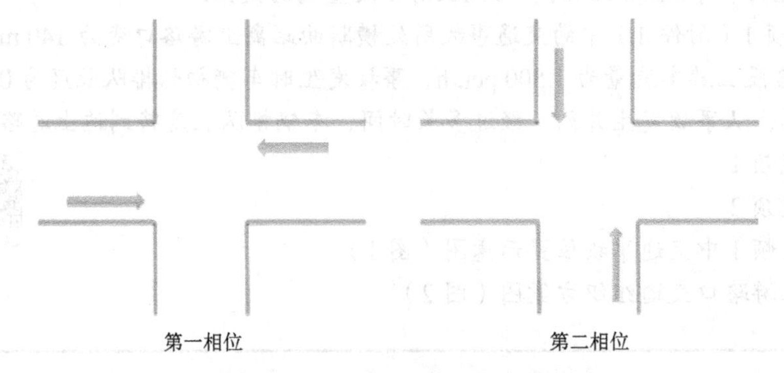
第一相位
第二相位
相位时间均为30 s, 黄灯时间为3 s, 信号周期为60 s
相位时间 = 绿灯时间 + 绿闪时间(3 s) + 黄灯时间

图 3　上游路口信号配时方案图

B 题　碎纸片的拼接复原

破碎文件的拼接在司法物证复原、历史文献修复以及军事情报获取等领域都有着重要的应用. 传统上，拼接复原工作需由人工完成，准确率较高，但效率很低. 特别是当碎片数量巨大，人工拼接很难在短时间内完成任务. 随着计算机技术的发展，人们试图开发碎纸片的自动拼接技术，以提高拼接复原效率. 请讨论以下问题：

1. 对于给定的来自同一页印刷文字文件的碎纸机破碎纸片（仅纵切），建立碎纸片拼接复原模型和算法，并针对附件 1、附件 2 给出的中、英文各一页文件的碎片数据进行拼接复原. 如果复原过程需要人工干预，请写出干预方式及干预的时间节点. 复原结果以图片形式及表格形式表达（见【结果表达格式说明】）.

2. 对于碎纸机既纵切又横切的情形，请设计碎纸片拼接复原模型和算法，并针对附件 3、附件 4 给出的中、英文各一页文件的碎片数据进行拼接复原. 如果复原过程需要人工干预，请写出干预方式及干预的时间节点. 复原结果表达要求同上.

3. 上述所给碎片数据均为单面打印文件，从现实情形出发，还可能有双面打印文件的碎纸片拼接复原问题需要解决. 附件 5 给出的是一页英文印刷文字双面打印文件的碎片数据. 请尝试设计相应的碎纸片拼接复原模型与算法，并就附件 5 的碎片数据给出拼接复原结果，结果表达要求同上.

【数据文件说明】

（1）每一附件为同一页纸的碎片数据.

（2）附件 1、附件 2 为纵切碎片数据，每页纸被切为 19 条碎片.

（3）附件 3、附件 4 为纵横切碎片数据，每页纸被切为 11×19 个碎片.

（4）附件 5 为纵横切碎片数据，每页纸被切为 11×19 个碎片，每个碎片有正反两面. 该附件中每一碎片对应两个文件，共有 2×11×19 个文件，例如，第一个碎片的两面分别对应文件 000a、000b.

【结果表达格式说明】

复原图片放入附录中，表格表达格式如下.

（1）附件 1、附件 2 的结果：将碎片序号按复原后顺序填入 1×19 的表格；

（2）附件 3、附件 4 的结果：将碎片序号按复原后顺序填入 11×19 的表格；

（3）附件 5 的结果：将碎片序号按复原后顺序填入两个 11×19 的表格；不能确定复原位置的碎片，可不填入上述表格，单独列表.

➢ 2014 高教社杯全国大学生数学建模竞赛题目

A 题　嫦娥三号软着陆轨道设计与控制策略

嫦娥三号于 2013 年 12 月 2 日 1 时 30 分成功发射，12 月 6 日抵达月球轨道. 嫦娥三号在着陆准备轨道上的运行质量为 2.4 t,其安装在下部的主减速发动机能够产生 1 500 N 到 7 500 N 的可调节推力，其比冲（即单位质量的推进剂产生的推力）为 2 940 m/s，可以满足调整速度的控制要求. 在四周安装有姿态调整发动机，在给定主减速发动机的推力方向后，能够自动通过多个发动机的脉冲组合实现各种姿态的调整控制. 嫦娥三号的预定着陆点为 19.51 W, 44.12 N, 海拔为–2641 m（见附件 1）.

嫦娥三号在高速飞行的情况下，要保证准确地在月球预定区域内实现软着陆，关键问题是着陆轨道与控制策略的设计. 其着陆轨道设计的基本要求：着陆准备轨道为近月点 15 km，远月点 100 km 的椭圆形轨道；着陆轨道为从近月点至着陆点，其软着陆过程共分为 6 个阶段（见附件 2），要求满足每个阶段在关键点所处的状态；尽量减少软着陆过程的燃料消耗.

根据上述的基本要求，请你们建立数学模型解决下面的问题：

1. 确定着陆准备轨道近月点和远月点的位置，以及嫦娥三号相应速度的大小与方向.

2. 确定嫦娥三号的着陆轨道和在 6 个阶段的最优控制策略.

3. 对于你们设计的着陆轨道和控制策略做相应的误差分析和敏感性分析.

附件 1：问题的背景与参考资料

附件 2：嫦娥三号着陆过程的六个阶段及其状态要求

附件 3：距月面 2 400 m 处的数字高程图

附件 4：距月面 100 m 处的数字高程图

扫码见附件 3

扫码见附件 4

B 题　创意平板折叠桌

某公司生产一种可折叠的桌子，桌面呈圆形，桌腿随着铰链的活动可以平摊成一张平板（如图 1～2 所示）. 桌腿由若干根木条组成，分成两组，每组各用一根钢筋将木条连接，钢筋两端分别固定在桌腿各组最外侧的两根木条上，并且沿木条有空槽以保证滑动的自由度（见图 3）. 桌子外形由直纹曲面构成，造型美观. 附件视频展示了折叠桌的动态变化过程.

试建立数学模型讨论下列问题：

1. 给定长方形平板尺寸为 120 cm×50 cm×3 cm，每根木条宽 2.5 cm，连接桌腿木条的钢筋固定在桌腿最外侧木条的中心位置，折叠后桌子的高度为 53 cm. 试建立模型描述此折叠桌的动态变化过程，在此基础上给出此折叠桌的设计加工参数（如桌腿木条开槽的长度等）和桌脚边缘线（图 4 中虚线）的数学描述.

2. 折叠桌的设计应做到稳固性好、加工方便、用材最少. 对于任意给定的折叠桌高度和圆形桌面直径的设计要求，讨论长方形平板材料和折叠桌的最优设计加工参数，如平板尺寸、钢筋位置、开槽长度等. 对于桌高 70 cm，桌面直径 80 cm 的情形，确定最优设计加工参数.

3. 公司计划开发一种折叠桌设计软件，根据客户任意设定的折叠桌高度、桌面边缘线的形状大小和桌脚边缘线的大致形状，给出所需平板材料的形状尺寸和切实可行的最优设计加工参数，使得生产的折叠桌尽可能接近客户所期望的形状. 你们团队的任务是帮助给出这一软件设计的数学模型，并根据所建立的模型给出几个你们自己设计的创意平板折叠桌. 要求给出相应的设计加工参数，画出至少 8 张动态变化过程的示意图.

附件：视频

图 1

图 2

图 3

图 4

➢ 2015 高教社杯全国大学生数学建模竞赛题目

A 题　太阳影子定位

如何确定视频的拍摄地点和拍摄日期是视频数据分析的重要方面，太阳影子定位技术就是通过分析视频中物体的太阳影子变化，确定视频拍摄的地点和日期的一种方法.

1. 建立影子长度变化的数学模型，分析影子长度关于各个参数的变化规律，并应用你们建立的模型画出 2015 年 10 月 22 日北京时间 9:00～15:00 天安门广场（北纬 39°54′26″，东经 116°23′29″）3 m 高的直杆的太阳影子长度的变化曲线.

2. 根据某固定直杆在水平地面上的太阳影子顶点坐标数据，建立数学模型确定直杆所处的地点. 将你们的模型应用于附件 1 的影子顶点坐标数据，给出若干个可能的地点.

3. 根据某固定直杆在水平地面上的太阳影子顶点坐标数据，建立数学模型确定直杆所处的地点和日期. 将你们的模型分别应用于附件 2 和附件 3 的影子顶点坐标数据，给出若干个可能的地点与日期.

4. 附件 4 为一根直杆在太阳下的影子变化的视频，并且已通过某种方式估计出直杆的高度为 2 m. 请建立确定视频拍摄地点的数学模型，并应用你们的模型给出若干个可能的拍摄地点.

如果拍摄日期未知，你能否根据视频确定出拍摄地点与日期?

扫码见附件 4

B 题　“互联网 +”时代的出租车资源配置

出租车是市民出行的重要交通工具之一，“打车难”是人们关注的一个社会热点问题. 随着“互联网 +”时代的到来，有多家公司依托移动互联网建立了打车软件服务平台，实现了乘客与出租车司机之间的信息互通，同时推出了多种出租车的补贴方案.

请你们搜集相关数据，建立数学模型研究如下问题：

1. 试建立合理的指标，并分析不同时空出租车资源的“供求匹配”程度.

2. 分析各公司的出租车补贴方案是否对缓解“打车难”有帮助?

3. 如果要创建一个新的打车软件服务平台，你们将设计什么样的补贴方案，并论证其合理性.

➢ 2016 高教社杯全国大学生数学建模竞赛题目

A 题　系泊系统的设计

近浅海观测网的传输节点由浮标系统、系泊系统和水声通信系统组成，如图 1 所示. 某型传输节点的浮标系统可简化为底面直径 2 m、高 2 m 的圆柱体，浮标的质量为 1 000 kg. 系泊系统由钢管、钢桶、重物球、电焊锚链和特制的抗拖移锚组成. 锚的质量为 600 kg，锚链选用无挡普通链环，近浅海观测网的常用型号及其参数在表 1 中列出. 钢管共 4 节，每节长度 1 m，直径为 50 mm，每节钢管的质量为 10 kg. 要求锚链末端与锚的链接处的切线方向与海床的夹角不超过 16°，否则锚会被拖行，致使节点移位丢失. 水声通信系统安装在一个长 1 m、外径 30 cm 的密封圆柱形钢桶内，设备和钢桶总质量为 100 kg. 钢桶上接第 4 节钢管，下接电焊锚链. 钢桶竖直时，水声通信设备的工作效果最佳；若钢桶倾斜，则影响设备的工作效果；钢桶的倾斜角度（钢桶与竖直线的夹角）超过 5°时，设备的工作效果较差. 为了控制钢桶的倾斜角度，钢桶与电焊锚链连接处可悬挂重物球.

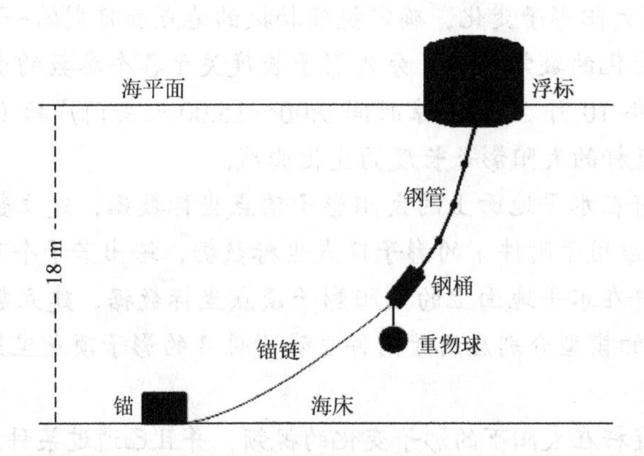

图 1　传输节点示意图（仅为结构模块示意图，未考虑尺寸比例）

表 1　锚链型号和参数表

型号	长度/mm	单位长度的质量/(kg/m)
Ⅰ	78	3.2
Ⅱ	105	7.0
Ⅲ	120	12.5
Ⅳ	150	19.5
Ⅴ	180	28.12

注：长度是指每节链环的长度.

系泊系统的设计问题就是确定锚链的型号、长度和重物球的质量，使得浮标的吃水深度和游动区域及钢桶的倾斜角度尽可能小.

问题 1：某型传输节点选用Ⅱ型电焊锚链 22.05 m，选用的重物球的质量为 1 200 kg. 现将该型传输节点布放在水深 18 m、海床平坦、海水密度为 1.025×10^3 kg/m^3 的海域. 若海水静止，分别计算海面风速为 12 m/s 和 24 m/s 时钢桶和各节钢管的倾斜角度、锚链形状、浮标的吃水深度和游动区域.

问题 2：在问题 1 的假设下，计算海面风速为 36 m/s 时钢桶与各节钢管的倾斜角度、锚链形状和浮标的游动区域. 请调节重物球的质量，使得钢桶的倾斜角度不超过 5°，锚链在锚点与海床的夹角不超过 16°.

问题 3：由于潮汐等因素的影响，布放海域的实测水深介于 16 到 20 m 之间. 布放点的海水速度最大可达到 1.5 m/s、风速最大可达到 36 m/s. 请给出考虑风力、水流力和水深情况下的系泊系统设计，分析不同情况下钢桶和钢管的倾斜角度、锚链形状、浮标的吃水深度和游动区域.

说明：近海风荷载可通过近似公式 $F=0.625\times Sv^2$ (N)计算，其中 S 为物体在风向法平面的投影面积（m^2），v 为风速（m/s）. 近海水流力可通过近似公式 $F=374\times Sv^2$ (N)计算，其中 S 为物体在水流速度法平面的投影面积（m^2），v 为水流速度（m/s）.

B 题　小区开放对道路通行的影响

2016 年 2 月 21 日，国务院发布《关于进一步加强城市规划建设管理工作的若干意见》，其中第十六条关于推广街区制，原则上不再建设封闭住宅小区，已建成的住宅小区和单位大院要逐步开放等意见，引起了广泛的关注和讨论.

除了开放小区可能引发的安保等问题外，议论的焦点之一是：开放小区能否达到优化路网结构，提高道路通行能力，改善交通状况的目的，以及改善效果如何. 一种观点认为封闭式小区破坏了城市路网结构，堵塞了城市“毛细血管”，容易造成交通阻塞. 小区开放后，路网密度提高，道路面积增加，通行能力自然会有提升. 也有人认为这与小区面积、位置、外部及内部道路状况等诸多因素有关，不能一概而论. 还有人认为小区开放后，虽然可通行道路增多了，相应地，小区周边主路上进出小区的交叉路口的车辆也会增多，也可能会影响主路的通行速度.

城市规划和交通管理部门希望你们建立数学模型，就小区开放对周边道路通行的影响进行研究，为科学决策提供定量依据，为此请你们尝试解决以下问题：

1. 请选取合适的评价指标体系，用以评价小区开放对周边道路通行的影响.
2. 请建立关于车辆通行的数学模型，用以研究小区开放对周边道路通行的影响.
3. 小区开放产生的效果，可能会与小区结构及周边道路结构、车流量有关. 请选取或构建不同类型的小区，应用你们建立的模型，定量比较各类型小区开放前后对道路通行的影响.
4. 根据你们的研究结果，从交通通行的角度，向城市规划和交通管理部门提出你们关于小区开放的合理化建议.

➢ 2017 高教社杯全国大学生数学建模竞赛题目

A 题　CT 系统参数标定及成像

CT（computed tomography）可以在不破坏样品的情况下，利用样品对射线能量的吸收特性对生物组织和工程材料的样品进行断层成像，由此获取样品内部的结构信息. 一种典型的二维 CT 系统如图 1 所示，平行入射的 X 射线垂直于探测器平面，每个探测器单元看成一个接收点，且等距排列. X 射线的发射器和探测器相对位置固定不变，整个发射-接收系统绕某固定的旋转中心逆时针旋转 180 次. 对每一个 X 射线方向，在具有 512 个等距单元的探测器上测量经位置固定不动的二维待检测介质吸收衰减后的射线能量，并经过增益等处理后得到 180 组接收信息.

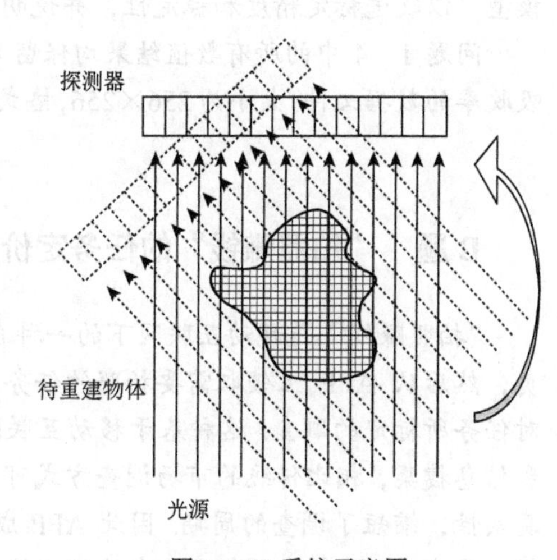

图 1　CT 系统示意图

CT 系统安装时往往存在误差，从而影响成像质量，因此需要对安装好的 CT 系统进行参数标定，即借助于已知结构的样品（称为模板）标定 CT 系统的参数，并据此对未知结构的样品进行成像.

请建立相应的数学模型和算法，解决以下问题：

1. 在正方形托盘上放置两个均匀固体介质组成的标定模板，模板的几何信息如图 2 所示，相应的数据文件见附件 1，其中每一点的数值反映了该点的吸收强度，这里称为“吸收率”. 对应于该模板的接收信息见附件 2. 请根据这一模板及其接收信息，确定 CT 系统旋转中心在正方形托盘中的位置、探测器单元之间的距离以及该 CT 系统使用的 X 射线的 180 个方向.

2. 附件 3 是利用上述 CT 系统得到的某未知介质的接收信息. 利用问题 1 中得到的标定参数，确定该未知介质在正方形托盘中的位置、几何形状和吸收率等信息. 另外，请具体给出图 3 所给的 10 个位置处的吸收率，相应的数据文件见附件 4.

3. 附件 5 是利用上述 CT 系统得到的另一个未知介质的接收信息. 利用问题 1 中得到的标定参数，给出该未知介质的相关信息. 另外，请具体给出图 3 所给的 10 个位置处的吸收率.

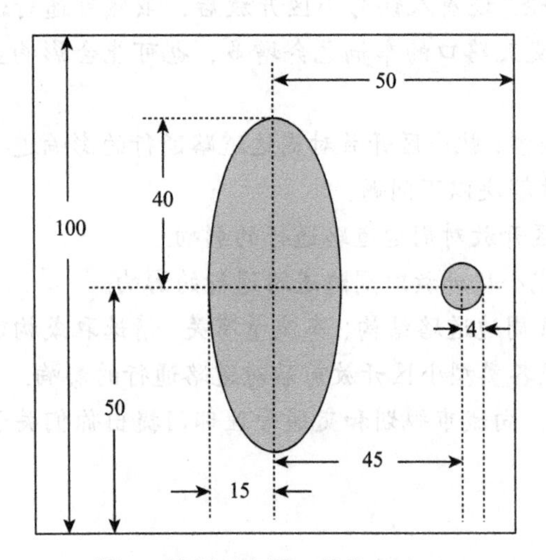

图 2　模板示意图（单位：mm）

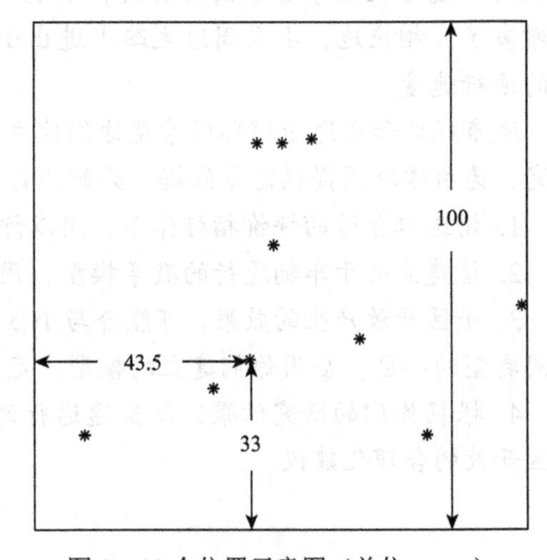

图 3　10 个位置示意图（单位：mm）

4. 分析问题 1 中参数标定的精度和稳定性. 在此基础上自行设计新模板、建立对应的标定模型，以改进标定精度和稳定性，并说明理由.

问题 1～4 中的所有数值结果均保留 4 位小数. 同时提供问题 2 和问题 3 重建得到的介质吸收率的数据文件（大小为 256×256，格式同附件 1，文件名分别为 problem2.xls 和 problem3.xls）

B 题　“拍照赚钱”的任务定价

“拍照赚钱”是移动互联网下的一种自助式服务模式. 用户下载 APP，注册成为 APP 的会员，然后从 APP 上领取需要拍照的任务（如上超市去检查某种商品的上架情况），赚取 APP 对任务所标定的酬金. 这种基于移动互联网的自助式劳务众包平台，为企业提供各种商业检查和信息搜集，相比传统的市场调查方式可以大大节省调查成本，而且有效地保证了调查数据的真实性，缩短了调查的周期. 因此 APP 成为该平台运行的核心，而 APP 中的任务定价又是其核心要素. 如果定价不合理，有的任务就会无人问津，而导致商品检查的失败.

附件 1 是一个已结束项目的任务数据，包含了每个任务的位置、定价和完成情况（“1” 表示完成，“0”表示未完成）；附件 2 是会员信息数据，包含了会员的位置、信誉值、参考其信誉给出的任务开始预订时间和预订限额，原则上会员信誉越高，越优先开始挑选任务，其配额也就越大（任务分配时实际上是根据预订限额所占比例进行配发）；附件 3 是一个新的检查项目任务数据，只有任务的位置信息. 请回答下面的问题：

1. 研究附件 1 中项目的任务定价规律，分析任务未完成的原因.

2. 为附件 1 中的项目设计新的任务定价方案，并和原方案进行比较.

3. 实际情况下，多个任务可能因为位置比较集中，导致用户会争相选择，一种考虑是将这些任务联合在一起打包发布. 在这种考虑下，如何修改前面的定价模型，对最终的任务完成情况又有什么影响？

4. 对附件 3 中的新项目给出你的任务定价方案，并评价该方案的实施效果.

附件 1：已结束项目任务数据

附件 2：会员信息数据

附件 3：新项目任务数据

➢ 2018 高教社杯全国大学生数学建模竞赛题目

A 题　高温作业专用服装设计

在高温环境下工作时，人们需要穿着专用服装以避免灼伤. 专用服装通常由三层织物材料构成，记为Ⅰ、Ⅱ、Ⅲ层，其中Ⅰ层与外界环境接触，Ⅲ层与皮肤之间还存在空隙，将此空隙记为Ⅳ层.

为设计专用服装，将体内温度控制在 37 ℃的假人放置在实验室的高温环境中，测量假人皮肤外侧的温度. 为了降低研发成本、缩短研发周期，请你们利用数学模型来确定假人皮肤外侧的温度变化情况，并解决以下问题：

1. 专用服装材料的某些参数值由附件 1 给出，对环境温度为 75 ℃、Ⅱ层厚度为 6 mm、Ⅳ层厚度为 5 mm、工作时间为 90 min 的情形开展实验，测量得到假人皮肤外侧的温度（见附件 2）. 建立数学模型，计算温度分布，并生成温度分布的 Excel 文件（文件名为 problem1.xlsx）.

2. 当环境温度为 65 ℃、Ⅳ层的厚度为 5.5 mm 时，确定Ⅱ层的最优厚度，确保工作 60 min 时，假人皮肤外侧温度不超过 47 ℃，且超过 44 ℃的时间不超过 5 min.

3. 当环境温度为 80 ℃时，确定Ⅱ层和Ⅳ层的最优厚度，确保工作 30 min 时，假人皮肤外侧温度不超过 47 ℃，且超过 44 ℃的时间不超过 5 min.

附件 1：专用服装材料的参数值

附件 2：假人皮肤外侧的测量温度

B 题　智能 RGV 的动态调度策略

图 1 是一个智能加工系统的示意图，由 8 台计算机数控机床（computer number controller，CNC）、1 辆轨道式自动引导车（rail guide vehicle，RGV）、1 条 RGV 直线轨道、1 条上料传送

带、1 条下料传送带等附属设备组成. RGV 是一种无人驾驶、能在固定轨道上自由运行的智能车. 它根据指令能自动控制移动方向和距离，并自带一个机械手臂、两只机械手爪和物料清洗槽，能够完成上下料及清洗物料等作业任务（参见附件 1）.

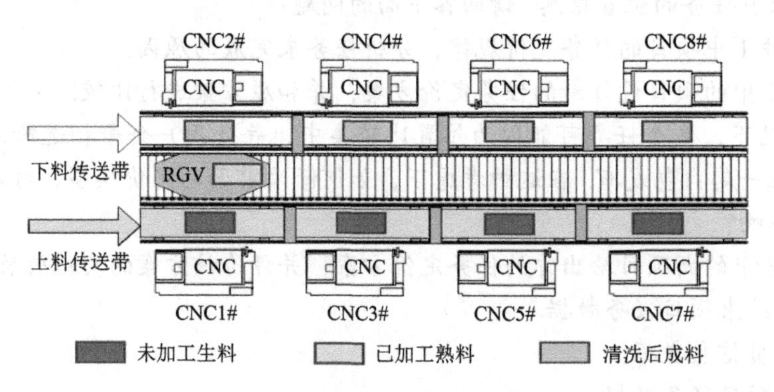

图 1　智能加工系统示意图

针对下面的三种具体情况：

（1）一道工序的物料加工作业情况，每台 CNC 安装同样的刀具，物料可以在任一台 CNC 上加工完成；

（2）两道工序的物料加工作业情况，每个物料的第一和第二道工序分别由两台不同的 CNC 依次加工完成；

（3）CNC 在加工过程中可能发生故障（据统计：故障的发生概率约为 1%）的情况，每次故障排除（人工处理，未完成的物料报废）时间为 10～20 min，故障排除后即刻加入作业序列. 要求分别考虑一道工序和两道工序的物料加工作业情况.

请你们团队完成下列两项任务：

任务 1：对一般问题进行研究，给出 RGV 动态调度模型和相应的求解算法；

任务 2：利用表 1 中系统作业参数的 3 组数据分别检验模型的实用性和算法的有效性，给出 RGV 的调度策略和系统的作业效率，并将具体的结果分别填入附件 2 的 EXCEL 表中.

表 1　智能加工系统作业参数的 3 组数据表　　时间单位：s

系统作业参数	第 1 组	第 2 组	第 3 组
RGV 移动 1 个单位所需时间	20	23	18
RGV 移动 2 个单位所需时间	33	41	32
RGV 移动 3 个单位所需时间	46	59	46
CNC 加工完成一个一道工序的物料所需时间	560	580	545
CNC 加工完成一个两道工序物料的第一道工序所需时间	400	280	455
CNC 加工完成一个两道工序物料的第二道工序所需时间	378	500	182
RGV 为 CNC1#, 3#, 5#, 7#一次上下料所需时间	28	30	27
RGV 为 CNC2#, 4#, 6#, 8#一次上下料所需时间	31	35	32
RGV 完成一个物料的清洗作业所需时间	25	30	25

注：每班次连续作业 8 h.

附件 1：智能加工系统的组成与作业流程

附件 2：模型验证结果的 EXCEL 表（完整电子表作为附件放在支撑材料中提交）

➢ 2019 高教社杯全国大学生数学建模竞赛题目

A 题　高压油管的压力控制

燃油进入和喷出高压油管是许多燃油发动机工作的基础，图 1 给出了某高压燃油系统的工作原理，燃油经过高压油泵从 A 处进入高压油管，再由喷口 B 喷出. 燃油进入和喷出的间歇性工作过程会导致高压油管内压力的变化，使得所喷出的燃油量出现偏差，从而影响发动机的工作效率.

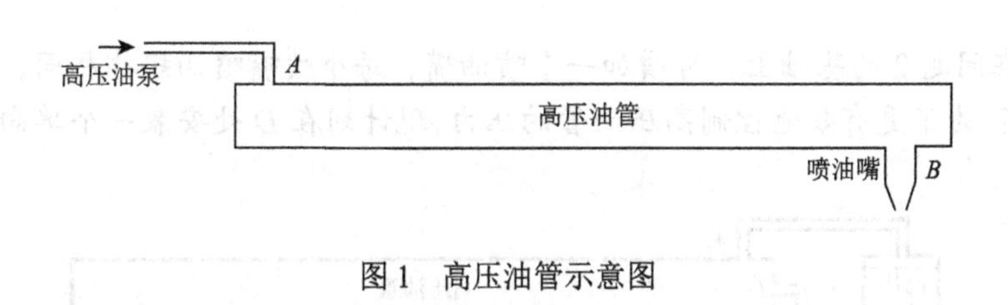

图 1　高压油管示意图

问题 1： 某型号高压油管的内腔长度为 500 mm，内直径为 10 mm，供油入口 A 处小孔的直径为 1.4 mm，通过单向阀开关控制供油时间的长短，单向阀每打开一次后就要关闭 10 ms. 喷油器每秒工作 10 次，每次工作时喷油时间为 2.4 ms，喷油器工作时从喷油嘴 B 处向外喷油的速率如图 2 所示. 高压油泵在入口 A 处提供的压力恒为 160 MPa，高压油管内的初始压力为 100 MPa. 如果要将高压油管内的压力尽可能稳定在 100 MPa 左右，如何设置单向阀每次开启的时长？如果要将高压油管内的压力从 100 MPa 增加到 150 MPa，且分别经过约 2 s、5 s 和 10 s 的调整过程后稳定在 150 MPa，单向阀开启的时长应如何调整？

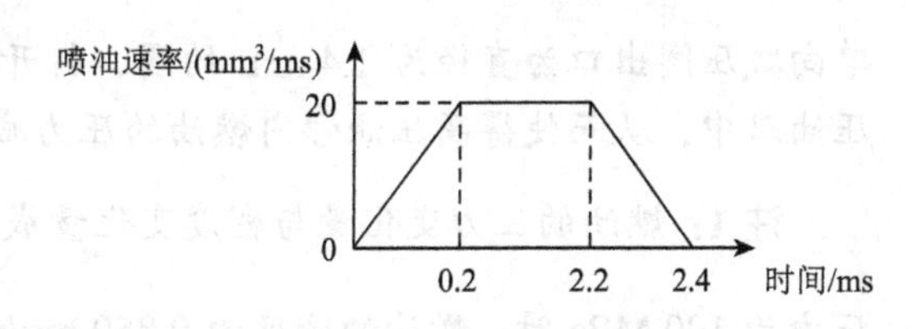

图 2　喷油速率示意图

问题 2： 在实际工作过程中，高压油管 A 处的燃油来自高压油泵的柱塞腔出口，喷油由喷油嘴的针阀控制. 高压油泵柱塞的压油过程如图 3 所示，凸轮驱动柱塞上下运动，凸轮边缘曲线与角度的关系见附件 1. 柱塞向上运动时压缩柱塞腔内的燃油，当柱塞腔内的压力大于高压油管内的压力时，柱塞腔与高压油管连接的单向阀开启，燃油进入高压油管内. 柱塞腔内直径为 5 mm，柱塞运动到上止点位置时，柱塞腔残余容积为 20 mm^3. 柱塞运动到下止点时，低压燃油会充满柱塞腔(包括残余容积)，低压燃油的压力为 0.5 MPa. 喷油器喷嘴结构如图 4 所示，针阀直径为 2.5 mm、密封座是半角为 9°的圆锥，最下端喷孔的直径为 1.4 mm. 针阀升程为 0 时，针阀关闭；针阀升程大于 0 时，针阀开启，燃油向喷孔流动，通过喷孔喷出. 在一个喷油周期内针阀升程与时间的关系由附件 2 给出. 在问题 1 中给出的喷油器工作次数、高压油管尺寸和初始压力下，确定凸轮的角速度，使得高压油管内的压力尽量稳定在 100 MPa 左右.

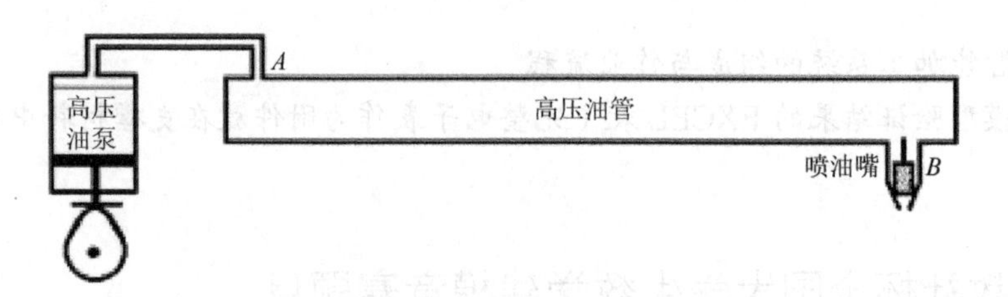

图 3　高压油管实际工作过程示意图

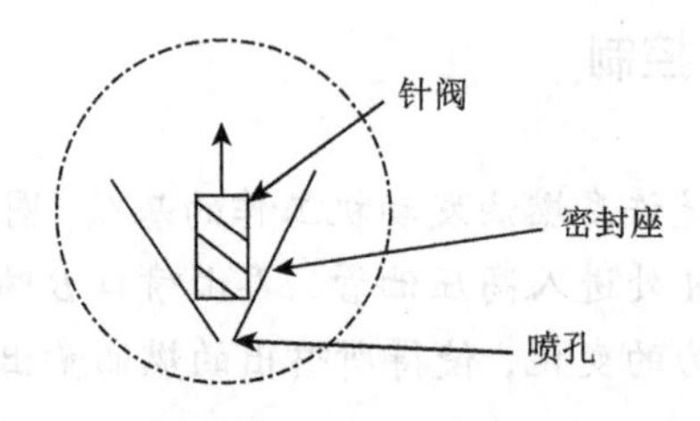

图 4　喷油器喷嘴放大后的示意图

问题 3：在问题 2 的基础上，再增加一个喷油嘴，每个喷嘴喷油规律相同，喷油和供油策略应如何调整？为了更有效地控制高压油管的压力，现计划在 D 处安装一个单向减压阀（图 5）.

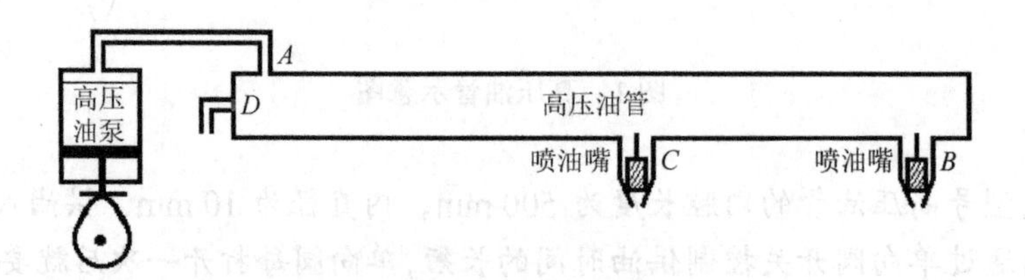

图 5　具有减压阀和两个喷油嘴时高压油管示意图

单向减压阀出口为直径为 1.4 mm 的圆，打开后高压油管内的燃油可以在压力下回流到外部低压油路中，从而使得高压油管内燃油的压力减小. 请给出高压油泵和减压阀的控制方案.

注 1：燃油的压力变化量与密度变化量成正比，比例系数为 $\dfrac{E}{\rho}$，其中 ρ 为燃油的密度，当压力为 100 MPa 时，燃油的密度为 0.850 mg/mm^3. E 为弹性模量，其与压力的关系见附件 3.

注 2：进出高压油管的流量为 $Q=CA\sqrt{\dfrac{2\Delta P}{\rho}}$，其中 Q 为单位时间流过小孔的燃油量（mm^3/ms），$C=0.85$ 为流量系数，A 为小孔的面积（mm^2），ΔP 为小孔两边的压力差（MPa），ρ 为高压侧燃油的密度（mg/mm^3）.

附件 1：凸轮边缘曲线

附件 2：针阀运动曲线

附件 3：弹性模量与压力的关系

B 题　"同心协力"策略研究

"同心协力"（又称"同心鼓"）是一项团队协作能力拓展项目. 该项目的道具是一面牛皮

双面鼓，鼓身中间固定多根绳子，绳子在鼓身上的固定点沿圆周呈均匀分布，每根绳子长度相同. 团队成员每人牵拉一根绳子，使鼓面保持水平. 项目开始时，球从鼓面中心上方竖直落下，队员同心协力将球颠起，使其有节奏地在鼓面上跳动. 颠球过程中，队员只能抓握绳子的末端，不能接触鼓或绳子的其他位置，如图 1 所示.

图 1

项目所用排球的质量为 270 g. 鼓面直径为 40 cm，鼓身高度为 22 cm，鼓的质量为 3.6 kg. 队员人数不少于 8 人，队员之间的最小距离不得小于 60 cm. 项目开始时，球从鼓面中心上方 40 cm 处竖直落下，球被颠起的高度应离开鼓面 40 cm 以上，如果低于 40 cm，则项目停止. 项目的目标是使得连续颠球的次数尽可能多.

试建立数学模型解决以下问题：

1. 在理想状态下，每个人都可以精确控制用力方向、时机和力度，试讨论这种情形下团队的最佳协作策略，并给出该策略下的颠球高度.

2. 在现实情形中，队员发力时机和力度不可能做到精确控制，存在一定误差，于是鼓面可能出现倾斜. 试建立模型描述队员的发力时机和力度与某一特定时刻的鼓面倾斜角度的关系. 设队员人数为 8，绳长为 1.7 m，鼓面初始时刻是水平静止的，初始位置较绳子水平时下降 11 cm，表 1 中给出了队员们的不同发力时机和力度，求 0.1 s 时鼓面的倾斜角度.

表 1　发力时机（单位：s）和用力大小（单位：N）取值

序号	用力参数	1	2	3	4	5	6	7	8	鼓面倾角/(°)
1	发力时机	0	0	0	0	0	0	0	0	
	用力大小	90	80	80	80	80	80	80	80	
2	发力时机	0	0	0	0	0	0	0	0	
	用力大小	90	90	80	80	80	80	80	80	
3	发力时机	0	0	0	0	0	0	0	0	
	用力大小	90	80	80	90	80	80	80	80	
4	发力时机	−0.1	0	0	0	0	0	0	0	
	用力大小	80	80	80	80	80	80	80	80	
5	发力时机	−0.1	−0.1	0	0	0	0	0	0	
	用力大小	80	80	80	80	80	80	80	80	
6	发力时机	−0.1	0	0	−0.1	0	0	0	0	
	用力大小	80	80	80	80	80	80	80	80	

续表

序号	用力参数	1	2	3	4	5	6	7	8	鼓面倾角/(°)
7	发力时机	–0.1	0	0	0	0	0	0	0	
	用力大小	90	80	80	80	80	80	80	80	
8	发力时机	0	–0.1	0	0	–0.1	0	0	0	
	用力大小	90	80	80	90	80	80	80	80	
9	发力时机	0	0	0	0	–0.1	0	0	–0.1	
	用力大小	90	80	80	90	80	80	80	80	

3. 在现实情形中，根据问题 2 的模型，你们在问题 1 中给出的策略是否需要调整？如果需要，如何调整？

4. 当鼓面发生倾斜时，球跳动方向不再竖直，于是需要队员调整拉绳策略. 假设人数为 10，绳长为 2 m，球的反弹高度为 60 cm，相对于竖直方向产生 1 度的倾斜角度，且倾斜方向在水平面的投影指向某两位队员之间，与这两位队员的夹角之比为 1 : 2. 为了将球调整为竖直状态弹跳，请给出在可精确控制条件下所有队员的发力时机及力度，并分析在现实情形中这种调整策略的实施效果.

C 题　机场的出租车问题

大多数乘客下飞机后要去市区（或周边）的目的地，出租车是主要的交通工具之一. 国内多数机场都是将送客（出发）与接客（到达）通道分开的. 送客到机场的出租车司机都将会面临两个选择：

（1）前往到达区排队等待载客返回市区. 出租车必须到指定的“蓄车池”排队等候，依“先来后到”排队进场载客，等待时间长短取决于排队出租车和乘客的数量多少，需要付出一定的时间成本.

（2）直接放空返回市区拉客. 出租车司机会付出空载费用和可能损失潜在的载客收益.

在某时间段抵达的航班数量和“蓄车池”里已有的车辆数是司机可观测到的确定信息. 通常司机的决策与其个人的经验判断有关，如在某个季节与某时间段抵达航班的多少和可能乘客数量的多寡等. 如果乘客在下飞机后想“打车”，就要到指定的“乘车区”排队，按先后顺序乘车. 机场出租车管理人员负责“分批定量”放行出租车进入“乘车区”，同时安排一定数量的乘客上车. 在实际中，还有很多影响出租车司机决策的确定和不确定因素，其关联关系各异，影响效果也不尽相同.

请你们团队结合实际情况，建立数学模型研究下列问题：

1. 分析研究与出租车司机决策相关因素的影响机理，综合考虑机场乘客数量的变化规律和出租车司机的收益，建立出租车司机选择决策模型，并给出司机的选择策略.

2. 收集国内某一机场及其所在城市出租车的相关数据，给出该机场出租车司机的选择方案，并分析模型的合理性和对相关因素的依赖性.

3. 在某些时候，经常会出现出租车排队载客和乘客排队乘车的情况. 某机场“乘车区”现有两条并行车道，管理部门应如何设置“上车点”，并合理安排出租车和乘客，在保证车辆和乘客安全的条件下，使得总的乘车效率最高.

4. 机场的出租车载客收益与载客的行驶里程有关，乘客的目的地有远有近，出租车司机不能选择乘客和拒载，但允许出租车多次往返载客. 管理部门拟对某些短途载客再次返回的出租车给予一定的“优先权”，使得这些出租车的收益尽量均衡，试给出一个可行的“优先”安排方案.

➢ 2020 高教社杯全国大学生数学建模竞赛题目

A 题　炉温曲线

在集成电路板等电子产品生产中，需要将安装有各种电子元件的印刷电路板放置在回焊炉中，通过加热，将电子元件自动焊接到电路板上. 在这个生产过程中，让回焊炉的各部分保持工艺要求的温度，对产品质量至关重要. 目前，这方面的许多工作是通过实验测试来进行控制和调整的. 本题旨在通过机理模型来进行分析研究.

回焊炉内部设置若干个小温区，它们从功能上可分成 4 个大温区：预热区、恒温区、回流区、冷却区，如图 1 所示. 电路板两侧搭在传送带上匀速进入炉内进行加热焊接.

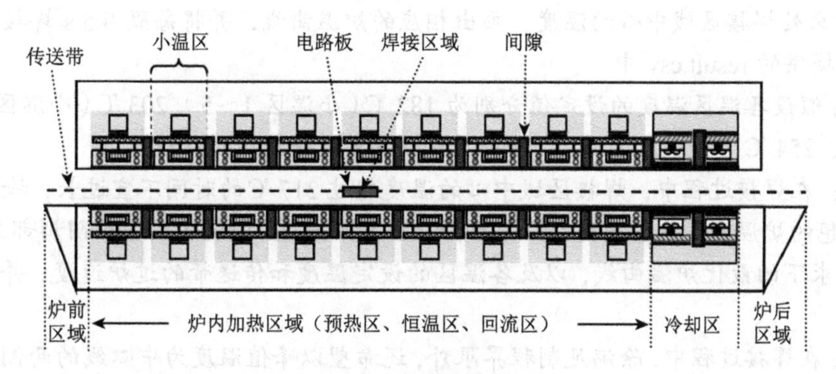

图 1　回焊炉截面示意图

某回焊炉内有 11 个小温区及炉前区域和炉后区域（图 1），每个小温区长度为 30.5 cm，相邻小温区之间有 5 cm 的间隙，炉前区域和炉后区域长度均为 25 cm.

回焊炉启动后，炉内空气温度会在短时间内达到稳定，此后，回焊炉方可进行焊接工作. 炉前区域、炉后区域以及小温区之间的间隙不做特殊的温度控制，其温度与相邻温区的温度有关，各温区边界附近的温度也可能受到相邻温区温度的影响. 另外，生产车间的温度保持在 25 ℃.

在设定各温区的温度和传送带的过炉速度后，可以通过温度传感器测试某些位置上焊接区域中心的温度，称之为炉温曲线（即焊接区域中心温度曲线）. 附件是某次实验中炉温曲线的数据，各温区设定的温度分别为 175 ℃（小温区 1～5）、195 ℃（小温区 6）、235 ℃（小温区 7）、255 ℃（小温区 8～9）及 25 ℃（小温区 10～11）；传送带的过炉速度为 70 cm/min；焊接区域的厚度为 0.15 mm. 温度传感器在焊接区域中心的温度达到 30 ℃时开始工作，电路板进入回焊炉开始计时.

实际生产时可以通过调节各温区的设定温度和传送带的过炉速度来控制产品质量. 在上述实验设定温度的基础上，各小温区设定温度可以进行±10 ℃范围内的调整. 调整时要求小温区 1～5 中的温度保持一致，小温区 8～9 中的温度保持一致，小温区 10～11 中的温度保持 25 ℃. 传送带的过炉速度调节范围为 65～100 cm/min.

在回焊炉电路板焊接生产中，炉温曲线应满足一定的要求，称为制程界限（表1）.

表1　制程界限

界限名称	最低值	最高值	单位
温度上升斜率	0	3	℃/s
温度下降斜率	−3	0	℃/s
温度上升过程中在 150～190 ℃的时间	60	120	s
温度大于 217 ℃的时间	40	90	s
峰值温度	240	250	℃

请你们团队回答下列问题：

问题 1：请对焊接区域的温度变化规律建立数学模型. 假设传送带过炉速度为 78 cm/min，各温区温度的设定值分别为 173 ℃（小温区 1～5）、198 ℃（小温区 6）、230 ℃（小温区 7）和 257 ℃（小温区 8～9），请给出焊接区域中心的温度变化情况，列出小温区 3、6、7 中点及小温区 8 结束处焊接区域中心的温度，画出相应的炉温曲线，并将每隔 0.5 s 焊接区域中心的温度存放在提供的 result.csv 中.

问题 2：假设各温区温度的设定值分别为 182 ℃（小温区 1～5）、203 ℃（小温区 6）、237 ℃（小温区 7）、254 ℃（小温区 8～9），请确定允许的最大传送带过炉速度.

问题 3：在焊接过程中，焊接区域中心的温度超过 217 ℃的时间不宜过长，峰值温度也不宜过高. 理想的炉温曲线应使超过 217 ℃到峰值温度所覆盖的面积（图 2 中阴影部分）最小. 请确定在此要求下的最优炉温曲线，以及各温区的设定温度和传送带的过炉速度，并给出相应的面积.

问题 4：在焊接过程中，除满足制程界限外，还希望以峰值温度为中心线的两侧超过 217 ℃的炉温曲线应尽量对称（图 2）. 请结合问题 3，进一步给出最优炉温曲线，以及各温区设定的温度及传送带过炉速度，并给出相应的指标值.

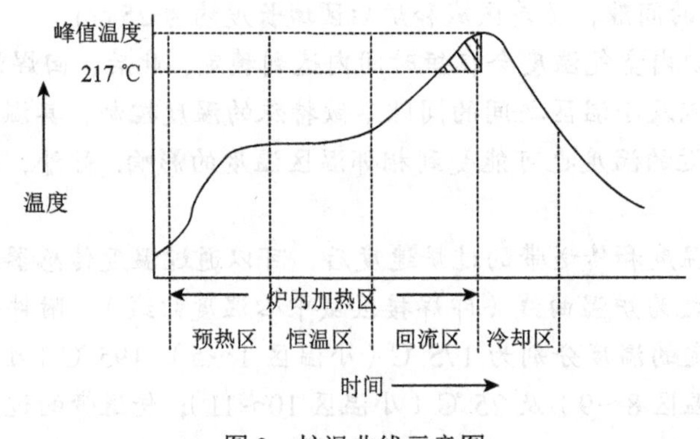

图2　炉温曲线示意图

B题　穿越沙漠

考虑如下的小游戏：玩家凭借一张地图，利用初始资金购买一定数量的水和食物（包括食品和其他日常用品），从起点出发，在沙漠中行走. 途中会遇到不同的天气，也可在矿山、村庄补充资金或资源，目标是在规定时间内到达终点，并保留尽可能多的资金.

游戏的基本规则如下：

（1）以天为基本时间单位，游戏的开始时间为第0天，玩家位于起点. 玩家必须在截止日期或之前到达终点，到达终点后该玩家的游戏结束.

（2）穿越沙漠需水和食物两种资源，它们的最小计量单位均为箱. 每天玩家拥有的水和食物质量之和不能超过负重上限. 若未到达终点而水或食物已耗尽，视为游戏失败.

（3）每天的天气为“晴朗”“高温”“沙暴”三种状况之一，沙漠中所有区域的天气相同.

（4）每天玩家可从地图中的某个区域到达与之相邻的另一个区域，也可在原地停留. 沙暴日必须在原地停留.

（5）玩家在原地停留一天消耗的资源数量称为基础消耗量，行走一天消耗的资源数量为基础消耗量的2倍.

（6）玩家第0天可在起点处用初始资金以基准价格购买水和食物. 玩家可在起点停留或回到起点，但不能多次在起点购买资源. 玩家到达终点后可退回剩余的水和食物，每箱退回价格为基准价格的一半.

（7）玩家在矿山停留时，可通过挖矿获得资金，挖矿一天获得的资金量称为基础收益. 如果挖矿，消耗的资源数量为基础消耗量的3倍；如果不挖矿，消耗的资源数量为基础消耗量. 到达矿山当天不能挖矿. 沙暴日也可挖矿.

（8）玩家经过或在村庄停留时可用剩余的初始资金或挖矿获得的资金随时购买水和食物，每箱价格为基准价格的2倍.

请根据游戏的不同设定，建立数学模型，解决以下问题：

1. 假设只有一名玩家，在整个游戏时段内每天天气状况事先全部已知，试给出一般情况下玩家的最优策略. 求解附件中的“第一关”和“第二关”，并将相应结果分别填入Result.xlsx.

2. 假设只有一名玩家，玩家仅知道当天的天气状况，可据此决定当天的行动方案，试给出一般情况下玩家的最佳策略，并对附件中的“第三关”和“第四关”进行具体讨论.

3. 现有n名玩家，他们有相同的初始资金，且同时从起点出发. 若某天其中的任意k $(2 \leqslant k \leqslant n)$名玩家均从区域$A$行走到区域$B$ $(B \neq A)$，则他们中的任一位消耗的资源数量均为基础消耗量的$2k$倍；若某天其中的任意k $(2 \leqslant k \leqslant n)$名玩家在同一矿山挖矿，则他们中的任一位消耗的资源数量均为基础消耗量的3倍，且每名玩家一天可通过挖矿获得的资金是基础收益的$1/k$；若某天其中的任意k $(2 \leqslant k \leqslant n)$名玩家在同一村庄购买资源，每箱价格均为基准价格的4倍. 其他情况下消耗资源数量和资源价格与单人游戏相同.

（1）假设在整个游戏时段内每天天气状况事先全部已知，每名玩家的行动方案需在第0天确定且此后不能更改. 试给出一般情况下玩家应采取的策略，并对附件中的“第五关”进行具体讨论.

（2）假设所有玩家仅知道当天的天气状况，从第1天起，每名玩家在当天行动结束后均知道其余玩家当天的行动方案和剩余的资源数量，随后确定各自第2天的行动方案. 试给出一般情况下玩家应采取的策略，并对附件中的“第六关”进行具体讨论.

注1：附件所给地图中，有公共边界的两个区域称为相邻，仅有公共顶点而没有公共边界的两个区域不视为相邻.

注2：Result.xlsx中剩余资金数（剩余水量、剩余食物量）指当日所需资源全部消耗完毕后的资金数（水量、食物量）. 若当日还有购买行为，则指完成购买后的资金数（水量、食物量）.

C题　中小微企业的信贷决策

在实际中，中小微企业规模相对较小，也缺少抵押资产，因此银行通常是依据信贷政策、企业的交易票据信息和上下游企业的影响力，向实力强、供求关系稳定的企业提供贷款，并可以对信誉高、信贷风险小的企业给予利率优惠. 银行首先根据中小微企业的实力、信誉对其信贷风险做出评估，然后依据信贷风险等因素来确定是否放贷及贷款额度、利率和期限等信贷策略.

某银行对确定要放贷企业的贷款额度为10～100万元；年利率为4%～15%；贷款期限为1年. 附件1～3分别给出了123家有信贷记录企业的相关数据、302家无信贷记录企业的相关数据和贷款利率与客户流失率关系的2019年统计数据. 该银行请你们团队根据实际和附件中的数据信息，通过建立数学模型研究对中小微企业的信贷策略，主要解决下列问题：

1. 对附件1中123家企业的信贷风险进行量化分析，给出该银行在年度信贷总额固定时对这些企业的信贷策略.

2. 在问题1的基础上，对附件2中302家企业的信贷风险进行量化分析，并给出该银行在年度信贷总额为1亿元时对这些企业的信贷策略.

3. 企业的生产经营和经济效益可能会受到一些突发因素影响，而且突发因素往往对不同行业、不同类别的企业会有不同的影响. 综合考虑附件2中各企业的信贷风险和可能的突发因素（如新冠病毒疫情）[①]对各企业的影响，给出该银行在年度信贷总额为1亿元时的信贷调整策略.

附件1：123家有信贷记录企业的相关数据

附件2：302家无信贷记录企业的相关数据

附件3：银行贷款年利率与客户流失率关系的2019年统计数据

附件中数据说明如下.

（1）进项发票：企业进货（购买产品）时销售方为其开具的发票.

（2）销项发票：企业销售产品时为购货方开具的发票.

（3）有效发票：为正常的交易活动开具的发票.

（4）作废发票：在为交易活动开具发票后，因故取消了该项交易，使发票作废.

（5）负数发票：在为交易活动开具发票后，企业已入账计税，之后购方因故发生退货并退款，此时需开具的负数发票.

（6）信誉评级：银行内部根据企业的实际情况人工评定的等级，银行对信誉评级为D的企业原则上不予放贷.

（7）客户流失率：因为贷款利率等因素银行失去潜在客户的比率.

➢ 2021高教社杯全国大学生数学建模竞赛题目

A题　“FAST”主动反射面的形状调节

中国天眼——500 m口径球面射电望远镜（Five-hundred-meter Aperture Spherical radio

① 2023年1月6日新版诊疗方案将疾病名称由“新型冠状病毒肺炎”更名为“新型冠状病毒感染”

Telescope，简称FAST），是我国具有自主知识产权的目前世界上单口径最大、灵敏度最高的射电望远镜. 它的落成启用，对我国在科学前沿实现重大原创突破、加快创新驱动发展具有重要意义.

FAST由主动反射面、信号接收系统（馈源舱）以及相关的控制、测量和支承系统组成，如图1所示，其中主动反射面系统是由主索网、反射面板、下拉索、促动器及支承结构等主要部件构成的一个可调节球面. 主索网由柔性主索按照短程线三角网格方式构成，用于支承反射面板（含背架结构），每个三角网格上安装一块反射面板，整个索网固定在周边支承结构上. 每个主索节点连接一根下拉索，下拉索下端与固定在地表的促动器连接，实现对主索网的形态控制. 反射面板间有一定缝隙，能够确保反射面板在变位时不会被挤压、拉扯而变形. 索网整体结构、反射面板及其连接示意图如图2和图3所示.

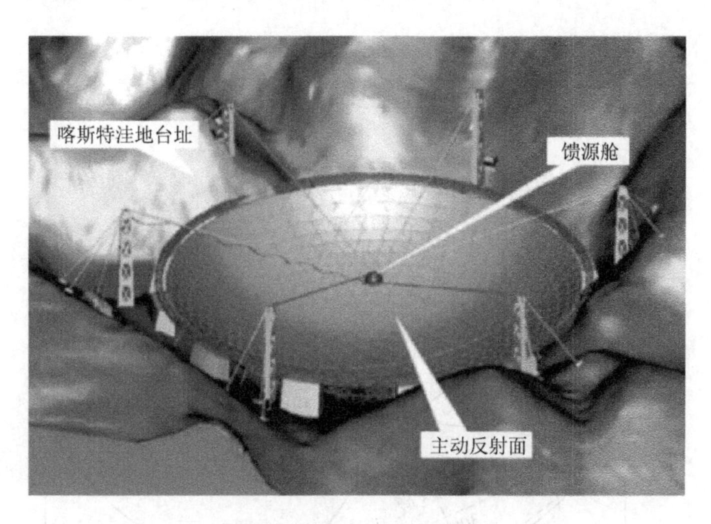

图1　FAST三维示意图

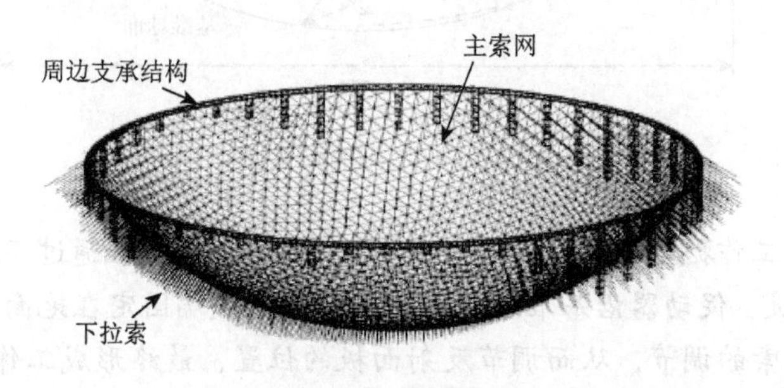

图2　整体索网结构

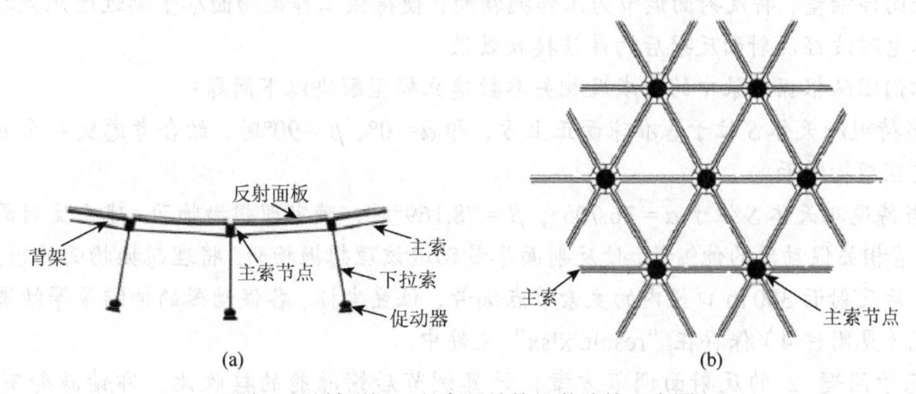

图3　反射面板、主索网结构及其连接示意图

主动反射面可分为两个状态：基准态和工作态. 基准态时反射面为半径约 300 m、口径为 500 m 的球面（基准球面）；工作态时反射面的形状被调节为一个 300 m 口径的近似旋转抛物面（工作抛物面）. 图 4 是 FAST 在观测时的剖面示意图，C 点是基准球面的球心，馈源舱接收平面的中心只能在与基准球面同心的一个球面（焦面）上移动，两同心球面的半径差为 $F=0.466R$（其中 R 为基准球面半径，称 F/R 为焦径比）. 馈源舱接收信号的有效区域为直径 1 m 的中心圆盘. 当 FAST 观测某个方向的天体目标 S 时，馈源舱接收平面的中心被移动到直线 SC 与焦面的交点 P 处，调节基准球面上的部分反射面板形成以直线 SC 为对称轴、以 P 为焦点的近似旋转抛物面，从而将来自目标天体的平行电磁波反射汇聚到馈源舱的有效区域.

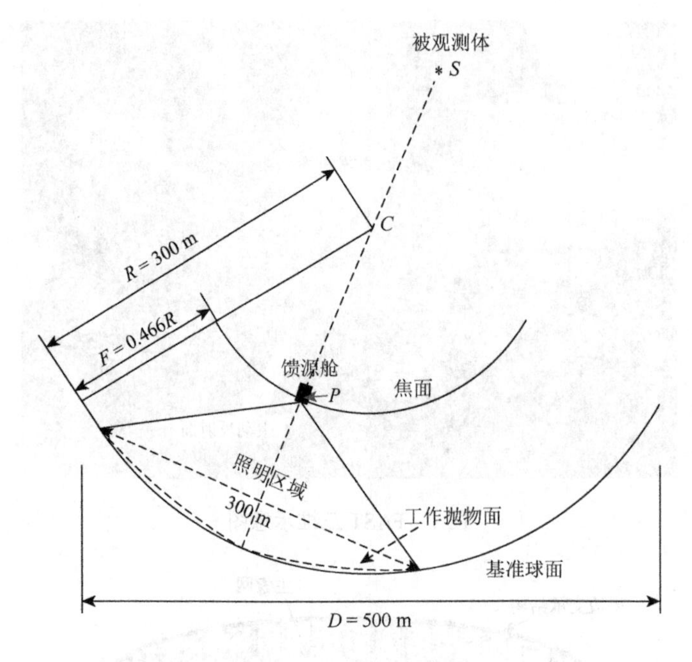

图 4　FAST 剖面示意图

将反射面调节为工作抛物面是主动反射面技术的关键，该过程通过下拉索与促动器配合来完成. 下拉索长度固定. 促动器沿基准球面径向安装，其底端固定在地面，顶端可沿基准球面径向伸缩来完成下拉索的调节，从而调节反射面板的位置，最终形成工作抛物面.

本赛题要解决的问题是：在反射面板调节约束下，确定一个理想抛物面，然后通过调节促动器的径向伸缩量，将反射面调节为工作抛物面，使得该工作抛物面尽量贴近理想抛物面，以获得天体电磁波经反射面反射后的最佳接收效果.

请你们团队根据附录中的要求及相关参数建立模型解决以下问题：

1. 当待观测天体 S 位于基准球面正上方，即 $\alpha=0°$，$\beta=90°$时，结合考虑反射面板调节因素，确定理想抛物面.

2. 当待观测天体 S 位于 $\alpha=36.795°$，$\beta=78.169°$时，确定理想抛物面. 建立反射面板调节模型，调节相关促动器的伸缩量，使反射面尽量贴近该理想抛物面. 将理想抛物面的顶点坐标，以及调节后反射面 300 m 口径内的主索节点编号、位置坐标、各促动器的伸缩量等结果按照规定的格式（见附件 4）保存在“result. xlsx”文件中.

3. 基于问题 2 的反射面调节方案，计算调节后馈源舱的接收比，即馈源舱有效区域接收到的反射信号与 300 m 口径内反射面的反射信号之比，并与基准反射球面的接收比做比较.

附录：要求及相关参数

（1）主动反射面共有主索节点 2 226 个，节点间连接主索 6 525 根，不考虑周边支承结构连接的部分反射面板，共有反射面板 4 300 块. 基准球面的球心在坐标原点，附件 1 给出了所有主索节点的坐标和编号，附件 2 给出了促动器下端点（地锚点）坐标、基准态时上端点（顶端）的坐标，以及促动器对应的主索节点编号，附件 3 给出了 4 300 块反射面板对应的主索节点编号.

（2）基准态下，所有主索节点均位于基准球面上.

（3）每一块反射面板均为基准球面的一部分. 反射面板上开有许多直径小于 5 mm 的小圆孔，用于透漏雨水. 因为小孔的直径小于所观察的天体电磁波的波长，不影响对天体电磁波的反射，所以可以认为面板是无孔的.

（4）电磁波信号及反射信号均视为直线传播.

（5）主索节点调节后，相邻节点之间的距离可能会发生微小变化，变化幅度不超过 0.07%.

（6）将主索节点坐标作为对应的反射面板顶点坐标.

（7）通过促动器顶端的伸缩，可控制主索节点的移动变位，但连接主索节点与促动器顶端的下拉索的长度保持不变. 促动器伸缩沿基准球面径向趋向球心方向为正向. 假设基准状态下，促动器顶端径向伸缩量为 0，其径向伸缩范围为 −0.6～ + 0.6 m.

（8）天体 S 的方位可用方位角 α 和仰角 β 来表示（图 5）.

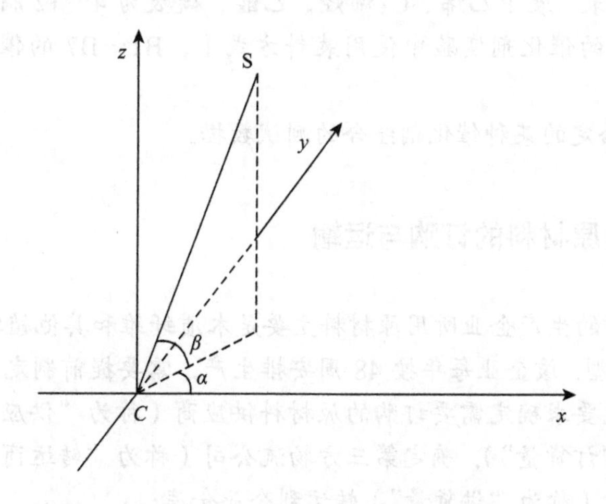

图 5　天体 S 方位角与仰角示意图

B 题　乙醇偶合制备 C_4 烯烃

C_4 烯烃广泛应用于化工产品及医药的生产，乙醇是生产制备 C_4 烯烃的原料. 在制备过程中，催化剂组合（即：Co 负载量、Co/SiO_2 和 HAP 装料比、乙醇浓度的组合）与温度对 C_4 烯烃的选择性和 C_4 烯烃收率将产生影响（名词解释见附录）. 因此通过对催化剂组合设计，探索乙醇催化偶合制备 C_4 烯烃的工艺条件具有非常重要的意义和价值.

某化工实验室针对不同催化剂在不同温度下做了一系列实验，结果如附件 1 和附件 2 所示.

请通过数学建模解决下列问题：

1. 对附件 1 中每种催化剂组合，分别研究乙醇转化率、C_4烯烃的选择性与温度的关系，并对附件 2 中 350℃时给定的催化剂组合在一次实验不同时间的测试结果进行分析.

2. 探讨不同催化剂组合及温度对乙醇转化率以及 C_4烯烃选择性大小的影响.

3. 如何选择催化剂组合与温度，使得在相同实验条件下 C_4烯烃收率尽可能高？若使温度低于 350℃，又如何选择催化剂组合与温度，使得 C_4烯烃收率尽可能高？

4. 如果允许再增加 5 次实验，应如何设计？并给出详细理由.

附录：名词解释与附件说明

（1）温度：反应温度.

（2）选择性：某一个产物在所有产物中的占比.

（3）时间：催化剂在乙醇氛围下的反应时间，单位分钟（min）.

（4）Co 负载量：Co 与 SiO_2的重量之比. 例如，“Co 负载量为 1wt%”表示 Co 与 SiO_2的质量之比为 1∶100，记作“1wt%Co/SiO_2”，依此类推.

（5）HAP：一种催化剂载体，中文名称羟基磷灰石.

（6）Co/SiO_2和 HAP 装料比：指 Co/SiO_2和 HAP 的质量比. 例如，附件 1 中编号为 A14 的催化剂组合“33 mg 1wt%Co/SiO2-67 mg HAP—乙醇浓度 1.68 ml/min”指 Co/SiO_2和 HAP 质量比为 33 mg∶67 mg 且乙醇按每分钟 1.68 mL 加入，依此类推.

（7）乙醇转化率：单位时间内乙醇的单程转化率，其值为 100%×（乙醇进气量–乙醇剩余量）/乙醇进气量.

（8）C_4烯烃收率：其值为乙醇转化率×C_4烯烃的选择性.

附件 1：性能数据表. 表中乙烯、C_4烯烃、乙醛、碳数为 4～12 脂肪醇等均为反应的生成物；编号 A1～A14 的催化剂实验中使用装料方式Ⅰ，B1～B7 的催化剂实验中使用装料方式Ⅱ.

附件 2：350℃时给定的某种催化剂组合的测试数据.

C 题　生产企业原材料的订购与运输

某建筑和装饰板材的生产企业所用原材料主要是木质纤维和其他植物素纤维材料，总体可分为 A、B、C 三种类型. 该企业每年按 48 周安排生产，需要提前制定 24 周的原材料订购和转运计划，即根据产能要求确定需要订购的原材料供应商（称为“供应商”）和相应每周的原材料订购数量（称为“订货量”），确定第三方物流公司（称为“转运商”）并委托其将供应商每周的原材料供货数量（称为“供货量”）转运到企业仓库.

该企业每周的产能为 2.82 万m^3，每立方米产品需消耗 A 类原材料 0.6 m^3，或 B 类原材料 0.66 m^3，或 C 类原材料 0.72 m^3. 由于原材料的特殊性，供应商不能保证严格按订货量供货，实际供货量可能多于或少于订货量. 为了保证正常生产的需要，该企业要尽可能保持不少于满足两周生产需求的原材料库存量，为此该企业对供应商实际提供的原材料总是全部收购.

在实际转运过程中，原材料会有一定的损耗（损耗量占供货量的百分比称为“损耗率”），转运商实际运送到企业仓库的原材料数量称为“接收量”. 每家转运商的运输能力为 6 000 m^3/周. 通常情况下，一家供应商每周供应的原材料尽量由一家转运商运输.

原材料的采购成本直接影响到企业的生产效益，实际中 A 类和 B 类原材料的采购单价分别比 C 类原材料高 20%和 10%. 三类原材料运输和储存的单位费用相同.

附件 1 给出了该企业近 5 年 402 家原材料供应商的订货量和供货量数据. 附件 2 给出了 8 家转运商的运输损耗率数据. 请你们团队结合实际情况，对相关数据进行深入分析，研究下列问题：

1. 根据附件 1，对 402 家供应商的供货特征进行量化分析，建立反映保障企业生产重要性的数学模型，在此基础上确定 50 家最重要的供应商，并在论文中列表给出结果.

2. 参考问题 1，该企业应至少选择多少家供应商供应原材料才可能满足生产的需求？针对这些供应商，为该企业制定未来 24 周每周最经济的原材料订购方案，并据此制定损耗最少的转运方案. 试对订购方案和转运方案的实施效果进行分析.

3. 该企业为了压缩生产成本，现计划尽量多地采购 A 类和尽量少地采购 C 类原材料，以减少转运及仓储的成本，同时希望转运商的转运损耗率尽量少. 请制定新的订购方案及转运方案，并分析方案的实施效果.

4. 该企业通过技术改造已具备了提高产能的潜力. 根据现有原材料的供应商和转运商的实际情况，确定该企业每周的产能可以提高多少，并给出未来 24 周的订购和转运方案.

注：请将问题 2、问题 3 和问题 4 订购方案的数值结果填入附件 A，转运方案的数值结果填入附件 B，并作为支撑材料（勿改变文件名）随论文一起提交.

附件 1 的数据说明：

（1）企业的订货量：第一列为供应商的名称；第二列为供应商供应原材料的类别；第三列及以后共 240 列为企业向各供应商每周的订货量（单位：m^3）；数值“0”表示相应的周（所在列）没有向供应商（所在行）订货.

（2）供应商的供货量：第一列为供应商的名称；第二列为供应商供应原材料的类别；第三列及以后共 240 列为各供应商每周的供货量（单位：m^3）；数值“0”表示相应的周（所在列）供应商（所在行）没有供货.

附件 2 的数据说明：

第一列为转运商的名称；第二列及以后共 240 列为每周各转运商的运输损耗率（%），即

$$损耗率=\frac{供货量-接收量}{供货量}\times 100\%$$；数值“0”表示没有运送.